CT技术
在油田开发实验中的应用

吕伟峰　著

石油工业出版社

内 容 提 要

本书对基于CT技术的油田开发实验新方法进行了系统的总结，展示了CT技术在油田开发实验中的应用实例。结合自主研发成果介绍了用于石油领域的CT扫描实验平台的组成、特点以及相应配套的图像和数据处理软件；针对岩石以及流体的CT扫描衍生的油田开发实验新方法及具体测试过程，以具体实例介绍了CT技术在非常规储层微观孔隙结构表征、不同开发方式下渗流规律模拟、化学驱/气驱等提高采收率机理认识、不同介质引起的储层伤害评价四个方面的国内外最新研究成果。

本书可供从事油气田提高采收率相关专业技术人员参考使用。

图书在版编目（CIP）数据

CT技术在油田开发实验中的应用 / 吕伟峰著. —北京：石油工业出版社，2020.7

ISBN 978-7-5183-4053-8

Ⅰ.①C… Ⅱ.①吕… Ⅲ.①计算机X线扫描体层摄影-应用-油田开发-实验 Ⅳ.①TE34-33

中国版本图书馆CIP数据核字（2020）第096796号

出版发行：石油工业出版社

（北京安定门外安华里2区1号 100011）

网 址：www.petropub.com

编辑部：（010）64523562

图书营销中心：（010）64523633

经 销：全国新华书店

印 刷：北京中石油彩色印刷有限责任公司

2020年7月第1版 2020年7月第1次印刷

787×1092毫米 开本：1/16 印张：18

字数：370千字

定价：110.00元

（如发现印装质量问题，我社图书营销中心负责调换）

序

我一直从事油田开发工作，经常思考一些油田开发领域的科学问题，当然也包括储层内部孔隙空间大小及分布、流体分布、压力分布等微观研究。当著者交给我厚厚专著《CT 技术在油田开发实验中的应用》作序的时候，作为共事多年的同事，我很高兴与著者共同分享收获的喜悦，当然也愿意与大家一起分享著者的丰硕成果。

探索油气藏开发奥秘，显现物质机理，方案的检验与优选，提高石油采收率，都需要油田开发实验提供可靠数据。针对新探明油气资源类型的日趋复杂，开发程度的逐渐加深，亟需深化精细的储层认识，对油田开发实验结果也提出了更高的要求，实验方法和手段需要向微观化和可视化发展。随着科学技术的进步，如何借助其他领域的成果，形成多技术相结合的新型油田开发实验方法，是一项极具挑战性的工作。

“他山之石可以攻玉”。CT 技术综合性强、成熟度高，首先应用于医学领域，其重要作用被评价为医学诊断上的革命；随后形成的工业 CT，其重要作用又被评价为无损检测领域的重大技术突破。目前 CT 技术的应用遍及众多产业，在石油工业领域，CT 可以直接观察到岩石内部的状态，由于其快速简便、直观性强并且无损检测等优点，已作为开发实验中一项常规的测试技术。

中国石油勘探开发研究院采收率研究所是国内较早从事 CT 技术在石油领域应用研究的单位之一，近些年来持续攻关、积极探索，在该领域的基础研究中形成了多项创新性的成果，并为国内外多个油田进行技术服务，积累了丰富的经验。本书是著者在从事多年研究和相关文献调研的基础上，对 CT 技术的原理及实验方法进行的系统的总结，同时展示了国内外最新研究成果及应用实例，相信本书对促进油田开发实验技术进步将起到积极作用，值得同行借鉴参考。

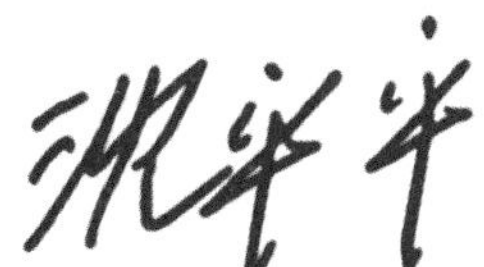

前言

石油作为一种重要的战略资源，对国民经济的发展具有特殊的意义。油气田开发是石油工业中的重要环节，它在石油工业中起着举足轻重的作用。油层物理实验方法是油气田开发的基础，不仅能够为油气藏的储量计算、开发方案编制、油藏数值模拟等工作提供基本的油藏参数，还能够为解决油藏开发中遇到的许多问题提供方法保证。在发展各种提高采收率方法的探索中，油层物理实验方法扮演着不可或缺的角色，驱油机理的深入揭示也离不开油层物理实验手段的应用。

随着石油科技发展的日新月异，人们对于开发实验技术方法的要求也越来越高。CT 技术是一项涉及学科领域广、综合性强的高新技术，已经形成了一个相对独立的技术领域。CT 扫描作为一种成熟的透视手段，可以打破传统油藏模拟实验方法因为高压仅能从出入口计量的方式，直接观察到岩石内部的状态。由于其快速简便、直观性强并且无损检测等优点，已作为开发实验中一项常规的测试技术，广泛应用于岩心描述、岩心的非均质性测定、岩心样品处理程序确定、裂缝定量分析、在线饱和度的测量、流动实验研究等方面。

中国石油勘探开发研究院采收率研究所是国内较早从事 CT 技术在石油领域应用研究的单位之一。自 2008 年引入第一台医疗 CT 扫描机以来，多年持续攻关基于 CT 扫描的开发实验新方法，为油层物理和渗流力学学科认识复杂油藏内部的渗流规律、驱油机理提供强有力的技术支撑，并为国内外多个油田进行技术服务，积累了丰富的经验。本书是笔者在从事多年油田开发实验技术研究和相关文献调研的基础上，对 CT 技术的原理、实验方法、在石油领域的应用等方面进行的系统的总结。全书内容共分五章。第一章主要介绍了油气田开发实验的发展趋势，从技术需求引出了 CT 技术的重要性，并详细介绍了 CT 技术的原理、发展历程及在各个领域的应用前景。第二章介绍了用于石油领域的 CT 扫描实验平台的组成、特点，以及相应配套的图像和数据处理软件。第三章介绍了针对岩石的 CT 扫描实验技术，包括密度、孔隙度等参数的测定，以及非均质性表征和孔隙结构表征、岩心筛选评价方法。第四章介绍了针对岩石内微观流体的 CT 扫描实验技术，包括单相/多相流体饱和度、流体相行为等参数的测定，以及微观流体分布及赋存状态的表征评价方法。第五章以具体实例介绍了 CT 技术在石油领域的应用，主要从非常规储层微观孔隙结构表征、不同开发方式下渗流规律模拟、化学驱/气驱等提高采收率机理认识、不同介质引起的储层伤害评价等 4 个方面阐述了基于 CT 扫描的实验设计、数据分析等方法。全书注重系统性和前沿性，力求反映国内和国外最新的研究成果，以便同行参考。

在基于 CT 扫描开发实验新方法的长期研究过程中，沈平平、王家禄、马德胜、秦积舜给予了技术指导，刘庆杰、贾宁洪、张祖波、陈兴隆、李彤、陈序、高建、冷振鹏等参加了部分研究工作；冷振鹏、吕文峰、陈石彧、王智刚、颜开、李彤、赵天鹏、李俊键等参与了本书的编写。在此特向他们的辛勤付出表示感谢。

由于笔者水平有限，书中难免存在不妥之处，敬请读者批评指正。

目录

第一章　绪　　论

通过油气田开发实验获得的岩石和流体的数据对于油气开发奠定基础。常规的岩心分析手段如压汞曲线、薄片鉴定、扫描电镜等分析技术，虽能较清楚地识别岩心的孔隙结构特征，但测试过程中破坏了岩心结构，无法对岩心孔隙度分布特征进行有效表征；常规驱油实验通常只能得到岩心整体的含油饱和度数值，而由于岩心内部存在非均质性及岩心驱替过程中存在端面效应等原因，岩心不同位置含油饱和度存在较大差异，因此，常规方法不能对岩心含油饱和度分布进行有效研究与表征；对于气驱过程中混相或非混相状态下油、气、水三相的分布特征，水驱过程中饱和度的沿程变化特征，化学驱过程中的化学剂吸附、波及体积或水突破状态等，用常规的实验手段无法获得。

计算机断层成像（Computed Tomography，CT）技术，是1972年由英国电气工程师G. N. Hounsfield最早提出，并设计出第一台医用CT机，可产生极其精确的人体断面图像，推动医学放射诊断革命性的进展。到了20世纪70年代后期，CT技术开始扩展到土壤物理、机械工程、建筑工程、考古学、核科学、金属分析等许多领域，成为应用日益广泛的一种无损伤探测技术。在石油领域中，早在20世纪80年代工业CT技术就被发达国家应用于油气藏的研究，并发展成为研究储层多孔介质特性的重要工具。近年来，CT技术已作为岩心分析中常规的测试技术，广泛应用于岩心描述、岩心孔隙结构测定、岩心样品选择、裂缝定量分析、在线饱和度的测量、流动实验监测、剩余油分布及赋存状态表征研究等多个方面。

本章将从油气田开发实验的技术发展趋势及需求引出CT技术在石油工业的应用前景，同时重点介绍有关CT技术的基本知识。

第一节　油气田开发实验内容以及技术发展趋势

一、油气田开发实验内容

油层物理学（Petrophysics）研究储层岩石、岩石中的流体（油、气、水）性质以及流体在岩石中的渗流机理，是一门建立在实验基础上实践性很强的学科。它以物理和物理化学的方法研究油气田勘探、开发中有关的物理和物理化学现象，从而揭示储层的基本性质及在多孔介质中多相渗流、物理化学渗流的规律。

油气田开发实验就是对储层岩石和地层流体的测试与研究方法，其主要研究内容如图 1-1所示。

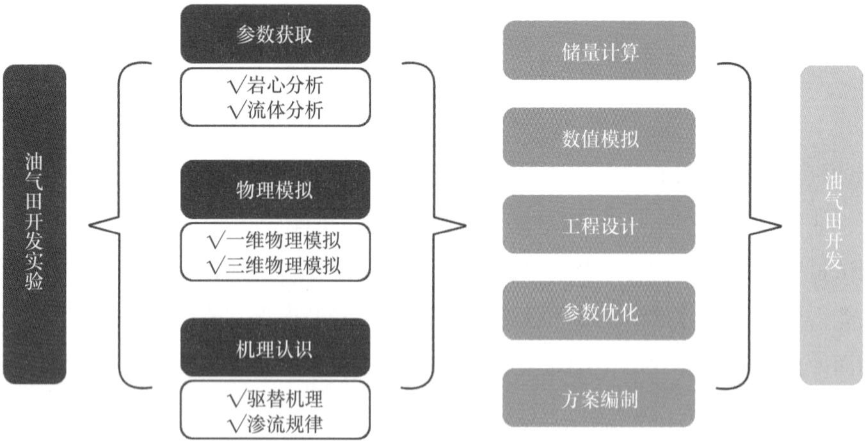

图 1-1　油气田开发实验的研究内容

1. 岩心分析

岩心分析包括常规岩心分析和专项岩心分析两大部分。

（1）常规岩心分析，主要是测试研究储层岩石的物理性质，如岩石孔隙度、岩石渗透率、流体饱和度等，这些都是评价与决定储层性能的重要参数。此外，还有岩石的粒度组成和岩石的比表面测试，它们既是储层岩石的基本性质，又是决定储层岩石孔隙度、渗透率好坏的主要因素，还影响着储层流体的分布空间。图 1-2 所示为常规岩心分析的孔隙度与渗透率交会图。

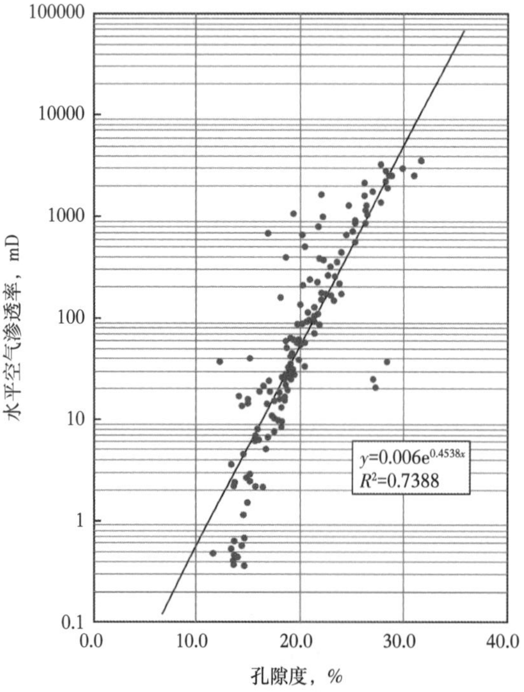

图 1-2　孔隙度与渗透率交会图（常规岩心分析）

（2）专项岩心分析，研究多相流体在储层中的渗流特性，研究岩石的毛细管压力和孔隙结构以及润湿性，深入分析研究多相流体在多孔介质中的运移与分布规律；并从微观的角度，研究多相流体在开采过程中的运移机理；此外，还将岩石的电学性质、声学性质、热学性质以及储层敏感性的研究也都包括在内，形成了一个比较庞大的实验研究体系。图 1-3 所示为专项岩心分析的毛细管压力曲线测试图。

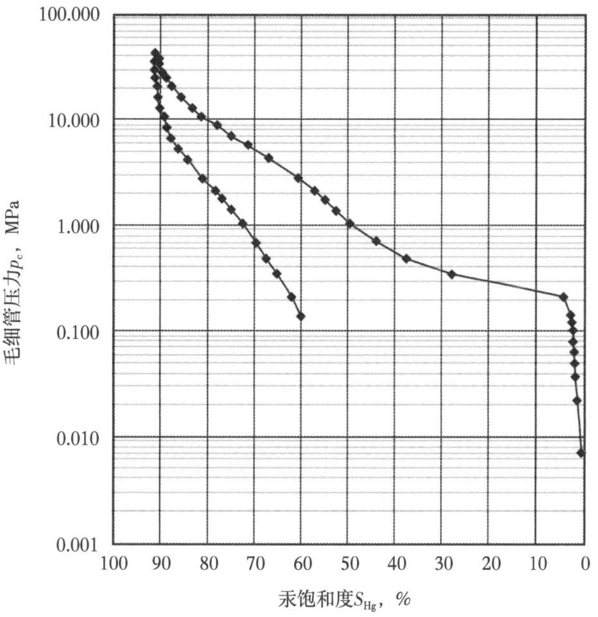

图 1-3　毛细管压力曲线测试图（专项岩心分析）

2. 油藏物理模拟

根据相似理论，通过油层物理实验所获得的储层岩石、流体的性质和流体在岩石中的分布特征，制作油气藏的物理模型，研究不同驱替条件下的开发效果。通过油藏物理模拟，可以获得采收率、含水率和压力差随注入孔隙体积倍数（Pore Volume，PV）的变化曲线，再将物理模拟所得的成果用于建立数学模型，从而可以更灵活地变换参量、更快地获得油气田开发所需要的参数。此外，还可通过微观物理模型的驱油实验，进行驱油机理的研究。图 1-4 所示

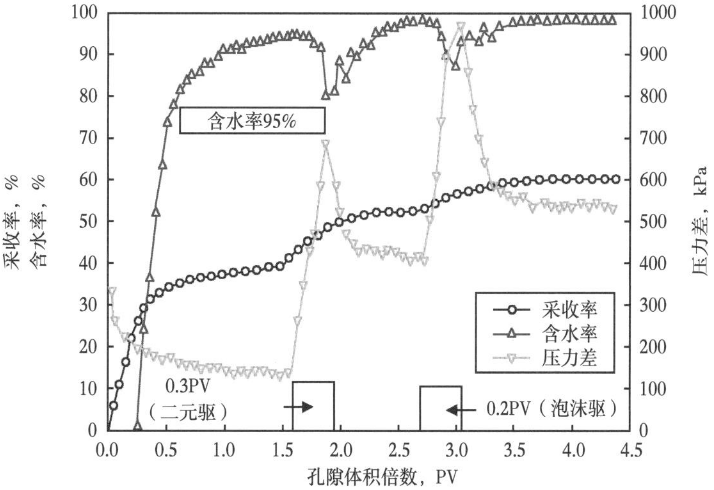

图 1-4　油藏物理模拟获得的采收率、含水和压力变化曲线

为油藏物理模拟获得的采收率、含水和压力变化曲线。

3. 地层流体测试

储层中的流体包括天然气、石油和地层水，它们在高温、高压下的性质与在地面时的性质有着极大的差异。研究储层中流体的相态，研究其物理—化学性质，对于认识油气的运移、聚集与分布，对油气储量的计算和油气田的合理开发，以及提高石油采收率等都有着非常重要的作用。地层流体测试分为黑油、易挥发油、凝析气和天然气（干气）4 个测试系列，研究其体积系数、溶解系数、压缩系数、黏度、分子量、烃组成以及储层温度下压力—体积间的关系，并进行地层流体的相态研究。图 1-5 所示为地层流体测试曲线。

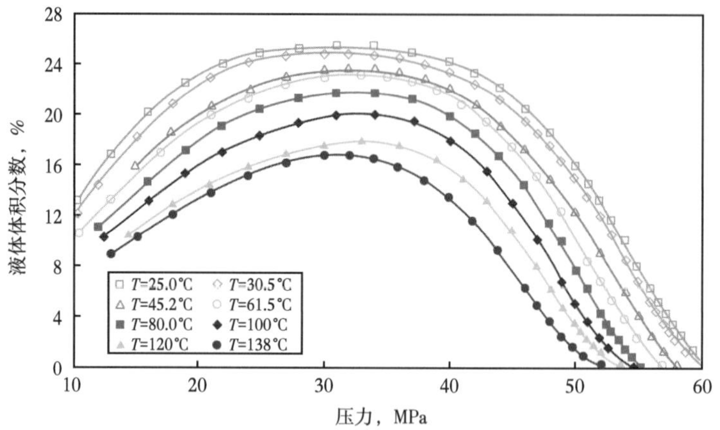

图 1-5　地层流体测试曲线

油气田开发实验与油田地质、油藏工程、渗流力学、数值模拟、油田化学、采油工程、地质实验等有密切的关系。例如，地质实验的发展，特别是扫描电镜、红外光谱的技术为油层物理学科的孔隙结构研究和保护油层的敏感性评价创造了条件。

二、国内外技术发展趋势

创立于 20 世纪 40—50 年代的油层物理奠定了油气开发的基础，油气开发的发展历程离不开油层物理的深度支撑。作为油层物理研究的重要方法和手段，油气田开发实验为各类油藏的有效开发和提高采收率等方面做出了重要贡献。而在油气开发的发展历程中遇到的诸多重大问题，其根本原因是油层物理理论和油气田开发实验技术滞后，影响了认识储层、揭示机理和制定开发主体技术的水平。

最早从事油层物理及开发实验方法研究的是 20 世纪 30 年代 G. H. Fancher 等，他们主要研究地下流体性质。20 世纪 40 年代末，Musket 出版了《采油物理原理》，20 世纪 50 年代，Ф. И. Котяхов 撰写了《油层物理基础》，把油层岩石及流体性质的研究从采油工程中独立出来，从而形成了一门新的学科——油层物理学。他们把过去关于油层岩石和流体性质方面的概念与研究成果系统化和理论化，使之与各种类型油气田开发密切地结合在一起，同时提出了岩石物性的测试方法。20 世纪 60 年代，James，W. Amyx 等著有《油藏工程》等书，从油气田勘探开发的角度系统地概括了油层物理科学理论，使油层物理的研究进入了一个新的阶段。20 世纪 70 年代，F. A. Dullien 出版了《多孔介质——流体渗移与孔隙结构》，20 世纪末期，D. Tiab 和 E. C. Donaldson 著有《油层物理学》，他们和数十位学者多年来发表的几百篇论文和研究成果，将油藏岩石渗流机理方面的研究带入了新的发展阶段。

我国油气田开发实验研究经历了从无到有、从单一学科到产学研相结合，为解决生产难题服务和科研中重大课题研究的发展过程。实验装备由简单的测试分析、模拟量观测，发展为先进的多功能大型全自动采集、处理的岩心实验评价系统。

20 世纪 60—70 年代，在我国油田开发的初期，油气田开发实验技术受到高度重视，并被列为油田开发四大基础学科之一，成立了全国油层物理技术协调小组。进入 80 年代以后，随着改革开放，开发实验室的仪器设备全面更新，并与美国岩心公司等外国公司合作，培训人员，使我国油气田开发实验室的实验能力及实验室管理水平大大提高。

从 20 世纪 80 年代以来，在实验室恢复和新建、研究人员培养与训练、实验装备研发和制造等方面得到全面发展。在我国已经发展成了以石油企业的研究所、石油高校和矿场相结合的多层次的油气田开发实验研究网络，先后完成了国家“七五”“八五”“九五”“十五”“十一五”和“十二五”等科研攻关项目。

在驱油效率与孔隙结构的关系研究方面，罗蛰潭和王允诚的《油气储集层的孔隙结构》一书推动了中国在孔隙结构方面的研究。在诸如微观孔隙结构研究、分形几何在油田开发实验中的应用、低渗透储层孔隙结构与分类特征等领域都取得了一些令人瞩目的成果，沈平平、王传禹和杨普华等从砂岩孔隙结构特征入手，采用统计方法探寻影响驱油效率和渗流规律的特征参数。随着我国东部陆上油田开发进入中后期，油藏物性参数的变化规律及剩余油分布成为开发实验研究的重要内容，我国的主要油田及中国石油勘探开发研究院、中国石油大学（北京）等都对此问题开展过大量的实验研究。

油藏物理模拟理论与技术在认识油藏和服务油田开发的地位越来越受到重视。由于油藏的勘探、开发成本不断上升和提高采收率工作的难度加大，因此开展复杂条件下的油藏物理模拟实验研究的意义是不言而喻的。在物理模拟研究方面，郭尚平等于 1990 年撰写的《物理化学渗流微观机理》和沈平平于 2000 年编写的《油水在多孔介质中的运动理论和实践》等著作系统讨论了提高原油采收率过程中的地层原油渗流的物理化学过程，揭示了提高原油采收率与油层物理研究的关系，使油层物理的研究和应用进入更广阔的领域和更深入的层次。同时通过微观仿真模型的研究，可以观察了解孔隙空间内的水驱油过程、残余油的形成及分布特点等。与此同时，三维物理模拟实验也在发展中，能够准确测量三维油藏物理模拟中动态饱和度变化的探针技术成功地应用于开发实验中，为研究水驱油藏宏观油水运动规律、微观渗流机理及剩余油分布规律等提供了可靠的实验技术。

随着技术的进步，研究手段更加多样化，高科技手段的应用是 21 世纪油气田开发实验技术的重要标志。纵观国内外物理化学渗流研究的特点及发展趋势，可归纳为：研究的视角逐步从宏观转向微观、从均质转向非均质，物理模拟的重点则从静态转向动态、从定性转向定量，研究的工具从物理实验为主逐渐转为物理、化学、数学及计算机等多种手段相结合。一些新技术、新装备也都应用在油层物理的研究上，如用 CT、NMR、X 射线和微波检测驱油过程中油水在岩心中或物理模型中的分布、孔隙结构特征以及研究可动流体体积等，都使得油气田开发实验的手段赶上了科技发展的步伐，使得测试结果更加可靠。

三、目前的技术需求

随着石油开发的进一步深化，老油田处于高含水、高采出程度，新探明储层面临着劣质化和深层化。开发阶段的变化以及开发方式的转化，使得研究的油藏流体对象从单相、两相升级到复杂多相，对油气田开发实验方法提出了新的挑战与要求。主要表现在：

（1）油田的有效开发需要提高储层多种非均质性特征表征的水平。

认识储层的非均质性及剩余油分布是提高油田开发效果的基础。通过地震、测井等手段能够刻画油藏尺度的地质模型，表征其宏观非均质性特征，为油田注水开发奠定了坚实的基础。但随着开发程度的加深，剩余油分布趋向零散，对储层微观非均质性认识需要加强。此外，随着低渗透/特低渗透油藏、碳酸盐岩油藏的大规模开发，非均质性特征不再仅局限于中高渗透多层砂岩油藏的层间非均质性、层内非均质性、平面非均质性等模式，对夹层非均质性、孔/缝/洞等非均质性的表征及其对驱替过程的影响尚缺乏有效的研究。

（2）复杂油田的开发需要新型油藏物理模拟手段。

油藏物理模拟技术直接服务于基本数据测量，服务于基本现象观察和机理研究，服务于开发方案的试验和优选。随着科学技术的进步，研究手段更加多样化，油藏物理模拟的重点从定性转向定量，研究工具从物理实验为主逐渐转为多种手段相结合。三维油藏物理模拟的含油饱和度测量技术一直是物理模拟的焦点问题。目前，三维油藏物理模拟测量饱和度分布主要采用电阻率—探针的方法获得，需要在模型内部布置饱和度探针，影响了原有渗流场，且存在测试误差大、测试点数量受限等问题。

此外，物理模拟在模拟复杂油藏开采方面尚面临诸多难题。比如在低渗透/特低渗透油藏开发中，天然及次生裂缝系统发挥了重要的作用，但物理模拟中对裂缝分布、裂缝发育过程等的模拟基本空白。建立低渗透油藏有效压力驱替系统是实现低渗透油藏有效开发的基础，但目前缺少采用室内物理模拟对有效驱替系统评价方法的研究。此外，对具有孔/缝/洞特征的碳酸盐岩油藏的开采机理研究也缺少合适的物理模拟手段。

（3）油气田开发实验与油气田开发需要之间存在差距。

随着油气田开发程度的加深，对开发实验的需求也更趋于复杂化。开发地质对储层的认识已经从沉积相、沉积微相发展到单砂体刻画的精度，而目前立足于单井点的岩心实验无法代表不同沉积环境下砂体的驱油特征。在特高含水阶段，储层物性发生一定程度的改变，目前对长期水冲刷后孔隙度和渗透率等基本物性的变化特征有所认识。油水流动趋于分散、乳状液等流动模式，开发初期的实验无法反映长期水驱后的渗流规律与驱替特征，缺少对不同开发阶段相对渗透率、润湿性变化的认识。在开发中后期伴随着频繁的开发方式、注采方式等调整，单一条件下的实验也难以反映压力水平、注采强度、注入体系等因素的影响。另外，过去对于常规的油藏工程计算，使用三相相对渗透率数据的必要性很少，因而对于岩石三相相对渗透率特性的了解比两相的情况要差得多。

如何表征不同开发阶段、不同开发方式、不同注采方式、不同相态乃至不同注入体系（化学驱、注气等）条件下的相对渗透率曲线特征及驱油效果，已经成为开发实验需要面对的难题。

（4）数字岩心技术在油层物理与渗流中的应用需要加强。

孔隙介质中渗流过程的计算机模拟技术已成为继物理模拟之后又一开展物理化学渗流研究的重要手段。孔隙网络模型在充分反映孔隙结构的基础之上，以定量预测储层岩石的渗流特性为出发点，已经在物理化学渗流研究的许多方面取得了重要的进展。

自从 Fatt（1956）创立孔隙网络模型以来，国际上有很多学者进行过这方面的研究，经过 Dullien，Chartzis，Blunt，Bryant，Oren 和 Bakke 等的努力，孔隙网络模型在油层物理及渗流力学研究领域中的作用日显突出，而且在许多传统方法几乎束手无策的难题研究中开始显示出其特有的魅力。

孔隙网络模型的发展和微 CT 技术等技术的结合诞生了崭新的数字岩心技术（Digital Core Technique）。该技术的基本设想是在充分获得岩心孔隙结构特征的基础上，通过孔隙网络模拟的方法直接获得包括孔隙度、渗透率、毛细管压力曲线、相对渗透率曲线、电阻率系数等物性信息。现在已经可以成功地通过数字岩心技术由图像分析的结果计算出较为准确的孔隙度和渗透率来，但是对于相对渗透率曲线等的准确预测则由于随机孔隙网络的统计涨落而无法实现，这也是摆在将数字岩心技术推向实际应用的一道难题。

第二节　CT 技术简介

一、CT 技术发展历程

1. CT 技术的产生

奥地利数学家 J. Radon 在 1917 年证明二维或三维的物体能够从它投影的无限集合来单一地重建影像，这一理论在 X 射线断层影像发明前 5 年就已经发现。1938 年在德国汉堡的 Gabriel Frank 首次在一个专利中描述影像重建技术在 X 射线诊断中的应用，他设想用一个光学方法，使用一个圆柱形的透镜把已记录在胶片上的投射影像反投射到另一胶片上，然而，这一直接反投影方法从未能产生比通常的 X 射线断层影像质量更好的影像。Bracewell 在 1956 年将影像重建原理应用于射电天文学，目的是重建太阳微波发射的影像。1961 年，Oldendorf 叙述了一种获得头颅中断层密度分布的影像方法，在他的实验中，原始的脑模型是由带有铁钉环的塑料块组成的，他使用同位素^{131}I 的放射源和带有闪烁晶体的光电倍增管作为探测器，并采用直接反投影方法作影像重建，结果能分辨模型中的铁钉。

1963 年，A. M. CormAck 成为正确应用影像重建数学的第一位研究者。同一时期，Cameron 和 So renson 应用反投影技术测量活体内骨密度的分布。

Kuhl 和 Edwards 使用了投影方法和数学处理，为了对复杂分子进行电镜观察，还发展了复杂的重建算法，对脑横断层扫描的发展做出了贡献。

英国电器工程师 G. N. Hounsfield 于 1967 年发明 CT 设备的基本组成部分：重建数学、计算技术、X 射线探测器。那时，他在 EMI 实验研究中心从事影像识别和用计算机存储手写字技术的研究。他证实了有可能采用一种与直接电视光栅方式不同的另一种存储方法，这种方法使信息检索更为有效。

对信息传送精确度的研究表明，X 射线影像可能是使用信息检索新方法中受益最多的一个领域。但是这里存在着一个严重的缺点，即将一个二维物体影像叠加在二维胶片上，而且胶片对 X 射线又很不敏感，就会导致信息量减少。理论计算证明，在扫描一个物体和重建它的影像时，应能分辨出衰减系数差 0. 5%的人体组织。

有人提议从三维物体的各个方向取读数，但是后来断层的方法似乎更适用于影像重建和诊断，这就意味着仅需要从单一平面里获取透射的读数。因此，每个光束通路都可以看作联立方程组中许多方程之一，必须解这些联立方程组才能获得该平面的影像。G. N. Hounsfield 根据这个原理用数学模拟法加以研究，然后用同位素作放射源进行实验，用 9 天时间产生了数据组，用 2~5h 重建出影像，实验结果尽管只能区别衰减系数相差 4%的组织，但这一成功还是相当惊人的。James Ambrose 以人脑组织标本做了扫描研究，结果表明，大有成功的希望，于是决定制造能够供临床使用的机器。

第 1 台原型仪器于 1971 年 9 月安装在 Atkinson Moreley 医院。1971 年 10 月 4 日，检查了第 1 位被检者。在 1972 年 4 月的英国放射学研究年会上宣告 EMI X-CT 扫描机诞生了。接着，同年 11 月在芝加哥北美放射学会（RSNA）年会上向全世界宣布。Godfrey Hounsfield 的贡献在于可以在不伤害被检者而且被检者无任何不适感的条件下对人脑和其他软组织进行检查。

Godfrey Hounsfield 因为这个对医学诊断学的贡献而收获一系列的奖励：1972 年 Merob-erl 奖，1974 年 Ziedses 断层奖章，1979 年的诺贝尔医学奖。

2. CT 设备的演变

1）第 1 代 CT 扫描机

用于影像重建过程的基本输入是在 180°范围内所有的平行射束集合，最简单的办法是通过放在扫描机架上的 X 射线管，产生单一的 X 射线束，在被检者另一侧的机架上放置探测器。X 射线经过准直器，使之只有沿着焦点和探测器之间的直线辐射线穿过被检者，然后再以一定的速度在与辐射线垂直的方向上移动扫描机架，获得一组透射测量数据。接着扫描架环绕垂直于扫描平面的中心轴线旋转一个小角度（例如 1°），然后再进行新的平移扫描，再旋转一个小角度，如此下去，直到旋转 180°完成全部数据集合读取过程，作为影像重建的原始数据资料，如图 1-6 所示。

第 1 台 EMI X-CT 扫描机是根据这一概念进行设计的，只限于脑扫描检查。这对神经放射学有极大的影响。因为在当时，该领域缺乏诊断工具。Robert Ledley 博士试图应用第 1 代扫描机的原理对全身做检查，设计并制造了被称为 ACTA 的全身扫描机原型。在 1974 年 2 月 14 日为第 1 位被检者做了检查。尽管获得的影像很模糊，但它昭示了全身扫描机的未来。

2）第 2 代 CT 扫描机

第 2 代 CT 扫描机只是在第 1 代扫描机的基础上，在 1 个扇形角度内安放几个探测器代替 1 个探测器。在 1 次平移时间内，有几个探测器同时记录许多平行射束。然而它们是在不同角度下同时被记录的，结果 X 射线被利用的部分较多。每次机架平移以后的旋转角不再是 1°那样小的角度，而是转过与包括探测器阵列的 X 射线扇形顶角一样大的角度，如图 1-7 所示。

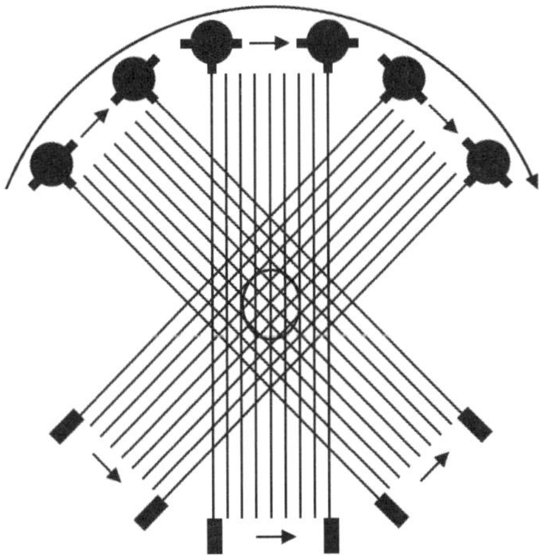

图 1-6 第 1 代 CT 扫描机扫描原理示意图

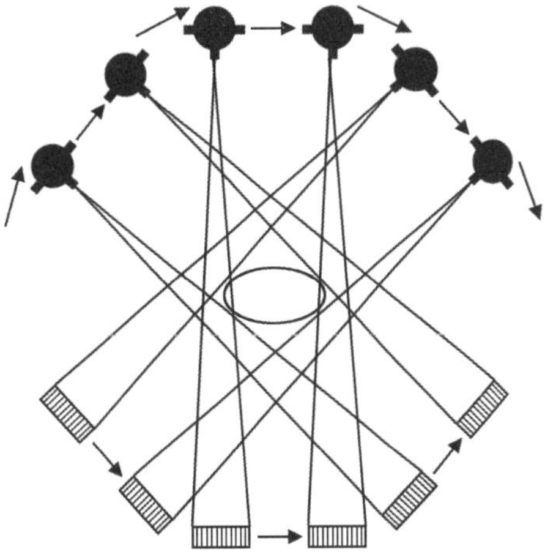

图 1-7 第 2 代 CT 扫描机扫描原理示意图

第 2 代 CT 扫描机的第 1 台机型 Delta 50 在 1974 年 12 月由俄亥俄核子公司推出，它有 2 行探测器，每行 3 个。1975 年 3 月，EMI 公司推出带有 30 个探测器的扫描机。当探测器数量增加 10 倍时，扫描速度几乎提高 10 倍。

由于第 1 代和第 2 代 CT 扫描机扫描速度慢，仅被应用于神经科检查，因为头颅和脊椎能较方便地固定，不会因器官的运动引起伪影。第 2 代快速 CT 扫描机开始用作全身检查。

3）第 3 代 CT 扫描机

第 3 代 CT 扫描机有一种完全新型的结构，平移运动已经被取消，探测器安装的扇形角度已扩大到全身横面，并将 300~1000 个探测器依次排列在一个扇形区域内，如图 1-8 所示。第 3 代 CT 扫描机旋转速度也大大提高，旋转 1 周 1.9~5s。由于旋转速度快，被检者可屏住呼吸，使体内器官位置相对固定，因而几乎很少引起运动伪影。

第 3 代 CT 扫描机是 1974 年由 Artronix 公司首次生产的脑扫描机。1975 年夏天通用电气公司（GE）推出了乳房扫描机。1977 年春天飞利浦公司研制出第 3 代 CT 扫描机的改进型，其中包括几何放大原理的应用，它改变了 X 射线源和旋转轴之间的距离，同时 X 射线源和探测器相对关系保持固定，这就意味着可根据使用要求扫描较小或较大的区域，且都使用尽可能多的探测器，因而在扫描较小的物体时，能得到较高的空间分辨率。第 3 代 CT 扫描机目前应用最广泛，为改进其空间分辨率，各厂商纷纷增加探测器的数量。

4）第 4 代 CT 扫描机

第 4 代 CT 扫描机是在第 3 代的基础上发展起来的，其探测器形成一个环形阵列，扫描时探测器静止不动，如图 1-9 所示。X 射线球管在探测器阵列圈内旋转扫描，这种结构消除了探测器故障引起的环形伪影。

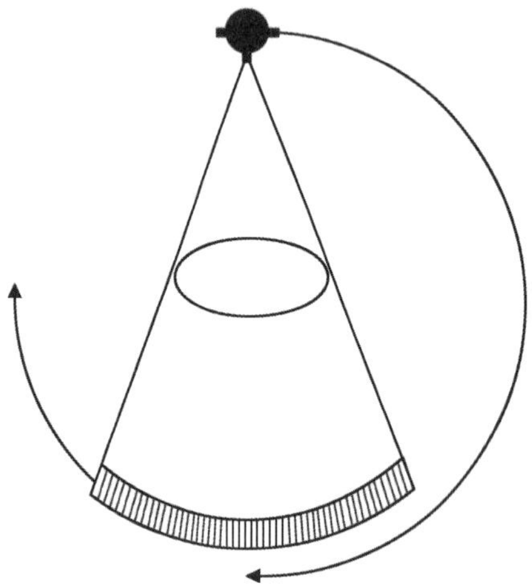

图 1-8　第 3 代 CT 扫描机扫描原理示意图

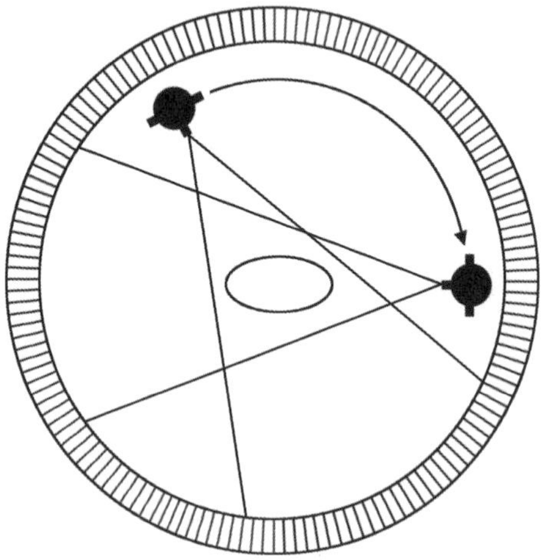

图 1-9　第 4 代 CT 扫描机扫描原理示意图

二、CT 扫描在各领域内的应用

CT 扫描从理论上讲是一个从投影重建图像的反问题，有其普适性，在数学界已引起了广泛的重视。CT 作为一种技术，既有坚实的数学理论为依托，又有现代微电子与计算技术相支持，必然在其他领域得到广泛应用。事实上，除了在医学上得到广泛应用，在工业上、在工程上，甚至在农业、林业和环境保护方面也取得了瞩目的成果并展示了美好的前景，举几个大的方面为例加以说明。

1. CT 扫描在医学中的应用

1）CT 灌注成像

CT 灌注成像（CT Perfusion Imaging）是新近开展的项目之一，它不同于以往的 CT 形态学成像，属于功能成像（Function Imaging）的范畴。它充分利用了多层螺旋 CT 可以显示毛细血管染色情况这一功能，通过在静脉中注射造影剂后，对特定的组织或器官进行连续多层扫描，以获得该组平面内的时间密度曲线（TDC），以便用不同的数学模型得出血流量（BF）、血容量（BV）、平均通过时间（MTT）、峰值时间（TTP）等参数，并用这些参数对该层面的组织或器官的功能进行评价。在常规扫描和增强扫描上不易鉴别的肿瘤、感染、炎症、梗塞等，其灌注参数均有所表现；并可对痴呆、精神疾病、偏头痛等做出评价。有研究表明，CT 灌注成像灌注参数值的测定对于原发性肝癌、肝转移瘤和肝血管瘤的鉴别诊断以及对邻近的肝组织受累情况的评估具有重要的临床意义。

2）CT 心脏成像

运动器官一直是常规轴向扫描 CT 扫描机临床应用的盲区，多层螺旋 CT 的出现突破了这一盲区。最新的 64 层螺旋 CT 只用 5s 就可完成全心脏扫描，可看清软、硬斑块及支架等。每幅图像的时间分辨率也已缩短至 0.4~0.25s。而且随着多层螺旋 CT 所谓扇形或斑状扫查，可使一层面的数据重建由多列探测器分担采集，时间分辨率已进一步缩短至百余毫秒甚至数十毫秒。64 层螺旋 CT 做心脏冠状动脉成像成功率接近 100%。

3）CT 血管成像

多层螺旋 CT 扫描覆盖范围宽，能显示颅内到颈部、心脏主动脉弓到下肢大范围血管走向，可了解有无血管畸形、狭窄、侧支循环等，甚至可以判断肿瘤或炎变对血管的侵蚀、推移等多种改变，对手术与治疗帮助将不可估量。多层螺旋 CT 扫描速度快，时间分辨率高，血管成像操作简单、方便、安全、无创伤性，可部分或基本取代传统的血管造影，是目前无创伤性血管成像的又一主要手段。血管造影智能跟踪技术，能使注入血管中的造影剂在达到目的脏器（如脑、肾脏、肝脏）区域后与预先设定的阈值相等时启动扫描，从而获得最佳动脉期、静脉期与平衡期图像。能对动脉瘤、动静脉畸形、脑血管狭窄等多种脑血管患者进行多层螺旋 CT 血管造影检查，并应用后处理工作站进行脑血管三维重建，以立体图像显示出病变解剖关系，获得准确清晰图像。CT 血管造影三维重建可全方位显示脑血管，具有微创、安全、可靠、费用低廉等特点，适合于手术计划制订、术前定位及随访，对脑血管疾病手术有重要指导意义。

4）虚拟内窥镜

虚拟内窥镜包括虚拟血管镜、虚拟支气管镜、虚拟结肠镜、虚拟胃镜和虚拟胆管镜等。由于其无创、安全、无痛苦，可以观察内窥镜无法达到的部位，并且可以通过调节透明度和颜色，同时观察腔内外情况，使之没有真正的解剖边界，更有利于观察病变周围结构和向外侵犯程度，为手术和穿刺提供更准确、丰富的解剖信息。虚拟内镜是常规内镜的有力补充和潜在的替代方法，在极度狭窄的情况下，虚拟内窥镜更具有优势（指光学纤维无法进入的脉管系统）。

5）受外伤或急重症病人

受外伤或急重症病人需要及时并且准确的诊断，才能得到正确及时抢救。最新 64 层螺旋 CT 全身高分辨率各向同性采集只要 10s，真正实现全身大范围的扫描，可迅速查出内脏受损伤的情况，以便及时进行抢救，是外伤急诊 CT 临床应用的巨大突破。

6）多层螺旋 CT

随着科技高速发展，影像诊断设备的功能和成像质量有很大提高。多层螺旋 CT 还应用于其他的领域，例如对于事故死亡的病人用多层螺旋 CT 扫描代替尸检，具有简单、快速的优点，在实际应用中受到法医的肯定。

2. CT 技术在工业中的应用及发展

将 CT 技术应用于工业无损检测大致始于 20 世纪 70 年代中后期。最初的研究工作是用医用 CT 进行的，检测的对象为石油岩心、碳复合材料及轻合金结构等低密度工件。由于医用 CT 所用的射线源能量较低、穿透能力有限，而机械扫描系统又是专门为人体设计，因此，在检测高密度及大体积物体方面存在着明显局限性。从 20 世纪 80 年代初期开始，由美国军方首先提出若干专门的研究计划，制造检测大型火箭发动机或小型精密铸件的 CT 设备。经过大约 20 年的发展，工业 CT 研究已成为一个专门的分支，并在以后的十多年内取得了飞速发展。工业 CT 具有图像清晰直观、密度分辨率高、探测信号动态范围广、图像数字化等特点，因此在无损检测中的应用中有着独特的优越性。

1）缺陷检测

工业 CT 图像与试件的材料、几何结构、组分及密度特性相对应，多幅二维的 CT 图像组合实际再现了三维物体，通过这些三维信息不仅能得到缺陷的位置、取向、形状及尺寸大小等信息，结合密度分析技术还可以确定缺陷的性质，使长期以来困扰无损检测人员的缺陷空间定位、深度定量及综合定性问题有了更直接的解决途径。缺陷的正确评定与断裂力学理论、疲劳实验相结合，可以制订出可靠的及经济的缺陷判定准则。缺陷检测方面最成功的应用例证是固体火箭发动机的检测，至 1985 年，至少有 5 套加速器工业 CT 系统用于美国三叉戟潜艇导弹发动机成品的 100%最终检测，用工业 CT 可检测推进剂的孔隙、杂质、裂纹以及推进剂、绝缘体、衬套和壳体之间的结合情况，每台发动机的具体检测时间为 10h 或更长。

2）尺寸测量及装配结构分析

通过工业 CT 得到的三维空间信息同样可用于复杂结构件内部尺寸的测量及关键件装

配结构的分析，以验证产品尺寸或装配情况是否符合设计要求。孙明太等利用工业 CT 对航空深弹进行结构分析，精确测量其零部件位置及尺寸变化，并据此绘制图纸、制订拆卸方案，从而保证了深弹拆卸和研究的安全性和可靠性。工业 CT 的发展为我国引进的高尖端武器的研究以及延寿提供了充足的资料。

3）密度分布表征

工业 CT 图像提供的密度信息，可直接用于均匀材料物理密度的测定，以验证产品密度是否符合设计要求。当然，将 *CT* 值和物理密度之间建立起对应关系需要特定的标定技术。现代武器工业的发展对弹药装药质量提出了越来越高的要求，各种大口径炮弹要求对各种装药缺陷（气泡、缩孔、裂纹、底隙等）进行严格的限制，而这些缺陷通常又与炮弹的装药密度有着密切的关系。炮弹的装药密度不仅直接影响武器的杀伤能力，而且炮弹装药密度的均匀性还对武器的发射安全性有着不同程度的影响。实践证明，高能工业 CT 技术在装药质量的检测中体现了其独特的优势。

3. CT 技术在工程中的应用及发展

工程 CT 技术（即工程层析成像技术）是将 CT 技术应用于工程所产生的。工程 CT 技术根据所采用的场源不同可分为弹性波 CT 技术、电磁波 CT 技术、电阻率 CT 技术三种。工程 CT 技术在国外的研究已经很深入，然而国内的研究是从 20 世纪 80 年代后期才开始的。经过几十年的发展，工程 CT 技术形成了三个重要的应用领域。

1）场地和线路勘察与评价

我国工程地质条件复杂，特别是西部地区，地质构造极其发育，在那里的大型水利和火力电站、核电站等场地选择与勘察，铁路、高速公路与输油气管线等选线勘察，都需要用到工程地球物理勘察技术，用于查清松散地层厚度，风化岩层及基岩埋深以及基岩断裂等不利地质条件，对场地和线路进行选择与评价。1998 年，中国矿业大学利用瑞典 RAMAC 钻孔地质雷达对开滦矿务局范各庄煤矿露头区彭 2 孔和彭 6 孔奥陶系石灰岩进行了跨孔雷达层析成像研究，得到了地下深部的岩层特性。我国水利水电工程大多分布在碳酸盐岩地区，电磁波 CT 技术在对这些地区的岩溶探测方面具有良好的效果，乌江构皮滩水电站左岸导流洞外侧 2 号公路隧道沿线底板的探测查明当地存在岩溶或溶蚀异常 5 处和岩石破碎异常 1 处。山东省地震工程研究院将电阻率 CT 技术应用于活断层探测，较为精确地确定了断裂活动的具体空间形态，为城市规划和抗震设防提供了依据。

2）工程地质灾害防治

国家建设中，特别是西部地区，经常遇到滑坡、溶洞、地面下沉、水库坝基漏水等工程地质问题，查清引起这些灾害的工程地质条件，制订防治、整治措施，需要工程地球物理探测技术。1998 年，国内首次将电磁波 CT 技术应用于大坝隐患检测，在福建省莆田市东方红水库成功探测出大坝漏水的位置，其后又在福建省漳平市大坂水库找到了大坝漏水的位置。

3）工程质量检测

工程构筑物的质量检测、地下埋设物检测，是工程地球物理最具特色的研究领域，它发挥了工程地球物理技术高分辨能力的特长。近年来这方面的研究得到了飞速发展，检测领域不断拓宽，研究对象不断扩大。如桩基、台墩、混凝土衬砌、桥梁、锚杆、锚索、锚固桩、混凝土钢筋等质量问题，地下管线及腐蚀程度检测问题也与日俱增，检测精度不断提高。1994 年，冷元宝等在我国首次用地震和声波 CT 技术对黄河小浪底主坝防渗墙混凝土施工质量进行了检测，查找出了不合格墙体，并经 10 个检查孔验证。近年来，混凝土声波检测也得到成功的应用，北京市政工程研究院、南京水利科学研究院分别在坝基检测、灌注桩声波检测中成功地进行了 CT 成像，获得了介质体直观的声波分布图。

4. CT 技术在探测地球内部结构中的应用及发展

层析成像技术应用于地球物理领域产生了新的分支，即为地震层析成像技术，其原理类似于医学 CT 技术，但地震层析成像比医学 CT 技术更为复杂。地震层析成像（Seismic Tomography）是通过对观测到的地震波各种震相的运动学（走时、射线路径）和动力学（波形、振幅、相位、频率）资料的分析，进而反演由大量射线覆盖的地下介质的结构、速度分布及其弹性参数等重要信息的一种地理物理方法。近年来，国际上利用地震层析成像技术在孕震机制、火山活动、板块动力学、地幔柱、洋中脊、地幔流等研究中，都取得了许多重要成果。

随着我国地震观测台站的不断加密，高科技地震仪器的研制以及计算机技术的飞速发展，地震层析成像在方法上将不断改进，成像分辨率将不断提高，地震层析成像方法在我国未来的地震学、地球动力学、海洋科学等的研究中将发挥越来越大的作用。

5. CT 技术在农业中的新应用

在农业生产中，农畜产品品质评估是非常重要的，目前对农畜产品外部品质的检测已经有多种较成熟的技术，如可见光图像检测、红外图像检测等。但是，农畜产品内部品质（如果蔬的水分、糖酸度、机械损伤、碰伤、内部腐败、变质、虫害以及肉类等畜产品的外物污染、残留骨头等）的检测仍然是很困难的。由于 X 射线具有很强的穿透能力，CT 技术在农畜产品内部品质无损检测中的研究得到越来越多的重视。CT 技术可以通过三维重建获得农畜产品内部缺陷和损伤三维立体形状，能够更直接地反映农畜产品结构缺陷、结构变化方面的内部品质，而且 X 射线有很强的穿透能力，因此在水果的内部空洞（缝隙）、虫害、苹果水芯、内部水分、畜产品骨头残留等方面的检测中得到应用。张京平等利用 CT 图像上各点的 *CT* 值来检测苹果中的对应各点的含水率和富士苹果糖分的分布，取得了较好的效果。Girvin 等使用 CT 技术对桃核、李核和骨头组织进行了分辨，结果发现该方法可以较好地分辨出不同组织。Jastrzebska 等通过 X 射线 CT 技术检测食物中磷的含量，通过研究发现，该方法检测结果和常规方法检测结果的确定系数为 0.9285。Linden 等建立了储藏过程中西红柿的储藏条件和储藏致损之间的回归关系。

CT 技术除了在农产品无损检测中得到应用，在农业无损检测中的其他方面，例如畜牧业、林业等方面也具有广阔的应用前景。CT 技术是一种以有效的检测作物削切或果实采摘后的断枝的木精素的分布的技术，Hirano 等使用 CT 技术结合剂量调节装置，很好地检测了断枝的木精素的分布。

第三节 CT 技术原理

一、CT 成像基本原理

CT 成像基本原理是用 X 射线束对物体某个选定的断层层面进行扫描，由探测器接收透过该层面的 X 射线，转变为可见光后，由光电转换器转变为电信号，再经模拟/数字转换器转为数字信号，输入计算机处理。图像形成的处理有如将选定层面分成若干个体积相同的长方体，称之为体素。扫描所得信息经计算而获得每个体素的 X 射线衰减系数或吸收系数，再排列成矩阵，即数字矩阵。数字矩阵可存储于磁盘或光盘中，经过数字/模拟转换器把数字矩阵中的每个数字转为由黑到白不等灰度的小方块，即像素，并按矩阵排列即构成 CT 图像，重建的图像还能够给出每一个像素 X 射线衰减系数。图 1-10 所示为 CT 扫描原理示意图。

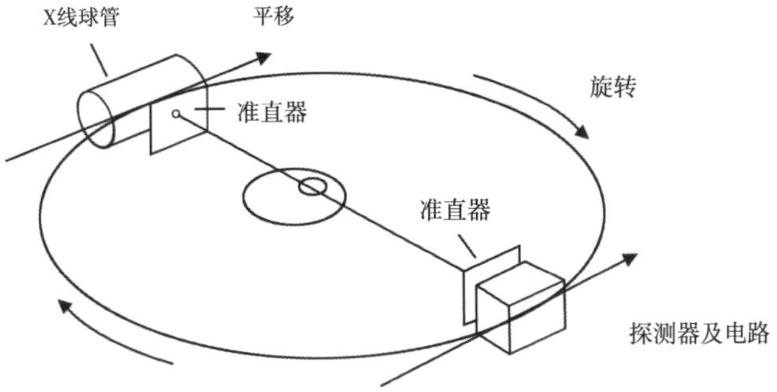

图 1-10 CT 扫描原理示意图

1. 朗伯—比尔定律

朗伯—比尔定律（Lambert-Beer Law）是吸收光度法的基本定律，表示物质对某一单色光吸收的强弱与吸光物质浓度和厚度间的关系。CT 是通过具有一定穿透能力的射线（如 X 射线、γ 射线等）与物体的相互作用成像。当 X 射线穿过物体时，由于吸收和散射，射线强度将出现衰减，当物体的密度、厚度和成分等方面存在差异时，其衰减程度是不同的，通过对射线强度变化的分析可得出物质内部的密度分布和空间信息，CT 扫描原理就是建立在这个基础上。

X 射线穿过物体时，射线强度衰减情况遵循朗伯—比尔定律，出射光强度 I 与入射光

强度 I_0 关系可描述为：

$$I = I_0 e^{-\mu l} \tag{1-1}$$

式中 I——出射光强度，cd；

I_0——入射光强度，cd；

μ——被测物体的衰减系数，cm^{-1}；

l——射线穿过该物质的直线长度，cm；

e——自然常数。

实际的 CT 扫描中，被测物体常为非均匀介质，所以各点对 X 射线的衰减系数是不同的。在这种情况下，可以将沿着 X 射线束通过的物体分割成许多大小相同的小立方体（体素），当尺寸足够小时，可认为该立方体是均匀的，具有相同的衰减系数，射线在非均匀物体中的衰减相当于射线连续穿过多个不同密度的均匀物质衰减的结果。如果 X 射线的入射光强度 I_0、出射光强度 I 和体素的厚度 l 均为已知，沿着 X 射线通过路径上的衰减系数为：

$$\mu = \mu_1 + \mu_2 + \mu_3 + \cdots + \mu_i \qquad (i = 1, 2, \cdots) \tag{1-2}$$

式中 μ_i——每个体素的衰减系数，cm^{-1}。

此时朗伯—比尔定律可表示为：

$$I = I_0 \exp \sum_{i=1}^{n} (-\mu_i l_i) \tag{1-3}$$

式中 I——出射光强度，cd；

I_0——入射光强度，cd；

μ_i——每个体素的衰减系数，cm^{-1}；

l_i——每个体素的直线长度，cm。

为了建立 CT 图像，必须先求出每个体素的吸收系数 μ_1，μ_2，μ_3，…，μ_i。为求出 n 个吸收系数，需要建立 n 个或 n 个以上的独立方程。因此，CT 成像装置要从不同方向上进行多次扫描，来获取足够的数据建立求解衰减系数的方程。通过 *CT* 值，可以量化被测物体的 X 射线吸收系数，反映不同物体的密度差别，但 *CT* 值并不是恒定不变的，会因 X 射线硬化、电源状况、扫描参数、温度等因素发生改变，因此要做出合理的判断。

衰减系数是一个物理量，表示 CT 影像中每个像素所对应的物质对 X 射线线性平均衰减量的大小。实际应用中，均以水的衰减系数为基准，故提出一个新的参数——*CT* 值，将其定义为将被测物体的吸收系数 μ 与水的吸收系数 μ_w 的相对差值。*CT* 值单位又称亨氏单位，是由其发明者 Godfrey Hounsfield 的名字来命名的，简称 Hu；通常情况下 *CT* 值也可以省略单位。将图像面上各像素的 *CT* 值转换为灰度，就得到图像面上的灰度分布，即 CT 影像。*CT* 值用公式表示为：

$$CT = \frac{\mu - \mu_w}{\mu} \times 1000 \quad (1-4)$$

式中　CT——CT 值，Hu；

μ——被测物体的衰减系数，cm^{-1}；

μ_w——水的衰减系数，cm^{-1}。

由式（1-4）可以得出，水 CT 值为 0；而由于 X 射线在空气中几乎没有衰减，空气的 CT 值为-1000。

CT 图像的本质是衰减系数成像。通过计算机对获取的投影值进行一定的算法处理，可求解出各个体素的衰减系数值，获得衰减系数值的二维分布（衰减系数矩阵）。再按 CT 值的定义，把各个体素的衰减系数值转换为对应像素的 CT 值，得到 CT 值的二维分布（CT 值矩阵）。然后，图像面上各像素的 CT 值转换为灰度就得到图像面上的灰度分布，此灰度分布就是 CT 影像。

2. CT 设备的主要组成

无论医学 CT 和工业 CT，均有射线源系统、探测器系统、数据采集系统、机械扫描运动系统、控制系统、计算机系统及图像硬拷贝输出设备等基本组成部分，由它们组成的 CT 系统的基本组成如图 1-11 所示。

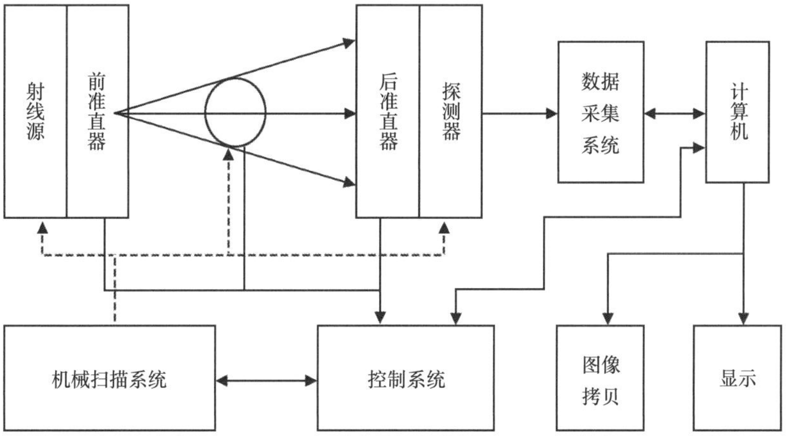

图 1-11　CT 系统基本组成

1）射线源系统

射线源系统由射线源和前准直器组成，用以产生扫描检测用的射线束。射线源用来产生射线，按射线能量分，射线源有产生高能 X 射线的加速器源、产生中能 X 射线的放射性同位素源及产生低能射线的 X 射线管源三类。射线能量决定了射线的穿透能力，也就决定了被测物质密度及尺寸范围。医学 CT 使用产生较低能谱段的 X 射线管源，而工业 CT 根据用途不同，以上三类射线源均有应用，工业 CT 还使用 γ 射线源。

前准直器的作用是将射线源发出的射线处理成所需形状的射束（如扇形束等），其扇形束开口张角应约大于所需有效张角，开口高度根据断层厚度确定。

2）探测器系统

探测器系统由探测器和后准直器组成。探测器是一种换能器，它将包含被测体检测断层物理信息的辐射转换为电信号，提供给后面的数据采集系统做再处理。一般是由多个探测器组成探测器阵列，探测器数越多，其阵列就越大，扫描检测断层的速度就越快。后准直器由高密度材料构成，紧位于探测器之前，开有一条窄缝或一排小孔，小孔常称准直孔。探测低能量射线，具有窄缝的金属薄片就可完成准直，要探测中能及高能射线，则需具有一定孔深的后准直器完成准直。其作用有二：一是限制进入探测器的射束截面尺寸；二是与前准直器配合进一步屏蔽散射射线。其有效孔径可确定断层的层厚，并直接影响断层图像的空间分辨率。

3）机械扫描运动系统

机械扫描运动系统提供 CT 的基础结构，提供射线源、探测系统及被测体的安装载体及空间位置，并为 CT 机提供所需扫描检测的多自由度高精度的运动功能。CT 多采用第二代扫描检测或第三代扫描检测的运动方式，前者的运动方式为旋转加平移，而后者仅有旋转。

4）数据采集系统

数据采集系统用以获取和收集信号，它将探测器获得的信号转换、收集、处理和存贮，供图像重建用，是 CT 设备关键部分之一。其主要性能包括信噪比、稳定性、动态范围、采集速度及一致性等。

5）控制系统

控制系统决定了 CT 系统的控制功能，它实现对扫描检测过程中机械运动的精确定位控制，系统的逻辑控制，时序控制及检测工作流程的顺序控制和系统各部分协调，并担负系统的安全连锁控制。

6）计算机系统

计算机系统是 CT 设备的核心，必须具有优质和丰富的系统资源，以满足以下几个方面的需要：高速有效的数学运算能力，以满足系统管理、数据校正、图像重建等的大量运算操作；大容量的图像存贮和归档要求，包括随机存储器、在线存储器和离线归档存储器；专用的高质量、高分辨率、高灰度级的图像显示系统；丰富的图像处理、分析及测量软件，提供操作人员强大的分析、评估的辅助支撑技术；友好的用户界面，操作灵活，使用方便。CT 的计算机系统，可以是单机系统或多机系统，采用的机型可以是小型机、工作站或微机，这些均视用途及要求确定。

7）图像的硬拷贝输出设备

CT 的图像一般可选用高质量的胶片输出设备、视频拷贝输出设备或高质量的激光打印输出设备。图像重建就是获得数据采集系统送来的数据后，对此数据进行（处理、校正）并按一定的重建方法重建出被检测物体的断层图像。

二、几个基本概念

1. 像素和体素

像素（Pixel）是构成图像的基本单位，即图像可被分解成的最小的独立信息单元。因为图像是二维的，所以像素也是没有“厚度”概念的，其最大特点就是一个二维的概念。体素（Voxel）是指像素所对应的体积单位，与像素不同点在于，体素是一个三维的概念，是有厚度差别的，图像所对应的层厚就是体素的“高度”。

2. 矩阵

每幅图像都由数目不同的像素所构成，像素的多少通常用矩阵（Matrix）来表示，它是指构成图像的矩形面积内每一行和每一列的像素数目，如 256×256，512×512 等。在视野大小相同的情况下，矩阵数目越大，像素就越小，图像则越清晰。CT 图像矩阵的数目在行和列的两个方向上常是相同的，但在其他类型图像中也可以不同，如 192×256 的图像矩阵也是可以的。

3. 窗宽和窗位

窗宽（Window Width，WW）是指为最佳地显示所感兴趣结构而设置的 *CT* 值范围，该范围上下的 *CT* 值均以完全白或黑的色调显示，即该范围以外的 *CT* 值差别在图像上将无法显示。窗宽范围的中点即所谓的窗位（Window Level，WL），通常它应是对应于最佳显示兴趣结构的 *CT* 值，用来设置为窗宽的中心。

4. 分辨力

图像的分辨力是衡量 CT 设备图像质量的重要指标，它主要包括空间分辨力、密度分辨力和时间分辨力几方面的内容。

空间分辨力（Spatial Resolution）是指图像中可分辨的邻接物体的空间几何尺寸的最小极限，即影像中对细微结构的分辨能力。图像的空间分辨力与单位面积内的像素数目成正比，像素数目越多则空间分辨力越高。

密度分辨力（Density Resolution）是指图像中可分辨的密度差别的最小极限，即影像中细微密度差别的分辨能力。图像的密度分辨力也与单位面积内的像素数目有关，在其他条件不变的情况下，矩阵数目越大，每个像素的体积越小，所接收的光量子数则越少，密度分辨力越低。

比较 CT 等数字化成像设备与普通平片可以发现，CT 等设备图像的矩阵数目都有限，CT 常用 512×512 的矩阵，而普通平片的每个像素为很小的银盐颗粒，矩阵数目要远远大于数字化成像设备。这样，数字化成像方式，包括 CT，MRI 和 CR 等与传统平片相比实际上是提高了密度分辨力，而降低了空间分辨力。

时间分辨力（Temporal Resolution）是指单位时间内设备所能最多采集图像的帧数，与设备的性能参数有关，如采集时间、重建时间、显示方式、连续成像的能力等。在需进行增强检查时，增强后进行连续快速的多期相扫描，可以获得更多的信息。因此，设备的时间分辨力，即设备的扫描速度和连续扫描能力是至关重要的。

5. 部分容积效应

在层面成像方式中，如同一层面内含两种以上不同密度的物质，两物质在同一层面内横行走行并互相重叠，即当同一个体素内含有两种以上成分时，该体素的 *CT* 值不能反映任何一种物质，实际上是各种组织 *CT* 值的平均。

6. 重建、回顾性重建和重组

重建（Reconstruction）是将 CT 扫描中检测器所采集的原始数据（Rawdata）经过特殊的数学算法，如反投影法或傅里叶法等计算得到扫描（横断）层面内每个体素的 *CT* 值或密度值，形成所需要的数字矩阵与（横断面）CT 图像。

回顾性重建（Retrospective Reconstruction）是指为了更好地显示图像的细微结构，对扫描所得的原始数据再次有针对性地进行重建，改变和选择最佳的视野大小，视野中心和矩阵数目，根据需要选择特定的算法；多层螺旋 CT 还可以改变再次重建图像的层厚和层数，从而提高组织间的密度分辨力，使图像更加清晰、细致、柔和，提高对细微结构的敏感性。

重组（Reformation）是指对已经重建好的横断面 CT 图像，通过计算机技术对全部或部分的扫描层面进行进一步后处理，采用不同的方向和不同的显示技术，多角度、多方式立体地显示解剖结构和病变范围，常用的后处理重组方式包括多平面重组、表面遮盖显示、容积再现和仿真内窥镜等。这些不同的显示技术可以弥补 CT 横断面显示的不足，从不同方向，直观、立体显示解剖结构或病变形态。

7. 螺距

螺旋 CT 出现以后，由于采用了新的扫描方式的重建算法，在扫描过程中球管每旋转一周，检查床所移动的距离不一定与层厚相同，检查床移动的距离可以等于、小于或大于层厚。为了衡量检查过程中检查床移动的快慢，设定了一个评价指标即螺距（Pitch），最初它定义为球管旋转一周检查床所移动的距离与层厚或准值器宽度的比值。在单层螺旋 CT 设备中，层厚与准值器宽度都是相同的，因此无论采用哪个都是相同的。

随着多层螺旋设备的出现，特别是还有 4 层、16 层乃至 64 层等不同的 CT 设备，层厚与准值器宽度在上述设备间有很大的不同。为了使螺距的指标在不同类型的设备间能够进行方便的比较，螺距重新定义为每 360°检查床移动的距离与准值器宽度的比值。这样，无论哪种类型的 CT 设备，典型的螺距值都位于 0~2。如果在扫描过程中增大螺距，采用螺距大于 1 的扫描方式，即检查床的移动距离大于准值器宽度，扫描速度将得到提高，但图像质量会下降；如果减小螺距，采用螺距小于 1 的扫描方式，即检查床的移动距离小于准值器宽度，则扫描速度虽减慢，但图像质量会改善。

8. 伪影

伪影（Artifact）是指由于扫描时的实际情况与重建图像过程的一系列假设不一致，所带来图像与实际情况不符合的现象。换言之，CT 伪影是指 CT 扫描或信息处理过程中产生的不属于机体正常信息的某些图像阴影，完美的 CT 图像应该是不应扭曲任何被检物断面的任何几何特征。不论 CT 机的制造如何的精良，维护保养和校准多么的完善，CT 图像的伪影都是难以避免的。总体上 CT 图像伪影可分为两大类：扫描采集过程产生的伪影和 CT 机本身系统有关的伪影。伪影的形状多种多样，有同心圆形和非同心圆形、直线形、栅格状、阶梯状、放射状、星芒状和不规则形等。

（1）扫描采集过程产生的伪影，包括所扫描物体的移动，闭气不完全或不够均匀，造影剂使用不当，机体携带金属等高致密物体，扫描区域或扫描床上的异物等均可导致 CT 图像上出现各种伪影。

扫描时由于物体的运动可产生移动性伪影，一般呈条状低密度影。尽管螺旋 CT 扫描时间明显缩短，但运动伪影还是存在的，对扫描图像造成的影响不可忽视。在医学 CT 数据采集过程中，扫描部位的生理运动会引起投影数据不一致而产生生理运动伪影。生理运动伪影包括自主运动伪影和非自主运动伪影，自主运动主要指呼吸运动和吞咽运动，非自主运动指心跳和胃肠蠕动。无论何种生理运动（如吞咽动作、呼吸运动、心脏跳动等），均可产生亮暗交错的伪影（图 1-12）。造影剂的不当使用也会导致伪影，如上腔静脉造影剂伪影的产生，一方面与造影剂注射的速率有关；另一方面与机器扫描时，造影剂在血管内是否流动有关，即所谓的层流伪影。对病人吞咽动作、呼吸运动所产生的伪影，可通过扫描前进行提醒和呼吸训练尽量降低乃至消除这方面的影响，提高图像的质量。但是对于

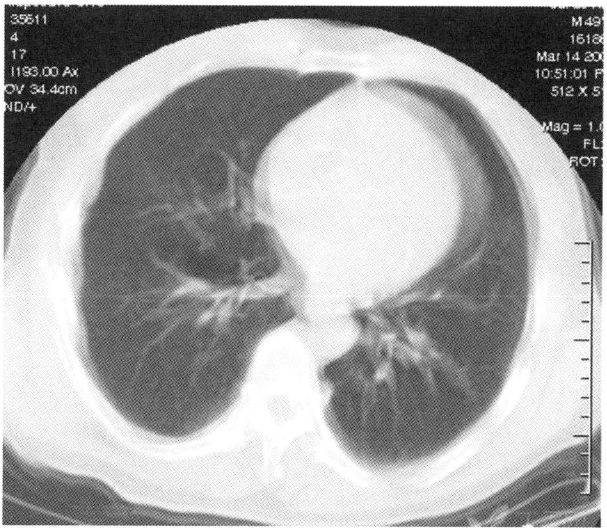

图 1-12　呼吸运动产生的伪影

小儿、体弱患者，要求屏气并不现实，CT 图像运动伪影难以避免。胃肠器官自身蠕动和心脏跳动所产生的运动伪影是不受病人控制的，对于这部分运动伪影而言，最好的策略就是提高扫描速度，但难以完全消除，另外某些情况下应用一个特殊的重建技术——运动伪影的校正（Motion Artifact Correction，MAC）算法，可以明显降低或消除运动伪影，得到清晰的 CT 图像。

金属伪影的产生原理是 X 射线穿过高密度的金属物质后急剧衰减，导致对应的投影数据失真，丧失了周围组织 X 射线衰减信息。医用 CT 检测过程中，人体内外的一些高密度金属物质可引起伪影，多呈放射状或条索状影（图 1-13），且发自高密度的金属物质对于体外金属所产生的伪影。避免这类金属伪影的最佳办法是在 CT 扫描之前去除身上或衣服上金属，同时仔细检查扫描床上有无金属异物。对于体内金属所产生的伪影，减轻其影响的办法是薄层扫描抑制其部分容积效应，选择较高千伏值减低其射线硬化影响；另外还可根据金属植入物的位置，选择合适的扫描层面方向，使得扫描平面内尽可能不包括金属植入物。金属伪影的校正软件亦可减少抑制其伪影的影响，采用对引起伪影的投影值进行合成投影插值，克服围绕金属附近区域中的伪影相当有效。

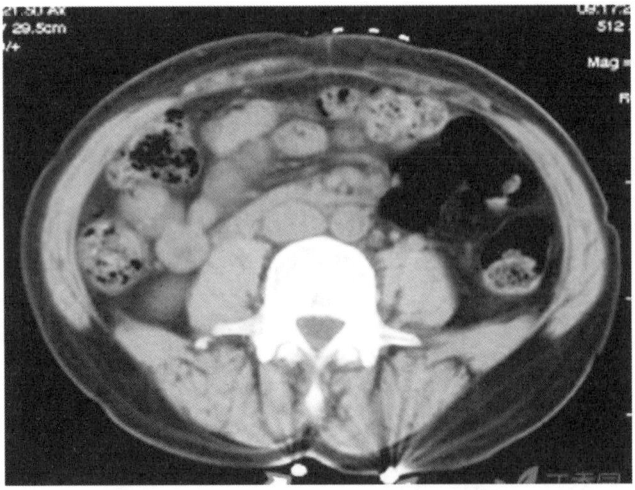

图 1-13　体外金属异物造成的放射状伪影

（2）CT 设备本身系统有关的伪影，包括部分容积效应、射线束硬化、取样频率等机器固有因素参数等都会导致不同类型的特殊伪影。

①部分容积效应伪影。作用于被扫描物的 X 射线在纵轴方向有一定的厚度，即层厚。同一扫描层厚平面内含有两种以上不同密度而又相互重叠时，则所得的 *CT* 值不能如实反映其中任何一种物质的 *CT* 值，这种现象即为部分容积效应，这类伪影多出现在两种密度相差较大的器官和组织交界处。后窝颅是这种伪影表现最严重的地方，如图 1-14 所示，这类伪影主要表现为条状明暗相间的伪影。通常采用减少探测器单元的面积和增加探测器

数量来减少部分容积效应对图像的影响，但是探测器单元面积的大小不可能无止境地减少，否则会影响到 X 射线的使用效率，降低信噪比。因此实际工作中克服部分容积效应伪影最有效的办法，就是采用薄层扫描。如果薄层扫描使得噪声增加过多，那么可将几个薄层相加产生一个较厚的层面，其结果既能降低噪声而又不会产生部分容积效应伪影。此外，图像处理中采用滤波算法也能达到一定效果。

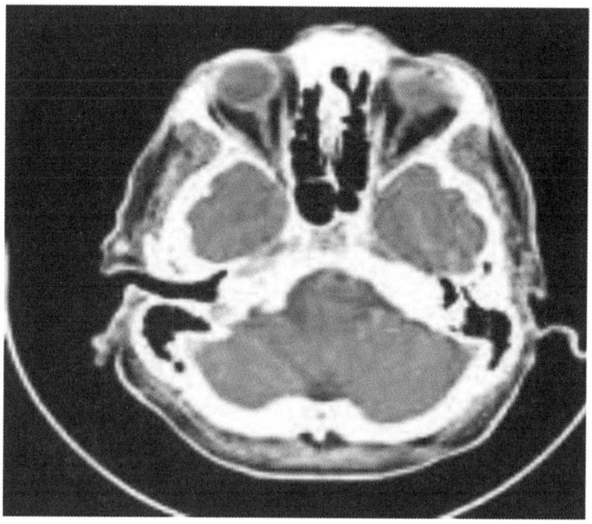

图 1-14　后窝颅部分容积效应伪影

②射线束硬化伪影。CT 球管产生的 X 射线不是单能的，其能谱有一定的范围，穿过被扫描人体的过程中，低能射线最易被吸收，而高能射线较易穿过，吸收系数随 X 射线能量的增大而减少。在 X 射线穿过人体过程中，平均能量会渐渐变高，射线束会逐渐变硬，这称为射线束硬化效应。硬化效应的伪影主要表现为致密物体之间的暗区或条状伪影，常见的位置是在颅底岩骨之间的条带状伪影（图 1-15）。解决这种伪影的办法是采用补偿滤线器或改变重建算法参数设置来使这些伪影影响减少，但并不能完全消除。

③设备障碍伪影大多数表现为以重建中心为圆心环状伪影（图 1-16），是设备引起的伪影中最多见的一种。这种伪影多由检测器性能欠一致以及数据采集系统故障所引起。产生原因是设备长时间运行后，由于温飘等因素的影响，各通道的探测器以及积分放大器性能出现差异。这种差异在扫描时被带入原始数据中，经 360°扫描，在图像上就形成了环状伪影。CT 机器中，这种差异性可用一事先确定的校正表进行校正，所以每天一次的空气校正是必要的。消除环状伪影可采用如下措施：重做空气校正；选用均衡重建（均衡处理对防止或消除轻微的环状伪影有效）；交换数据采集系统中的 A/D 转换板；如某一通道异常，可应用软件关闭该通道，用邻近通道值来替代；如某一积分板损坏，把它换到最边上的插槽。

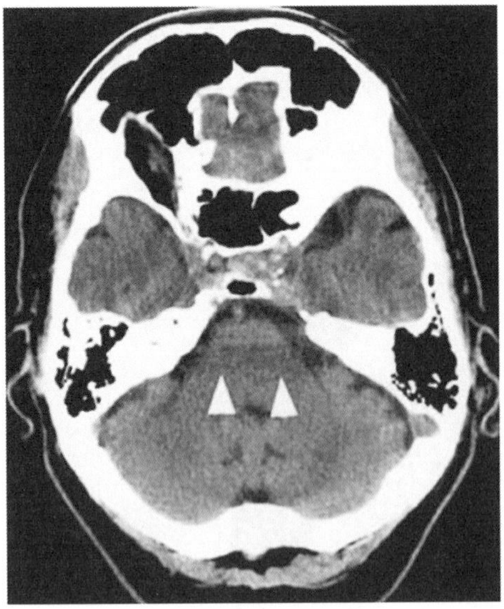

图 1-15　射线束硬化伪影

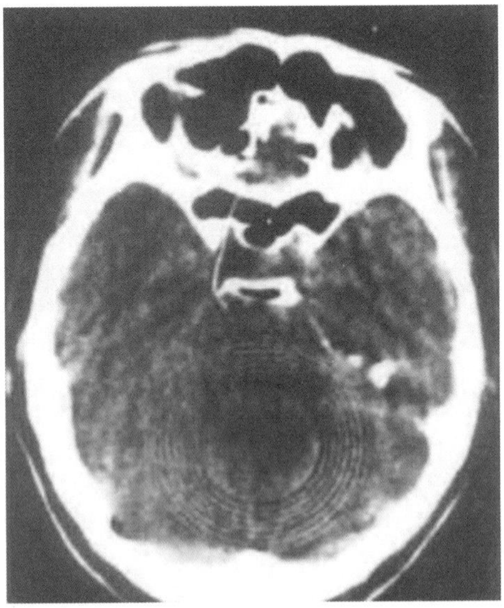

图 1-16　设备因素产生的同心圆伪影

④阶梯状伪影。由于螺旋 CT 特殊的扫描方式，采集的数据不是同一平面的投影数据，需要采用插值算法重组数据重建图像。当螺旋 CT 在扫描纵轴方向上具有一定倾斜度的物体时，获得的扫描数据在纵轴方向上不连续，经过插值算法重建后，图像边缘出现阶梯状伪影。在多平面重建和 3D 成像中表现为斑马样条纹。阶梯状伪影的大小与扫描参数、重建间隔密切有关，其大小不仅随层厚的增加而增大，也随螺距增大而增大。采用薄层或小螺距扫描时，伪影明显减少。另外，阶梯状伪影的大小也与扫描物体的位置有关，当扫描物体的中心轴与机架的旋转轴中心重合时，两边的伪影对称且较小。

9. 投影与反投影

在本章第三节讨论过，实际的 CT 扫描中，被测物体常为非均匀介质，所以各点对 X 射线的衰减系数是不同的。而对于朗伯—比尔定律的另一种表现形式［式（1-3）］，将每个体素的衰减系数与直线长度的乘积进行积分 $p(l)$，可以得到下面关系：

$$p(l) = \int_L \mu \mathrm{d}l = \ln \frac{I_0}{I} \tag{1-5}$$

式中　I——出射光强度，cd；

I_0——入射光强度，cd；

μ——被测物体的衰减系数，cm^{-1}；

l——射线穿过该物质的直线长度，cm。

这样我们就把上面的积分集合 $p(l)$ 称之为投影数据，实际上是物体衰减系数沿直线 l 的线积分。又因为投影方程下 l 的方程为：

$$x\cos\theta + y\sin\theta = t \tag{1-6}$$

因此，投影数据表达式（1-5）可进一步写为：

$$p(t,\ \theta) = \int_L f(x,\ y)\,\mathrm{d}l \tag{1-7}$$

若已知 $f(x,\ y)$，则可由式（1-7）得到 $p(t,\ \theta)$，称此问题为正问题，称 $p(t,\ \theta)$ 为 $f(x,\ y)$ 的投影数据。而 CT 问题为上述问题的反问题，即已知 $p(t,\ \theta)$ 求 $f(x,\ y)$，在实际问题中，通常是由 $p(t,\ \theta)$ 的一组采样值来计算 $f(x,\ y)$ 的近似值，这也就是由投影重建图像。

三、CT 扫描方式

1. 二维扫描方式

1）笔束平移—旋转扫描方式

笔束平移—旋转扫描装置有单个 X 射线源和单个探测器，并且分布于被检测目标的双侧。经 X 射线源发出的光束准直，光束与探测器在一条直线上。首先 X 射线源和相对应的探测器，沿直线平移获取单个的扫描数据，在扫描场内收集 n 个扫描数据，当完成每次直线扫描后，X 射线源和探测器一起旋转 1°。在下一个转角位置，开始数据测量，依此类推，直到在 180°范围内的所有数据采集完成后，系统从不同方向上采集被检测对象上某一部位的投影信息，并将这些信息传送给图像处理系统，进行图像处理，其扫描原理如图 1-17 所示。

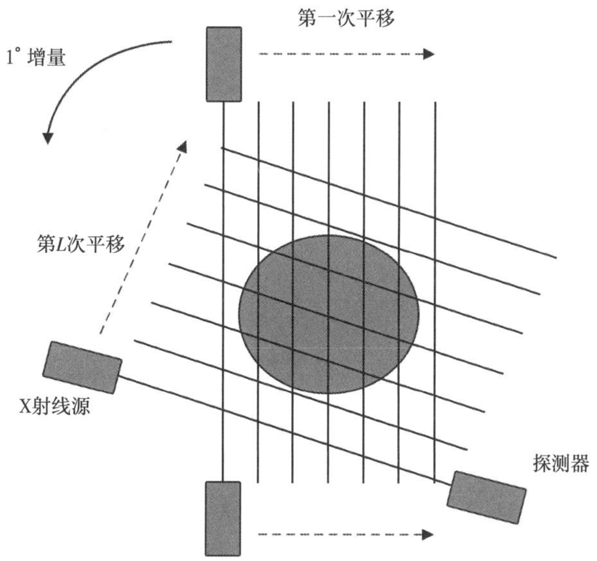

图 1-17　窄束平移—旋转扫描原理示意图

窄束平移—旋转扫描方法原理简单、制造成本低，但其只采用单个射线源和单个探测器，射线利用率极低，所采数据少，图像质量差；同时每一层所需时间长，扫描速度很慢，适合静止物体的扫描检测。

2）窄束平移—旋转扫描方式

窄束平移—旋转扫描方式是由单个 X 射线源和多个探测器组成，射线束形状为小角度射线束，扫描原理如图 1-18 所示，图中所示的是 *N* 个探测器模块的设计，每次平移扫描可以获取 *N* 个不同角度的投影数据，所采数据量增加了 *N* 倍。射线束之间的角度是 $n°$，覆盖了 *N* 个探测器，获取平移投影数据后 X 射线源和探测器可以旋转 $N°$，这意味着数据获取时间减少到原来的 $1/N$。

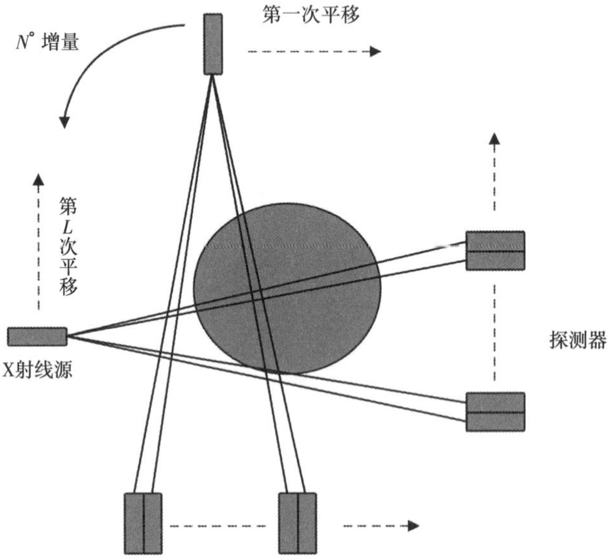

图 1-18　窄束平移——旋转扫描原理示意图

3）扇束—旋转扫描方式

被检测对象被置于 X 射线源和探测器之间，由许多探测器围绕 X 射线源排列，并且在以 X 射线源为中心的圆弧上。被检测目标都在视图范围足够大的探测器区域内。当扫描进行时，X 射线源和探测器保持相对静止，其扫描原理如图 1-19 所示。

扇束—旋转扫描方式具有检测效率快和 X 射线的利用率高的优点，所以图像质量优于前两种扫描方法的图像质量。但由于第 3 代 CT 扫描方式包含了旋转扫描，被检测对象的同一角度部位由不同的探测器来探测，如果每个探测器的特性不同，则会严重影响图像的质量。同时，图像的精度会受到每一个相邻探测器的探测灵敏度不同而影响，所以校准每个探测器的探测灵敏度是检测扫描工作前的必要准备。否则图像会产生环形伪影，图像精度下降，这就是扇束—旋转扫描方式的主要缺点。

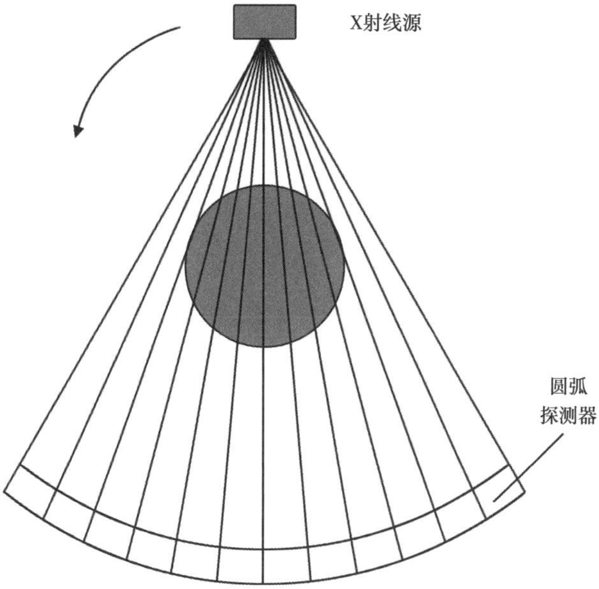

图 1-19　扇束—旋转扫描原理示意图

4）静止—旋转扫描方式

静止—旋转扫描方式是基于扇束—旋转扫描方式中未能解决的技术难题（探测器不稳定、采样不足）而设计的。该扫描方式同样采用单个 X 射线源和多个 X 射线探测器，探测器紧密排列形成一个封闭的探测圆环，X 射线源和被检测对象置于圆环内部。在整个扫描过程中，X 射线源环绕被检测对象旋转，探测器和被检测对象相对 X 射线源保持静止，扫描原理如图 1-20 所示。

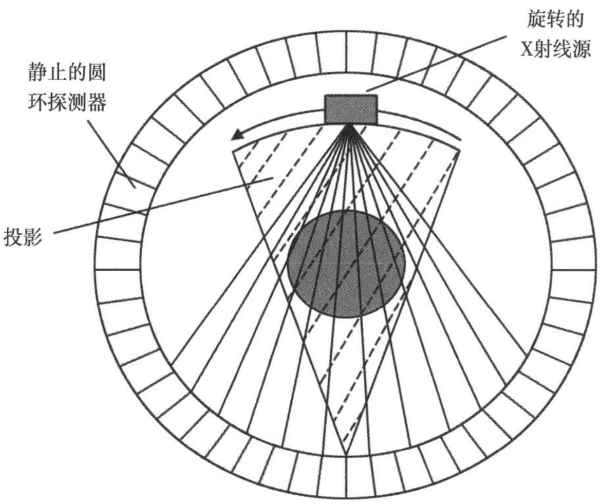

图 1-20　静止—旋转扫描原理示意图

5）电子束扫描方式

电子束 CT，又叫电子束 CT 扫描仪，是由一个大型的特制 X 射线管和探测器环构成，经电子枪发出电子流，通过线圈改变 X 射线的方向。电子束扫描方式使用了电子枪和靶环的静态 X 射线源，摒弃了传统机械式的 X 射线旋转管，因此不用考虑热负荷限制。扫描过程是：电子枪发射电子束经两次磁偏转控制，产生的电子束高速旋转偏转，并撞击在环形靶体上，经准直后产生的扇形束对被检物体进行断层扫描，穿透被检测对象的 X 射线光子被探测器阵列探测，然后通过数据采集传输给上位机，经过图像处理最终产生被检测对象断层层面的 CT 图像。图 1-21 所示为电子束扫描原理示意图。

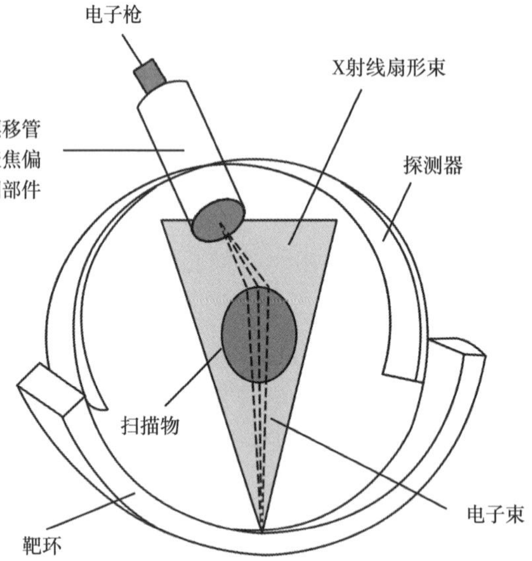

图 1-21　电子束扫描原理示意图

2. 三维扫描方式

1）螺旋 CT 扫描方式

螺旋 CT 扫描方法是在扫描架内安置一个环形滑轨，即滑环、X 射线源和探测器相对固定于滑环上，被检测物体放置于扫描床上，当扫描床匀速平移运动时，X 射线源和探测器在滑环上持续围绕被检测目标高速旋转运动，X 射线束在被测物体上的扫描轨迹是连续的螺旋状，如图 1-22 所示。

2）锥束 CT 扫描方式

锥束 CT，是 X 射线源能够发出锥形状的 X 射线束，对被检测对象进行多次（一般在 180 次以上）数字化 X 射线摄影（DR）扫描后，数据信息由探测器系统探测采集并传输给计算机，最后图像重建得到三维 CT 图像，如图 1-23 所示。

锥束 CT 与传统 CT 在扫描原理上有本质的区别，但在图像重建算法上是相似的。而与螺旋 CT 的区别在于：锥束 CT 能够得到二维的投影信息，经过图像重建后可以获得三

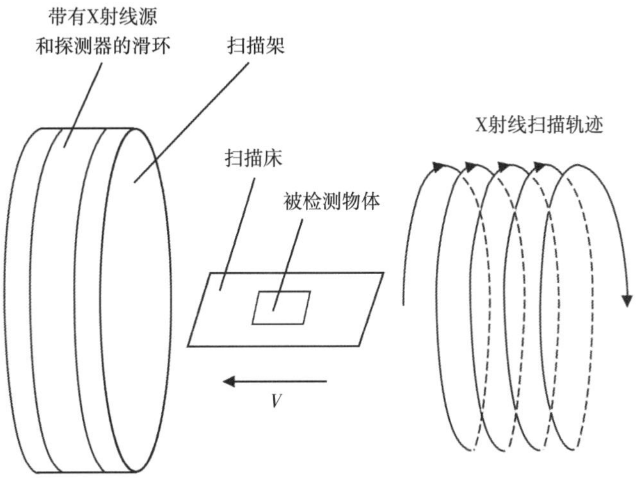

图 1-22　螺旋 CT 扫描方式

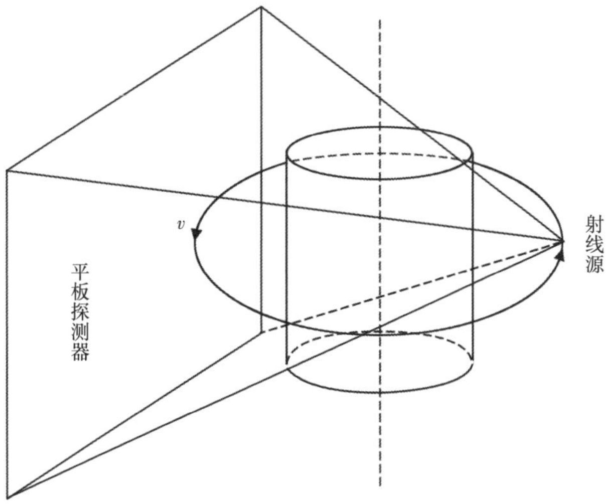

图 1-23　锥束 CT 扫描原理示意图

维 CT 图像，图像效果较好。螺旋 CT 获得的投影信息却是一维的，经过图像重建后得到的 CT 图像是二维的，即使图像重建后的图像是三维的，但其图像精度很差，原因在于三维图像重建的过程是二维切片信息累加合成的，图像伪影很重。从射线束形状来看，锥束 CT 用三维锥形 X 射线束取代了螺旋 CT 的二维扇角射线束；与此同时，锥束 CT 利用一种二维面阵探测器来替换螺旋 CT 的线阵探测器。基于锥形 X 射线束的锥束 CT 扫描方法明显减少 X 射线的损耗率，扫描过程中被检测对象由旋转台旋转一周，面阵探测器就能够获取被检测对象的全部投影信息，同时面阵探测器能够加快扫描系统的数据采集速率。

3）螺旋锥束 CT 扫描方法

螺旋锥束 CT 扫描方法是在螺旋 CT 扫描方法和锥束 CT 扫描方法的基础上改进的，目前工业 CT 中有两种螺旋锥束 CT：卧式螺旋锥束 CT 和立式螺旋锥束 CT。卧式螺旋锥束 CT 扫描过程是被检测对象旋转并沿旋转轴平移，射线源和探测器静止固定，如图 1-24（a）所示；立式螺旋锥束 CT 扫描过程是转台被检测对象旋转，射线源和探测器同步沿旋转轴上下平移，如图 1-24（b）所示。

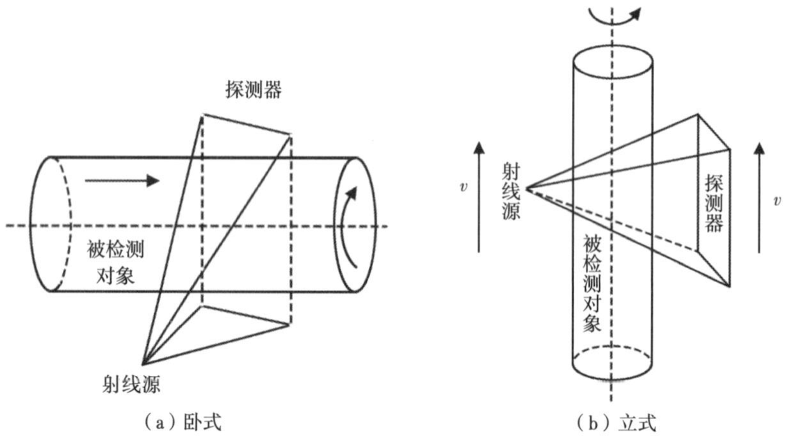

图 1-24　螺旋锥束 CT 扫描原理示意图

3. 微纳米 CT 扫描方法

X 射线微纳米级 CT 是利用锥形 X 射线穿透物体，通过不同倍数的物镜放大图像，由 360°旋转所得到的大量 X 射线衰减图像重构出三维的立体模型。利用微纳米级 CT 进行岩心扫描的特点在于不破坏样本的条件下，能够通过大量的图像数据对较小的特征面进行全面展示，微纳米 CT 扫描原理如图 1-25 所示。

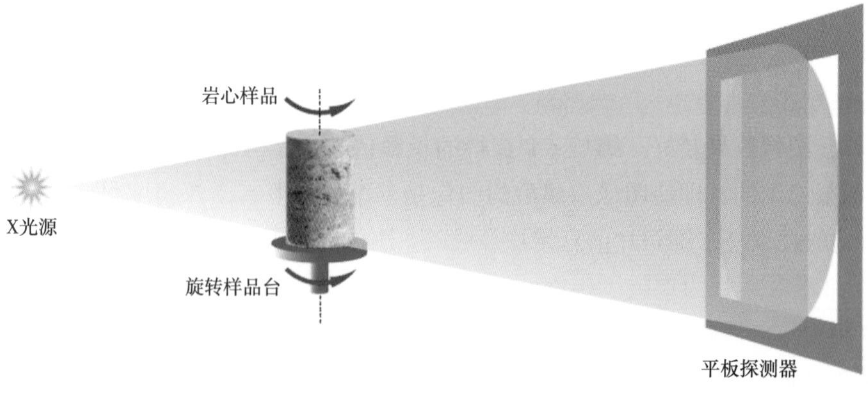

图 1-25　微纳米 CT 扫描原理示意图

由于 CT 图像反映的是 X 射线在穿透物体过程中能量衰减的信息，因此三维 CT 图像能够真实地反映出岩心内部的孔隙结构与相对密度大小。典型的 X 射线 CT 布局系统 X 射线源和探测器分别置于转台两侧，锥形 X 射线穿透放置在转台上的样本后被探测器接收，样本可进行横向平移、纵向平移和垂直升降运动，以改变扫描分辨率。当岩心样本纵向移动时，距离 X 射线源越近，放大倍数越大，岩心样本内部细节被放大，三维图像更加清晰，但同时可探测的区域会相应减小；相反，样本距离探测器越近，放大倍数越小，图像分辨率越低，但是可探测区域增大。样本的横向平动和垂直升降用于改变扫描区域，但不改变图像分辨率。放置岩心样本的转台本身是可以旋转的，在进行 CT 扫描时，转台带动样本转动，每转动一个微小的角度后，由 X 射线照射样本获得投影图。将旋转 360°后所获得的一系列投影图进行图像重构后得到岩心样本的三维图像。与传统 X 射线成像相比，X 射线 CT 能有效地克服传统 X 射线成像由于信息重叠引起的图像信息混淆。

四、CT 扫描图像重建方法

从投影重建图像的算法很多，常见的有反投影重建算法、滤波反投影重建算法、直接傅里叶变换重建算法、迭代重建算法等。

1. 反投影重建算法

反投影算法是最基本、最简单的算法，它的基本思想是断层内该点的密度值就是经过该平面上的一点的射线投影和，整幅重建图像可看作所有方向下的投影累加而成。将“取投影”—“反投影重建”—“重建后图像”看作一个系统，得出系统原理图，如图 1-26 所示。

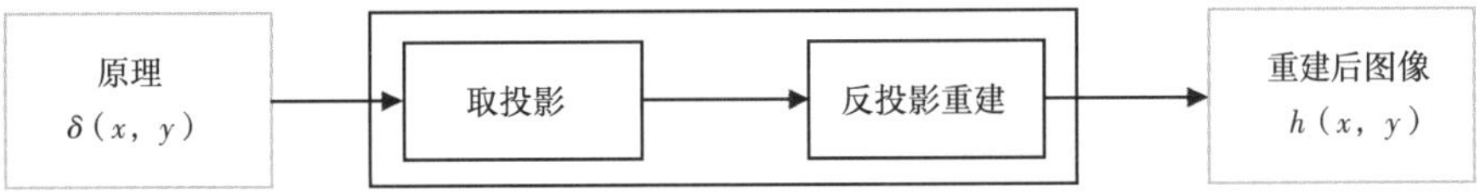

图 1-26 反投影系统原理图

设一位于坐标原点上的点源为断层图像上的唯一像点。当系统扫描方式为平移旋转时，即射线先平移，再旋转一定角度，直到累计转角为 $180°-\Delta\varphi$ 为止。其中，$\Delta\varphi$ 为原坐标系与旋转坐标系的夹角，这样，投影位置可由（x_r，φ）来确定，如图 1-27 所示。其中（x，y）为固定坐标，（x_r，y_r）为旋转坐标，（r，φ）为极坐标。

设 φ 为离散取值，当 $\varphi=\varphi_1$ 时，相应投影为：

$$p_{\varphi_1}(x_r) = p(x_r, \phi_1) = \int_{-\infty}^{\infty} f_r(x_r, y_r)\mathrm{d}y_r = \int_{-\infty}^{\infty} (x_r)\delta(y_r)\mathrm{d}y_r = \delta(x_r)\big|_{\varphi=\varphi_1} = \delta[r\cos(\theta-\varphi_1)] \tag{1-8}$$

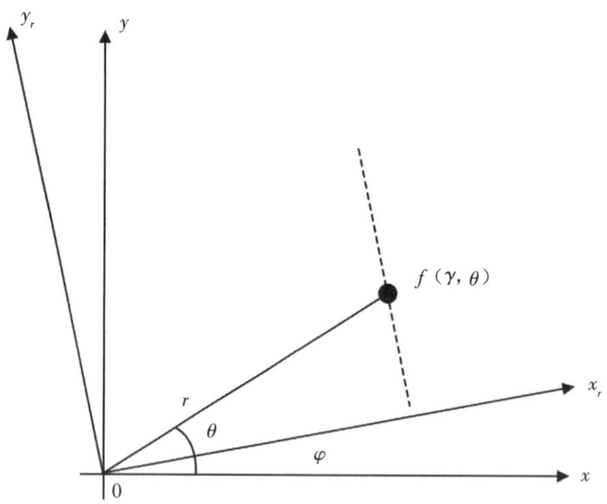

图 1-27　坐标系变换

若 $\varphi=\varphi_n$，相应投影为：

$$p_{\varphi_n}=\delta[r\cos(\theta-\varphi_n)] \tag{1-9}$$

根据反投影公式的定义，点（x_r，y_r）的图像在坐标系表示为：

$$f(r,\ \theta)=f_r(x_r,\ y_r)=\frac{1}{N_\varphi}\sum_{i=1}^{N_\varphi}p_{\varphi_1}(x_r)=\frac{1}{\pi}\sum_{i=1}^{N_\varphi}p_{\varphi_1}[r\cos(\theta-\varphi_i)]\Delta\varphi \tag{1-10}$$

其中

$$\Delta\varphi=\pi/N_\varphi$$

式中　N_φ——投影数。

式（1-10）反映的物理意义是，把经过某点所有的投影值做平均之后就是该点的密度值。如果有限区间将射线扩增至无限条，这样就得到连续投影。这样可以得到投影表达式为：

$$f(r,\ \theta)=\frac{1}{\pi}\int_0^\pi\delta[r\cos(\theta-\varphi)]\mathrm{d}\varphi \tag{1-11}$$

式中积分区间为（0，π），因为忽略射线硬化条件下，它与（0，2π）内投影值等效。在输入图像为点源条件下，得到：

$$h(r,\ \theta)=\frac{1}{\pi}\int_0^\pi\delta[r\cos(\theta-\varphi)]\mathrm{d}\varphi=\frac{1}{\pi}\int_0^\pi\frac{\delta(\varphi-\varphi_0)}{|r\sin(\theta-\varphi_0)|}\mathrm{d}\varphi=\frac{1}{\pi}\frac{1}{|r|}=\frac{1}{\pi\sqrt{x^2+y^2}} \tag{1-12}$$

由式（1-12）看出，反投影重建算法的系统扩展函数不是 δ 函数，因此系统不完美，图像密度为零的点，重建后不一定为零，可能致图像失真。

2. 迭代类重建算法

由于计算机运算能力越来越强，使得迭代算法在应用中也越来越多地得到重视。现实中，迭代法重建图像效果好，空间分辨率高，尤其是当采集的数据不完全时，这一点体现更为突出。然而，因为它是渐渐靠近原始图像的，所以它在运算时间上会比较长，同样带来的是数据存储量大。

迭代法不是找到一个准确的解析式，这是与解析法最大的不同，一般来说，迭代算法的步骤是：先给断层图像赋一个初始估计值，根据此值算出理论投影值，将理论投影值与实际的相比较，按照一定的原则对原始图像进行修正之后与理论值比较，在修正，如此循环，直到达到满意的效果。其实概括地讲，就是假设、比较、修正。

目前，迭代图像重建算法有两类，即代数迭代重建算法与统计迭代重建算法。代数迭代重建算法是以代数方程理论为基础，主要有一般 ART 算法和同时代数重建算法。而统计迭代重建算法是基于各种统计准则，主要有最小均方误差、最大似然估计等重建算法。下面对代数迭代算法进行简要介绍。

1）ART 算法

ART 算法有时也称为 Kaczmarz 算法，它的主要思路是让当前所有估算的图像在每一次更新中满足一个方程，在迭代修正过程中，每次只考虑一个投影单元的投影值，ART 算法计算过程如图 1-28 所示。

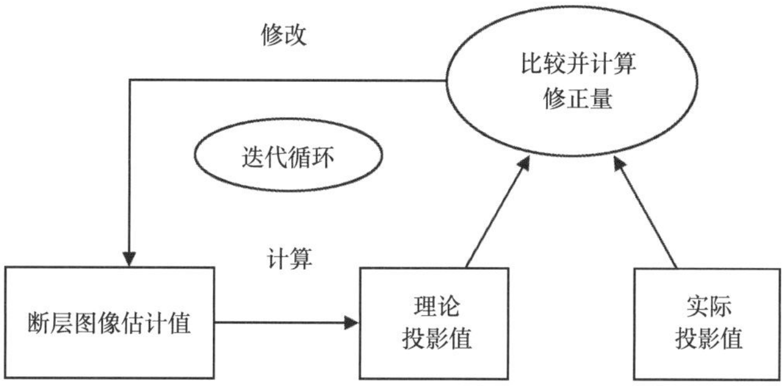

图 1-28　ART 算法计算过程示意图

最常用的 ART 算法是基于交替投影法进行迭代修正的，它的图像更新式为：

$$f_j^{k+1} = f_j^k - \omega H_{ij} \frac{\sum_{j=1}^{M} H_{ij} f_j^k - g_i}{\sum_{j=1}^{M} H_{ij}^2} \qquad (1-13)$$

式中　k——迭代次数；

H_{ij}——投影系数；

ω——松弛参数，取值范围（0，2）。

2）同时代数重建算法

由于 ART 算法对图像值进行修正时只依赖一条投影带上数据，因此人们又提出了同时代数重建算法（SART 算法），它是在校正像素单元的图像值之前，计算出像素单元上所有投影估计值与实际值的差别，并求出来，再利用平均值对图像进行修正。SART 算法的迭代公式为：

$$f_j^k = f_j^{k-1} + \lambda \frac{1}{\sum_{i \in I_\theta} \phi_{i,j}} \sum_{i \in I_\theta} \frac{g_i - \sum_{n=1}^{N} \phi_{i,j} f_n^{k-1}}{\sum_{n=1}^{N} \phi_{i,n}} \phi_{i,j} \tag{1-14}$$

式中 λ——松弛因子，为一个正实数；

f_i^k和f_i^{k-1}——第 k 与第（k-1）次子迭代过程中的第 j 个像素值投影系数；

I_θ——角度 θ 下的所有射线的集合。

这样，通过各条投影带上的平均值，可以减小误差，避免对重建结果带来过大影响，同时它又抑制图像重建过程中的噪声。

3. 滤波反投影重建算法

滤波反投影重建算法（FBP）是 CT 图像重建中的一种经典算法，因为它的计算效率高，需求资源少，所以被广泛地应用在各个领域上。

反投影重建算法是直接对投影进行重建并得出图像，这种方法重建得出的图像质量不高，容易失真。与反投影重建算法不同的是，滤波反投影算法是先对投影数据进行滤波，再对数据进行反投影重建，这样得出的图像更加清晰准确。

根据成像系统采集数据方式来分，又可分为平行束滤波反投影重建算法和扇形束滤波反投影算法。

FBP 重建算法有两种计算方法：一种与中心切片定理有密切关系，叫作卷积反投影重建算法；另一种是 Radon 反变换。我们常用第一种，下面主要对第一种做详细介绍。

1）平行束滤波反投影重建算法

卷积反投影重建算法是以中心切片定理为基础产生的。所谓中心切片定理，是指密度函数 f（x，y）在某一方向上的投影函数 g_θ（R）的一维傅里叶变换函数 G_θ（p），是密度函数 f（x，y）的二维傅里叶变换 F（p，θ）在（p，θ）平面上沿同一方向过原点直线上的值。由中心切片定理知，重建图像的二维傅里叶变换可由 f（x，y）在不同视角 φ 下的投影，FBP 重建算法坐标示意图如图 1-29 所示。

需要重建图像为：

$$\hat{f}(r, \theta) = f(x, y) = F_2^{-1}[F(\omega_1, \omega_2)] = \int_{-\infty}^{\infty}\int_{-\infty}^{\infty} F(\omega_1, \omega_2) e^{i2\pi(\omega_1 x + \omega_2 y)} d\omega_1 d\omega_2 \tag{1-15}$$

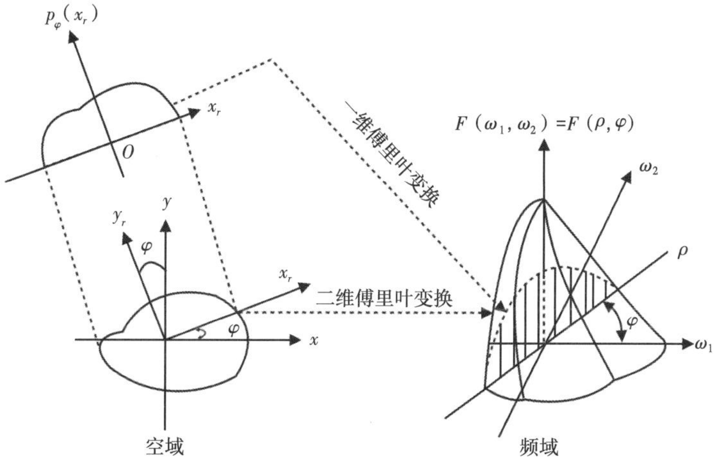

图 1-29 FBP 重建算法坐标系

ρ 和 φ 如图 1-29 所示，$\omega_1=2\pi\rho\cos\varphi$，$\omega_2=2\pi\rho\sin\varphi$，$x_r=r\cos(\theta-\varphi)$ 可以得到：

$$\omega_1 x + \omega_2 y = 2\pi\rho r\cos(\theta - \varphi) \tag{1-16}$$

通过式（1-16）变换可得到：

$$\begin{aligned}\hat{f}(r, \theta) &= f(x, y) = F_2^{-1}[F(\omega_1, \omega_2)] \\ &= \int_0^{\pi} d\varphi \int_{-\infty}^{\infty} |\rho| p(\rho, \varphi) e^{i2\pi p r\cos(\theta-\varphi)} dp \\ &= \int_0^{\pi} d\varphi \int_{-\infty}^{\infty} |\rho| p(\rho, \varphi) e^{i2\pi\rho x_r} d\rho \\ &= \int_0^{\pi} p(x_r, \varphi) \cdot h(x_r) d\varphi \\ &= \int_0^{\pi} g[r\cos(\theta = \varphi), \varphi] d\varphi\end{aligned} \tag{1-17}$$

式中，$h(x_r)=F_1^{-1}(|\rho|)$；$p(x_r, \varphi)=F_1^{-1}[p(\rho, \varphi)]$；$g[r\cos(\theta-\varphi), \varphi]=h(x_r)\cdot p(x_r, \varphi)$。

事实上，图像重建的过程可以看成是由一系列坐标变换得到的。由上列推倒知，FBP 算法是在一定视角下投影，然后进行滤波投影，再做反投影，把这些反投影值累加就可以得到重建图像。

滤波函数的选择在 FBP 算法中扮演一个重要的角色。理想的滤波函数可以使重建图像更加准确清晰。上面式子中的滤波函数是理想化的，不是平方可积的，因此滤波函数无法实现。合理地选择滤波函数是必要的，常用的主要有 $R-L$ 和 $S-L$ 两种滤波函数。

$R-L$ 滤波函数表示为：

$$H_{R-L}(\rho) = |\rho|W(\rho) = |\rho|\mathrm{rect}\left(\frac{\rho}{2B}\right) \tag{1-18}$$

式中，$\mathrm{rect}\left(\frac{\rho}{2B}\right) = \begin{cases} 1, & |\rho| < B = \frac{1}{2d} \\ 0, & 其他 \end{cases}$；$d$ 为采样间隔；$B = \frac{1}{2d}$ 为最高不失真频率。

系统冲激函数表示为：

$$\begin{aligned} h_{R-L}(x_r) &= \int_{-B}^{B} |\rho| e^{i2\pi\rho x_r} d\rho = \int_{-B}^{B} (-\rho) e^{i2\pi\rho x_r} d\rho + \int_{0}^{B} \rho e^{i2\pi\rho x_r} d\rho \\ &= 2B^2 \mathrm{sinc}(2x_r B) - B^2 \mathrm{sinc}^2(x_r B) \end{aligned} \tag{1-19}$$

在对图像滤波时，常常用离散化的函数，这样将 $x_r = nd$ 带入上述公式，离散化的冲激函数表示为：

$$h_{R-L}(nd) = \begin{cases} \frac{1}{4d^2}, & n = 0 \\ 0, & n = 偶数 \\ -\frac{1}{n^2\pi^2 d^2}, & n = 奇数 \end{cases} \tag{1-20}$$

函数的连续空域特性如图 1-30 所示。

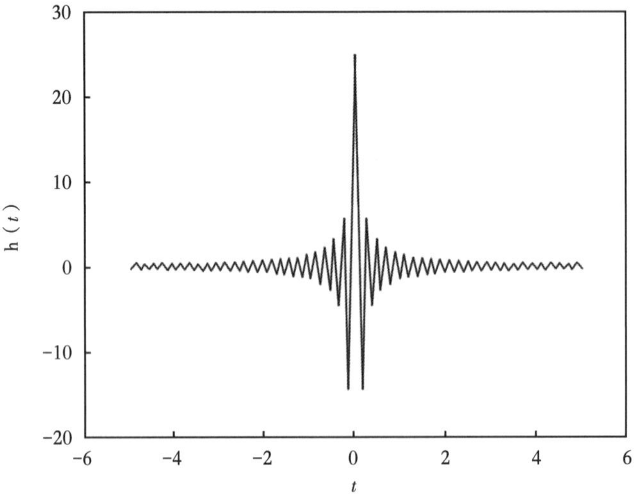

图 1-30　冲激函数连续空域特性

通过式（1-20），我们可以看到它形式简单，实用性强，用它来重建的图像轮廓上清楚。但是也有缺点，有吉布斯效应，表现为明显的振荡响应。此外，重建的图像容易受到噪声的影响。

$S-L$ 滤波函数缓解了 $R-L$ 滤波函数的不足，选择了不同的窗函数 w（ρ），所对应的滤波函数也不相同。该滤波函数所对应的系统函数为：

$$H_{S-L}(\rho)=|\rho|\operatorname{sinc}\left(\frac{\rho}{2B}\right)\operatorname{rect}\left(\frac{\rho}{2B}\right)=\left|\frac{2B}{\pi}\sin\frac{\pi\rho}{2B}\right|\operatorname{rect}\left(\frac{\rho}{2B}\right) \tag{1-21}$$

这里的 B 以及 $\operatorname{rect}\left(\frac{\rho}{2B}\right)$ 的含义与 $R-L$ 滤波器中的一样。它的冲激响应函数为：

$$\begin{aligned} h_{S-L}(x_r) &= \int_{-B}^{B}\left|\frac{2B}{\pi}\sin\frac{\pi\rho}{2B}\right|e^{i2\pi\rho x_r}d\rho \\ &= \frac{1}{2}\left(\frac{4B}{\pi}\right)^2\frac{1-4Bx_r\sin\left(\frac{\pi}{2}\cdot 4Bx_r\right)}{1-(4Bx_r)^2} \end{aligned} \tag{1-22}$$

同上述 $R-L$ 滤波函数一样，可得到冲激函数离散化形式为：

$$h_{S-L}(nd)=\frac{-2}{\pi^2d^2(4n^2-1)} \qquad (n=\cdots-2,\ -1,\ 0,\ 1,\ 2,\ \cdots) \tag{1-23}$$

函数的空域特性如图 1-31 所示。

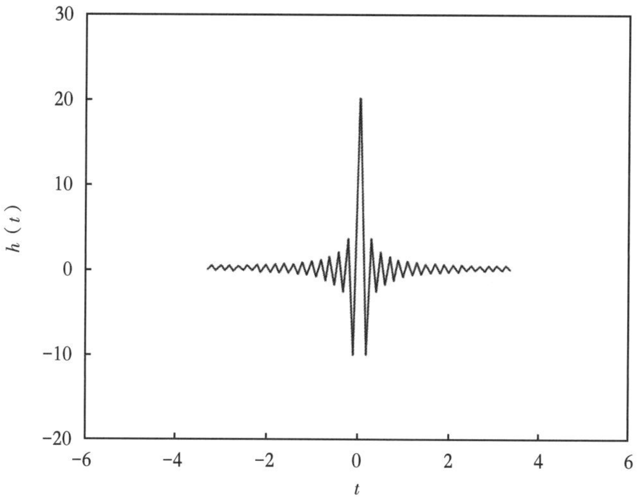

图 1-31　函数空域特性

利用 $S-L$ 滤波函数来重建图像的优点是，振荡响应小，而且在投影数据有噪声的条件下，它的重建质量也较 $R-L$ 好，但是在低频段上，$R-L$ 滤波函数的重建质量相对较高。

2）*扇形束滤波反投影算法*

由于扇形束 CT 系统探测器阵列方式有圆弧形和直线型，这样扇形射线就分为等角型和等间距型，相应的重建算法就有等夹角型和等间距型扇形束滤波反投影算法。如

图 1-32所示。

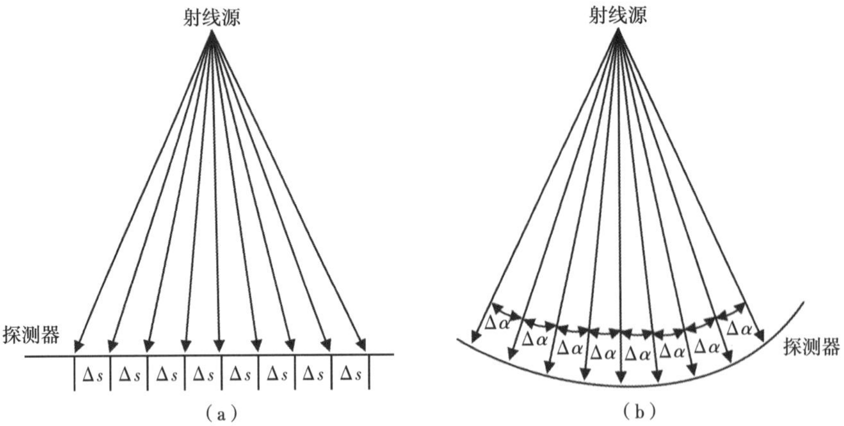

图 1-32　等夹角型 FBP 算法（a）与等间距型 FBP 算法（b）

下面将对两种方法分别讨论。

（1）等夹角扇形束滤波反投影算法。

等夹角扇形束的参数关系图如图 1-33 所示。其中，$f(\gamma, \theta)$ 为扇形区域内部物体，S_0 为射线源，弧线 D_1D_2 为探测器所在位置，D 为射线源到中心的距离，S_0D_0 为中心射线，扇形的位置由 S_0D_0 和夹角 β 决定，任一条射线 S_0E 由 γ 决定，由于坐标系固定，因此射线位置就取决于 (γ, β)。设投影函数为 $p(\gamma, \beta)$，通过投影函数重建图像 $f(\gamma, \theta)$。

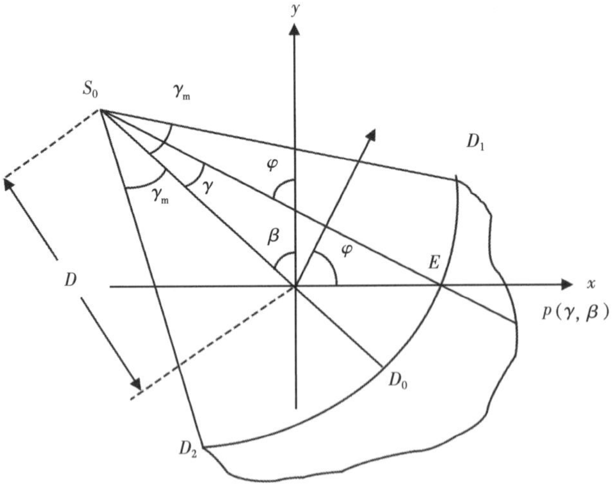

图 1-33　等夹角扇形束参数关系图

扇形束的 FBP 重建算法可由平行束的 FBP 重建算法推导出来。首先，将公式变换得到：

$$\hat{f}(r, \theta) = \int_0^{2\pi} \frac{1}{L^2}[p(\gamma, \beta)D\cos\gamma] \frac{\gamma^2}{2\sin^2\gamma} h(\gamma) \big|_{\gamma=\gamma_0} \mathrm{d}\beta \tag{1-24}$$

式中，$L=\sqrt{D^2+r^2+2Dr\sin(\beta-\theta)}$；$\gamma_0=\arcsin\frac{r\cos(\theta-\beta)}{L}$；$(r,\ \theta)$ 为物体断层内任一点的极坐标。

通过式（1-24）可以看出，扇形束的 FBP 重建算法是对平行束 FBP 重建算法的加权与修正。

（2）等间距扇形滤波反投影算法。

等间距扇形束参数关系图如图 1-34 所示。同样的，$f(\gamma,\theta)$ 是扇形区域内部的物体，线段 D_1D_2 为探测器所在位置，S_0B 为任意射线，D 为射线源与中心距离，由于坐标系固定，这样 S_0B 由（β，s）确定。D_1D_2 同样是虚拟探测器。设投影函数为 $p(s,\beta)$，现利用关系求重建图像 $f(\gamma,\theta)$。

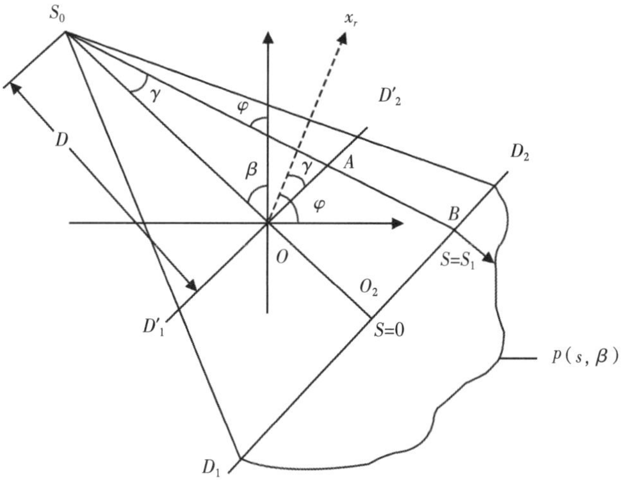

图 1-34 等间距扇形束参数关系图

同等夹角扇束 FBP 重建表达式推导过程一样，由于平行束的数据与扇形束的数据不同，只需将一些变量修改，经过变换，最后得到的等间距扇束 FBP 重建算法的表达式为：

$$\hat{f}(r,\ \theta)=\int_0^{2\pi}\frac{1}{U^2}p^e(s,\ \beta)g(s)\mathrm{d}\beta \tag{1-25}$$

式中，$U=\frac{D+r\sin(\beta-\theta)}{D}$；$p^e(s,\ \beta)=p(s,\ \beta)\frac{D}{\sqrt{D^2+s^2}}$ 是等效投影；$g(s)=\frac{1}{2}h(s)$，$(r,\ \theta)$ 为断层内任一点极坐标。

第二章　CT 扫描实验平台

目前用于油气田开发实验的 CT 类型包括医疗 CT、工业 CT 中的微米 CT 及纳米 CT。医用 CT 可以扫描的样本尺寸大、能量高、扫描时间短，通过扫描获取的参数值（*CT* 值）可以计算岩石和流体的相关参数，常用于岩心描述、非均质性表征及驱替实验中岩石流体性质的实时动态监测中；但图像分辨率不高，对石油领域的扫描也没有针对性的配套设备及分析软件。微米 CT 和纳米 CT 可以直接扫描获取高分辨率的岩石的三维图像，通过图像分析法计算孔隙和喉道的大小、分布、连通性等信息；但是这两种 CT 可以扫描的岩石样本尺寸很小，选取的分析区域代表性不强；图像分析受人为因素干扰，准确性和重复性不高；另外，扫描时间很长，无法实时监测岩石内流体的动态运移过程。因此，针对不同的研究需要，需因地制宜地选用不同的 CT 设备；同时，由于没有成熟的集成化实验平台，也需在现有实验装置上进行改造，包括配备相应的硬件模块，以及选用相匹配的数据分析软件等。

本章重点介绍应用于岩石、流体分析的 CT 扫描实验平台的组成、特点及配套数据分析软件的应用。

第一节　应用于岩石、流体分析的 CT 设备

一、医用 CT 设备

1. 医用 CT 设备的特点

医用 CT 的检测对象是人体各种组织，是为人体而设计的，CT 结果可以为医生诊断病情提供重要指导。由于接受高能、长时间的 X 射线辐射会对人体造成损伤，因此医用 CT 设备必须具备一定的安全性。医用 CT 结构布局上也要进行一些人性化的设计，在方便对人体进行扫描的同时也要保证一定的舒适度。随着人们生活水平提高和医疗意识的增强以及 CT 在临床诊断领域的使用范围不断扩宽，CT 已经作为一种常见的病理检测手段，检测量的增多也给医院内的 CT 设备的运行带来压力，所以新一代医用 CT 设备也在着力提高扫描效率以满足使用需求。总的来讲，医用 CT 设备主要具有以下特点：

（1）低剂量高清 CT。医用 CT 的能量比较低，一般在 160kV 以下，因为它需要考虑人体的承受能力，不能让 CT 损害到人体的健康，在低 X 辐射剂量的同时产生高清影像一

直是医用 CT 设备发展的目标。现在一些医用 CT 设备已经拥有一套完整的高清影像链，包括宝石探测器、动态变聚焦球管、ASIR 技术，使之可以在降低剂量的同时产生高清影像。

（2）高分辨率。由于人体组织结构复杂，要求医用 CT 必须具备一定高的分辨率，以准确反映人体组织的病变情况。高分辨率的 CT 检测结果有助于医生对患者的病情做出准确的判断，提高临床诊断的成功率。

（3）化学成分定量分析。医用 CT 设备可以对人体某一组织进行能谱成像，医生可以利用该能谱成像分析人体的化学组成，进行更准确的病理分析。

（4）定位精确。准确定位对于临床诊断具有重要意义，医用 CT 配备的超大患者扫描孔径可通过提高患者定位时的灵活性，来缩短整体定位时间，同时可在整个扫描视野（FOV）中保持 *CT* 值的连续完整性。CT 成像平面和激光标记平面技术结合后，可以提供精确的空间定位精度。

（5）快速扫描。尤其是做心脏 CT 扫描时，如果扫描时间过短，心肌的运动会造成运动伪影，给临床诊断造成不便；同时，低的扫描速率会延长扫描时间，降低扫描效率。因此，医用 CT 设备必须具备一定的扫描速率才能满足使用需求，现有的医用 CT 设备扫描速率大幅提高，部分已经达到 0.27s/360°的快速扫描。

（6）单器官一站式成像。为了便于医院的实际使用需求，一般医用 CT 通过一次对比剂注射、容积轴扫和非对称采样技术，就可以完成心脏、颅脑、肝脏、肾脏、胰腺等单器官的解剖成像。

（7）舒适度要求。医用 CT 的检测对象是人，须满足方便进行检测、在结构布局上具有一定的美感、噪声低、扫描时间短、操作便捷等要求，整体上提高使用舒适度。

2. 典型医用 CT 设备

CT 技术在医用领域发展最广泛和全面，CT 机已成为所有医院的通用设备。而对岩石内流体流动过程的实时监测，并没有专用的 CT 装置，国内外的研究主要在医用 CT 机上进行改造完善和升级。目前医用 CT 设备主要有 GE、Philips（飞利浦）、Siemens（西门子）、Toshiba（东芝）四大品牌，下面将对这几家的经典设备做一简单介绍。

1）GE 品牌医用 CT 设备

GE 医疗集团旗下的 Revolution CT 自 2014 年 12 月 1 日在北美放射学年会推出之始就引起全球放射学界的轰动。这款将“能谱”“宽体”“速度”三合一的产品，打造了 CT 覆盖范围、速度、图像质量、辐射剂量、能谱和扫描舒适性的业界新典范，仅通过一次扫描就能获得低剂量高清解剖和功能图像（图 2-1）。Revolution CT 产品中，与岩石和流体分析中有关的主要特点包括：16cm 纵向覆盖范围，256 排宽体宝石探测器；0.23mm 空间分辨率；29ms 单扇区时间分辨率；80cm 超大孔径静音扫描；X 射线辐射剂量、低对比剂用量；大范围高清成像；多物质能谱分析；强大硬件平台衍生出的先进扫描序列，可提供连续 160mm 大范围、多轴位扫描以及心脏轴扫结合快速螺旋扫描两种 TAVI 检查的模式，得到丰富的信息。

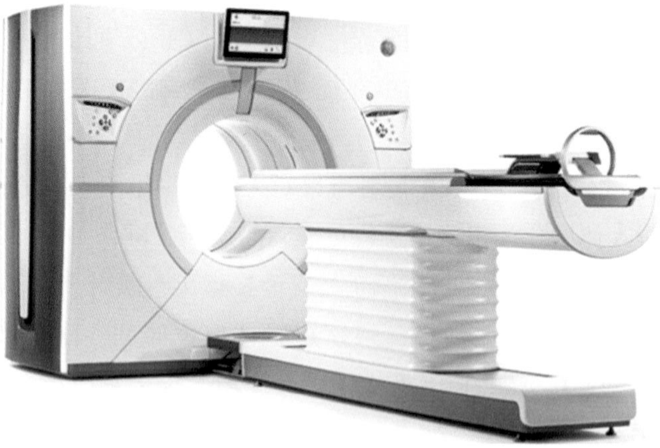

图 2-1　GE Revolution CT

另外，GE 最新推出的 Optima CT680 自由心率 128 层 CT 移植了超高端宝石 CT 平台，并搭载 SSF 智能冠脉追踪冻结技术，通过稳定无偏移地追踪拍摄高速运动的物体，减少运动中的相对速度造成的运动伪影，突破了 64 排 128 层 CT 在冠脉成像心率控制方面的瓶颈，达到自然心率的高清成像，极大提高心脏扫描的精准度和检查的成功率（图 2-2）。凭借视网膜探测器和 ASiR2.0 技术，Optima CT680 能降低 60%～70%的辐射剂量，实现全身超低剂量下的高清成像，同时也减少扫描次数。

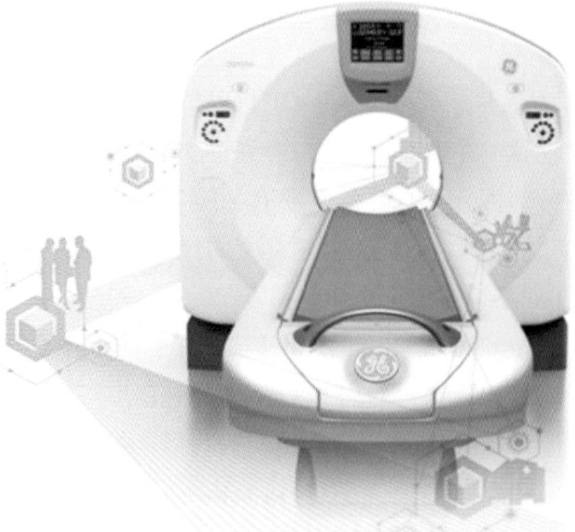

图 2-2　GE Optima CT680 自由心率 128 层 CT

2）Philips 品牌医用 CT 设备

Philips 公司的经典产品是 Brilliance CT Big Bore CT 扫描仪（图 2-3）。Brilliance 大孔径 CT 扫描仪专门为 CT 模拟定位系统量身定制，并为其专门设计工作流程。与岩石和流体分析中有关的主要特点包括：定位精确，具有真正的 60cm 超大扫描视野（SFOV），可在整个扫描视野（FOV）中保持 *CT* 值的连续完整性，适合大的扫描范围，该系统在 CT 成像平面和激光标记平面之间提供了精确的空间定位精度，误差小于 2mm，使用灵活，甚至可用于复杂的模拟定位设置，来缩短整体定位时间。金属伪影去除技术（Orthopedic Metal Artifact Reduction，O-MAR）可减少较大骨科植入物造成的伪影，iDose^4 低剂量迭代重建平台可通过降噪和提高空间分辨率来提高图像质量，Brilliance CT Big Bore CT 扫描仪将这两项技术相结合，在实现高图像质量的同时减少了伪影。

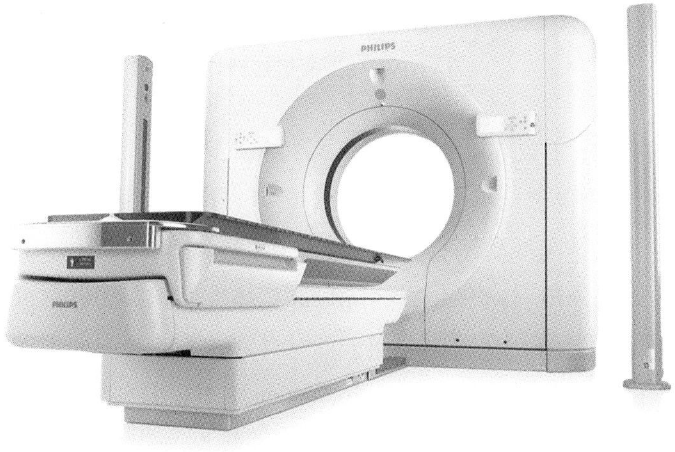

图 2-3　Philips Brilliance CT Big Bore CT 扫描仪

3）Siemens 品牌医用 CT 设备

SOMATOM Force 是西门子 SOMATOM 系列双源 CT 的高端设备（图 2-4）。SOMATOM Force CT 的球管可提供 0. 4mm×0. 5mm 小焦点，球管可在 70kV 下提供 1300mA 球管电流，在 0. 25s 双球管快速扫描情况下，可提供 66ms 时间分辨率，在 Turbo Flash 螺旋扫描模式下可实现螺距为 3. 2 的快速扫描，图像重建系统可每秒重建 60 幅图像，可完成双能量心脏扫描。开源 CT 系统集成整合了两套数据采集系统，包括全新发明的 Vectron 球管和 StellarInfinity 全息光子探测器，基于全新的 ADMIRE 迭代成像过程；高速—系统提供独有的大螺距 Turbo Flash 超级炫速螺旋扫描模式，扫描速度高达 737mm/s，机架旋转时间为 0. 25s/圈，单扇区物理时间分辨率为 66ms。Turbo Flash Spiral Cardiac 模式可在一次心跳内完成心脏扫描，其单幅轴向图像的时间分辨率为旋转时间的 1/4；选择性光子屏蔽，可以增强 Dual Energy CT 检查中的能量分离效果，降低最终的辐射剂量，并有助于降低噪声，还可提高无造影剂应用程序的剂量效率。

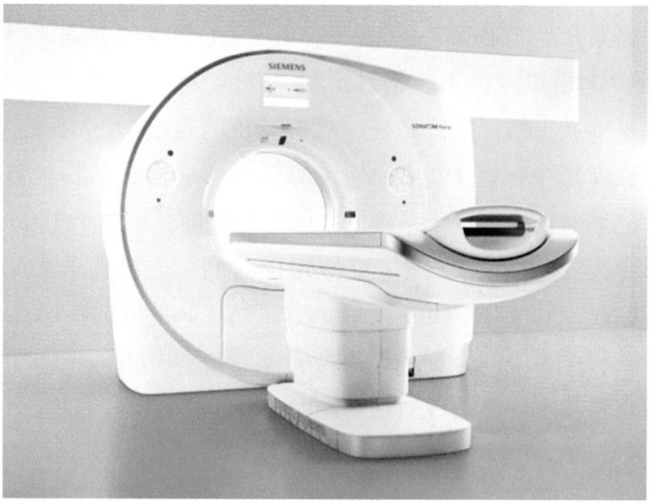

图 2-4　Siemens SOMATOM Force X 射线计算机体层摄影设备

4）Toshiba 品牌医用 CT 设备

Toshiba 公司的经典产品是 Aquilion^{TM} ViSION 系列（图 2-5）。与岩石和流体分析中有关的主要特点包括：320 排闪烁晶体 GOS 探测器；0.275s/360°的扫描速度；137ms 的时间分辨率；0.50mm 的空间分辨率；一次曝光 160mm 宽体大面积探测器可以仅用一次曝光覆盖整个样品；整个样品可以在同一时间扫描，可以得到完美的各向同性的多平面重建和三维重建图像；AIDR（ Adaptive Iterative Dose Reduction ）3D 增强技术，超高速扫描可以大大降低造影剂用量和射线剂量，同一相位仅用一次非螺旋容积扫描就可以得到均匀强化的、没有任何伪影的图像信息。超快扫描速度和超精细采集精度相结合，是目前 CT 市场上唯一实现仅需 0.27s 即可旋转一圈，同时采集 16cm 超宽覆盖范围内的超精细 0.5mm 图像数据的产品。

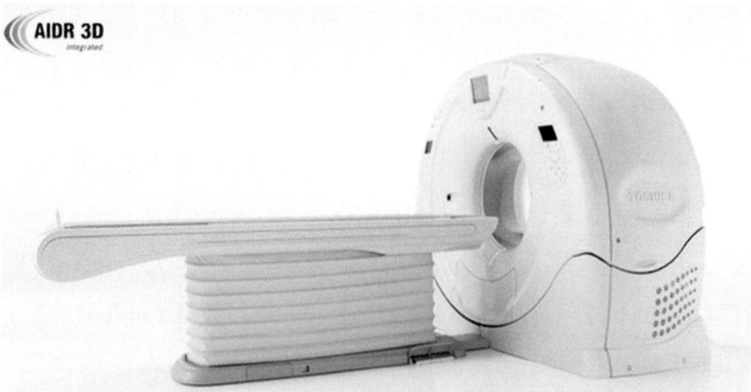

图 2-5　Toshiba Aquilion^{TM} ViSION CT

3. 适用于岩石流体分析的医用 CT 设备

岩石 CT 扫描驱替实验，应用 CT 机的主要部件是 X 射线发射源，即球管。在医用 CT 设备中，球管旋转，而被测人或物体不动，因此特别适用于驱替实验流程的搭建。因为阀门管线夹持器等复杂配件在扫描过程中仅仅是平行移动，不涉及翻转。而决定扫描的时间则由探测器的层数、每层探测器的个数等参数共同决定。在医用 CT 中，只有针对人体不同部位的扫描模式，对岩石、流体的扫描可借鉴医用案例。一般情况下，由于岩石密度较高，对岩石的扫描可参考对人体骨骼的扫描案例；而对于流动实验中流体的监测，在很短的时间内完成扫描才能保证测试的精度，可参考对心脏、血管等的扫描案例。图 2-6 所示为医用 CT 扫描模式。

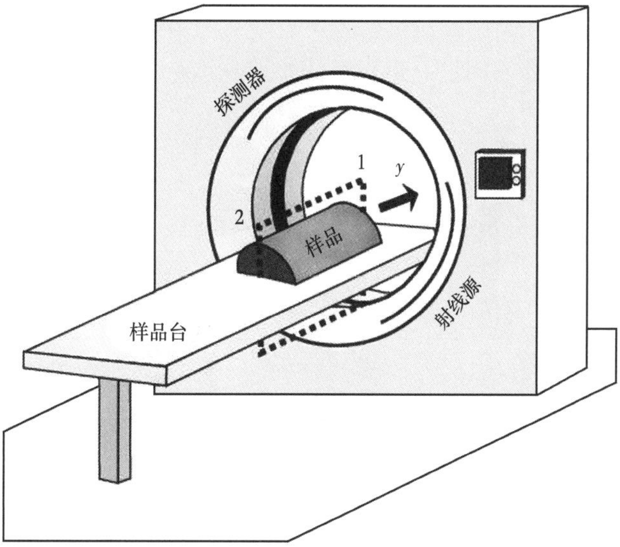

图 2-6　医用 CT 扫描模式

医用 CT 的扫描方式通常包括轴向扫描、螺旋扫描、锥形扫描三种。这三种扫描方式的原理介绍已在第一章第三节介绍。考虑到实验用岩心多为圆柱形或方形等规则对称形状，轴向扫描和螺旋扫描两种扫描方式更为适用。为考察不同的扫描方式对实验结果的影响，选取了两块不同的岩心，一块均质性好，另一块均质性不好，分别在轴向和螺旋两种方式下进行扫描。实验结果如图 2-7 所示。从实验结果来看，采用轴向扫描可提供岩心完整的层面信息，但扫描时间较长，此扫描方式适用于均质性差的岩心或岩心的精细结构描述；螺旋扫描会丢失 1/2 以上的信息，但扫描速度快，适用于均质性好的岩心或用时很快的动态驱替实验。

CT 球管的电压决定了 X 射线的发射能量，并与 *CT* 值有直接关系。医用 CT 通常有 80kV，100kV，120kV 和 140kV 四组电压值可选。图 2-8 所示为不同扫描电压下物质的 *CT* 值，从结果来看，扫描电压对空气，纯水、油的 *CT* 值影响不大，只对添加剂的 *CT* 值有

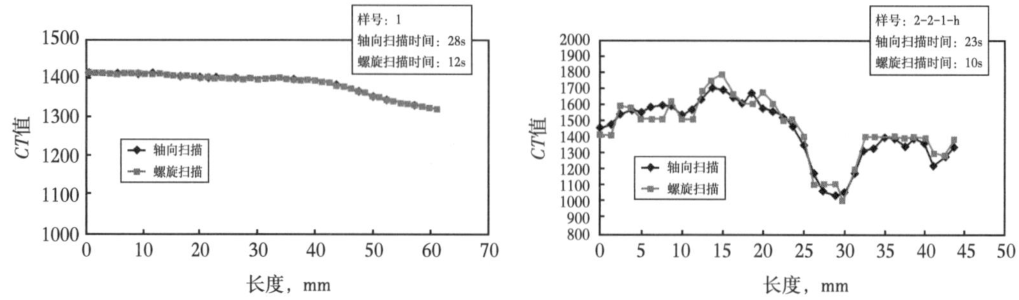

（a）均质性好　　（b）均质性差

图 2-7　不同扫描方式的实验结果

影响。高的扫描电压会提高空间分辨率，适用于岩心的结构表征；低的扫描电压会提高密度分辨率，适用于岩心参数的测量。扫描电流不改变 *CT* 值，只提高扫描精度，但过高的电流会缩短球管的使用寿命。选取最佳的扫描电压、电流也会提高饱和度测量的精确度。

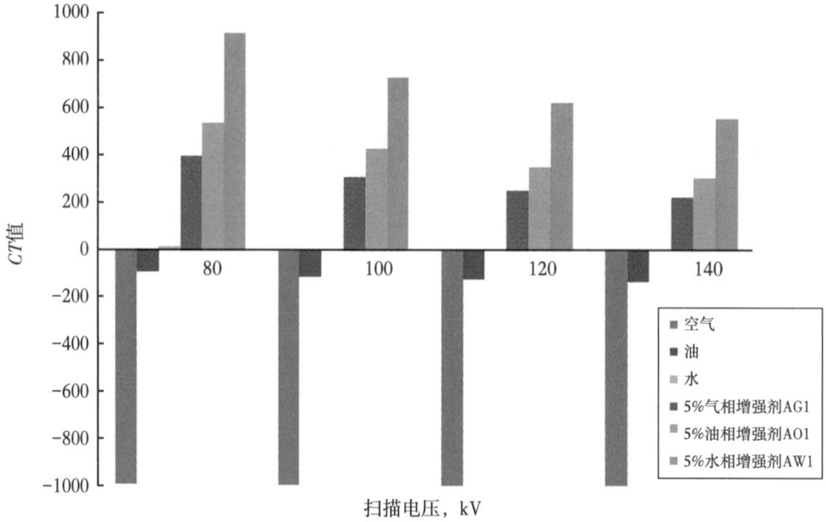

图 2-8　不同扫描电压下各物质的 *CT* 值

通常情况下，水的 *CT* 值在 0 左右，油的 *CT* 值在-200～-50。空气的 *CT* 值虽然为-1000，但对于 CO_2 体系，CO_2 的 *CT* 值在-100～100。由于 *CT* 值相差不大，利用常规的 CT 扫描技术无法对多相（特别是 CO_2 体系）流体饱和度进行精确识别，必须在一相或两相中加入一定量的 CT 增强剂以提高每相间的 *CT* 值差别。对增强剂的选择，在液相中通常选用含有高原子序数原子的化合物，并考虑相似相溶原理，比如水相选择溴化钠、碘化钠等，油相选择溴代癸烷、碘化油等。而气相通常选用惰性气体，如氪气等。值得关注的是，传统的水相增强剂为碘化物，比如碘化钠。但碘化钠由于其化学性质的不稳定，在光照条件下极易按下述方式分解：

$$2NaI+2H_2O \xrightarrow{\text{光照}} 2NaOH+H_2\uparrow+I_2\downarrow$$

从实验结果来看，长时间放置的碘化钠水溶液会出现黄色沉淀，这是由于碘单质的析出，由此水相的 *CT* 值发生改变，实验结果产生误差。所以对于较长时间的驱替实验来说，水相增强剂最好选用更加稳定的溴化物，图 2-9 所示是碘化钠和溴化钠稳定性比较结果。

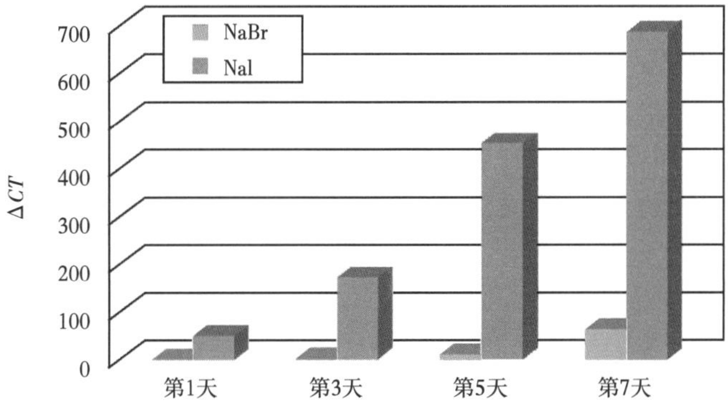

图 2-9　不同增强剂对水溶液 *CT* 值的影响

另外，传统的方法都是只在水相中添加增强剂，对于三相流体饱和度的识别，需要在两相中都加入增强剂以提高分辨的效果。通过筛选，稳定的油相增强剂可使油相 *CT* 值提高 2~3 个数量级，稳定的气相添加剂可使高 *CT* 值的气提高 2 个数量级（图 2-10）。

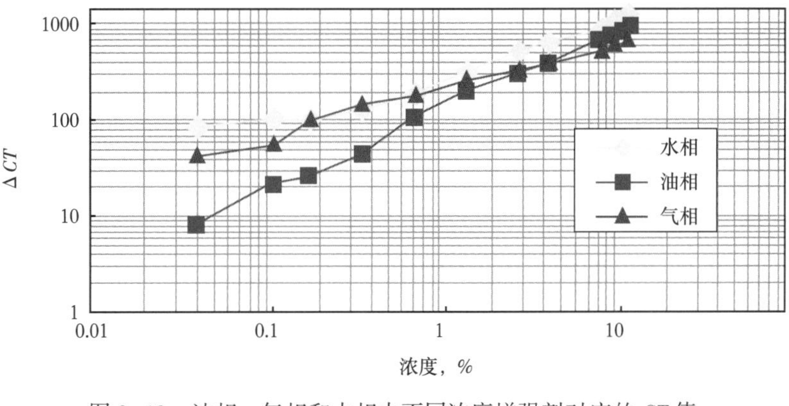

图 2-10　油相、气相和水相中不同浓度增强剂对应的 *CT* 值

二、工业 CT 设备

1. 工业 CT 设备的特点

工业 CT 是把所检测断层孤立出来成像，避免了其余部分的干扰和影响，其断层图像是通过数学方法得到的，并非直接应用穿过断层的射线在成像介质上成像。一般辐射成像是将三维物体投影到二维平面成像，各层面影像重叠，造成相互干扰，不仅图像模糊，且

损失了深度信息。所以与常规的射线检测技术相比，工业 CT 技术有独到的优点：一是工业 CT 给出断层扫描图像，从图像上可直观地看到目标细节的空间位置、形状、大小，感兴趣的目标细节不受周围细节特征的遮挡，空间分辨率高；二是工业 CT 没有其他透视照相法普遍存在的图像混叠与模糊，密度分辨率比常规的射线检测技术高两个数量级，高质量的 CT 图像可达 0.1%甚至更高；三是工业 CT 断层图像是数字化的图像，因此可直接得到像素值、尺寸等信息，还有数字化图像便于存储、传输、处理、分析与测量。工业 CT 因其特有的优点和突出的实用价值，已广泛运用于航空、航天、地质勘探、军工、核电、生物工程、机械制造等许多领域。

工业 CT 和医用 CT 的区别可以在技术指标侧重点、检测范围、剂量和能量进行对比，具体如下：

（1）技术指标侧重点差异。工业 CT 的检测对象主要是工业产品，比如电子器件和零件等，而医用 CT 主要是针对的生物体，也就是人。工业 CT 更强调空间分辨率、密度分辨率，医用 CT 在强调分辨率同时更希望减小照射时间。

（2）检测范围的差异。工业 CT 可完成：①缺陷检测、定位与特性描述；②各部件相对位置的确定；③确定物体的密度梯度，评价均匀性；④尺寸和公差的精密测量，定量分析；⑤动态在线检测。医学 CT 仅能完成其中①②两项检测。

（3）能量方面的不同。工业 CT 的覆盖率比较广，它的能量最高可以达到 15MeV；而医院里面的医用 CT 的能量比较低，大概是在 160kV，因为它需要考虑人体的承受能力，不能让 CT 损害到人体的健康。

（4）剂量方面的不同。在工业领域使用工业 CT 的时候，通过都会有很好的防护措施，这样使用的剂量就比较大了，而且图像的质量也比较好；而医用 CT 使用的剂量就比较小了，因为医院要考虑到辐射对人体的伤害尽量小。

2. 典型工业 CT 设备

上文对工业 CT 和医用 CT 的特点做了比较，而工业 CT 更多应用于非生命物质的扫描。在石油领域工业 CT 应用比较广泛，根据图像分辨率的需求主要使用的是微米 CT 及纳米 CT。目前石油领域常用的工业 CT 产品主要包括 Zeiss（蔡司）公司、GE 公司、Bruker（布鲁克）公司、Sigray 公司以及三英公司，下面将对这几家的经典设备做一简单介绍。

1）Zeiss 公司工业 CT 设备

Zeiss 公司的高分辨 3D X 射线显微镜中，在石油行业应用最广泛的是 Xradia Versa 系列产品。以该系列前沿产品 Xradia 610 & 620 Versa CT 为例，该设备基于高分辨率和衬度成像技术，采用光学和几何两级放大，同时使用可以实现更快亚微米级分辨率的高通量 X 射线源（图 2-11）。最高空间分辨率 500nm，最小体素 40mm，大工作距离下高分辨率成像技术（RaaD）能够对尺寸更大、密度更高的样品（包括零件和设备）进行无损高分辨率 3D 成像。此外，可选配的平板探测器技术（FPX）能够对大体积样品（达到 25kg）进行快速宏观扫描，为样品内部感兴趣区域的扫描提供了定位导航。图像采集技术可实现对大样品或不规则形状样品的高精度扫描，并运用机器学习算法进行样品的后处理和分割。具备原位成像功能，在受控环境下对样品微观结构的动态演化过程进行无损表征。

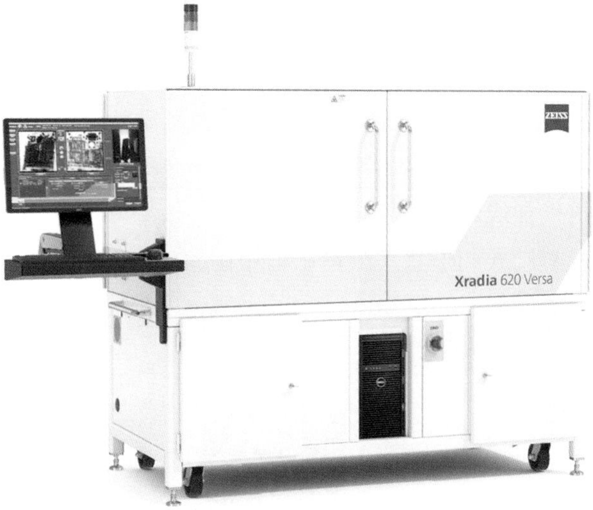

图 2-11　Xradia 610 & 620 Versa CT

2）GE 公司工业 CT 设备

GE 公司除医疗 CT 外，也生产工业 CT。其中在石油行业应用最广泛的是 phoenix 系列产品。以该系列的工业微米 CT phoenix v｜tome｜x s CT 为例，该设备为多功能的高分辨率系统，用于二维 X 射线检测和三维计算机断层扫描（Micro CT 与 Nano CT）以及三维测量（图 2-12）。为达到高度的灵活性，可从 180kV/15W 高功率 Nanofocus X 射线管和

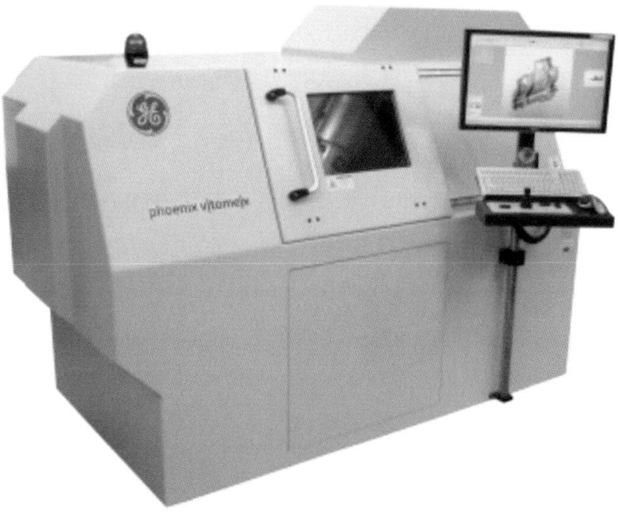

图 2-12　GE phoenix v｜tome｜x s CT 系统

240kV/320W 的微焦点管二者中选择，这种独特的组合可应用于对低吸收材料的极高分辨率扫描以及对高吸收物体的三维分析。在这两种模式下分辨率可分别达到小于 1μm 和 0. 2μm。高分辨率 CT 系统以微观分辨率提供岩石样本、粘合剂、胶合剂和空洞的三维图像，并帮助辨认特定的样本特征，如含油岩石中空洞的大小和位置。

3）Bruker 公司工业 CT 设备

Bruker 公司的 SKYSCAN 系列的高分辨率 CT 可应用于石油行业。其中 SKYSCAN 2214 高分辨率 CT 是 Bruker 推出的新纳米断层扫描系统，样品尺寸可达 300mm，分辨率（像素尺寸）可达 60nm（图 2-13）。金刚石窗口 X 射线源，焦斑尺寸小于 500nm。对地质、石油和天然气勘探，可提供常规和非常规储层全尺寸岩心或感兴趣区的高分辨率成像；测量孔隙尺寸和渗透率，颗粒尺寸和形状；测量矿物相在 3D 空间的分布；原位动态过程分析。

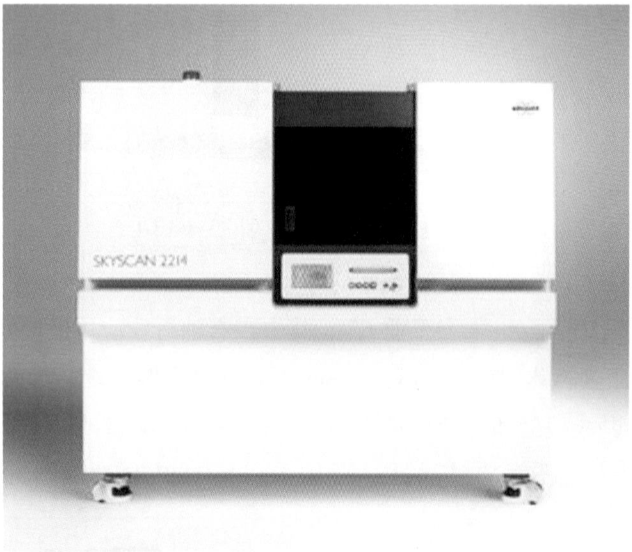

图 2-13　SKYSCAN 2214 高分辨率 CT

4）Sigray 公司工业 CT 设备

Sigray 公司的 TLY microXRM 是亚微米分辨率、基于 Talbot-Lau 光栅干涉相位衬度成像的三维 X 射线显微镜（图 2-14）。TLY microXRM 的关键技术是 Talbot-Lau-Yun 相位成像和探测架构，包括 Sigray MAASTTM 矩阵阵列阳极 X 射线源、二维相位光栅、创新的高效 X 射线探测器，实现了基于 Talbot-Lau 效应的高速成像——一次扫描、双向成像、三种衬度（吸收衬度、相位衬度和散射衬度），空间分辨率高达 300nm，而且还可进行准单色 X 射线成像。

5）三英公司工业 CT 设备

三英公司的 nanoVoxel 系列显微 CT 是基于微焦点 X 射线的高分辨率 CT 成像系统，可以达到亚微米级分辨率。nanoVoxel-5000 具有高功率反射式 X 射线源，大成像面积探测器，

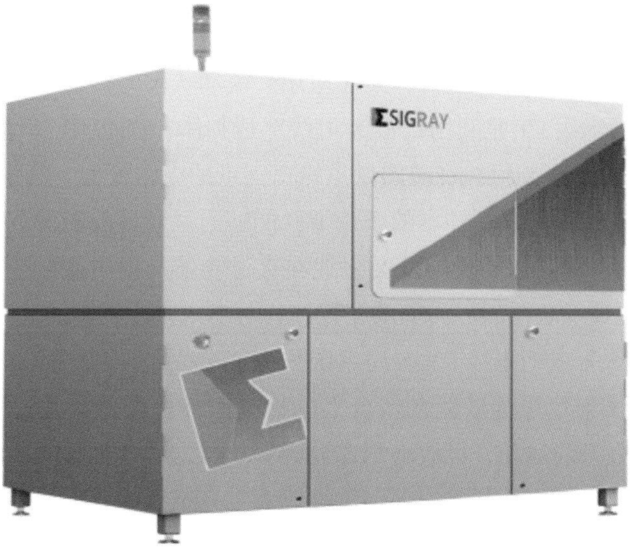

图 2-14　TLY microXRM 三维 X 射线显微镜

可选配纳焦射线源和物镜耦合探测器，螺旋、偏置、有限角等多种扫描模式（图 2-15）。可以搭配高达 300kV 的微焦点射线源，可以确保样品穿透前提下实现高精度检测能力，满足中高密度、大尺寸样品的高分辨检测需求。选配物镜耦合探测器实现大工作距离下的高分辨率成像，最高分辨率可以达到 0.5μm；选配纳焦射线源，形成双源系统，加强系统高分辨测试能力。

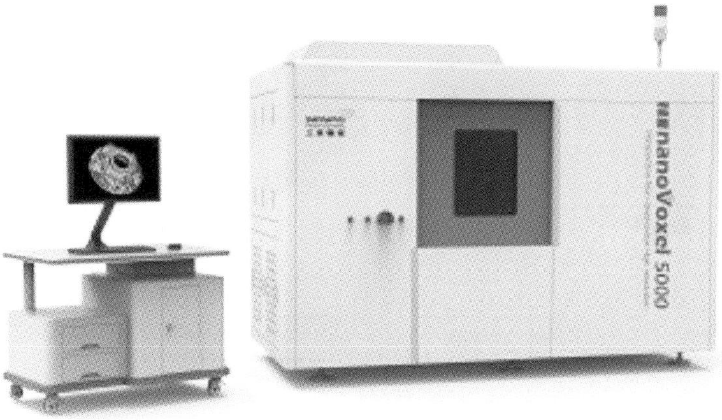

图 2-15　nanoVoxel-5000 高分辨率 CT 成像系统

3. 工业 CT 设备扫描岩石的实验过程

通常情况下，工业 CT 的球管和探测器都是固定的，只有被测物体在旋转；同时，扫描时间比较长，所以对要求实时扫描监测的驱替实验不适用，而多用于岩石的孔隙结构表征。目前根据需求，通过设计流程、研制特制岩心夹持器等（将在本章第三节介绍），高精度的微米 CT 可用于流动实验的扫描，但仅限于原位测试；纳米级的 CT 由于实验试样尺寸太小，一般只用于孔隙结构表征，无法应用于流动实验的扫描。

X 射线微米或纳米级 CT 是利用锥形 X 射线穿透物体，通过不同倍数的物镜放大图像，由 360°旋转所得到的大量 X 射线衰减图像重构出三维的立体模型。利用微米或纳米 CT 进行岩心扫描的特点在于：不破坏样本的条件下，能够通过大量的图像数据对很小的特征面进行全面展示。由于 CT 图像反映的是 X 射线在穿透物体过程中能量衰减的信息，因此三维 CT 图像能够真实地反映出岩心内部的孔隙结构与相对密度大小。

典型的 X 射线微米或纳米级 CT 布局系统如图 2-16 所示。X 射线源和探测器分别置于转台两侧，锥形 X 射线穿透放置在转台上的样本后被探测器接收，样本可进行横向平移、纵向平移和垂直升降运动，以改变扫描分辨率。当岩心样本纵向移动时，距离 X 射线源越近，放大倍数越大，岩心样本内部细节被放大，三维图像更加清晰，但同时可探测的区域会相应减小；相反，样本距离探测器越近，放大倍数越小，图像分辨率越低，但是可探测区域增大。样本的横向平动和垂直升降用于改变扫描区域，但不改变图像分辨率。放置岩心样本的转台本身是可以旋转的，在进行 CT 扫描时，转台带动样本转动，每转动一个微小的角度后，由 X 射线照射样本获得投影图。将旋转 360°后所获得的一系列投影图进行图像重构后得到岩心样本的三维图像。与传统 X 射线成像相比，X 射线 CT 能有效地克服传统 X 射线成像由于信息重叠引起的图像信息混淆。

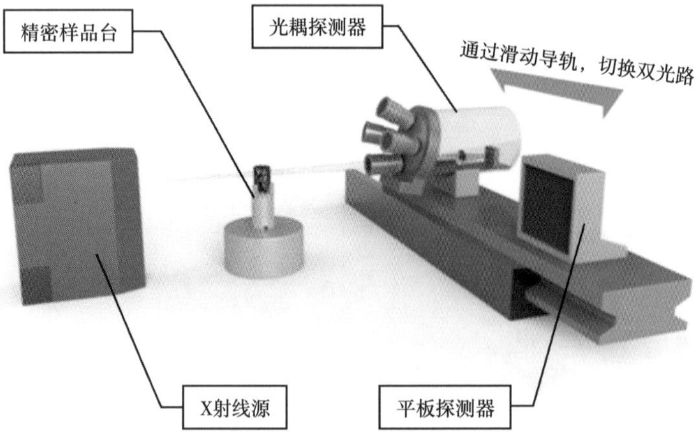

图 2-16　工业 CT 扫描模式

利用微米或纳米 CT 对岩石进行扫描，一般需要以下过程：

（1）仪器 X 射线源预热：仪器停机 4h 以上必须进行预热。

（2）将样品放置在样品台上，可借用仪器操纵杆及摄像头粗略放置样品。

（3）切换仪器镜头至低倍数镜头，设置 X 射线源电压及功率，使用连拍模式对样品进行拍摄，用低倍镜头选择样品上目标区域或感兴趣区域，确定可视区域的中心。

（4）切换仪器低倍数镜头至目标镜头，如有需要可重复步骤（3）来精确确定样品目标区域位置。

（5）移动 X 射线源及探测器位置，确定合理的扫描区域。X 射线源及探测器应尽可能靠近样品以获取最佳扫描图像。这一步骤中要注意样品不能与 X 射线源及探测器发生碰撞，必要时要通过旋转样品 360°来进一步确定扫描过程中样品与仪器不会发生碰撞。

（6）在相同参数下使用单拍获取样品及背景（无样品）图像，通过图像计算器计算射线穿透率，选择滤镜片并安装。

（7）调整电压（以选择滤镜时的电压为参考）及功率来获取最佳穿透率（经验值为 0.22~0.35）。

（8）确定图像单拍曝光时间，图像中心点接收的 X 射线光子数必须大于 5000（光子数越大越好，但是会增加曝光时间，而且对图像重构提供的帮助作用不明显，因此经验值一般为 10000 左右）。

（9）建立扫描程式并运行。扫描程式中包括添加图像扫描中心点，确定扫描角度、扫描张数、曝光时间、像素合并数量，选择阶段扫描张数及背景优化张数，选择扫描模式，填写扫描样品图像输出文件名，正确命名样品扫描信息，确定合适的保存路径。

（10）图像扫描结束后对扫描图像进行重构：打开 Reconstructor；寻找合适的中心偏移值；校准光束硬化；选择合适的平滑系数并且输出重构完图像。

第二节 压力温度控制系统

一、压力控制系统

无论采用医用 CT 进行实时扫描监测的驱替实验，还是微米 CT 流动实验原位测试，压力控制系统都是必不可少的。实际上，压力控制系统的实验流程的搭建和常规的流动模拟实验基本一致；但是，由于 CT 作为发射源的特殊性，在局部实验细节的设计上也有一些不同。

图 2-17 所示是一套完整的医用 CT 动态驱替实验平台的流程图，涉及压力控制的包括注入系统、围压系统及回压系统。由于 CT 源发射的 X 射线会被金属及高原子数物质强吸收产生干扰，所以在常规驱替实验中不锈钢材质的管线阀门及岩心夹持器将不能使用。通常情况下，管线和阀门应使用耐温耐压性好的聚醚醚酮树脂（PEEK）材质，而特制的岩心夹持器将在本章第三节详细介绍。同时围压液也应使用蒸馏水或煤油。

1. 注入系统

注入系统主要是给岩心内流体的驱动产生动力，精确控制流速或压力。因此，作为注

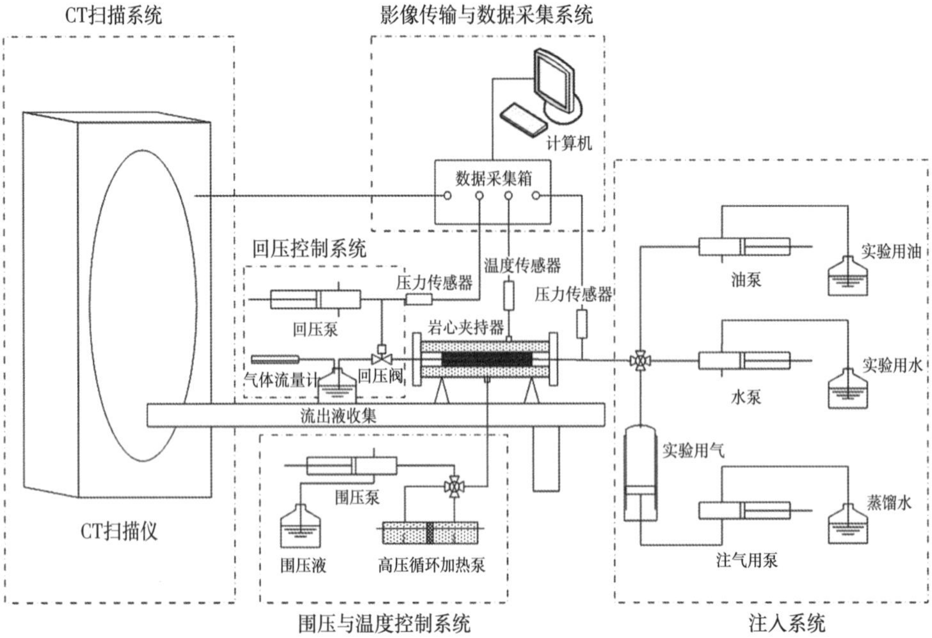

图 2-17　医用 CT 动态驱替实验平台流程

入系统的活塞泵主要具有以下特点：

（1）低流速和高精度。因为注入流体主要依靠岩石内部孔隙进行渗流，流速相对于同等尺寸级别的管流要小得多，所以注入泵对流速的要求较低，但相应地对精度要求就很高。根据岩心尺度、渗流能力不同，注入速度一般在 0.001～50mL/min，而在 CT 实验平台上进行的实验，流速通常不超过 10mL/min，精度则要求较高，需要达到最大流速的千分之五。

（2）稳定性和灵敏性。为了获取准确而可靠的数据，注入泵要保证在恒速或恒压注入过程中，压力、流速始终保持在一个可接受的范围，并且当渗流阻力发生变化时，泵要能够及时进行智能化修正，通过改变自身注入压力和速度，保证实际注入流体状态的稳定。

目前国内外注入活塞泵的生产厂商很多，也各有特点，以下介绍几个常用的注入活塞泵产品。

（1）Quizix 系列高压驱替泵。

Quizix 系列高压驱替泵是美国 Chandler 公司生产的产品，用于主要提供高精度流量或高精度恒定高压的液体或气体的驱替，与模拟地层压力不同条件的实验室仪器或装置配套使用，进行岩心渗透率的研究，用于提高原油采收率研究等。该产品也是多种仪器的配套装置，如高稳定性高压液相色谱、压力标定系统的高压源以及高压黏度计和高压反应系统的围压装置。可以根据实验需要选择具有不同的驱替压力、流量、温度、耐腐蚀程度以及黏度的泵系统，亦可选择一个至多个缸体的组合。

Q5000 系列是 Quizix 系列泵的第一个产品，现在已经成为驱替分析和相关应用的标准配置（图 2-18）。此系列凭借其无可比拟的稳定的恒流功能，轻松地担负起各种岩心分析工作的重任，成为各种驱替系统的首选核心设备。该系列设计了 6 个不同的型号，目前最广泛采用的型号是 Q5210，它的最大压力达 10000psi（69.9MPa/mL），最大流量为 15mL/min，而 Q5000 系列中的其他型号可以提供高达 20000psi（137.9MPa）的压力或高达 60mL/min 的流量。根据客户的不同要求，可提供用于不同温度范围，最高可达 285℃的型号；也可根据不同流体的性质，提供 SS316 不锈钢或 C-276 哈氏合金，或定制其他材料泵体；更可以根据实验的要求，提供单缸体至多缸体组合。

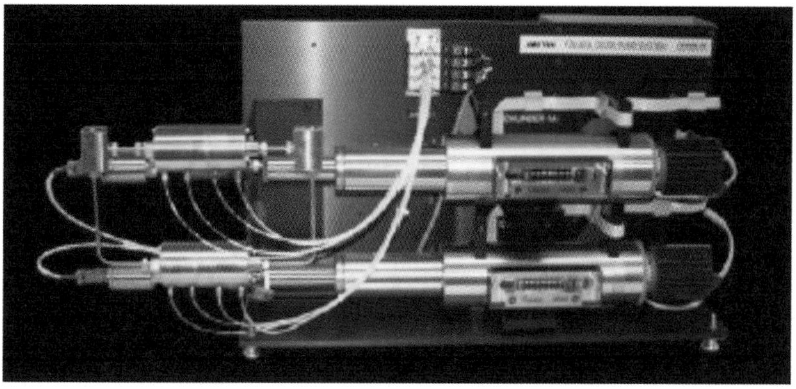

图 2-18　Quizix Q5000 系列高压驱替泵

另外，Quizix 还有 Q6000 系列和 QX 系列。Q6000 系列大体积高流速驱替泵（图 2-19）是专门设计为大体积或高流量的气体或液体驱替应用，最大流量可达 400mL/min，最高压力可达 206.8MPa，根据客户的不同要求，可提供用于不同温度范围，最高可达 285℃的型号；亦可根据不同流体的性质，提供 SS316 不锈钢或 C-276 哈氏合金。QX 系列小体积低流速驱替泵则设计用于流速、压力较小的体系中，可以节省空间。

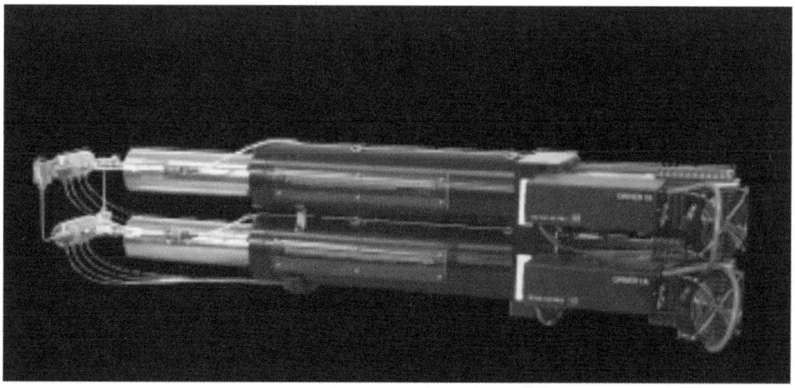

图 2-19　Q6000 系列大体积高流速驱替泵

（2）Isco 高压计量泵。

Isco 高压计量泵的应用范围非常广泛。Isco 泵可以泵送黏度高或低的材料，从液化气到焦油，流速范围从 1μL/min 到 400mL/min，压力可高达 20000psi（137.9MPa）。无论是处理微流还是大规模的试产，是泵送腐蚀性的液体还是需要在爆炸性环境中工作，Isco 泵依然可以提供准确、可靠的液体输送。除了标准配置，还可以根据客户的特殊要求，如流速、压力、管口尺寸、软件等，提供最合适的高压柱塞泵（图 2-20）。Isco 的可编程、多泵控制器能够很容易地和用户自己的系统结合，且提供强大的控制灵活度，控制模式包括单泵独立模式，双泵连续输送或接收方式以及多个三泵控制模式。

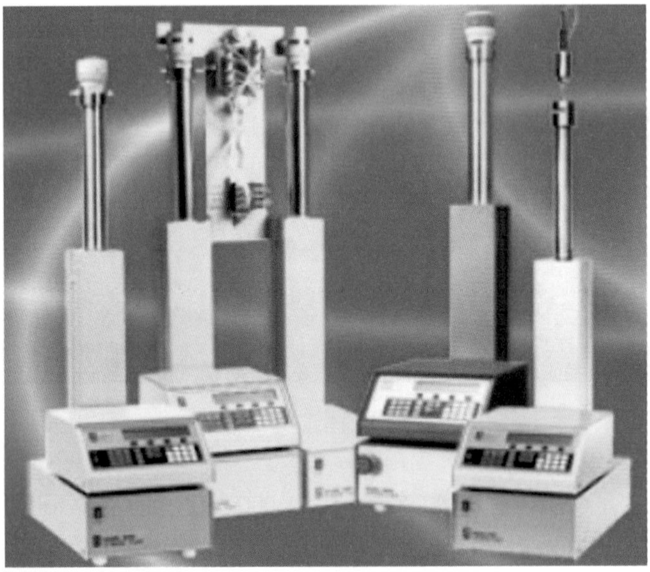

图 2-20　Isco 的高压高精度柱塞泵

（3）江苏海安恒速恒压泵。

江苏省海安县石油科研仪器有限公司生产的恒速恒压泵是一种高压柱塞泵，主要用于计量、石油和化工领域中的流体驱替、计量控制，是计量、岩心分析实验及相关研究工作的重要实验装备（图 2-21）。恒速恒压泵是一种为科研和小型生产装置提供高精度的流体和压力源的智能型仪器，广泛应用于石油、科研单位实验工作中对液体进行加压、排液以及压力试验、压力跟踪等场合，具有恒速、恒压两种工作模式以及相应模式下的多种不同工作方式。该泵包括立式、单板机控制、采用交流伺服系统，工作压力最高为 80MPa，每缸容积为 100mL，流量调节范围为 0.01～25mL/min。

2. 围压系统

围压系统主要是给胶套外包覆的流体提供压力，用以模拟地层压力，主要具有以下特点：

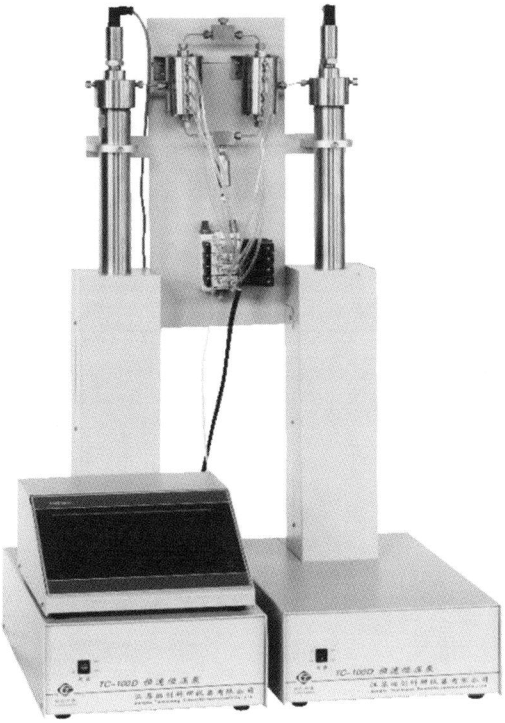

图 2-21　海安的恒速恒压泵

（1）大流速范围。围压控制需要控制围压的升降，因此围压泵需要提供正负流速。且围压液腔体普遍较大，要能够尽快补上围压需要较高流速。而当围压已经受控，需要进行精确调节时，又需要较小流速来保证围压变化的平缓。

（2）稳定性。围压对精度要求不高，但要求围压不能出现较大的变化，突然发生的围压变化有可能导致围压失效、应力敏感甚至产生内外流体交互导致实验失败。

（3）围压跟踪功能。较大的内外压差可能导致应力敏感，对于胶结程度较差的岩心更是可能出现碎、裂的情况。因此在一些高压实验中，围压不能直接使用实验最高压力，而是需要围压随着岩心内部压力的变化，保持围压始终高于岩心内部压力一定程度。

能提供围压的设备主要由泵完成。和需要精确控制压力及流速的注入泵相比，围压泵对精度的要求不高，因此典型的围压设备包括：

（1）手摇泵。因为围压对压力精度要求较低，在条件相对困难的时代，研究者利用最简单的手摇泵对围压进行控制（图 2-22）。这些泵时至今日依然在科研一线使用，虽然其智能化程度低，但依然能满足常规实验需求，并且简单的结构也具有故障率低以及检修容易的优点。

（2）围压跟踪泵。围压跟踪泵通常是一个具有多向阀门出口的单柱塞泵，通过柱塞的进退来维持围压的升降，通过电控阀门来控制进出液，一个接到注入端的压力传感器将岩

图 2-22　改造的数控手摇泵

心注入压力传递给电脑，电脑则控制泵来增减围压。图 2-23 所示为围压跟踪泵。

（3）具有正负流速的注入泵。围压泵本质上是一台恒压泵，因此具有恒速恒压功能的注入泵都可以满足围压泵要求。只是注入泵一般精度高、流速上限低，作为围压泵并非最佳选择。图 2-24 所示为具有正负流速的 Isco 的单泵。

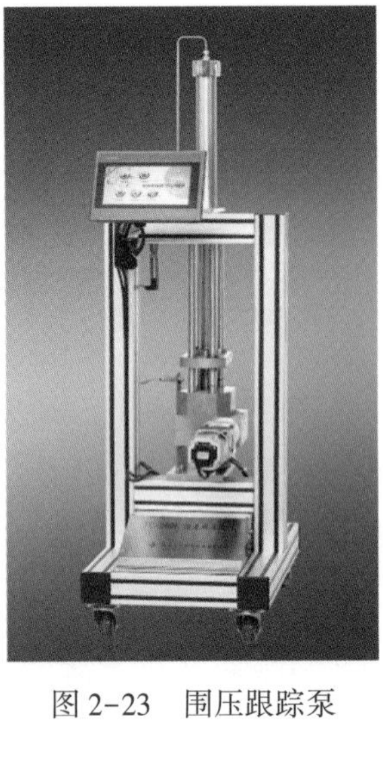

图 2-23　围压跟踪泵

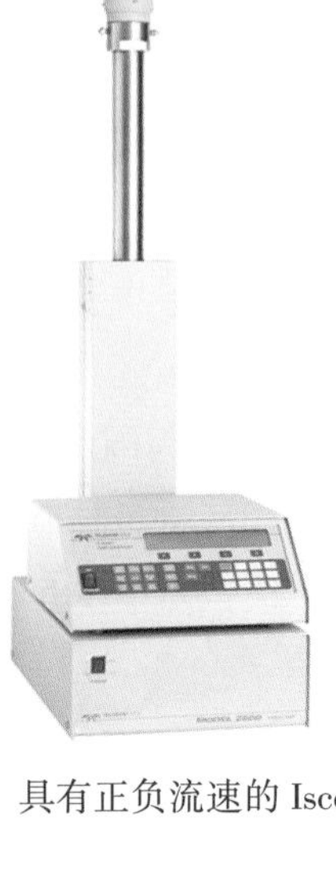

图 2-24　具有正负流速的 Isco 的单泵

3. 回压系统

回压系统主要是夹持器出口端提供压力，让流体只有高于设定压力才能够流出，在高压地层模拟实验、活油实验、气驱实验、泡沫驱实验等实验中都是不可或缺的部件。回压系统主要具有以下特点：

（1）限制所有流体流动。只有高于设定压力时流体才能流出，以此保证气体不会发生气窜、岩心内部不会发生不符合实验设计的相态变化。

（2）灵敏性。回压与注入压力共同形成岩心内部的压力梯度，回压必须非常灵敏，液体超压即出，低压即停，保证出口端压力的稳定。

对回压系统的控制，也主要由回压阀及相应的回压泵组成，典型的回压设备包括：

（1）回压阀。回压阀是回压控制系统的关键部件，主要实现低于设定压力截断、高于设定压力流动的功能。常用的回压阀主要包括活塞式回压阀和膜片式回压阀。活塞式回压阀主要由阀体、腔体、活塞、阀针等组成（图 2-25）。上端连接控制压力设备，通常为特定压力的气罐或者柱塞泵，下端分别连接夹持器出口与液体收集设备，上下部分流体由中央腔体内的活塞隔开，活塞和阀针相连。当下端压力小于上端时，活塞下移到底，阀针将通道封闭，下端液体无法流出；当下端流体压力超过上端时，活塞上移，阀针松开，下端流体可以流出。膜片式回压阀结构主要由阀体、腔体、隔膜、堵块等组成（图 2-26）。隔膜在腔体中间将两侧流体隔绝开，控压侧腔体和隔膜间仅有很窄的缝隙，中间有孔道连通泵体限压接口；限流侧有两个腔体分别通过孔道连接进口和出口，两腔体中间有隔断，每个腔体各有一堵块，堵块填充在孔道和隔膜之间。当控压侧压力较大时，隔膜紧贴在控压侧的隔断和堵块上，流体无法越过隔断互通，进出口被隔开；当限流侧压力不低于控压侧时，隔膜松开隔断和堵块，流体可以越过隔断在两腔体间互通，进口流体可以从出口流出。膜片式回压阀只要两侧压力大致相等就可以让流体流动，相比活塞式回压阀需要限流侧压力高于控压侧，能更准确地控制限压，而且膜片也比活塞的灵敏度更高；但膜片式因为利用缝隙流动、腔体小的缘故，不能应对过高流速以及含固体粉末的复杂流体，而且因为结构相对复杂，需要定期拆卸清理保养与更换

图 2-25　活塞式回压阀

隔膜。

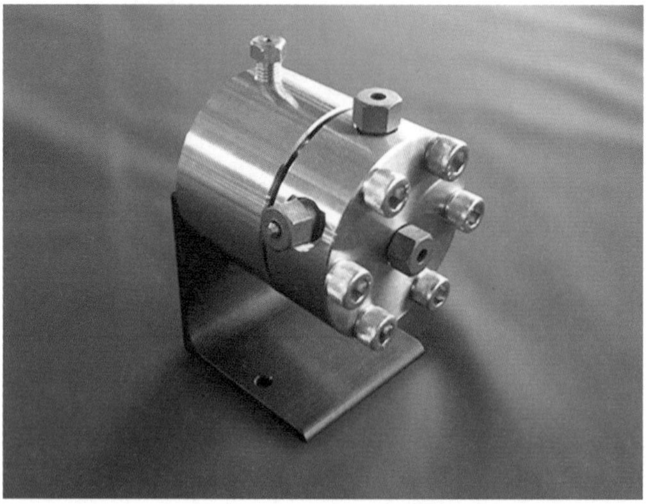

图 2-26　膜片式回压阀

（2）回压泵。回压泵是高精度柱塞单泵与精密膜片式回压阀的结合，相比使用常规柱塞泵搭配回压阀，回压泵的泵体小更灵敏，也更具有经济性。而且回压泵使用的柱塞泵是专门设计的微型柱塞泵，不需要准备进液罐，灵敏度和精度非常高。一些厂家还会针对性搭配伺服控制电子设备和专门设计的电动阀，能够在高精度控制回压的同时，还可以与连接电脑进行远程控制、数据采集等。图 2-27 所示为 Coretest 的 DBPR-5 数字回压控制系统。

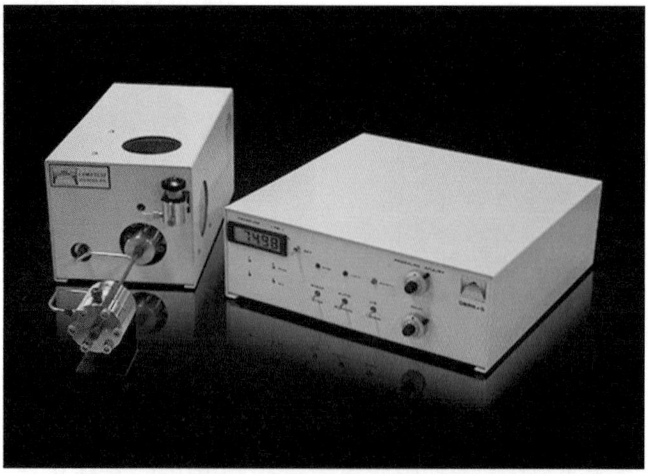

图 2-27　Coretest 的 DBPR-5 数字回压控制系统

二、温度控制系统

对于岩心驱替实验，往往需要模拟真实油藏条件，使数据结果更加可靠，这就要求实验能在恒温以及高温的条件下进行。由于 CT 扫描的特殊性，任何金属及高原子数物质的存在都会造成实验结果的偏差，因此，无法使用烘箱对实验体系进行恒温控制，也无法将电阻丝插入岩心夹持器中加热。

将橡胶管或塑料软管缠绕在岩心夹持器上，管内通过循环水浴或油浴流过加热的流体，是最简单的恒温方法。但此方法热损失大，控制温度不精确。通过设计专用的岩心夹持器加热管（图 2-28），用固定的并且对 X 射线吸收少的石英玻璃管作为导热管，也通过循环水浴或油浴，可以显著提高控温精度，但温度不会加热到很高，热损失仍然很大。此方法多用于对温度条件要求不高的油藏温度条件的模拟。

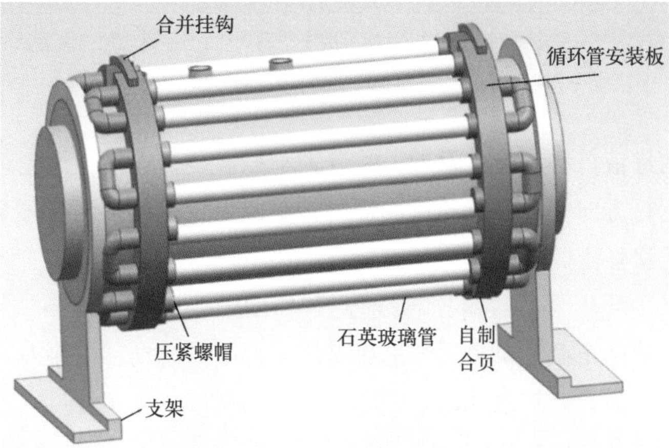

图 2-28 岩心夹持器加热套管

通过围压液对岩石及流体系统进行温度控制，是 CT 扫描流动实验中最有效的温度控制方法。但围压液多是高压流体，如何实现围压液的加热恒温循环是一个难点。这里提出两种方法。

第一种方法如图 2-29 所示，将围压液体在加热恒温装置之中加热到设定温度后恒速注入岩心夹持器的围压空间，并从围压空间的出口流出；通过回压阀控制岩心夹持器的围压达到设定的压力；从围压空间的出口流出的围压液体经过加热恒温装置加热后，与进入围压空间的进口的围压液体形成循环；围压空间的围压液体使岩心达到设定的温度并保持恒温；加热恒温装置位于岩心之外，位于岩心夹持器之外，并位于 CT 扫描区域之外。

第二种方法如图 2-30 所示，设计一种加压恒温控制系统，包括电动机、齿轮组、第一循环泵、第二循环泵、两个温度传感器、控温装置、单向阀、耐压管线和环压泵；两循环泵缸体外壁上设置电加热丝或加热套，电加热丝或加热套连接控温装置；两个温度传感

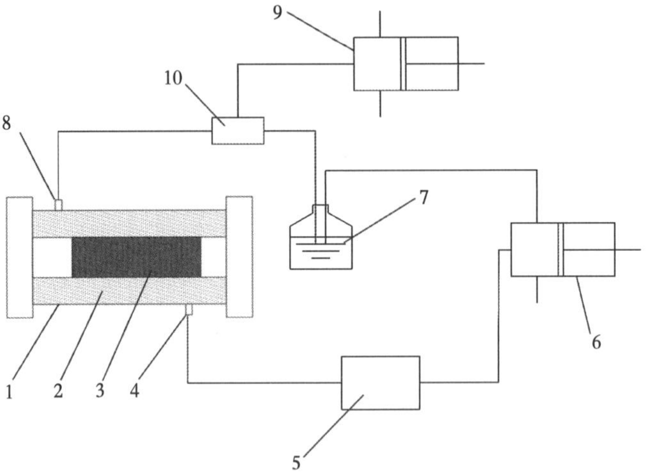

图 2-29　围压液加热恒温方法一

1—岩心夹持器；2—围压空间；3—岩心；4—围压空间入口；5—恒温加热装置；6—注入泵；7—中间容器；8—围压空间出口；9—回压泵；10—回压阀

器设置在环压腔的进液口和出液口附近，并分别与控温装置连接；齿轮组分别连接两个循环泵且两循环泵运行方向相反；电动机连接齿轮组，齿轮组连接两循环泵；第一循环泵通过耐压管线分别连接环压腔的进液口和出液口；第二循环泵通过耐压管线分别连接环压腔的进液口和出液口；环压泵通过耐压管线连接环压腔的进液口。应用该加压恒温控制系统，利用加热装置将两个循环泵中的油加热至所需温度；启动环压泵对环压腔加压；启动电动机，电动机带动齿轮组转动并通过齿轮组带动两循环泵以相互反方向运行，实现加压

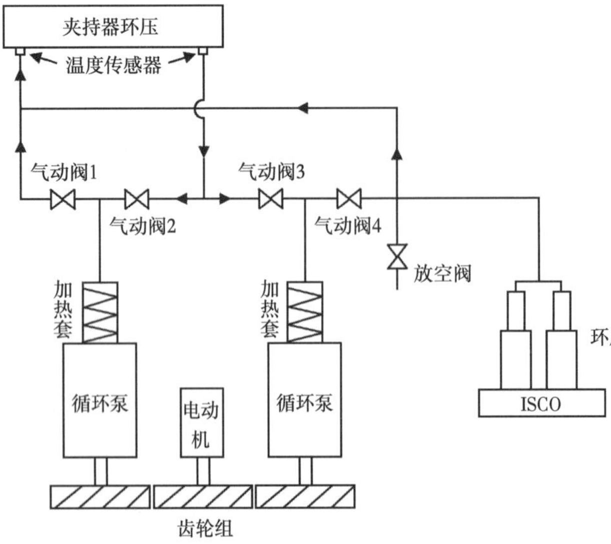

图 2-30　围压液加热恒温方法二（加压恒温控制系统）

用水或油在两循环泵及环压腔间的循环；利用环压腔的进液口和出液口附近的两个温度传感器和控温装置控制加热温度，同时实现环压腔对岩心施加围压。

此两种方法方法既达到了加热恒温和恒定围压的效果，又不影响 CT 扫描。而当围压液换成硅油（如甲基硅油），可以使温度升到 100℃以上；另外，此两种方法的加热方式，夹持器筒体很少开孔，保证了耐压和保温效果，适合用于 CT 扫描的岩心测试。

第三节　岩心夹持器

一、夹持器筒体材质

对于驱替及流动模拟实验，岩心都需要在夹持器中完成。由于要考虑一定的温压条件，常规的岩心夹持器都采用不锈钢材料筒体。但是，对于 CT 扫描来说，金属对 X 射线的吸收很强，使得 X 射线“穿不透”金属外壳，射线硬化效应造成“伪影”。选用其他的弱 X 射线吸收的材质作为夹持器的筒体，必须具备一定的耐温、耐压及可塑性能力。

对于适用于 CT 扫描的岩心夹持器筒体材料的选择，传统的是采用碳纤维+铝质内壁，碳纤维能减小 X 射线的衰减，铝能增强岩心夹持器的耐压与耐温能力。图 2-31 所示为碳纤维岩心夹持器。

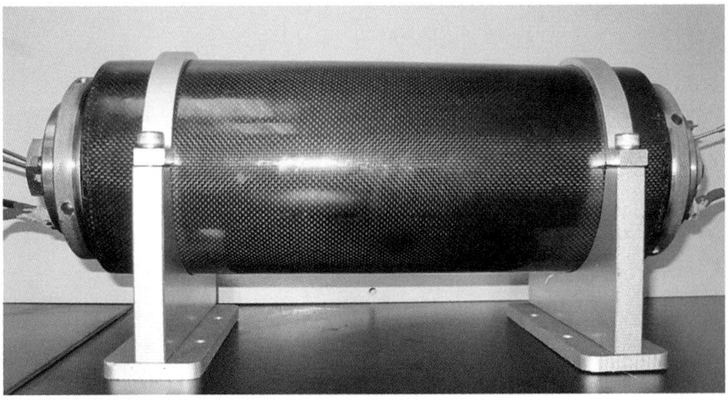

图 2-31　碳纤维岩心夹持器

碳纤维是由碳元素组成的一种特种纤维，具有耐高温、抗摩擦、导电、导热及耐腐蚀等特性，外形呈纤维状、柔软、可加工成各种织物（图 2-32）。由于其石墨微晶结构沿纤维轴择优取向，因此沿纤维轴方向有很高的强度和模量。碳纤维的密度小，因此比强度和比模量高。碳纤维的主要用途是作为增强材料与树脂、金属、陶瓷及炭等复合，制造先进复合材料。碳纤维增强环氧树脂复合材料，其比强度及比模量在现有工程材料中是最高的。

图 2-32　碳纤维材料

但碳纤维+铝作为岩心夹持器的筒体，*CT* 值在 1000 左右，X 射线的衰减仍然很大，对致密岩心的扫描射线硬化效应也比较明显。一种性能优异的特种工程塑料 PEEK（聚醚醚酮树脂），其耐高温、机械性能优异，自润滑性好，耐化学品腐蚀，阻燃，具有耐剥离性和耐辐照性、绝缘性稳定、耐水解且易加工的特点，PEEK 抗蠕变性能高，其他机械性能也比较高，PEEK 在高温下，也能保持它的机械性能和尺寸，PEEK 的介电性能优良，在很宽的频率、温度和湿度下，都能保持恒定。纯 PEEK 材料的 *CT* 值在 250 左右，工程上也常用的该材料的塑聚体（PEEK+玻纤以及 PEEK+碳纤维）增加耐温耐压性能，但对 X 射线的吸收略有增强，*CT* 值也增加到 500 左右（图 2-33）。

图 2-33　三种 PEEK 材料（从左依次为 PEEK，PEEK+碳纤维、PEEK+玻纤）

利用 PEEK 材料作为岩心夹持器的筒体（图 2-34）。最高耐压可达 30MPa，耐温可超过 150℃。另外，根据实验及功能需要，可以设计了包括全直径、方形等多种规格，并布沿程测压点等，满足绝大多数驱替实验需要。

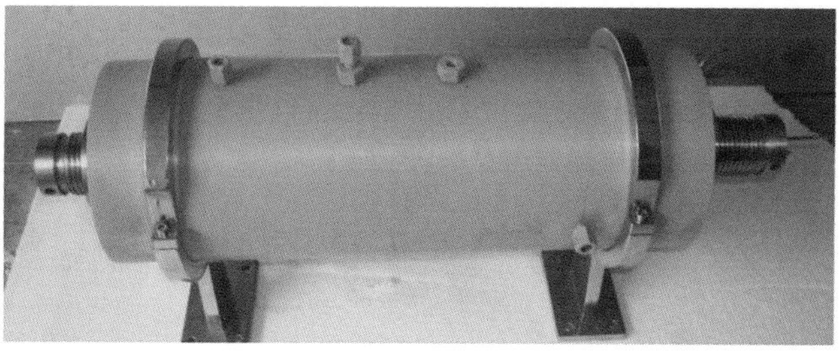

图 2-34 PEEK 材质岩心夹持器

二、多角度可旋转岩心夹持器

利用医用 CT 进行实时扫描监测的驱替实验时，由于 CT 发射源球管旋转，夹持器位于扫描床上平行移动进出，因此夹持器主要是水平放置。但在实际油藏模拟实验中，往往要考虑油水的重力分离作用，常规驱替实验中岩心夹持器应该垂直放置；另外，如果是模拟垂直注气重力稳定驱过程，需要在岩心顶部注气，岩心夹持器只能垂直放置。

综合上述因素，针对 CT 扫描的需求，可设计一款基于 CT 扫描的多角度可旋转岩心夹持器，其结构如图 2-35 所示。夹持器包括聚 PEEK（聚醚醚酮树脂）筒体、橡胶筒、岩心上顶头、岩心下顶头、进液口、出液口、底座、下端支架、上端支架和垂直支架。

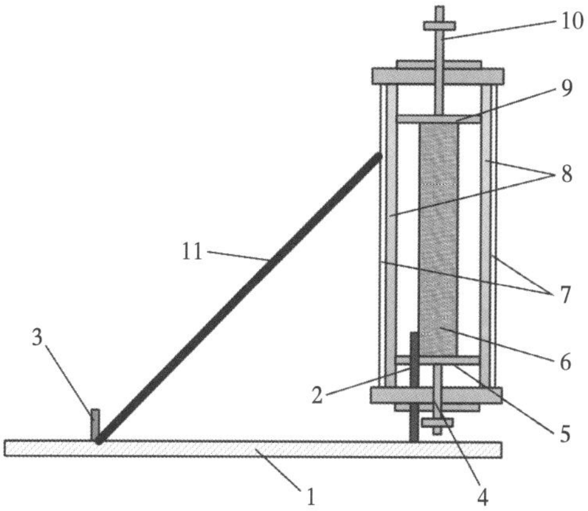

图 2-35 多角度可旋转岩心夹持器结构示意图

1—底座；2—下端支架；3—上端支架；4—出液口；5—岩心下顶头；6—岩心；7—PEEK 筒体；8—橡胶筒；9—岩心上顶头；10—进液口；11—垂直支架

下端支架和上端支架将夹持器筒体与底座相连，其中，筒体的一端与下端支架相连接，并能绕着下端支架旋转，筒体能转动至水平状态，且筒体的另一端能支撑在所述上端支架上，垂直支架的一端能旋转并与所述底座相连接，另一端与夹持器筒体通过可拆卸方式固定连接，其能够将 PEEK 筒体调节到水平和垂直之间的任意方向并且固定。岩心夹持器的筒体上可设有中垂线配合量角器，用于对岩心夹持器的倾斜角度进行测量。下端支架通过转轴与夹持器筒体相连接，该转轴距离底座的距离小于夹持器长度的，优选小于1/3。

旋转系统的引入很好地克服了实验过程中 CT 扫描的诸多不便，同时，旋转系统的引入也能用研究储层倾角的影响，最大限度匹配 CT 扫描系统开展垂直驱替实验。

三、非均质多层岩心夹持器

利用 CT 技术可以得到岩心内部流体的饱和度沿程分布信息，而对于层内非均质性的研究，利用 CT 技术更可直观地得到每个层内的流体饱和度分布信息，并可进一步研究由于重力作用引起的窜流现象。

现有的岩心夹持器具有一个进液口和一个出液口，只能测量注水过程中多层岩心模型整体驱油效率的变化，而无法实现分层计量。并且只能测量整个模型的孔隙度、渗透率和含油饱和度，无法测定各个渗透层的参数，因而无法实现合注分层开采中各油层驱油效率的评价。

这里提供一种能够应用于 CT 扫描并能准确计量非均质层内水驱油变化规律的岩心夹持器，如图 2-36 所示。该岩心夹持器包括 PEEK 筒体、橡胶筒、岩心上顶头、岩心下顶

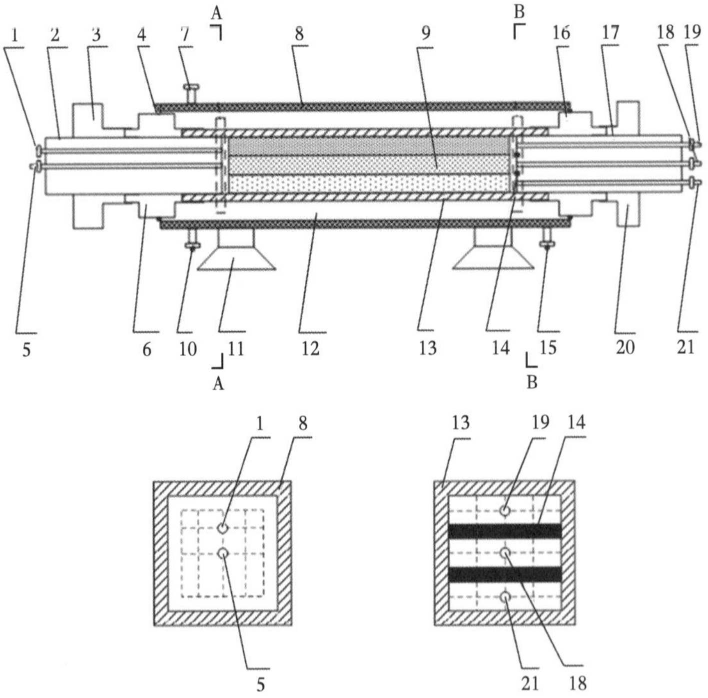

图 2-36　用于 CT 扫描的非均质多层岩心夹持器结构示意图

1—岩心排气孔；2—岩心上顶头；3，6—岩心上端固定套筒；4—轴向围压密封圈；5—进液口；7—围压排气孔；8—PEEK 筒体；9—三层岩心模型；10—围压卸压孔；11—夹持器固定架；12—环形围压空间；13—橡胶筒；14—出液口密封垫；15—围压接口；16，20—岩心下端固定套筒；17—岩心下顶头；18—中层出液口；19—上层出液口；21—下层出液口

头、多层岩心模型、岩心上端固定套筒、岩心下端固定套筒、进液口、多个出液口和围压接口。

其中，岩心夹持器的 PEEK 筒体为圆筒状，该橡胶筒置于外壳内部，且与该外壳同轴心；橡胶筒内部具有空腔容纳多层岩心模型；该岩心上、下顶头可拆卸地抵顶在橡胶筒内、多层岩心模型的两端，其形状和尺寸与橡胶筒内壁相符，橡胶筒的内壁与岩心上、下顶头之间形成容纳多层岩心模型的岩心容室；该上、下固定套筒分别套设在岩心上、下顶头上，其外周与 PEEK 筒体通过轴向围压密封圈连接；该橡胶筒外壁，上、下固定套筒及聚醚醚酮树脂内壁之间形成一密闭环形围压空间。

岩心夹持器的 PEEK 筒体上设有围压接口连通环形围压空间与外部覆压系统；筒体上设有围压排气孔用于排放环形围压空间中的气体；筒体上设有围压卸压孔用于调节环形围压空间中的压力。

该岩心上顶头上设置进液口连通驱替系统和岩心容室，并设置岩心排气孔连通岩心容室与外界大气；该岩心下顶头上设置多个出液口连通岩心容室与计量系统，每个出液口分别对准一层岩心模型，在岩心下顶头上对应相邻两层岩心模型间的接缝处设置条形出液口密封垫，以使通过每层岩心模型的流出液从各层相应的出液口流出。

该用于 CT 扫描的非均质多层岩心夹持器，其中，各单层岩心可以为形状相同的长方体岩心，在其多层岩心模型的相邻两层岩心接触面上设置隔离油水的薄膜；同时，该单层岩心可以是圆柱形或长方形。

该岩心夹持器可采用天然的油藏岩心并施加围压，真实地模拟了层内非均质油藏的实际情况。该岩心夹持器通过独特的顶头设计，可以使流经各岩心层的液体分别从不同的出口流出，经过 CT 扫描，能实现实时在线监测非均质层内各个层段流体饱和度的沿程分布，也可观察到由于重力作用引起的层间窜流现象。适用于单层、多层、圆形和方形均质或非均质岩心模型的 CT 扫描。图 2-37 所示为用于 CT 扫描的非均质多层岩心夹持器实物。

图 2-37　用于 CT 扫描的非均质多层岩心夹持器实物

四、微米 CT 原位驱替岩心夹持器

应用微米 CT 进行原位驱替扫描测试，由于其样品尺寸很小，扫描时间较长等特点，同时结合微米 CT 内部环境要求（湿度要求、温度要求、无尘环境要求），专用的岩心夹持器也有所不同。

这里提供一种适用于微米 CT 原位扫描的夹持器如图 2-38 所示，该夹持器的主要构成分为 6 个部分：(1) 外接端口。外接端口主要包括入口端、出口端、围压端，主要作用为连接驱替装置完成驱替实验，其次采用相对应的堵头可将其密封，以防止液体外漏。(2) 外壳。夹持器外壁采用外径 10mm、厚度 1mm 的碳纤维管进行包裹及加载围压。(3) 标准岩样。该夹持器匹配的标准岩样为直径 8mm、长度为 5cm 的岩样进行驱替实验。(4) 胶皮套。胶皮套用于包裹岩心，置于夹持器外壳内部，与夹持器外壳之间有 1mm 空区，用于加载围压。(5) 围压阀。围压阀的开启或者关闭可以保证液压油的泵入和抽离，关闭围压阀可以使岩心在待压条件下进行 CT 扫描。(6) 底座固定器。根据微米 CT 样品台底座三角性磁吸性质要求，该夹持器底座使用同样的三角雕刻圆形嵌入型金属材质设计。

该岩心夹持器充分考虑了微米 CT 仪器底座规格以及仪器内部空间要求；根据岩心室内实验尽可能满足压力、驱替、流量等要求；考虑到后期要进行的 X 射线衰减成像，其外部材料选择为碳纤维材质，以尽量减小因外壁对 X 射线的吸收所造成的伪影存在。图 2-39 所示为微米 CT 原位驱替岩心夹持器。

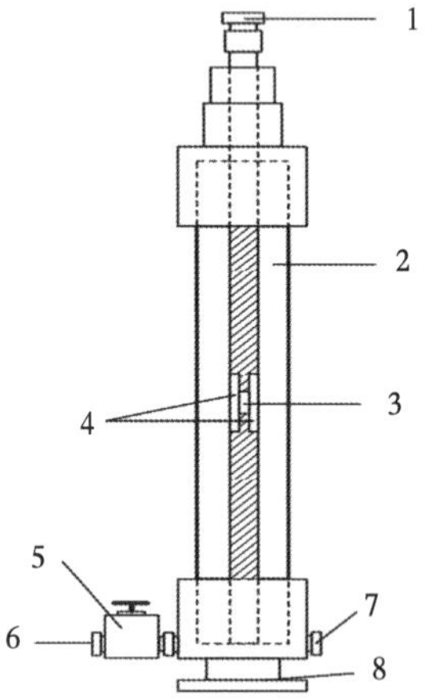

图 2-38　微米 CT 原位驱替岩心夹持器结构示意图

1—入口端；2—外壳；3—岩心；4—橡皮套；5—围压阀；6—围压入口；7—出口端；8—底座固定器

图 2-39　微米 CT 原位驱替岩心夹持器

第四节 岩心定位及图像校正方法

一、岩心定位装置

对岩心进行 CT 扫描计算参数，通常需要对岩心的几种不同的状态进行扫描，而如何保证这几种状态下岩心在同一位置（特别是轴向位置），也成为 CT 扫描岩心分析的一项关键指标。

目前常用的定位方法，是将岩心放置在夹持器中，进行干岩心的扫描后在夹持器中饱和液体再进行扫描。这种方法比较烦琐，而且耗时比较长，无法进行大批量的测试。另外，如果要对地层岩石的伤害研究，如酸化前后岩石的变化等，此方法就不可行。

通过设计出一种可以对岩心进行精确的轴向定位的岩心 CT 扫描定位装置，可实现对岩石孔隙度、流体饱和度或岩石的伤害等进行精确、快速的 CT 测量或表征。该岩心 CT 扫描定位装置（图 2-40）包括底座、岩心后顶头、岩心前顶头；底座放置于扫描床上，通过 CT 扫描床的进床位置坐标确定底座的位置，并用固定螺栓固定于描床上；底座上具有用于放置岩心样品的凹槽，该凹槽平行于扫描床的轴向方向；岩心后顶头由不锈钢制成，竖直固定在底座的一端，且垂直于凹槽；底座上具有轴向滑轨；岩心前顶头平行于岩心后顶头，且与滑轨可滑动地连接，从而能够在底座上做轴向滑动；底座上具有用来标示岩心样品位置的轴向标尺。

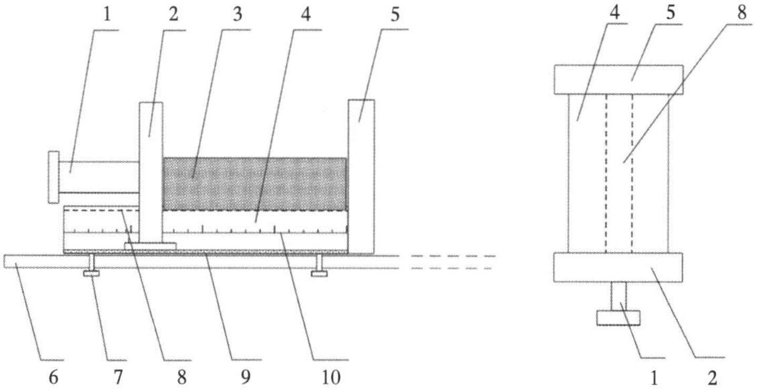

图 2-40 岩心 CT 扫描定位装置示意图

1—推拉固定手柄；2—岩心后端顶头；3—岩心样品；4—塑料外壳；5—岩心前端顶头；
6—CT 扫描床；7—固定螺栓；8—凹槽；9—滑轨；10—标尺

安放岩心时，先拉动岩心前顶头上的推拉固定手柄，使岩心前顶头朝远离岩心后顶头的方向滑动，将岩心放入凹槽中，然后推动岩心前顶头，使岩心前、后顶头夹紧岩心，记录轴向标尺的刻度。通过 CT 扫描床的进床位置坐标和岩心样品轴向标尺的定位，可以对岩心样品在不同状态下的扫描进行精确的定位。

二、图像校准方法

采用岩心定位装置，结合红外线技术，可以保证岩石每次扫描时轴向位置相同；但由于岩心分析中常用的是圆柱形的岩石柱塞，在径向上很难保证每次扫描的位置没有偏差；另外，一些不规则形状的岩石柱塞在多次扫描时也会产生径向上的位置偏移，因此在多次扫描过程中岩石图像不能“对准”，其直接影响后续分析结果的精度和可靠性。

对于岩石 CT 扫描图像的配准校正，可采取以下方法，包括：在岩石端面上做标记；对岩石进行 CT 扫描，在扫描图像上查找岩石端面上的标记点并记录标记点的位置；再次对岩石进行 CT 扫描，在扫描图像上查找岩石端面上的标记点并记录标记点的位置；利用坐标变换将后一次扫描图像上标记点的位置变换为前一次扫描图像上标记点的位置，并对应地将后一次扫描图像上的全部矩阵点位置进行坐标旋转平移变换。采用此方法可以使多次扫描过程中岩石图像“对准”，有利于提高后续分析结果的精度和可靠性。

其中，在岩石端面上做标记时，选取至少三个点，分别用掺杂不同浓度增强剂的固化树脂或胶进行标记。至少三个点不在一条直线上，且每个点到岩石边缘的距离小于第一设定值，各点之间的距离大于第二设定值。例如，尽量保证这三个点靠近边缘且距离较远，且不能在一条直线上。

对岩石进行 CT 扫描，在岩石经 CT 扫描后，在扫描图像上找到这三个点并记录位置。例如，当 CT 扫描图像是 512×512 个像素点，可以确定每个点的位置坐标，图 2-41 所示为岩石断层面的 CT 扫描矩阵图像示例图，标记点分别为（X_1，Y_1），（X_2，Y_2），（X_3，Y_3）。由于三个点掺杂的增强剂浓度不同，每个点的 CT 值也不同（图中 $CT_1 \neq CT_2 \neq CT_3$），需确定对应每个点。再次对岩石进行 CT 扫描，在岩石再次扫描后，在扫描图像上重新找到这三个点（图 2-41），此时对应的位置坐标变为（X_1'，Y_1'），（X_2'，Y_2'），（X_3'，Y_3'）。利用坐

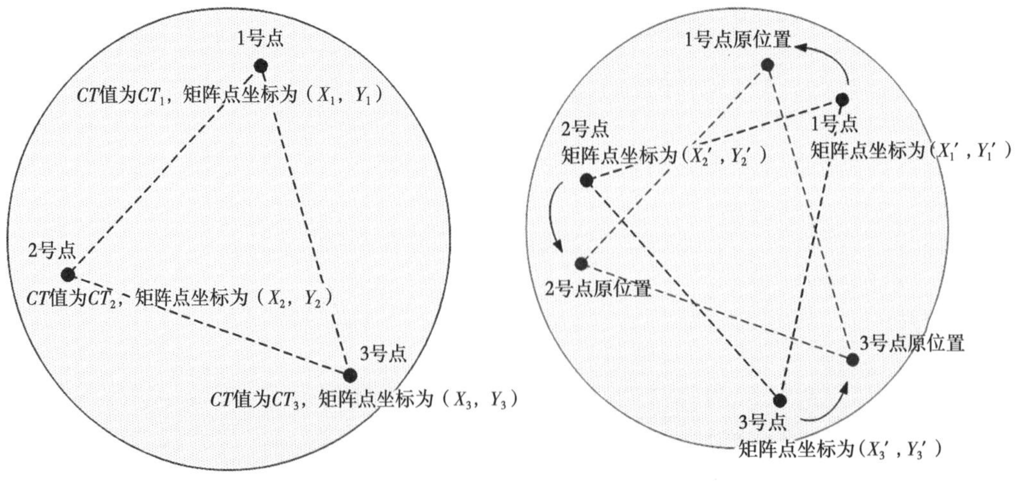

图 2-41　岩石断层面 CT 扫描矩阵图像示意图

标变换将这三个点位置坐标变为前一次扫描的（X_1，Y_1），（X_2，Y_2），（X_3，Y_3），并对应地将整个岩石图像上的矩阵点位置进行坐标旋转平移变换，从而实现岩石 CT 扫描图像的配准校正。

三、岩石图像伪影减弱方法

在第一章第三节提到，在 CT 实际扫描过程中，由于 X 射线无法穿透以及扫描背景不一致等原因，常造成在 CT 扫描图像中存在伪影，这种现象被称为射线硬化。在 CT 扫描成像过程中，CT 机能通过一套算法消除射线硬化的影响，不过这仅是针对 CT 机自身因素造成的那部分射线硬化。大量 CT 扫描实例表明，当针对扫描样品的扫描背景不对称时，扫描出的 CT 图像在某些区域存在明显的伪影。例如，图 2-42 所示为一个圆柱形筒体的 CT 扫描图像，该筒体里填注有均质岩心，正常情况应该得到比较均匀的 CT 扫描图像，然而从图中看出，在岩心柱体中间存在明显的黑暗带，即低密度区域，这就是上面提到的伪影。以上因素导致的射线硬化效应对 CT 扫描图像以及后续处理的诸多结果都有着很大的影响，例如，伪影造成的假非均质性判别以及后续处理饱和度图像中的错误判断驱替前缘等。这些都严重影响分析结果的可靠性和精度。

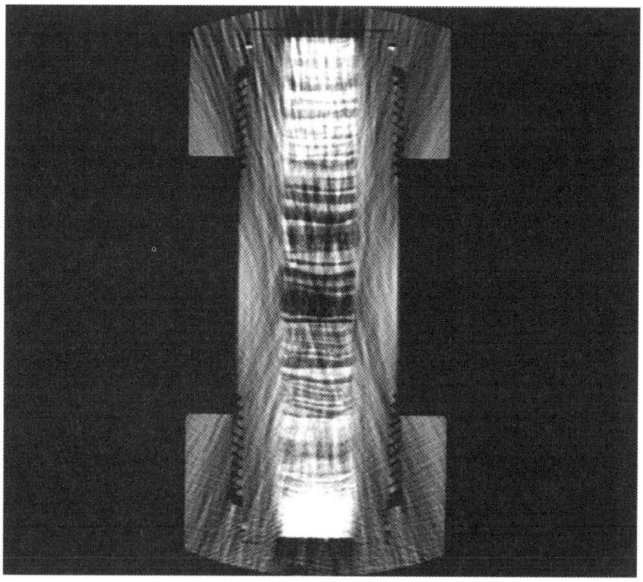

图 2-42　存在伪影的圆柱形筒体 CT 扫描图像

为解决岩石 CT 扫描出现的射线硬化效应，先从出现此现象的原理解释。在实验室中，岩心一般都是圆柱形结构，而 CT 扫描图像的有效图像区域通常为圆形，因为在常见的 CT 扫描装置中，其扫描腔往往是圆形的，而射线发射器和接收器都固定在扫描腔的圆周上，CT 扫描图像有效的区域圆与扫描腔圆正好配合成两个同心圆，这样就基本保证了 X 射线从各个方向入射和穿出有效区域圆是完全对称的。

前文提到，岩心 CT 扫描技术的物理原理基于射线（X 射线）与物质的相互作用。射线束穿越岩心时，由于光子与物质的相互作用，相当部分的入射光子为物质散射，从而入射方向上的射线强度将减弱。

若 X 射线沿其通路穿过 n 个单元，令每个单元的厚度相同均为 dl，则有：

$$\ln\left(\frac{I_0}{I}\right) = \mathrm{d}l \sum \mu \quad (2\text{-}1)$$

式中 I——出射光强度，cd；

I_0——入射光强度，cd；

μ——被测物体的衰减系数，cm^{-1}；

dl——每个单元的厚度，cm。

上面的关系式是一束 X 射线通路上的每个单元体射线衰减系数组成的一个多元一次方程，从各个方向照射，即可获得图 2-43 中某一扫描切面上各个单元体射线衰减系数组成的多元一次方程组。通过求解方程组，即可获得各个单元体的射线衰减系数，从而得到衰减系数在切面上的分布。

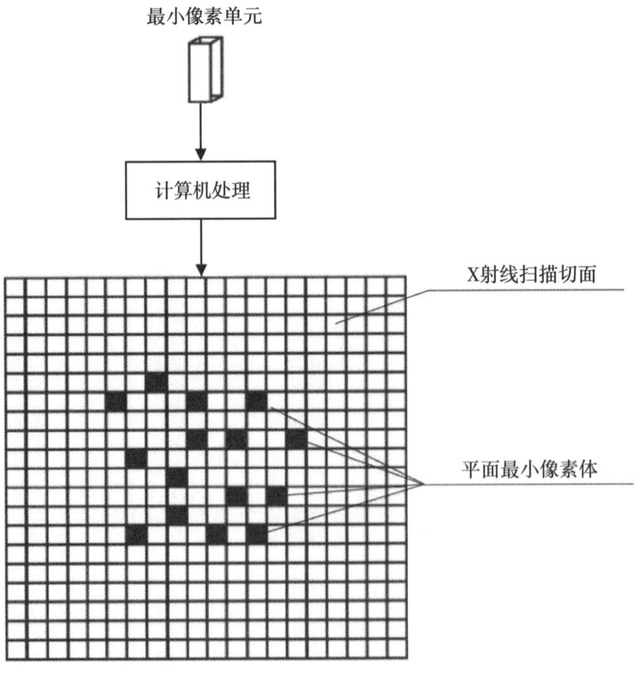

图 2-43　某一扫描切面上各个单元体射线衰减情况

根据以上分析可知，确保 X 射线从各个方向入射扫描岩心以及穿出扫描岩心的背景一致，才能保证解方程组得到的扫描岩心衰减系数是真实可靠的，从而获取真实可靠的 CT

扫描值。这是由于当X射线从各个方向入射扫描岩心以及穿出扫描岩心的背景不一致时，难以确保发射器和接收器的射线强度比就能真实反映出射线入射和穿出岩心的射线强度比，从而造成某一方向方程的失真，进而导致得到CT扫描伪值，得到的图像为伪像。因此，只要保证从有效区域圆到扫描岩心间的区域是近似对称的，就能确保CT扫描图像的真实性。

通过以下方法，可以减弱岩石CT扫描图像的伪影。将待扫描岩心置于填注筒体中，并在填注筒体外增加一个背景装置，该背景装置为球体或者圆柱体，并包括一个腔体，用于盛放填注筒体。腔体的内表面和填注筒体的外表面相匹配，使此背景装置基本保证了X射线从各个方向入射和穿出岩心时的背景是一致的。另外，填注筒体的材料和背景装置的材料是扫描射线可穿透的材料。

为了保证X射线从各个方向入射和穿出岩心的背景一致，将背景装置纵截面的圆心和CT扫描机有效图像区域的圆心调整到同一水平线上。背景装置纵截面的直径和CT扫描机有效图像区域的直径相同。如果背景装置纵截面的尺寸小于扫描机有效图像区域的直径，可以通过一个支架支撑所述背景装置，将背景装置纵截面的圆心和CT扫描机有效图像区域的圆心调整到同一水平线上，支架的结构尽量简单，对扫描结果产生尽量少的影响。

例如，CO_2重力稳定驱油实验是一个从顶部注入CO_2驱油的过程，在结合CT扫描时，为确保扫描对全驱油过程没有影响，不可避免地采用垂直扫描的方式。初采用直接垂直扫描的方式开展，结果显示驱替前缘（这里可以理解成气液的分界线）并不清晰；根据计算含油饱和度的公式做进一步分析，计算出的饱和度出现大量的异常值（小于0或大于1），无法做出含油饱和度的沿程分布曲线。分析原因，是扫描环境非完全对称引起的射线硬化所致，由于实验要求需要，装有岩心的填注筒体必须竖直放置，那么射线进入和穿出填注筒体的厚度不同，引起射线硬化，而射线硬化导致得到的CT扫描图像中CT扫描值失真，从而引起后续计算出的饱和度异常。

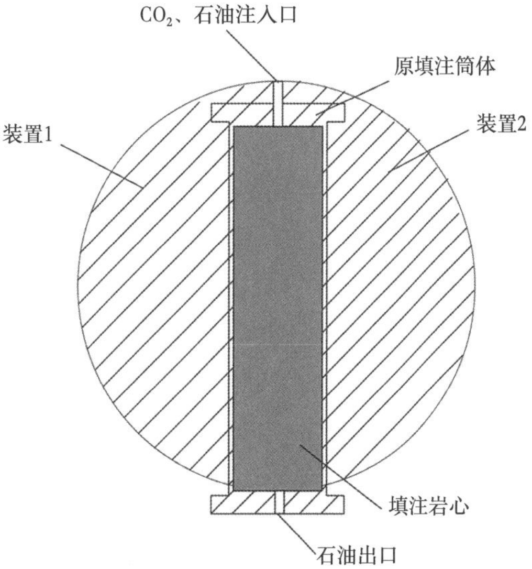

图2-44 减弱射线硬化效应的装置示意图

因此，采用上述方法，将均质岩心放入圆筒形填注筒体中，并向填注筒体中注入石油，使得岩心的孔隙之间充满石油，如图2-44所示，基于上述CT扫描射线硬化的校正方法，将该填注筒体垂直放置，并在该填注筒体的外表面包覆上一个圆柱体背景装置，该背景装置包括装置1和装置

2，装置 1 和装置 2 对称，安装装置时，首先在填注筒体外包覆装置 1，其次在填注筒体外包覆装置 2。装置 1 和装置 2 的内表面和填注筒体的外表面相匹配，其材质和填注筒体的材质相同，包覆上该装置后的填注筒体的纵截面是圆形，保证射线进入待扫描岩心和穿出该岩心的环境对称。

图 2-45 所示为减弱射线硬化效应后的岩心 CT 扫描图像，图中可以看出，相比于未加装置的均质岩心扫描图像，该扫描图像消除了伪影，更加清晰均匀。开展实验后，对实验过程进行扫描分析，此时驱替前缘的图像较先前清晰得多，基本保持整体向下推进的趋势。

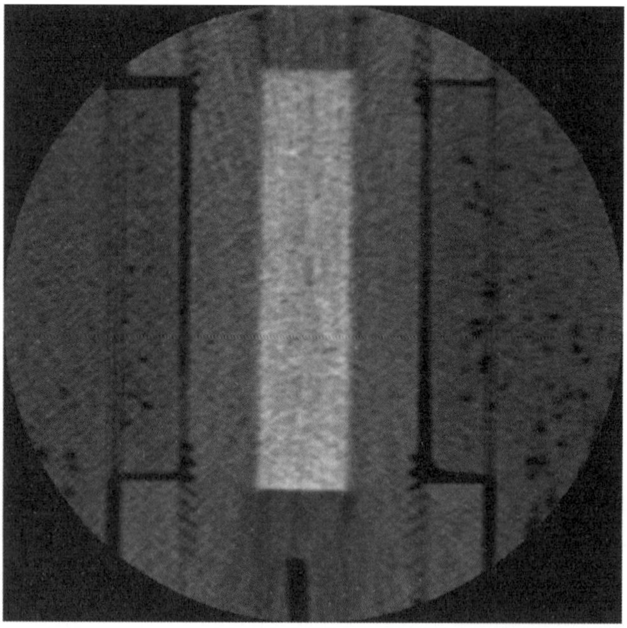

图 2-45　减弱射线硬化效应后的岩心 CT 扫描图像

第五节　数据分析软件

一、CT 图像数据分析

通过 CT 扫描获取的数据通常是图像数据，CT 图像是由一定数目由黑到白不同灰度的像素按矩阵排列所构成，这些像素反映的是相应体素的 X 射线吸收系数。不同 CT 装置所得图像的像素大小及数目不同。大小可以是 1.0mm×1.0mm，0.5mm×0.5mm 不等；数目可以是 256×256，即 65536 个，或 512×512，即 262144 个不等。显然，像素越小，数目越多，构成图像越细致，即空间分辨力（Spatial Resolution）高。相关的一些名词定义如下：

体素——将选定层面分成若干个体积相同的立方体。

数字矩阵——每个体素的 X 射线衰减系数排列成矩阵。

像素——数字矩阵中的每个数字转为由黑到白不等灰度的小方块。

图 2-46 所示为像素与体素示意图。

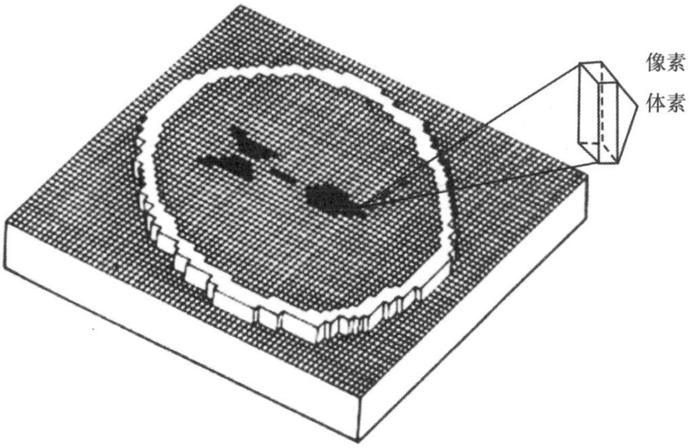

图 2-46 像素与体素示意图

因为 CT 图像是以不同的灰度来表示，利用灰度值来反映物体对 X 射线的吸收程度（图 2-47）。所以，与 X 射线图像所示的黑白影像一样，黑影表示低吸收区，即低密度区，如人的肺部；白影表示高吸收区，即高密度区，如人的骨骼。但是 CT 与 X 射线图像相比，CT 的密度分辨力高，即有高的密度分辨力（Density Resolution）。因此，人体软组织

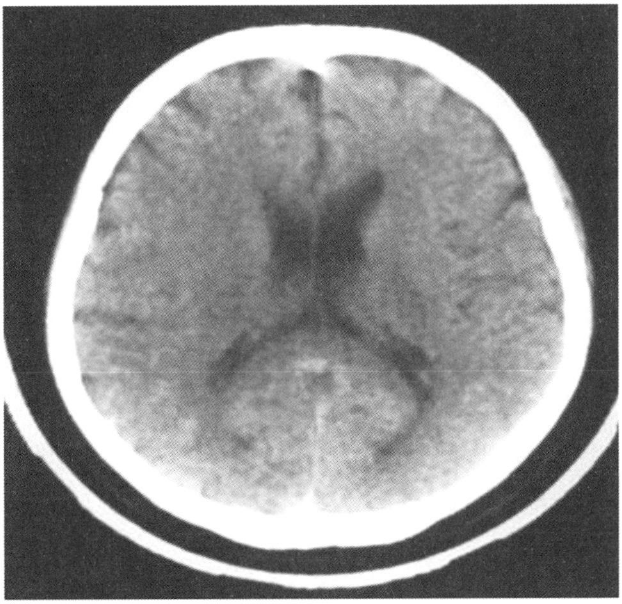

图 2-47 CT 图像示例

的密度差别虽小，吸收系数虽多接近于水，也能形成对比而成像。这是 CT 的突出优点。所以，CT 可以更好地显示物质的内部组织结构。

CT 图像经过数字化，转存到计算机上进行处理。我们已经知道，根据存储格式不同，CT 图像有不同的灰度级。如果使用 12 位存储，则有 4096 个灰度级；如果使用 8 位存储，则有 256 个灰度级。事实上，数字化过程完成的是将 *CT* 值空间［-1000，+1000］映射到［0，4095］或［0，255］等空间上。在不引起歧义的情况下，一般使用灰度值代替 *CT* 值。下文在叙述 *CT* 值时，即是指其灰度值，使用数字化单位 1，而不再使用原来的物理单位 Hu。

由于人眼只能识别 16 个灰度级的图像，如果不对原始 CT 图像进行一些处理，将给观察带来困难。因此，实际应用的 CT 影像观察软件都具备窗宽（Window Width）和窗位（Window Level）的调节功能，通过非线性映射将 *CT* 值转化为相对应的灰度值，方便观察。

在 12-bits 的 CT 图像中，$W\in$［0，4095］为用户设定的窗宽值，$L\in$［0，4095］为用户设定的窗位值。经过灰度转换后，G_{max} 为显示的最大灰度值，G_{min} 为显示的最小灰度值。对于显示为 8-bits 的灰度图像，一般有 $0\leqslant G_{min}\leqslant G_{max}\leqslant 255$。

由图 2-48 可以看出，通过调节窗宽 W 和窗位 L，可以对［0，4095］范围内任意 *CT* 值区间的图像进行突出显示，而弱化其他区域的视觉效果。这一性能使得人们可以根据不同的观察对象而选择不同的窗宽窗位，只显示出感兴趣的区域，从而得到最好的视觉效果。

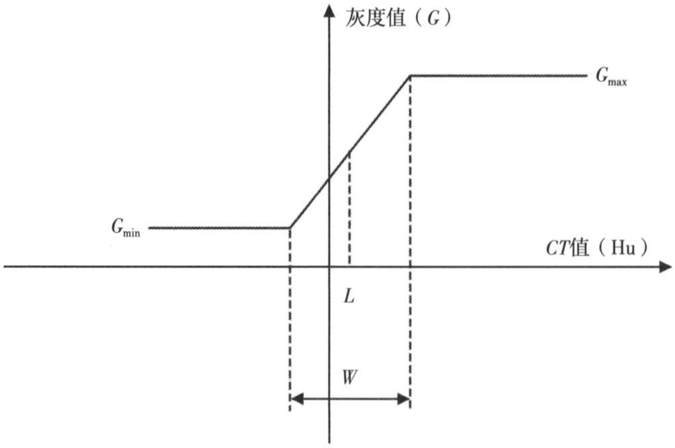

图 2-48　CT 图像窗位窗宽调节示意图

图 2-49 展示了对同一张 CT 图片采用不同窗位窗宽进行显示的效果。其中，原始 CT 图片的灰度范围为［0，4095］。经过窗位窗宽调节后，转换为 8-bits 灰度图像进行显示，即 $G_{min}=0$，$G_{max}=255$。由于人眼只能识别 16 个灰度级，因此将 4096 个灰度级压缩至 256 个灰度级进行显示并不会损失视觉效果。

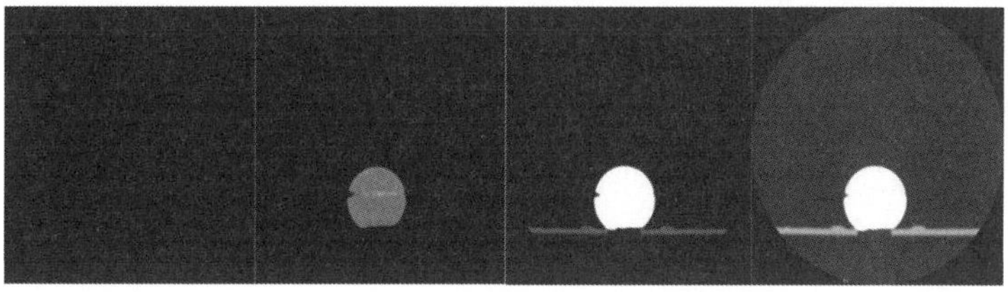

图 2-49　岩石同一 CT 图像在不同窗位窗宽下的显示效果

通过上述对 CT 图像的描述，开发岩心 CT 扫描配套软件非常有必要，一方面单独的 CT 图像并不能直接反映被扫描物体的信息，就比如每个像素体元的 CT 值或灰度值，另一方面岩心 CT 扫描终归是要和岩心的性质联系起来的，不再是简单的图像展示，其中需要一些计算和图像处理技巧来达到这一目的。

下面将分别以医用 CT 扫描图像数据和微米纳米 CT 扫描图像数据为例，对常用的岩心 CT 扫描配套软件中国石油勘探开发研究院自主设计开发的 CT 岩心扫描系统孔隙结构重构及图像分析软件 CTIAS 和商业图像处理软件 VSG 公司的 Avizo 进行简要介绍。

二、CTIAS 软件

对于岩石医用 CT 扫描图像的处理，需要专业的软件来完成。目前能实现此类 CT 扫描图像处理的商业化软件均来自国外，主要是 Kehlco 公司及 Shell 公司研发的。中国石油勘探开发研究院采收率研究所利用多年的经验，成功开发出国内首套“CT 岩心扫描系统孔隙结构重构及图像分析软件”（CTIAS）（图 2-50）。

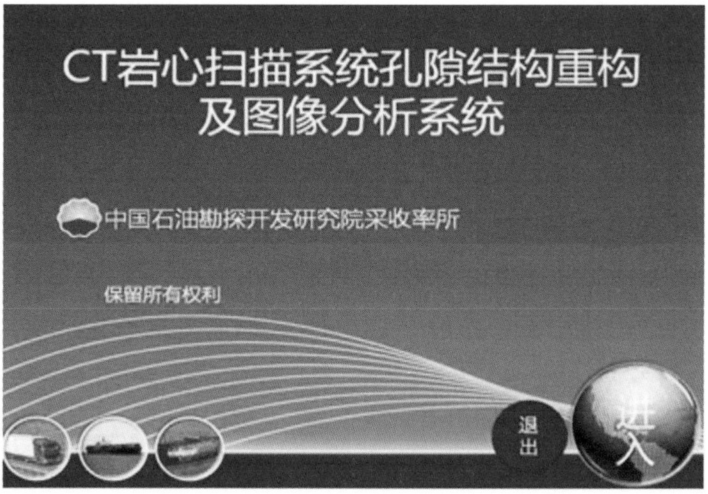

图 2-50　CT 岩心扫描系统孔隙结构重构及图像分析软件主界面

该软件可实现以下功能：

（1）对医用的 DICOM 格式图像进行分析，读取 DICOM 文件的图像数据并显示。据其定义的图像文件格式解读文件信息，将 DICOM 文件转化为 BMP 位图，实现 DICOM 数据的显示，根据 CT 图像的加窗范围，动态调整显示范围以增强显示感兴趣灰度阶内容。

（2）人为选择分辨岩石的不同扫描状态信息，根据要求选取感兴趣区域。软件根据不同岩心的扫描状态信息，通过圆心、矩形或者不规则图形选取感兴趣的区域，便于进行后续分析（图 2-51）。

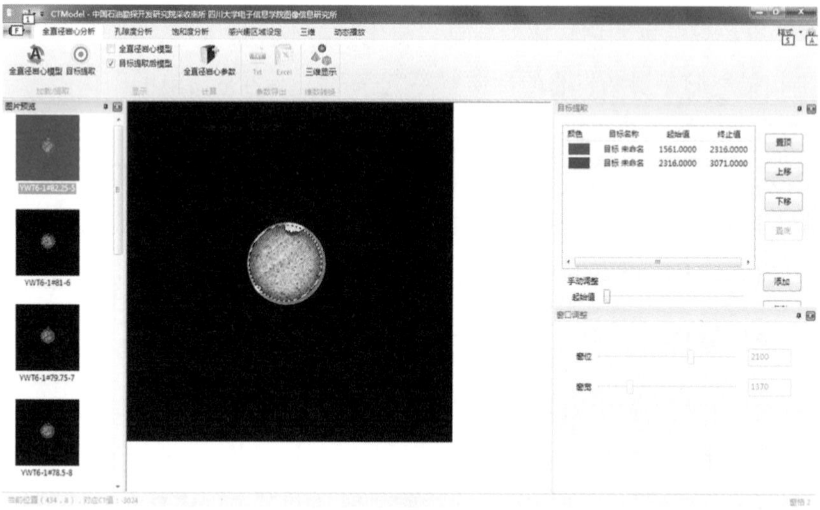

图 2-51　任意分析区域选取界面

（3）通过 *CT* 值计算岩石的孔隙度及其分布特征参数。软件可根据解析 DICOM 文件得到的 *CT* 值信息，根据孔隙度的标准定义，计算孔隙度及其分布参数，并生成报表（图 2-52）。

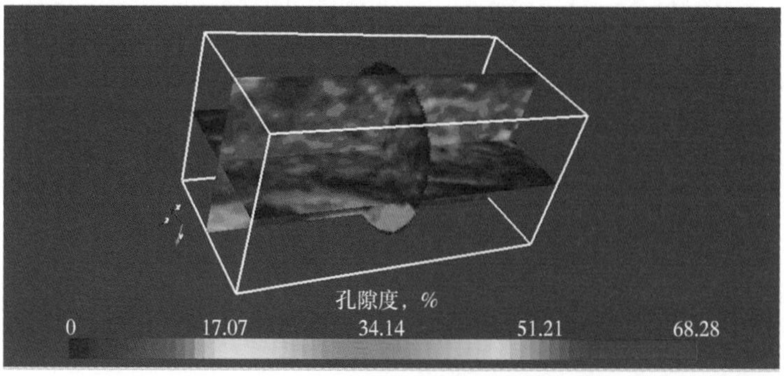

图 2-52　孔隙度正交面显示界面

(4) 根据 *CT* 值计算多相饱和度。软件可根据 CT 值进行多目标分割，提取出各相目标，参考饱和度计算公式，计算多相饱和度参数，并生成报表（图 2-53）。

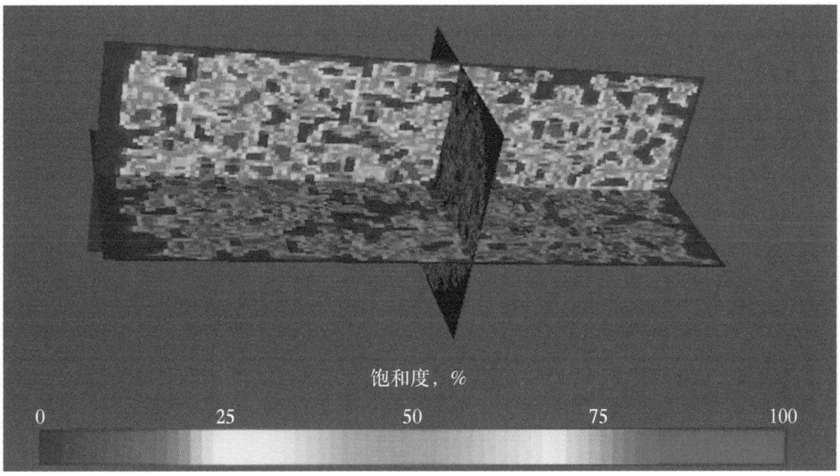

图 2-53　饱和度正交面显示界面

(5) 分辨岩石的裂缝信息并对裂缝进行表征。软件可利用 *CT* 值进行阈值分割，提取岩石中裂缝目标如图 2-54 所示，并进行相关参数计算。关于裂缝的表征，其主要包括波及面积、裂缝平均厚度、裂缝长度和裂缝体积四类参数。原始的三维目标在经过离散化处理之后，其表面由连续变为了离散，因此要精确计算出目标表面积的难度很大，对于不规则形体更是如此。通过 Marching Cubes 算法（后文介绍）对目标进行表面重建之后，目标表面由一系列三角面片构成，可以通过计算这些三角面片的面积，最终累积求得整个目标

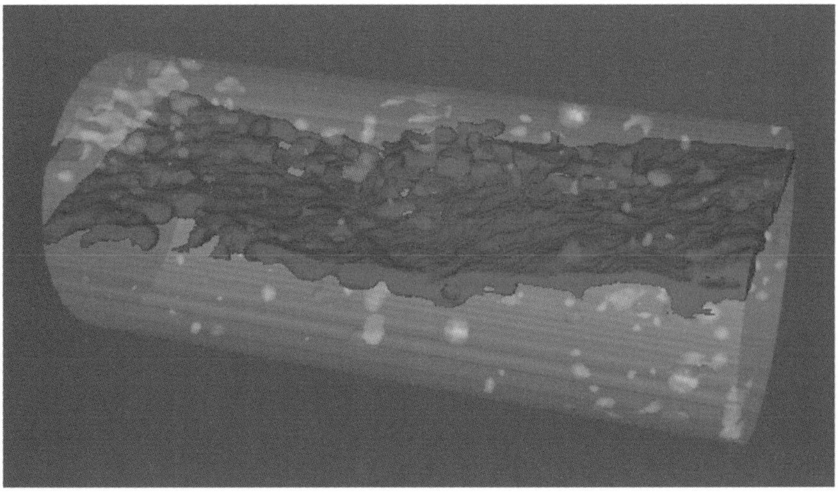

图 2-54　岩心裂缝显示

的表面积。

（6）对图像进行三维精细重建。包括孔隙裂缝分布、流体饱和度分布等，软件可根据投射算法进行体绘制和面绘制，采用交互式操作控制目标的显示状况，便于观察裂缝分布以及流体饱和度分布情况，软件也对三维重建出的结果进行切割、提取等操作(图 2-55)。

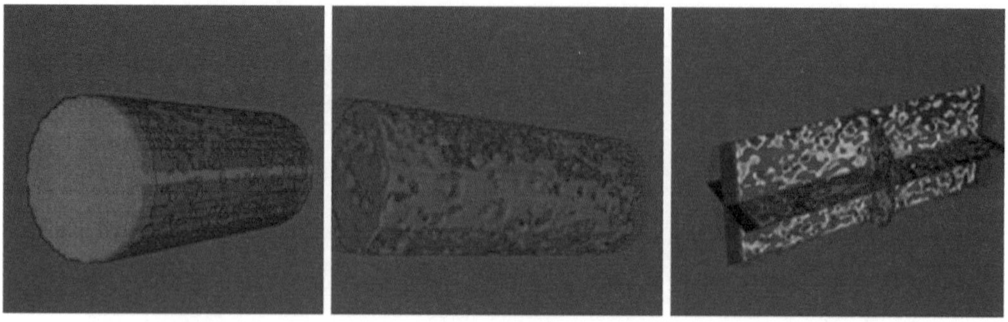

（a）体绘制　（b）面绘制　（c）切片

图 2-55　三维显示方式

（7）建立四维动态模型，模拟驱替过程中饱和度场的变化过程。软件可建立各个时刻的三维模型，对模型进行一定优化和精简，实现驱油过程的动态显示，用四维空间表征驱替过程中饱和度场的变化。采用四维动态模型可视化驱油过程中饱和度随时间变化情况，充分反映了储层参数的动态变化规律，有助于更加准确地对储层进行分析（图 2-56 和图 2-57）。

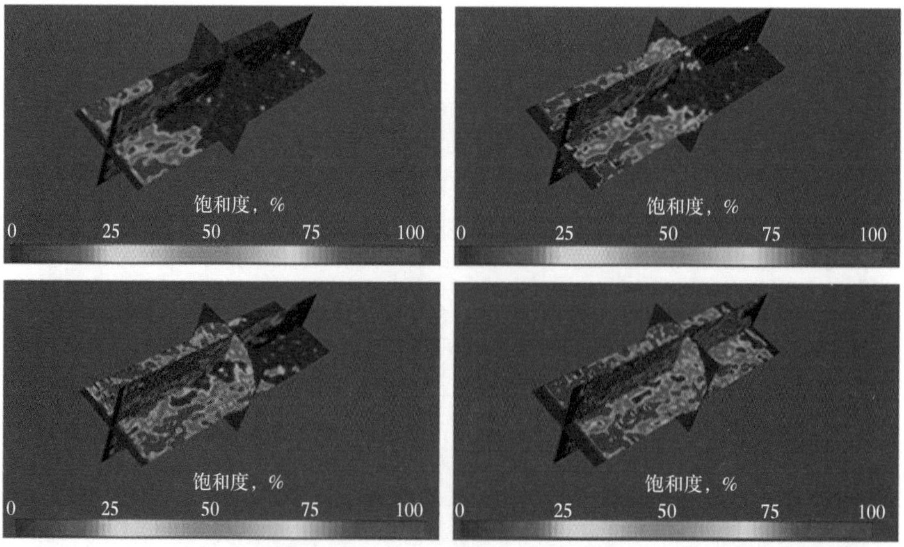

图 2-56　四维动态模型的切片显示

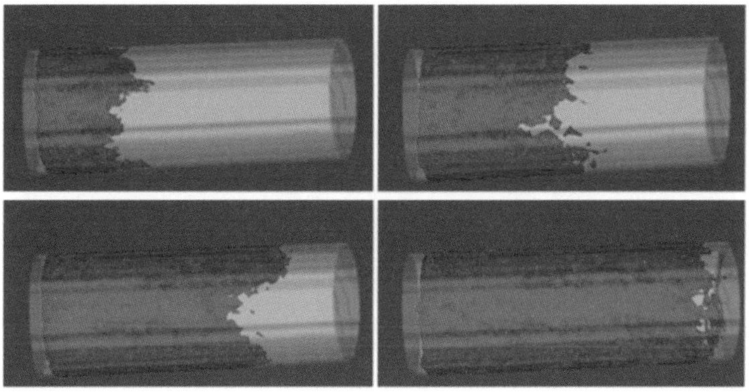

图 2-57　四维动态模型的岩石显示

关于 CT 图像三维重建，一个典型的三位数据场是有 CT 扫描仪（计算机断层图成像）或 MRI 扫描仪（核磁共振）获得的一系列切片图像，孔隙提取后（白色为孔隙，黑色为骨架）CT 序列图如图 5-58 所示。

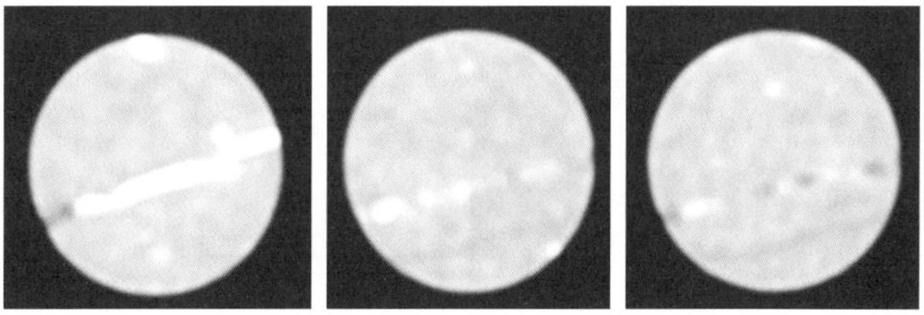

图 2-58　孔隙提取后 CT 序列图

CT 图像三维重建方法大体可分为两类：基于表面的体视方法和基于体素的体视方法。

基于表面的描述方法：采用多边形来对物体的表面进行拟合，由三维空间构造出中间几何图元，再进行画面绘制，这是最常用的一种方法，也是应用最广泛的一种方法，能产生比较清晰的等值面图像，计算量较小，实时性好，便于数据远程传输，还可以利用现有的硬件加速绘制。但该方法只能表现物体的表面，舍弃了物体内部的大量信息，对于复杂的人体器官则无法准确描述。

基于体素的描述方法：先对体数据进行分类，赋予每一体素相应的颜色和阻光度（Opacity），然后绘制到二维平面上。这种方法的最大特点是不需要构造物体表面的几何信息，而直接基于体数据进行显示，实质上是光线在媒介中传播近似的模拟，利用的媒介为体数据，这样就避免了重建过程所造成的伪像痕迹，缩短了在体数据中寻找、计算物体表面的时间。该法不丢失细节，并具有图像质量高、便于并行处理等特点，但计算量大，不利于文件远程传输。

该软件所用到的重建算法包括光线投影法及 Marching Cubes 算法。

光线投射法是扫描图像序列获取高质量图像的体绘制代表算法。其基本思想是从图像的每一个像素沿设定的视线方向发射一条光线，光线穿透整个图像序列，沿这条光线进行等间距采样，采样点处的颜色和不透明度用它的 8 个邻域的颜色和不透明度做三线性插值计算得出，再依据由后到前或由前到后的顺序将每个采样点的颜色和不透明度值累加，最后获得渲染图像中该像素处的颜色。该方法能很好地反映物质边界的变化，在图像显示上可将具有不同属性、形状特征的目标分别表现出来，并显示相互之间的层次关系。体绘制是一种不生成中间几何图元而直接将三维图像数据场的细节同时展现出来的技术。三维空间中离散的采样点只有灰度值，没有颜色属性。体绘制首先将数据分为不同类别的对象，不同对象赋予不同的颜色和不透明度，然后根据空间中视点和体数据的相对位置确定最终的成像效果。体绘制的功能就是考虑每个体元对光线的反射、透射和发射作用，计算出每个体元对显示图像的影响。体元所在面与入射光的夹角决定光线的反射；体元的不透明度决定光线的透射；物质度决定光线的发射，物质度越大，发射光越强。体绘制分为投射、消隐、渲染和合成 4 个步骤。体绘制最大的优点是可以展现物体内部结构，描述非常定形的物体，而面绘制在这方面比较弱，但直接体绘制计算量很大，当视点改变时，需要重新进行大量的计算。国际上主流的体绘制算法有光线投射法（Ray Casting）、错切—变形法、频域体绘制算法和抛雪球算法，其中光线投射算法最为重要和通用。VTK 软件库中提供了常用的体绘制算法，体绘制效果如图 2-59 所示。

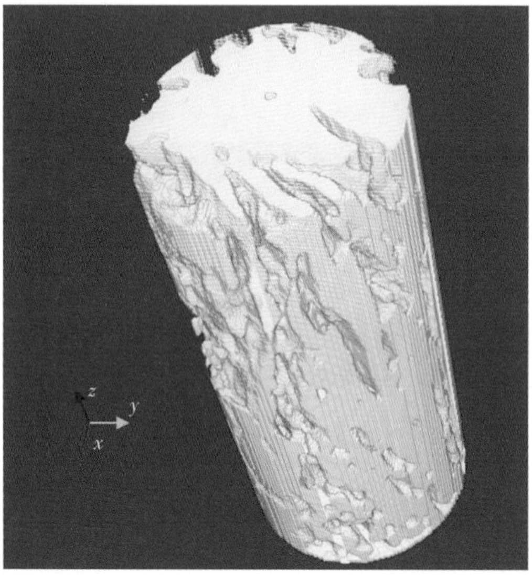

图 2-59　体绘制效果

Marching Cubes 算法假设体元棱边上的数据连续线性变化，如果阈值在一条棱边两个顶点值之间，则该棱边肯定与等值面相交。按照三角面片的剖分方式计算出所在棱边上的交点，用这些交点构造出的三角面片拟合该体元内的等值面。可见，该算法的基础是确定各体元中等值面的分布情况。面绘制是一种抽取三维数据场中的等值面，生成中间几何图元，然后加以绘制显示的技术。面绘制可以产生较为清晰的等值面图像，而且可以利用图形硬件加速图形的生成和转换。在众多构造等值面的方法中，Lorensen 于 1987 年提出的移动立方体（Marching Cubes，MC）算法最有代表性。该算法主要针对三维规则数据，如核磁共振图像，计算机 X 断层扫描图像等，实现方便，计算精确，是三维显示中最流行的算法之一，面绘制效果如图 2-60 所示。MC 算法是生成三维数据场等值面的经典算法，也是抽取体元内等值面技术的代表。MC 算法的基本思想是把二维断层序列图像组织成三维矩阵，每个像素就是一个顶点，8 个顶点组成一个立方体，即体元，依次逐个扫描体元，根据选定的阈值确定顶点属于等值面内还是外，分类出与等值面相交的非空体元。非空体元是 8 个顶点中至少有一个大于等于阈值，且至少有一个小于阈值的体元。找到符合条件的体元后，在其内部构造等值面，插值计算出等值面与体元棱边的交点。根据体元中每个顶点与等值面的相对位置，将等值面与体元棱边的交点按一定方式连接形成三角面片，拟合该体元内的等值面。扫描完所有体元后，使用常用的图形软件包或硬件提供的面绘制功能绘制出等值面，就形成了等值面的三维图像。

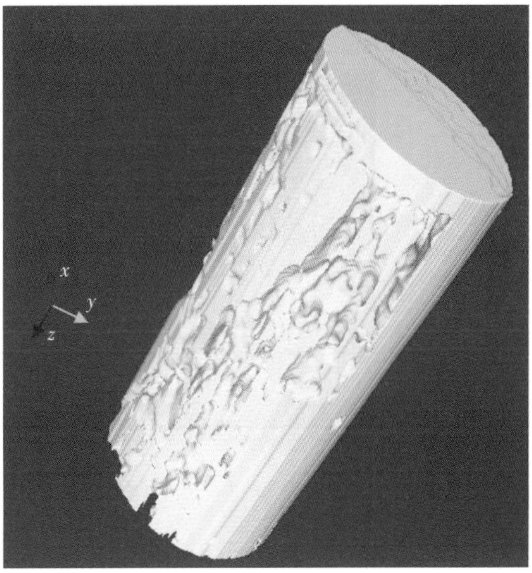

图 2-60　面绘制效果

三、Avizo 软件

目前针对工业 CT 岩心扫描图像的处理软件主要包含：ImageJ 和 Avizo，其中 ImageJ 为开元软件，其主要的特点为批处理图像速度快，缺点为其缺乏三维展示效果。Avizo 软件为 VSG 公司开发的针对最新推出的专门针对地球地质科学、材料科学以及 CAE 工程计算等一款强大可视化软件。Avizo（TM）软件是一套全方位的可视化工具，帮助人们显示、处理和理解工程科学数据。通过 Avizo 提供的强大的数据处理功能和简单易用的人性化图形界面来处理三维岩心数据。

下面将以第三方商业图像处理软件 VSG 公司的 Avizo 为例对微米纳米 CT 图像常用处理软件做一个简介，图像处理主要分为几个步骤：图像导入、灰度值调节、图像位数转换、图像平滑及图像二值化分割。

（1）图像导入。目前 Avizo 软件支持的图像格式超过 100 种，其中包含了 Png，Jpeg 和 Tiff 等数据体格式，工业 CT 扫描及完输出的数据格式一般为 Tiff 或者 raw 格式，其中 Tiff 为单张无间隔的连续二维 CT 切片图像，raw 文件为单个三维灰度矩阵图像。

如图 2-61 所示，在打开 Avizo 软件界面后可观察到其主要分为三个区域，左边为数据显示区域，右上为数据编辑区域，右下为属性区域，点击右上界面内的 Open Data 可以选择所生成的工业 CT 岩心数据体，在此以 raw 文件格式为例。

在 Avizo 数据导入过程当中默认的 CT 图像格式为 64 位，所以应当根据实际的图像位数进行调整（通常工业 CT 输出的文件为 16 位图像），其次需要将图像的实际尺寸输入到 Dimensions 中，需要输入的分别是 raw 文件在 X 方向、Y 方向、Z 方向上的体素个数，在

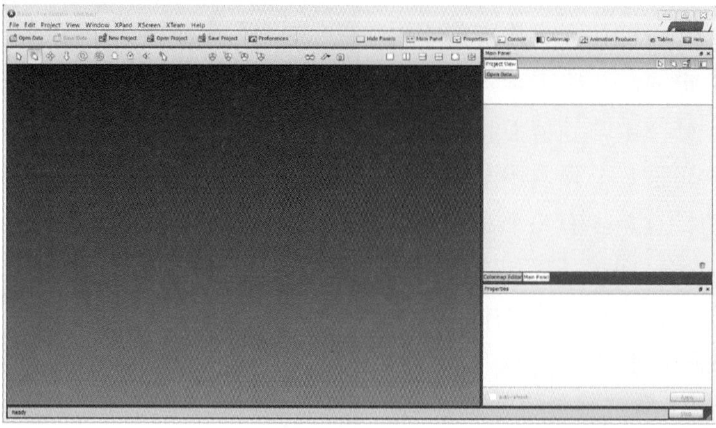

图 2-61　Avizo 软件界面图

输入的图像位数和三个方向上的大小信息正确无误的情况下该命令框内的 Header 应当显示为 0，Requested 和 Filesize 的数值应当相同，这说明软件需要占用的内存空间和图像的实际大小相同（图 2-62）。

图 2-62　Avizo 软件数据导入界面

在输入正确的图像位数和大小后，Endianess 和 Index order 选择默认值，在分辨率选项中 Bounding Box 代表的是 raw 数据体三个方向上的实际物理尺寸大小，VoxelSize 代表的是每个体素的实际物理尺寸大小。

在数据导入成功后可见右上的命令框中有蓝色背底的数据体图标显示，通常在 Avizo 软件中数据体的背底为蓝色，编辑命令的背底为红色，显示命令的背底为黄色（图 2-63）。在数据打开成功后可以在数据体图标上右击生成一个 Volume 来检查数据体是否正常。

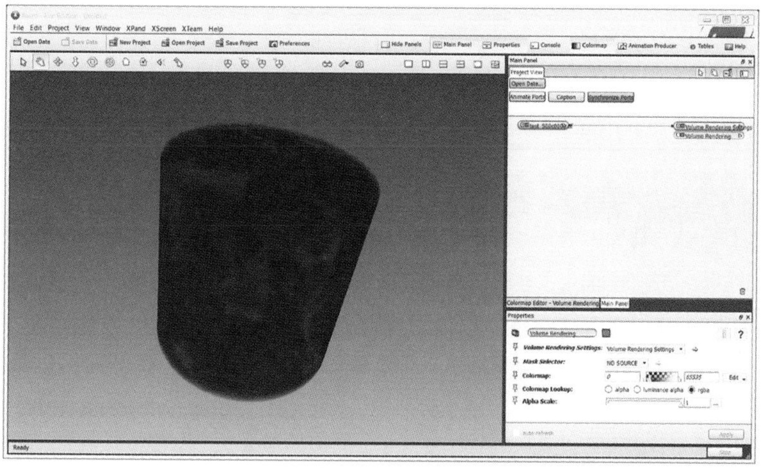

图 2-63　数据导入成功软件界面

（2）灰度值调节。从图 2-64 中可以发现在打开的岩心 CT 扫描图像中整体颜色较黑，对整个岩心图像进行灰度值分布统计可见整个 CT 图像的灰度区间分布在 0 到 20000 之间，在 16 位图像区间内并未完全占据整个区间，因为其灰度主要在低灰度值区域所以导致整个图像颜色偏黑。

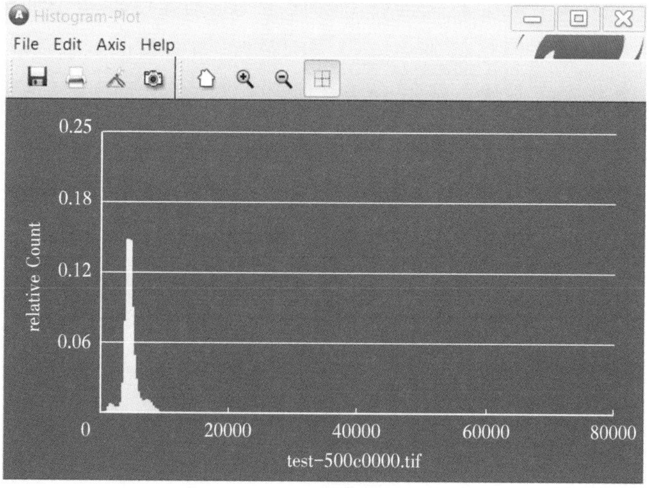

图 2-64　图像灰度区间统计数据表

为了更好地进行孔隙识别并进行准确的阈值分割，首先需要将灰度值进行调整，调整原则为将灰度值区间进行最大限度的占满整个 16 位图像区间范围。

(3) 图像位数转换。在 Avizo 软件中在原始 16 位的数据体上进行右击选择 Convert，然后点击 Convert Image Type，选择 8 位的数据输出，然后点击 Apply 执行键就完成了数据转换，由于后期模拟计算的运算量取决于图像的位数大小，所以通常选择将 16 位图像转换为 8 位的图像（图 2-65）。

图 2-65　图像转 8 位后效果显示

由图 2-66 可以看出，在调整灰度值并进行位数转化后 8 位图像显示趋于正常，可见明显矿物灰度差异和孔隙结构存在。

(4) 图像平滑。图像平滑的意义为在实际工业 CT 扫描过程当中环境会对 X 射线的真实信号进行干扰，当 X 射线信号量不足够强烈的时候，在实际扫描完成的图像当中就会产生噪声，表现在图像上为麻点状、灰度介于孔隙和颗粒之间的灰度干扰值。所以在后期二值化分割之前必须要祛除噪声以避免造成不必要的分割误差。图 2-66 所示为原始 CT 图

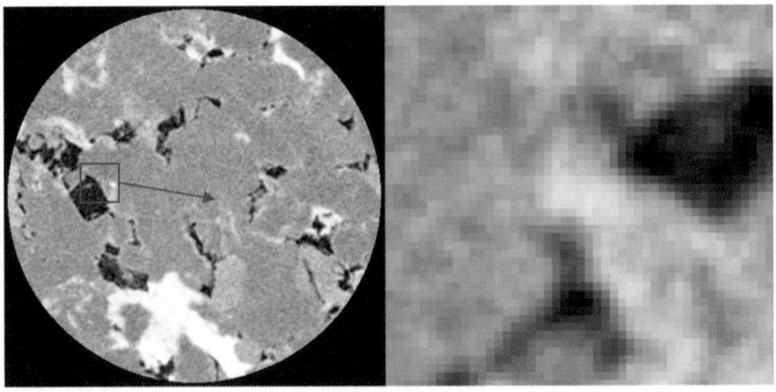

图 2-66　原始 CT 图像

像，图 2-67 所示为平滑后 CT 图像。

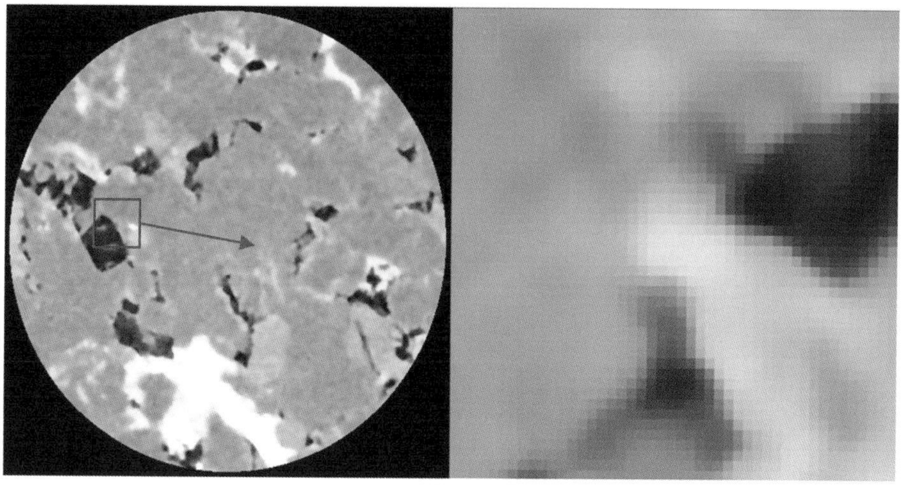

图 2-67 平滑后 CT 图像

在 Avizo 软件中主要的平滑工具功能在 Image Processing 中的 Smoothing and Denoising 其中的图像平滑工具有十余项，其中最主要用的工具为高斯、中值平滑方法，针对三维岩心数据体效果最佳的平滑模块为 None-Local-Mean 平滑模块，其本质的区别在于前两者只是考虑二维单张图像上的阈值分布进行平滑，后者考虑三维每一个与之相接触的像素的灰度值进行平滑，其优势在于对局部细节结构保护较好，劣势在于平滑时间长，占用运存空间大。

（5）图像二值化分割。数字岩心分析的后期模拟计算工作都由计算机来完成，计算机识别的图像只能是绝对的单值、多相或者两相图像，也就是说孔隙和岩石骨架必须是不同的单值，所以在图像平滑完成后要进行阈值选择并进行二值化分割，其目的在于由人工进行操作选择孔隙的合适灰度区间，从而将改区间内的所有灰度值定义成孔隙并且输出一个值（通常在图像二值化分割的过程当中将孔隙划分成 0，岩石骨架划分成大于 0 的某个值）。

在 Avizo 软件中最主要的阈值分割功能有：单阈值分割（Interactive Thresholding）、双阈值分割（Multi-Thresholding）、分水岭分割（Watershed-Segmentation），在此以单阈值分割为例。

在 Avizo 软件中在选择孔隙的阈值范围时会有蓝色空间占据相应的位置为参考，在相对灰度图像的基础上颜色越接近于黑色代表其实际的岩心密度越小，分割原则在对岩心基础物性有明确的认识前提下进行多张、不同位置、不同方向上的局部观察，主要考虑因素为切勿将低密度黏土矿物分割为孔隙，选择好阈值以后点击 Apply 即完成二值化分割。图 2-68 所示为单阀值分割示例。

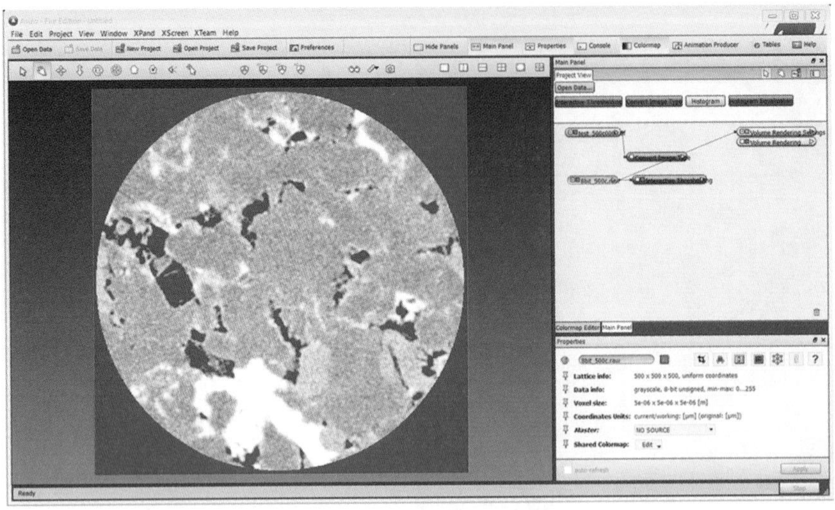

图 2-68 单阈值分割示例图

在阈值分割完成后在生成的数据体上右击可以选择数据“另存为”，将数据保存成 Tiff 或者 raw 格式文件，到此完成二值化图像分割（图 2-69）。

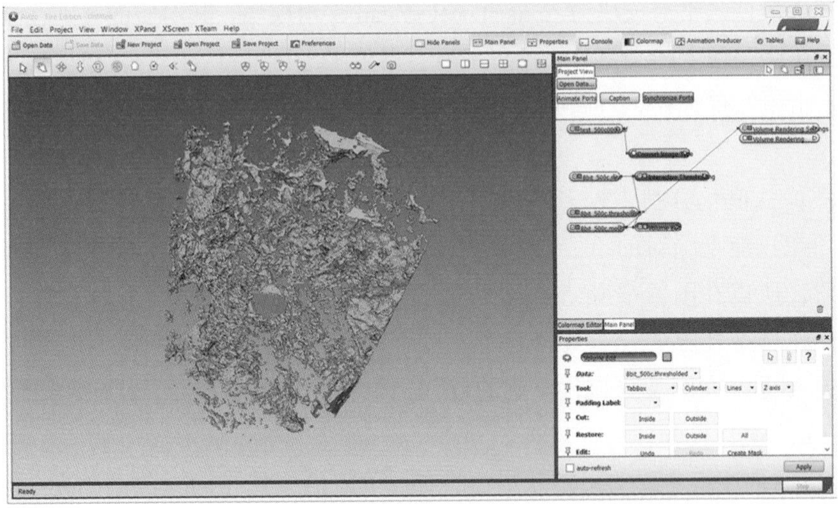

图 2-69 阈值分割完成后三位孔隙空间分布图

第三章　岩石 CT 扫描实验技术

油气资源储存于地下储油气层中，储存油气的岩石和其中的流体构成油气储层。储层岩石以沉积岩为主，沉积岩又分碎屑岩和碳酸盐岩。碎屑岩储层是世界上分布最广的油气储层，它包括各类砂岩储层，如砂砾岩、粗砂岩、中砂岩、细砂岩、粉砂岩以及没有胶结好或胶结松散的疏松砂岩等储层。碳酸盐岩储层也是重要的储层，其中蕴藏的油气资源量约占世界总储量的 50%，波斯湾盆地是世界上碳酸盐岩油田分布最集中的地区。

砂岩和碳酸盐岩的共同特点是：既能储存油、气、水等流体，又能为油、气、水等提供流动通道，因此，对储层岩石的性质及内部结构的研究就尤显重要。然而，很长一段时间里，由于技术限制，国内外传统的岩石实验只能观察岩石的外部性质及通过间接的方法认识其孔隙结构，对岩石内部的规律“看不见摸不着”。进入 21 世纪，科学家直接利用医用 CT 或工业 CT 这一非破坏性的成像技术，通过 X 射线技术和矩阵重建来观察岩石内部的正交沿程分布，再结合一些基本参数的计算，使岩石内部结构像玻璃一样透明可见。一般来说，利用 CT 可以对原始状态下的岩心和处理过的岩心扫描进行描述。原始状态下岩心的扫描对于非胶结的岩心或并非湿润状态的岩心是很有效的一种方法。定量 CT 扫描还提供岩心的非均质性、裂缝、孔洞和黏土的侵入等。定量 CT 数据被用来计算其密度和孔隙度，并来确定非均质性的百分比，对比不同深度和直径的岩心数据。

本章重点介绍利用 CT 技术对岩石密度、孔隙度等参数定量计算，以及对岩石非均质性、内部孔隙结构和裂缝等进行表征的方法。

第一节　密度及有效原子序数测定

一、基本原理

对于岩石等地质样品而言，其基体主要由三大岩类（岩浆岩、变质岩和沉积岩）组成，它们的成分主要是硅、铝、氧、硫和钙等轻元素。岩石的密度和有效原子序数都是反映其成分组成的基本物理性质。

利用 CT 直接测定岩石的密度和有效原子序数，都是基于双能量 CT 扫描过程的，在双能量 CT 扫描中，物体可以在相同的位置用两种高低不同的能量分别扫描两次，通过选择高、低能量设置，可以选择两个 X 射线的能谱，即光电吸收（低能量）和康普顿散射

(高能量)，这些都分别依赖原子数和电荷密度。康普顿散射（图 3-1）可能依靠 X 射线能量和电荷密度，而光电吸收（图 3-2）可能随着原子数的增加而迅速增加，随着光子能量的增加而迅速降低。这样，通过测量两个能量下 X 射线的衰减，就可以得到物质中康普顿散射向光电吸收转化的量值；也可以通过两个具有充足能量的 X 射线单独扫描，来计算一个物体的有效原子序数和光电密度。

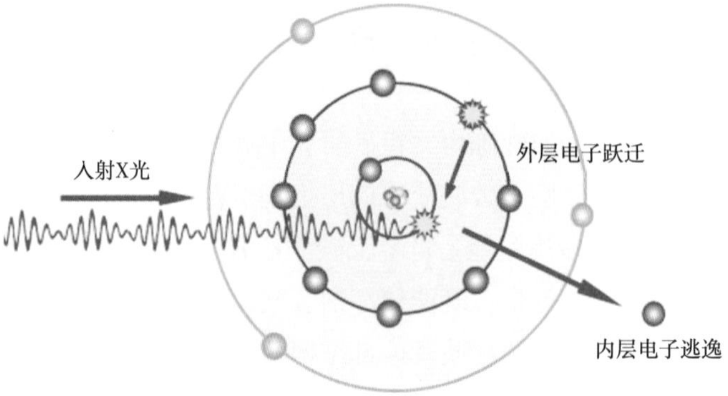

图 3-1　康普顿散射示意图

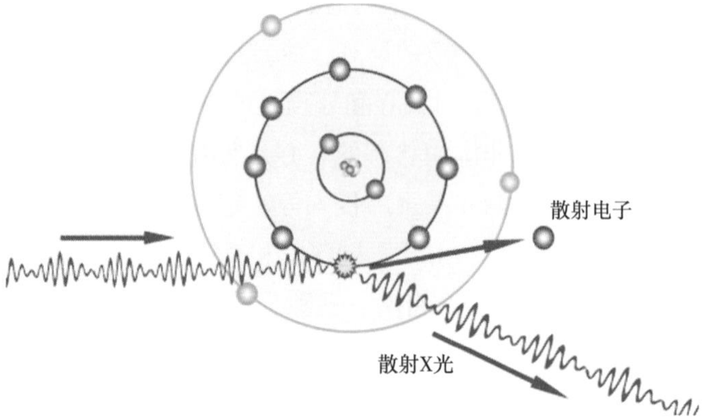

图 3-2　光电吸收效应示意图

双能量 CT 扫描在医疗工业中被广泛使用，通过减小软组织对 X 射线吸收的影响来测量骨密度；另外，双能量 CT 技术也被广泛应用于对包裹的扫描来检测违禁物品。对于后者来说，一个正交的有效原子序数和密度可以被用来快速识别材料的成分。

Wellington 和 Vinegar 建议以 100kV 作为医学 CT 扫描不同能量效应的阈值（高于 100kV 的康普顿散射，低于 100kV 的光电吸收）。大多数医用 CT 电压在 140kV 以下，这个值可以被设置成高能量来扫描岩石。尽管许多医用 CT 的电压可以设置成 90kV，80kV，70kV 和 60kV 的低能量，但 X 射线透过油藏岩石就很困难了，例如低于 70kV 的电压就很难穿过碳酸盐岩。

二、计算密度和有效原子序数方法

前文已提及，X 射线断层扫描产生 3D 数组，在物理衰减系数与医疗领域称为 *CT* 值，其是样本的每个体素（体积元素）的缩放吸收系数。X 射线穿过材料时，其吸收由朗伯-比尔定律给出。

在双能量 CT 扫描中被广泛使用的方程是 Wellington 和 Vinegar 方程，具体形式为：

$$\mu = \rho_b\left(a + \frac{bZ^n}{E^{3.2}}\right) \tag{3-1}$$

式中 μ——被测物体的衰减系数；

ρ_b——光电密度；

E——X 射线的能量；

Z——有效原子序数；

a——Klein-Nishina 系数；

b——衡量参数；

n——关于 Z 的指数。

式（3-1）的非线性关系使得用它计算 CT 扫描断层面图像的有效原子序数和密度非常困难。Angulo 和 Ortiz 使用多项式模型来从 CT 图像中定量计算两个值，但结果不可避免地受 X 射线的多能谱性引起的射线硬化效应的影响。Wellington 和 Vinegar 提出了双能量 CT 扫描的预先处理过程来消除射线硬化问题，但该处理过程并没有在大多数医用 CT 中使用。通过使用滤光和双能量 CT 扫描的预先处理过程可以消除射线硬化从而获得较为理想的结果。从式（3-1）来看，意味着 CT 扫描图像不能直接解释为密度图。例如，如果不考虑成分变化，带有大量菱铁矿的石灰石，在 CT 图像上会显示具有较高能量。如何区分不同成分的密度和减少组分效应是双能量扫描的目标，实际 CT 数据以 *CT* 值来呈现，且 *CT* 值与衰减系数相关。*CT* 值的计算公式（1-4）可变换为：

$$\mu = \frac{\mu_w}{10000}CT + \mu_w \tag{3-2}$$

令 $K_1 = \frac{\mu_w}{1000}$，$K_2 = \mu_w$，式（3-2）可变换为：

$$\mu = K_1 CT + K_2 \tag{3-3}$$

结合式（3-1）和式（3-3），可得到：

$$K_1 CT + K_2 = \rho_b\left(a + \frac{bZ^n}{E^{3.2}}\right) \tag{3-4}$$

$$CT = \frac{\rho_b\left(a + \frac{bZ^n}{E^{3.2}}\right) - K_2}{K_1} = \rho_b(a' + b'Z^n) - c' \tag{3-5}$$

式中 CT——CT 值，Hu；

μ——被测物体的衰减系数；

μ_w——水的衰减系数；

ρ_b——光电密度；

E——X 射线的能量；

Z——有效原子序数；

a——Klein-Nishina 系数；

b——衡量参数；

n——关于 Z 的指数；

a'，b'，c'——等式变换后新的参数举例，$a' = \frac{1}{K_1}$，$b' = \frac{b}{K_1 E^{3.2}}$，$c' = \frac{K_2}{K_1}$。

即吸收系数和 CT 值与密度和有效原子序数具有相同的形式。现在可以应用双能扫描，将图像数据以 CT 值来表示。在扫描中，需要获得两个相同的图像集，其不同之处仅在于光子的能量，其中高能和低能扫描的 CT 值分别标记为 1 和 2。

$$CT_1 = \rho_b(a'_1 + b'_1 Z^n) - c'_1 \tag{3-6}$$

$$CT_2 = \rho_b(a'_2 + b'_2 Z^n) - c'_2 \tag{3-7}$$

表示衰减的康普顿散射部分的 a' 系数不是特别依赖能量的，高能与低能的 a' 系数可以记为：

$$a'_1 \approx a'_2 = a' \tag{3-8}$$

因此，高能电压 1 和低能电压 2 处的 CT 值之间的关系是：

$$CT_1 = \rho_b(a' + b'_1 Z^n) - c' = \rho_b a' + \rho_b b'_1 Z^n - c'_1 \tag{3-9}$$

$$CT_2 = \rho_b(a' + b'_2 Z^n) - c' = \rho_b a' + \rho_b b'_2 Z^n - c'_2 \tag{3-10}$$

使用传统技术求解两个未知数中的两个方程，首先通过归一化，将第一个方程中减去第二个能量方程来消除 Z：

$$CT_1 b'_2 = \rho_b a' b'_2 + \rho_b b'_1 b'_2 Z^n - b'_2 c'_1 \tag{3-11}$$

$$CT_2 b'_1 = \rho_b a' b'_1 + \rho_b b'_1 b'_2 Z^n - b'_1 c'_2 \tag{3-12}$$

$$CT_1 b'_2 - CT_2 b'_1 = \rho_b a' b'_2 - \rho_b a' b'_1 + b'_2 c'_1 + b'_1 c'_2 = \rho_b a'(b'_2 - b'_1) - (b'_1 c'_2 - b'_2 c'_1) \tag{3-13}$$

求解密度可得：

$$\rho_{\mathrm{b}}=\frac{CT_1b'_2-CT_2b'_1+(b'_1c'_2-b'_2c'_1)}{a'(b'_2-b'_1)}=\frac{CT_1b'_2}{a'(b'_2-b'_1)}-\frac{CT_2b'_1}{a'(b'_2-b'_1)}+\frac{b'_1c'_2-b'_2c'_1}{a'(b'_2-b'_1)} \tag{3-14}$$

合并常数，发现密度呈如下形式：

$$\rho_{\mathrm{b}}=ACT_1+BCT_2+C \tag{3-15}$$

式中，$A=\frac{b'_2}{a'(b'_2-b'_1)}$；$B=\frac{b'_1}{a'(b'_2-b'_1)}$；$C=\frac{b'_1b'_2-b'_2c'_1}{a'(b'_2-b'_1)}$。

如果已知 A，B 和 C 的值，则可以确定图像集的每个体素的密度。由于来自 X 射线管的光子的光谱分布，有必要使用已知密度和有效原子序数的标准来通过线性回归获得这些常数。

现在需要重复此过程以获得每个体素的有效原子序数。再次从两个高能和低能扫描的 CT 值开始推导：

$$CT_1=\rho_{\mathrm{b}}(a'+b'_1Z^n)-c'_1 \tag{3-16}$$

$$CT_2=\rho_{\mathrm{b}}(a'+b'_2Z^n)-c'_2 \tag{3-17}$$

式（3-16）和式（3-17）两式相减可得：

$$CT_1-CT_2=\rho_{\mathrm{b}}(a'-a')+\rho_bZ^n(b'_1-b'_2)+(c'_2-c'_1) \tag{3-18}$$

$$Z^n=\frac{(CT_1-CT_2)-(c'_2-c'_1)}{\rho_{\mathrm{b}}(b'_1-b'_2)}=\frac{CT_1}{\rho_{\mathrm{b}}(b'_1-b'_2)}-\frac{CT_2}{\rho_{\mathrm{b}}(b'_1-b'_2)}-\frac{(c'_2-c'_1)}{\rho_{\mathrm{b}}(b'_1-b'_2)} \tag{3-19}$$

将式（3-19）变换为：

$$Z^n=\frac{1}{\rho_{\mathrm{b}}}(DCT_1+ECT_2+F) \tag{3-20}$$

式中，$D=\frac{1}{(b'_1-b'_2)}$；$E=-\frac{1}{(b'_1-b'_2)}$；$F=-\frac{c'_2-c'_1}{(b'_1-b'_2)}$显然 D 和 E 相等且符号相反。

Vinegar 和 Kehl 推荐对几种已知密度和 Z 值的小直径圆柱体进行高能量和低能量的扫描获得 CT 值以计算 A，B，C，D，E 和 F 六个系数。由此可以计算未知岩心样品的 Z 和 ρ_{b}。目前一些商业软件用来计算 Z 和 ρ_{b} 的方法和 Vinegar 和 Kehl 描述的十分相似，其中 CT 切片是基于三维像素的基础建立的。

指数 n 也被用作计算式（3-21）所示的化合物有效原子序数：

$$Z=[\Sigma f_iZ_i]^{\frac{1}{n}} \tag{3-21}$$

式中　Z——有效原子序数；

f_i——第 i 个元素的原子的小数部分；

Z_i——化合物中的第 i 个元素；

n——关于 Z 的指数。

Wellington 和 Vinegar 的文章中将 n 取为 3.8 和 3.6，有时候还取 3。一般情况下，常取 $n=3.6$，因为这样具有普遍性，并且和指数是一致的，即有效原子序数和光电效应的因子。表 3-1 是用式（3-21）计算的有效原子序数和通过 CT 扫描获得的物体的密度。

表 3-1　常见物质的光电密度和有效原子序数

名称	化学式	光电密度，g/mL	有效原子序数
水	H_2O	1.000	7.5195
石墨	C	2.300	6.000
碳酸钙	$CaCO_3$	2.710	15.7100
白云石	$CaMg(CO_3)_2$	2.870	03.7438
空气	Air	0.001	7.2240
石英矿物	SiO_2	2.650	11.7842
纯铝	Al	2.700	13.0000
纯铁	Fe	5.600	26.0000
无水硫酸钙	$CaSO_4$	2.950	15.6847
溶解石英	SiO_2	2.200	11.7842
黄铁矿	FeS_2	5.020	21.9588
菱铁矿	$FeCO_3$	3.960	21.0932
重晶石	$BaSO_4$	4.500	47.2008
钠长石	$NaAlSi_3O_8$	2.610	11.5534
钾长石	$KAlSi_3O_8$	2.530	13.3895
高岭石	$Al_2Si_2O_5(OH)_4$	2.600	11.1622
伊利石	$KAl_3Si_3O_{10}(OH)_2$	2.800	9.6058
钠基膨润土	$NaAl_5MgSi_{12}O_{30}(OH)_6$	2.650	11.4620
钙基膨润土	$Ca_{0.5}Al_5MgSi_{12}O_{30}(OH)_6$	2.650	11.8277
绿泥石	$Fe_2Mg_2Al_2Si_2A_{12}O_{10}(OH)_8$	2.900	11.449
天青石	$SrSO_4$	3.900	30.4686
云母	$Mg_3Si_4O_{10}(OH)_2$	2.750	8.4538
金红石	TiO_2	4.200	19.0006
食盐	NaCl	2.350	15.3295

三、实例

本实例中的所有 CT 扫描工作都是使用通用的四排 HD-350 扫描系统（基于 Marconi/Philips PQS 医用扫描仪）。该扫描仪有一个旋转的 X 光射线源和 1200 个探测器。最小像素尺寸大约为 0.47mm×0.47mm。该扫描仪可以通过两个不同的能量源来扫描。在使用不同的商业处理包将二进制文件发送到 SUN 工作站后，就可以进行图像处理工作了。较小的岩心可以用 5mm 间隔和 5mmX 射线宽度对外观进行全面扫描。较大的岩心可以用 50mm 间隔和 5mmX 射线宽度对外观进行扫描。

第一批测试的岩心包括富含石灰石的碳酸盐岩、Berea 砂岩岩心和砾岩。这三种已知密度和有效原子序数的均质标准样可以用来计算 *A*，*B*，*C*，*D*，*E* 和 *F* 六个系数。分别用高、低能量测量的 *CT* 值和相应的 ρ_b 和 *Z* 值，见表 3-2。双能量扫描系数结果见表 3-3。

表 3-2　三个均质标准样的 *CT* 值、ρ_b 和 *Z* 值

样号	$CT_{低}$	$CT_{高}$	ρ_b，mg/mL	Z
标准样 1	3899. 4	2311. 3	2693. 5	13. 0
标准样 2	2661. 8	1493. 7	2065. 1	12. 9
标准样 3	3136. 6	1917. 0	2526. 6	11. 76

表 3-3　小岩心双能量扫描系数结果

系数	数值
A	-0. 8207
B	2. 0109
C	1245. 9
D	34683
E	-44491
F	-6651160

对三个标准样的相同切片位置，加高压为 140kV，低压为 80kV，并使用 5mm 的 X 射线宽度，间隔为 5mm 全面扫描。分别使用式（3-15）和式（3-20）可以将高、低能量的 *CT* 值转换成 ρ_b 和 *Z* 值。计算结果见表 3-4。

表 3-4　小岩心计算的 ρ_b 和 *Z* 值结果

岩心薄片编号	$CT_{低}$	$CT_{高}$	ρ_b，mg/mL	Z	备注
1	3411. 5	1789. 4	2044. 4	14. 91	石灰岩 平均密度：2041. 5mg/mL 平均有效原子序数：14. 91
2	3407. 5	1786. 4	2041. 7	14. 92	
3	3404. 0	1484. 3	2040. 4	14. 92	
4	3404. 3	1785. 1	2041. 6	14. 91	
5	3402. 2	1783. 7	2040. 6	14. 91	
6	3399. 9	1782. 6	2040. 3	14. 91	
7	3394. 4	1799. 8	2039. 3	14. 90	
8	3393. 6	1779. 8	2040. 0	14. 90	
9	3394. 6	1782. 9	2045. 2	14. 87	

续表

岩心薄片编号	$CT_{低}$	$CT_{高}$	ρ_b，mg/mL	Z	备注
1	2521. 5	1480. 4	2153. 4	11. 89	贝雷砂岩 平均密度：2147. 7mg/mL 平均有效原子序数：11. 93
2	2491. 5	1458. 8	2134. 6	11. 90	
3	2527. 2	1479. 4	2146. 7	11. 95	
4	2526. 2	1478. 0	2144. 7	11. 96	
5	2459. 9	1437. 0	2116. 8	11. 93	
6	2552. 7	1494. 7	2156. 6	11. 92	
7	2583. 0	1516. 7	2176. 0	11. 93	
8	2552. 4	1499. 0	2165. 5	11. 93	
9	250. 39	1467. 3	2141. 9	11. 90	
10	2553. 0	1498. 7	2164. 4	11. 93	
11	2525. 8	1480. 8	2150. 8	11. 92	
12	2538. 7	1488. 4	2155. 3	11. 94	
13	2474. 5	1448. 4	2155. 3	11. 94	
14	2496. 1	1459. 7	2132. 7	11. 93	
1	3377. 2	2015. 0	2526. 1	12. 48	泥岩 平均密度：2610. 2mg/mL 平均有效原子序数：12. 45
2	3574. 8	2139. 7	2614. 8	12. 57	
3	3546. 0	2127. 3	2613. 5	12. 50	
4	3512. 9	2115. 0	2615. 9	12. 40	
5	3461. 7	2091. 1	2609. 9	12. 29	
6	3580. 9	2154. 5	2636. 9	12. 46	
7	3591. 9	2165. 1	2651. 9	12. 43	

表 3-4 同时为三个样品的 ρ_b 和 Z 提供了平均值。测量的密度数据分别为 1906. 2mg/mL，2120. 0mg/mL 和 2529. 2mg/mL，它们的误差范围分别为-7. 1%，-1. 7%和-3. 2%。

尽管，对于每个切片根据高低能量的数据计算 ρ_b 和 Z 值是可以实现的，但同时为了从高低能量的数据中获得 Z 和 ρ_b，需要图像处理软件和相应的数学函数进行辅助计算。图 3-3 显示了三个样品的所有切面的密度和有效原子序数。在每个图中，上面的图像代表 Z，下面的图像代表 ρ_b，图像的颜色和 RAINBOW 软件的颜色很相似。如红色和橘红色这样的明亮色代表任何参数的高值，而如灰蓝色和蓝色这样的暗色则代表相同参数的低值。

切片的图像对岩石的非均质性及是否存在射线硬化效应提供了参考信息。所有的图像都表明了在数据中存在射线硬化，这就会在测量和计算的结果之间产生不同。像 VOXEL-CALC 这样的石油物理处理软件目前包括双能量扫描模式，可以直接根据三维像素计算 ρ_b 和 Z 值，这就意味着它可以处理多重扫描的体积较大的图像。

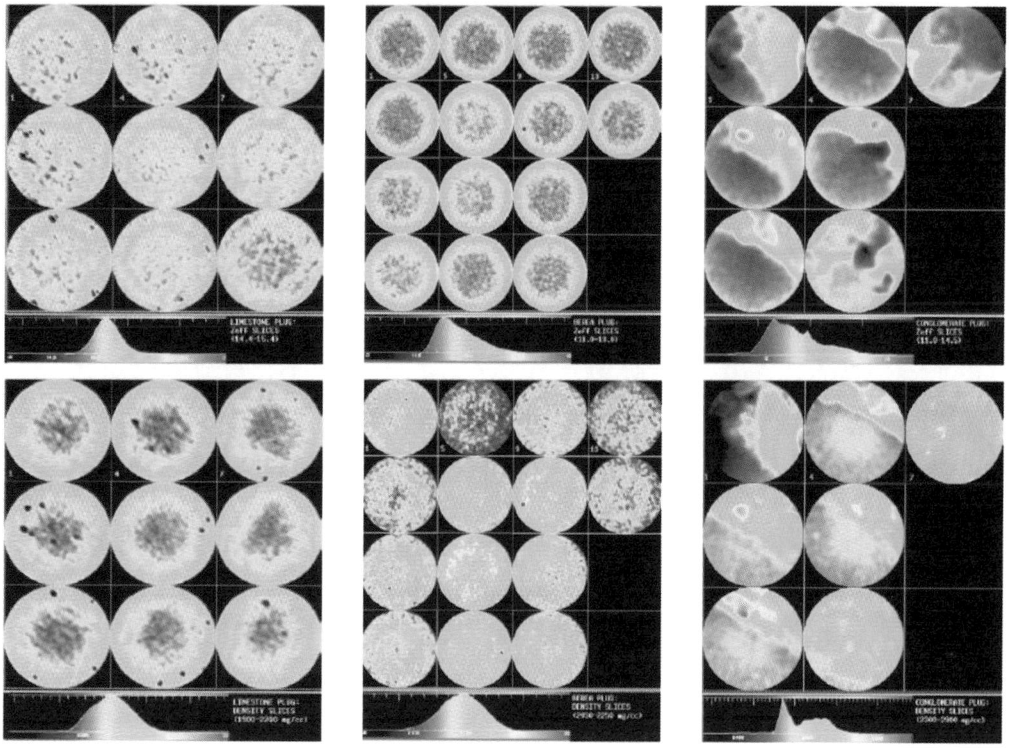

（a）石灰岩　　（b）Berea砂岩　　（c）砾岩

图 3-3　三个样品的所有切面的密度和有效原子序数

为了验证双能 CT 扫描方法的应用效果，选取某油田的 20 块碳酸盐岩岩心样品（总长约 60in），在高压 140kV 及低压 80kV 下，使用 5mm 的 X 射线宽度和间隔为 5mm 进行全面扫描。选取岩心样品的井使用的是水泥浆钻井液，并没有像重晶石粉这样的添加剂。

在扫描的同时，岩心用尼龙管进行密封保存，该扫描是在 50mm 的间隔下进行的。使用 VOXELCALC 软件的双能量模式对图像进行处理。该程序也可以计算 6 个系数，但与本文提到的系数 A，B，C，D，E 和 F 不同。

图 3-4 所示为三个岩心（岩心薄片编号 19，18，17）靠上位置的双能扫描图像。这个部分包含富集泥质碳酸盐的微晶灰岩，还存在垂直的生物扰动岩。在碳酸盐部分，存在间歇的白云石化作用，见图 3-4 中的灰色区域。使用双能量扫描（通常 140kV）很难探测到白云石。依靠孔隙度数据和白云石化作用，白云石可以有比普通方解石更高的或更低的 *CT* 值。因此，单能量扫描并不能提供关于白云石的足够信息。

白云石（2710mg/mL）比方解石（2870mg/mL）有更高的颗粒密度，且有个较低的 Z 值（白云石 13.7，方解石 15.7），因此双能量扫描可以识别白云石。图 3-4（a）中岩心的后 4 个切片和图 3-4（b）中岩心的前两个切片，显示存在 25cm 厚的白云石。低密度、高孔隙度的灰蓝色的点代表在 ρ_b 切片中存在富集泥质碳酸盐的微晶灰岩。然而，由于 Z

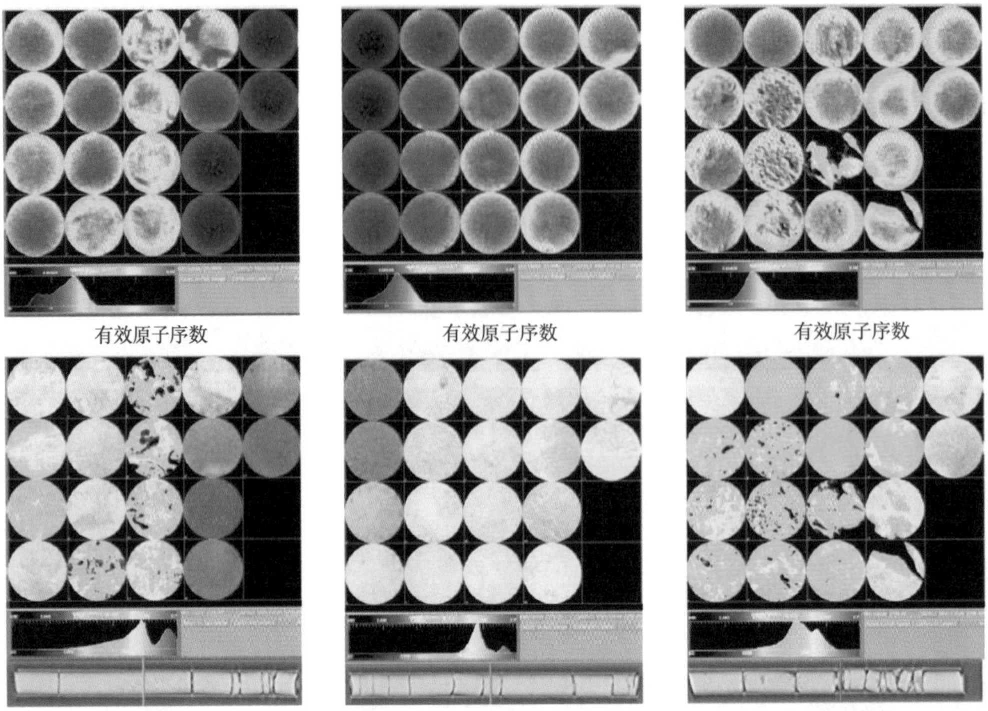

光电密度　光电密度　光电密度

（a）Z和ρ_b值的图像反映了方解石到白云石的过渡（岩心薄片编号19）

（b）Z和ρ_b值的图像反映了白云石到方解石的过渡（岩心薄片编号18）

（c）Z和ρ_b值反映了典型的方解石图像（岩心薄片编号17）

图 3-4　三个岩心靠上位置的双能扫描图像

切片对孔隙度变化的不敏感，因此该部分并没有实在的意义。

图 3-4 的大多数切片中存在射线硬化效应，尽管 ROI 区域已经被选择远离岩心的圆周了，但是在定量数据分析中射线硬化在不使用预处理校正前是不能够被消除的。总之，双能量扫描在识别白云石层和 BCGI 的特性方面是十分有效的。

第二节　孔隙度测定

一、孔隙度定义

岩石的孔隙度是定量描述岩石孔隙性的参数，在这里先对孔隙性进行一个简要的介绍。孔隙性是岩石非常重要的性质之一，岩石颗粒间未被胶结物质充满或未被其他固体物质占据的空间统称为空隙。地球上没有空隙的岩石是不存在的，只是不同岩石的空隙大小、形状和发育程度不同而已，比如砂岩颗粒间存在孔隙，碳酸盐岩中可溶成分受地下水溶蚀后能形成空洞，还有各种岩石在原始地应力及储层改造作用后产生的裂隙，由于孔隙是最普遍的形式，因此常将空隙笼统地称为孔隙。

对于石油工业来说，石油和天然气就是在岩石的这些孔隙中存储和流动，因此岩石孔隙的各种特性将直接影响油气的聚集数量和油气生产能力。储层岩石孔隙的形状、大小、发育程度和形成过程都非常复杂，其中的差异也特别大，为了研究的便利，下面将从孔隙成因、孔隙大小、孔隙生成时间、孔隙组合关系以及孔隙连通性进行分类和描述。

岩石的孔隙类型按成因分类可以分为粒间孔隙、杂基内微孔隙、晶体次生晶间孔隙、纹理及层理缝、裂缝孔隙和溶蚀孔隙。按孔隙大小进行分类，岩石的孔隙包括超毛细管孔隙、毛细管孔隙和微毛细管孔隙，其中孔隙直径大于0.5mm或裂缝宽度大于0.25mm的孔隙称为超毛细管孔隙，孔隙直径介于0.0002~0.5mm或裂缝宽度介于0.0001~0.25mm的孔隙称为毛细管孔隙，孔隙直径小于0.0002mm或裂缝宽度小于0.0001mm的孔隙称为微毛细管孔隙。按孔隙生成时间进行分类，岩石的孔隙可分为原生孔隙和次生孔隙，原生孔隙是与沉积过程同时形成的孔隙，比如粒间孔隙，次生孔隙是沉积作用之后由于各种原因形成的孔隙，比如溶孔、溶洞和裂隙等。岩石的孔隙按孔隙组合关系可分为孔道和喉道，孔道是指孔隙在微观视角下较大的孔洞，喉道是指在微观视角下连接孔道之间的细小通道。最后是按孔隙连通性进行分类，岩石孔隙可以分为连通孔隙和死孔隙，当然岩石中绝大多数孔隙都是连通的，同时也可能有小部分不连通的死孔隙。

关于岩石孔隙度的定义，它是指岩石中孔隙体积与岩石总体积的比值，其中岩石总体积又称为外表体积或视体积，同时岩石总体积由孔隙体积和固相颗粒骨架体积（基质体积）两部分组成，岩石的孔隙度相当于岩石孔隙所占的体积比率，用公式表达为：

$$\phi = \frac{V_p}{V_t} \times 100\% = \frac{V_t - V_m}{V_t} \times 100\% = \frac{V_p}{V_p + V_m} \times 100\% \tag{3-22}$$

式中 ϕ——孔隙度，%；

V_p——岩石孔隙体积，cm^3；

V_m——岩石骨架体积，cm^3；

V_t——岩石总体积，cm^3。

孔隙度是无量纲量，通常用百分数表示。岩石孔隙度是度量岩石储集能力的基本参数，是认识油气储层、计算储量和进行油气田勘探开发的基础数据，它越大，单位体积岩石所能容乃的流体越多，岩石的储集性能越好。同样按照连通性和流体赋存状态进行分类，岩石的孔隙度分为总孔隙度（或绝对孔隙度）、有效孔隙度和流动孔隙度。

总孔隙度 ϕ_t 定义为岩石的总孔隙体积（包括连通的和不连通的孔隙体积）V_{tp}与岩石总体积（外表体积）V_t 的比值，用百分数表示为：

$$\phi_t = \frac{V_{tp}}{V_t} \times 100\% \tag{3-23}$$

式中 ϕ_t——总孔隙度,%；

V_{tp}——岩石总孔隙体积，cm^3；

V_t——岩石总体积，cm^3。

有效孔隙度 ϕ_e 定义为岩石中相互连通的孔隙体积 V_{ep} 与岩石总体积 V_t 的比值，用百分数表示为：

$$\phi_e = \frac{V_{ep}}{V_t} \times 100\% \tag{3-24}$$

式中 ϕ_e——有效孔隙度,%；

V_{ep}——岩石中相互连通的孔隙体积，cm^3；

V_t——岩石总体积，cm^3。

流动孔隙度 ϕ_f 又称运动孔隙度，是指流体能在岩石孔隙中流动的孔隙体积 V_{fp} 与岩石总体积 V_t 的比值，用百分数表示为：

$$\phi_f = \frac{V_{fp}}{V_t} \times 100\% \tag{3-25}$$

式中 ϕ_f——运动孔隙度,%；

V_{fp}——流体能在岩石孔隙中流动的孔隙体积，cm^3；

V_t——岩石总体积，cm^3。

流动孔隙度与有效孔隙度的区别是，它不包括死孔隙，也不包括岩石颗粒表面上存在的液体薄膜的体积，此外，流动孔隙度随地层中的压力梯度和液体的物理化学性质（如黏度等）而变化。在油气田勘探开发中常用的是有效孔隙度和流动孔隙度。以上三种孔隙度的关系是：

$$\phi_t > \phi_e > \phi_f \tag{3-26}$$

对于含有多种成因孔隙的岩石孔隙度来说，最普遍的情况是含有裂缝—孔隙或溶洞—孔隙的储层岩石，这里将其称为双重孔隙介质。其中：岩石固体颗粒之间形成的孔隙称为基质孔隙，其孔隙度为基质孔隙度（ϕ_1）；裂缝或孔洞构成的孔隙称为裂缝、孔洞孔隙，其孔隙度为裂缝、孔洞孔隙度（ϕ_2）。这种双重孔隙介质的孔隙度为 ϕ_1 与 ϕ_2 之和。

二、孔隙度传统测试方法

岩石孔隙度传统测定方法主要有两大类：实验室内直接测定法和以各种测井方法为基础的间接测定法。受多种因素影响，通常间接测定法的误差较大。实验室内通过常规岩心分析法可以较精确地测定岩石的孔隙度，室内传统的孔隙度测量法主要是通过各种仪器测定岩石的外表体积和骨架体积或孔隙体积，之后直接计算岩石的孔隙度；首先，测定岩石外表体积的方法通常有尺量法（适用于规则形状的岩石）、排开体积法和浮力测定法；其次，测定岩石骨架体积的方法通常有比重瓶法、沉没浮力法和气体膨胀法（基于气体波义尔定律）；最后，测定岩石孔隙体积的方法通常有气体膨胀法、饱和称重法和压汞法；下面将以液体饱和法和气体注入法两种常用测量方法为例进行介绍。

对于液体饱和法，饱和岩样的液体必须是不使岩样膨胀和不溶蚀岩样的液体，这是使用液体饱和法的基本前提，该方法一般多使用煤油。液体饱和法的实验方法及测试原理如下：将洗油、烘干、已称量过的岩样抽真空饱和煤油后，先悬挂在煤油中称量，然后取出岩样，擦净其表面的煤油，在空气中称量；根据阿基米德原理，由饱和煤油的岩样在空气中与在煤油中称量的质量差除以煤油的密度，即得到该岩样的总体积，同时，由饱和煤油后岩样与干岩样的质量差除以煤油的密度可以得到岩样的孔隙体积，因此岩样的孔隙度可以根据下面的公式进行计算：

$$V_t = \frac{m_1 - m_2}{\rho_k} \tag{3-27}$$

$$V_p = \frac{m_1 - m_3}{\rho_k} \tag{3-28}$$

$$\phi_e = \frac{V_p}{V_t} \times 100\% \tag{3-29}$$

式中 ϕ_e——岩样的有效孔隙度,%；

V_t——岩石的总体积，cm^3；

V_p——岩石的孔隙体积，cm^3；

m_1——饱和煤油的岩样在空气中的质量，g；

m_2——饱和煤油的岩样在煤油中的质量，g；

m_3——干岩样的质量，g；

ρ_k——测试温度下煤油的密度，g/cm^3。

使用液体饱和法测量岩样孔隙度时，针对某些特殊的岩样，还需要增加一些辅助实验步骤。如果岩样很致密，单靠抽真空饱和煤油，很难完全饱和，需要在抽真空饱和之后，继续加压饱和煤油。对于疏松易碎的含油水岩样应先称量，封蜡后再称量，然后将封蜡岩样悬挂在水中称量，同时还要测定水与蜡的密度；根据阿基米德原理，由封蜡后岩样的质量与它在水中的质量差除以水的密度，再减去蜡皮的体积，即可得到含油水岩样的总体积，然后将除过油水和蜡的岩样装于坩埚中在空气中和煤油中分别称量，可以求出岩样的骨架体积，综合起来疏松易碎岩样的孔隙度可以计算如下：

$$V_t = \frac{m_4 - m_5}{\rho_w} - \frac{m_4 - m_6}{\rho_p} \tag{3-30}$$

$$V_m = \frac{m_3 + m_8 - m_7}{\rho_k} \tag{3-31}$$

式中 V_t——岩石的总体积，cm^3；

V_m——岩石的骨架体积，cm^3；

m_3——干岩样的质量，g；

m_4——封蜡后岩样在空气中的质量，g；

m_5——封蜡后岩样在水中的质量，g；

m_6——含油水岩样的质量，g；

m_7——饱和煤油的岩样和坩埚在煤油中的质量，g；

m_8——取出岩样后坩埚在煤油中的质量，g；

ρ_w——测试温度下水的密度，g/cm^3；

ρ_p——测试温度下蜡的密度，g/cm^3。

对于疏松易碎岩样，还可以通过比重瓶法测定其骨架体积，具体操作过程是这样的：将洗油烘干后的岩样解析成颗粒，在已知体积的比重瓶中称量其质量，加满液体后再称量，根据测定岩样被液体完全润湿后排开液体的体积，即可测得岩样的骨架体积（或称颗粒体积）。

使用煤油饱和法测定孔隙度的岩样，对其外形的要求不严格，如果岩样成形较好，尽量钻取直径25mm或38mm、长度25mm以上的正圆柱体，这样可以在同一岩样上测得孔隙度和渗透率的数据，否则尽可能磨制成椭圆状或无棱角状的岩样即可。

气体注入法适用于形状较规则的圆柱状岩样，该方法的测试方法和原理如下：向已知体积为 V_k 的标准室注气加压至 p_k，当压力平稳后向岩样室作等温膨胀，测定系统的平衡压力为 p；根据波义耳—马略特定律 $p_k V_k = p\ (V+V_k)$，即可得出岩样室的体积 V；在岩样室中装入岩样后，重复以上操作，测得新的平衡压力 p'，即可得到岩样的骨架体积 V_m；总结上述各阶段数据，岩样孔隙度相关数据计算如下：

$$V = \frac{V_k(p_k - p)}{p} \tag{3-32}$$

$$V' = \frac{V_k(p_k - p')}{p'} \tag{3-33}$$

$$V_m = V - V' \tag{3-34}$$

式中 V_m——岩石的骨架体积，cm^3；

V_k——标准室体积，cm^3；

V——岩样室体积，cm^3；

V'——岩样室加入岩样后的体积，cm^3；

p_k——标准室的初始压力，MPa；

p'——标准室与岩样连通后的压力，MPa；

p'—— 标准室与放入岩样后岩样室连通后的压力，MPa。

使用气体注入法制成的仪器设备通常被称为气体孔隙度测定仪，该方法的技术关键是岩样大小（圆柱的直径与长度），尽量与岩样室的大小相近，以提高岩样骨架体积测量的精度。

三、CT 方法测试岩石孔隙度

1. 图像分析法

对于 CT 扫描方法来说，其测试孔隙度的方法可分为直接法和间接法。直接法是通过 CT 图像直接识别出基质和孔隙，之后以此为基础统计出区域内的孔隙占比即可计算出孔隙度，采用该方法的前提是 CT 图像的分辨率足够高，能够直接识别出孔隙和基质，同时该方法是基于 CT 扫描图像，因此其也被称为图像分析法。

通过图像分析法测量岩石孔隙度，通常需要使用微焦点 CT 和纳米 CT 才能够实现，这是由于岩石孔隙的尺度一般在微米级，而针对非常规储层，其岩石孔隙尺度在纳米级，CT 扫描图像的分辨率必须高过岩石孔隙的尺寸才能确保识别出孔隙，因此图像法需借助高分辨率 CT 扫描机才能开展进行。综合来看，图像分析法的优势在于能够直接观察到岩石内部的基质和孔隙情况，同时能够快速反映出某一区域的孔隙特征，但该方法也存在一些缺陷，比如分割阈值的选取受人为因素影响，而这一因素也会最终显著影响孔隙度，同时该方法使用受到仪器的限制，当图像分辨率达不到要求时该方法将变得不适用。

关于图像分析法测量岩石孔隙度的过程如图 3-5 和图 3-6 所示，通过高分辨率 CT 扫描获取岩石的图像，图 3-5（a）是岩石某一横截面的 CT 图像，通过观察图像可以直观地分辨出基质（图中灰色和亮色区域）和孔隙（图中黑色区域），基于上述基质和孔隙区域的灰度值选取阈值区分基质和孔隙，一般来说灰度阈值之上可判定为基质，而灰度阈值以下的区域确定为孔隙，以此为基础进行图像分隔可以进一步将岩石 CT 图像转化成三维二

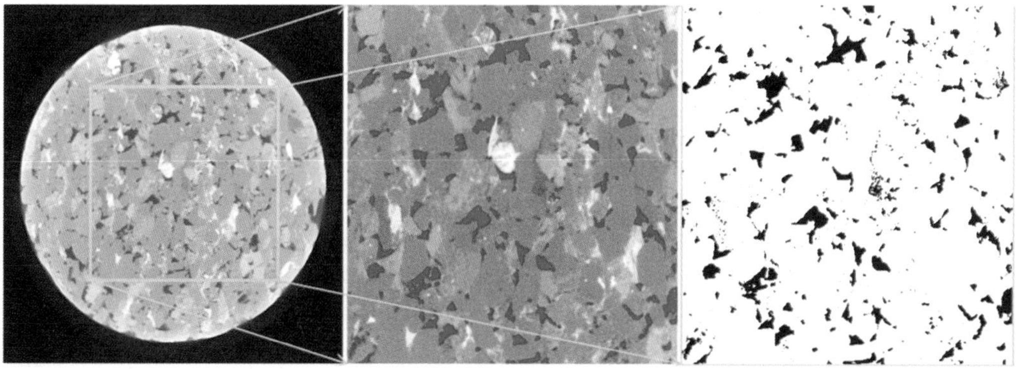

（a）　　（b）　　（c）

图 3-5　岩石平面图像孔隙度分析过程

值化图像即 0 和 1 的图像，这里 0 代表孔隙，同时 1 代表基质，通过对平面选定区域内进行分析即可统计出二值化图像中值为 0 的像素点占比，该占比就是该平面选定区域内的岩石孔隙度，分析处理具体过程如图 3-5（b）、(c) 所示。对于岩石三维图像而言，处理过程是相似的，其孔隙度的计算方法是将三维图像每一层的平面扫描图像按上述方法进行分析，综合选取分隔阈值，之后以此为基础对每一层平面图像进行分隔并统计各自的孔隙和基质像素点数，最后将各层总的孔隙像素点数除以各层总的像素点数即得到岩石三维图像的孔隙度，图 3-6 是对某一岩石选定三维图像区域孔隙度的分析过程。

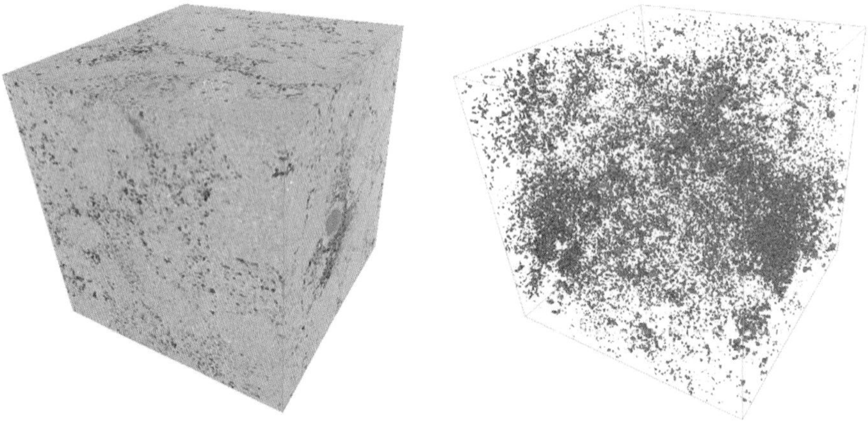

图 3-6　岩石三维图像孔隙度分析过程

上文提到，利用图像分析法的优势在于能够直接观察到岩石内部的基质和孔隙情况，因此该方法特别适用于不同类型孔隙度的划分。因为传统的孔隙度测试方法主要针对连通的孔隙，对死孔隙的孔隙度无法测试；另外也无法分辨裂缝孔隙度。下面一个例子将突出表现出 CT 图像分析法测试岩石孔隙度的优势。

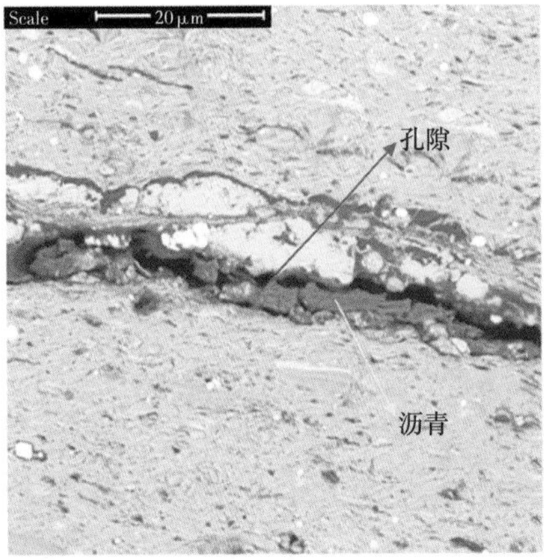

图 3-7　致密岩石电镜（MAPS）结果

某致密岩心样品，通过常规方法测试孔隙度不到 1%，从结果看油气储集量较低。但在高分辨率的电镜下显示样品含有大量微裂缝，而且绝大部分裂缝被沥青填充，而孔隙被沥青所包裹。沥青质中也存在更小孔隙，但是含量很少。由于在常温条件下沥青是固态，堵塞了一部分孔隙，造成测试的孔隙度偏小。但计算储层丰度的时候，填充有沥青的孔隙应该统计在内，这就对储量的计算造成一定的误差。图 3-7 所示为致密岩石电镜（MAPS）结果。

用图像分析法对该样品的岩石孔隙度进行测

试和划分。在微米 CT 整体扫描结果基础上，选取代表性区域钻取直径为 2mm 的圆柱体进行微米 CT 精细扫描，体素大小为 1μm。通过扫描的图像设定灰度阈值区分基质、沥青及孔隙，精细划分后统计像素点数分别得到空的孔隙度及含沥青部分的孔隙度（图 3-8）。从测试结果来看，空的部分孔隙度只有 0.53%，与常规方法测试结果一致；而含沥青部分的孔隙度达到 2.56%。用于计算储量的此岩心样品的综合孔隙度应该在 3%以上。

图 3-8 岩心样品三维重建孔隙分布（蓝色为空的孔隙，黄色为含沥青的孔隙）

同时，可以对孔隙和裂缝进行进一步划分（划分方法将在本章第五节介绍），得到裂缝孔隙度为 2.60%，表明裂缝孔隙度贡献率也较高。图 3-9 所示为岩心样品三维重建孔隙分布情况。

2. 饱和差值计算法

当 CT 图像分辨率不够，或者岩石非均质性比较强无法用小区域代表整个岩样的时候，可以采用间接的方法测试孔隙度。该方法的基本原理是通过对比岩石饱和前后 CT 扫描图像信息差异，之后根据推导出的公式计算得到岩石孔隙度。由于此方法需要对岩石进行液体饱和，故间接法也被称为饱和差值计算法。

采用饱和差值计算法测量岩石孔隙度时，其对图像的要求不比图像分析法那样需要达到微米级甚至纳米级，该方法通常采用医用毫米级 CT 即可达到要求。而应用医用 CT 研究岩石各项性质分布特征是以下面三条基本假设为基础的：首先，应用 CT 扫描确定岩石孔隙参数是建立在射线线性衰减的基础上，对于单能量 X 射线符合朗伯-比尔定律；其次，岩石骨架和孔隙均为刚性体，抽真空饱和地层水后孔隙完全被地层水饱和，孔隙结构与骨架颗粒形状不发生变化；最后，水驱油过程中，忽略岩石孔隙流体压力变化产生的应力敏

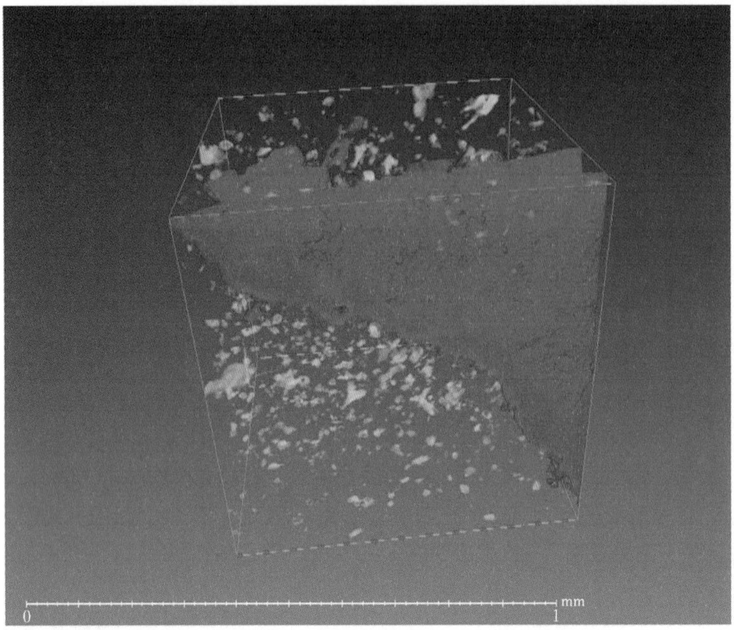

图 3-9　岩心样品三维重建孔隙分布（黄色为孔隙，红色为裂缝）

感特性，岩石的孔隙结构不发生变化，只是孔隙内含油饱和度发生变化。

饱和差值计算岩心孔隙度的推导过程如下。

基于 CT 扫描基本原理，对于干岩心的某一个断层面进行 CT 扫描，该断层面的 *CT* 值为各体积元的平均值，即：

$$CT_{dry} = (1 - \phi) CT_{grain} + \phi CT_{air} \tag{3-35}$$

将岩心完全饱和盐水或油，之后按相同的扫描条件对湿岩心进行 CT 扫描，对于相同断层面在此时的 *CT* 值可以写成：

$$CT_{wet} = (1 - \phi) CT_{grain} + \phi CT_{w} \tag{3-36}$$

将式（3-35）与式（3-36）相减可以得到孔隙度的计算表达式：

$$\phi = \frac{CT_{wet} - CT_{dry}}{CT_{w} - CT_{air}} \tag{3-37}$$

式中　CT_{dry}——干岩心断层面的平均 *CT* 值；

CT_{grain}——岩心骨架的 *CT* 值；

CT_{wet}——湿岩心（完全饱和盐水或油）断层面的平均 *CT* 值；

CT_{air}——空气的 *CT* 值；

CT_{w}——饱和液体的 *CT* 值；

ϕ——孔隙度，%。

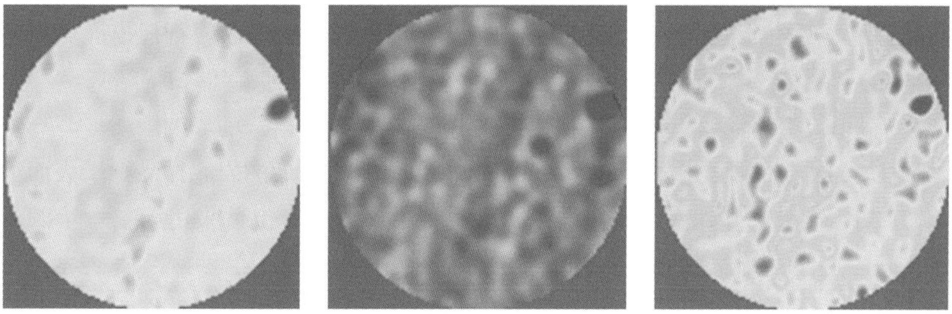

(a) (b) (c)

图 3-10 岩心样品在干（a）、湿（b）及扣除干岩心骨架后（c）的 CT 扫描图

根据上述推导过程，该方法需要两种状态下的岩石即干岩石和饱和岩石，这一点与岩石孔隙度传统测试方法中的液体饱和法类似，但相较于传统饱和法，应用 CT 扫描测量孔隙度方法的最大优势在于，该方法能够在不改变岩石外部形态和内部结构的前提下，观测到岩石的内部孔隙度变化。另外，除能准确反映岩石整体孔隙度外，由于是基于每个像素点的 *CT* 值进行计算，还能得到每个像素点的孔隙度信息，从而能够展现岩石内部的孔隙度分布，并以此为基础进行统计分析，进而提供丰富的岩石孔隙信息，这为岩石的非均质性表征也提供了新的手段，这一部分将在第三章第三节详细说明。

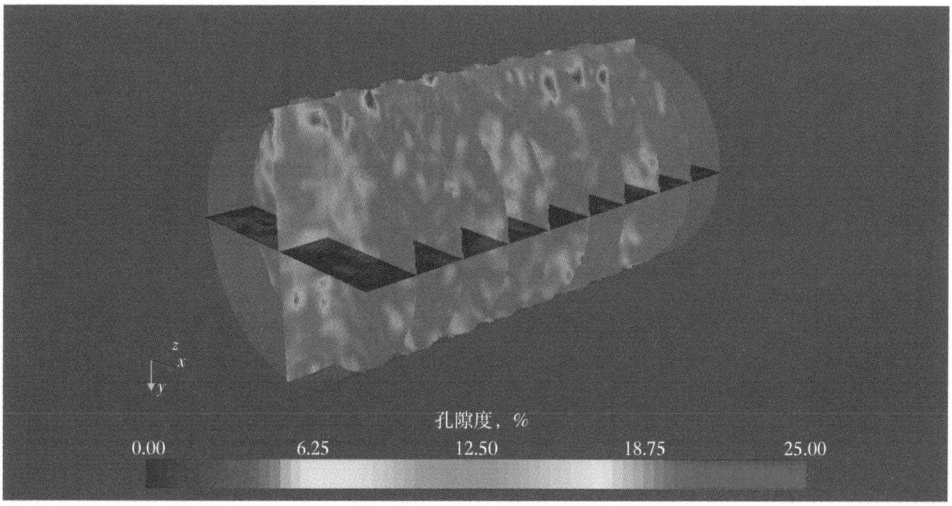

图 3-11 岩心孔隙度分布的三维重建图

基于饱和差值计算法的基本原理，结合常规岩心分析步骤，CT 扫描测量孔隙度的实验步骤可以总结如下：

（1）将经过洗油、洗盐并烘干的待测的岩心样品，放置于 CT 扫描床上或岩心夹持器中，调整位置后固定。

（2）用 CT 对岩心样品扫描，确定并记录仪器扫描参数，包括扫描方式、扫描层厚、扫描间隔距离、管电压、管电流等信息，预扫描结束后，准确选取岩石扫描区域，同时记录位置坐标，保证二次扫描时在同一位置进行，正式扫描结束后存储扫描结果。

（3）在同样的仪器条件下对周围的空气进行扫描以确定空气的 *CT* 值。

（4）对岩心样品加压充分饱和盐水或油 24h 以上，饱和后的岩心样品擦干表面液体后放置于 CT 扫描床上，并确保两次扫描在同一位置上，岩心定位可采用第二章第四节推荐的方法；若岩心在夹持器中可直接饱和后扫描。

（5）用 CT 对饱和的岩心样品进行扫描，扫描参数与第一次扫描完全相同，预扫描结束后准确选取扫描区域并将位置坐标调整到与第一次扫描一致，正式扫描结束后存储扫描结果。

（6）在同样的仪器条件下对饱和用的盐水或油进行扫描以确定液体的 *CT* 值；最后用图像处理软件对实验结果进行处理，计算岩石的平均孔隙度和孔隙度分布。

关于数据处理，其详细过程总结如下，用图像处理软件（在第二章第五节有详细说明）调入两次实验结果数据，用饱和后的岩石扫描结果减去干岩心的扫描结果，导出的实验数据包括岩心样品每个像素点的（$CT_{wet}-CT_{dry}$）、每个扫描层面的（$CT_{wet}-CT_{dry}$）的平均值及整个岩心的（$CT_{wet}-CT_{dry}$），再根据扫描得到的空气的 *CT* 值和饱和用盐水的 *CT* 值，利用式（3-37）计算岩心样品每个像素点的孔隙度分布统计、每个层面的平均孔隙度和整个岩心的平均孔隙度，并可以利用扫描层厚和岩心样品每个层面的平均孔隙度作出岩心的轴向孔隙度分布图。

下面举一个应用医用 CT 扫描饱和差值计算岩心样品孔隙度的实例。四块形状不规则的岩心样品，用常规的氦孔法测试误差比较大。应用 CT 对岩心不同状态进行扫描，并用式（3-37）计算孔隙度，得到的结果见表 3-5，岩心不同层面的孔隙度分布如图 3-12 所示。在操作间温度、湿度条件下测得盐水的 *CT* 值为-3.961，空气 *CT* 值为-1017.83。

表 3-5　岩石 CT 扫描参数及孔隙度计算值

样号	岩心描述	管电压 kV	管电流 mA	扫描方式	扫描层厚 mm	扫描间距 mm	孔隙度,%		
							CT	氦孔	液体饱和
7-103	端面不平行	120	170	单层	0.625	2.5	12.0	9.9	10.4
7-107	端面有溶洞	120	170	单层	0.625	2.5	10.6	10.2	10.6
Fn041（2）	柱面不规则	120	170	螺旋	0.625	1.25	10.2	11.5	10.4
505	明显缺角	120	170	单层	0.625	1.25	16.3	15.5	16.9

由不同测试方法的比对结果来看，对于有缺陷的样品，如柱面不规则或有溶洞、缺角等，CT 测其孔隙度能反映真实值，消除了丈量法存在的误差。但对端面不平行的样品，偏差较大，原因是 CT 的切面都是垂直方向的，而端面不平行的样品，在端面处无法切成

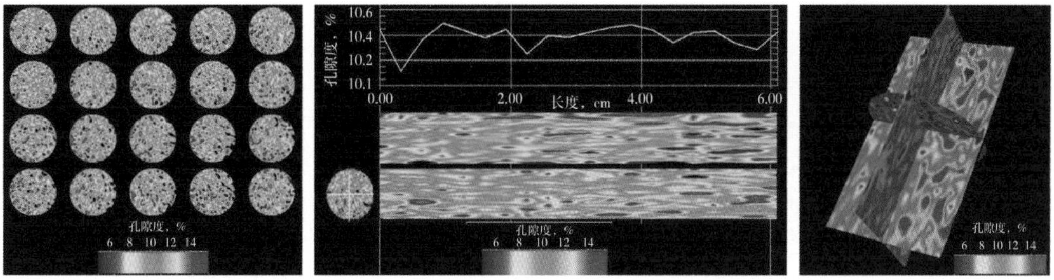

图 3-12　岩心 7-103 不同扫描断面孔隙度分布特征

圆形，造成了误差。总体来看，用 CT 测量岩石平均孔隙度的方法是可行的，其最大优势在于能够反映岩石内部的孔隙度分布，从而对岩石内部可能存在的孔洞缝等特别多孔介质进行一个初步判断。

利用 CT 对岩石进行扫描的一大优势就是可以得到孔隙度的轴向分布图，即每个断层面的孔隙度值的分布，而不是常规方法得到的平均值，由此可以在无损方式下对岩石内部孔洞结果有了定性的了解。图 3-13 所示为四个岩心样品的孔隙度径向分布图，从图中可以看出，岩样 7-103 的孔隙度波动比较大，说明岩心的内部可能存在孔洞且分布极不均匀；岩样 7-107 端面有溶洞，而在 CT 计算孔隙度中，将溶洞也圈在计算范围内，使得断面值孔隙度剧增；岩样 505 有明显缺角，使得孔隙度的分布在缺角一端的值比另一端明显偏高。孔隙度分布的结果基本与岩石情况相符。

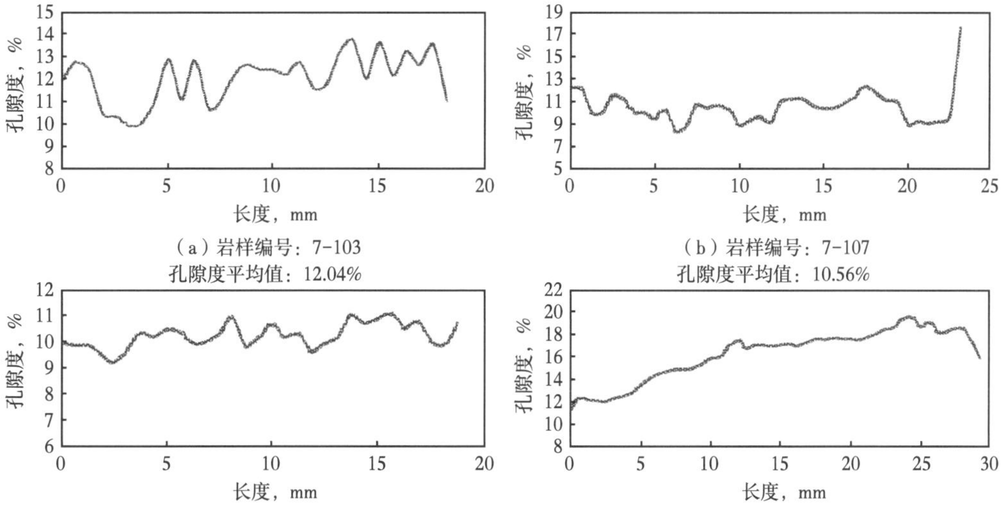

（a）岩样编号：7-103
孔隙度平均值：12.04%

（b）岩样编号：7-107
孔隙度平均值：10.56%

（c）岩样编号：Fn041（2）
孔隙度平均值：10.24%

（d）岩样编号：505
孔隙度平均值：16.29%

图 3-13　四个岩心样品的孔隙度轴向分布图

第三节 非均质性表征

一、储层的非均质性

储层非均质性是描述储层在不同区域位置处储层性质存在差异的参数，它主要与沉积条件、成岩作用、地应力场分布等有关。在研究储层非均质性时，常常以孔隙度和渗透率为主要对象，因为孔隙度和渗透率是储层性质的综合评价指标之一。储层的非均质性表现为微观非均质性和宏观非均质性两个方面，即岩石孔隙空间（微观）的非均质性和储层岩石（宏观）的非均质性。

储层的微观非均质性主要指储层中不同部位的矿物组成、岩石粒度组成和岩石孔隙结构不同以及由此产生的润湿性及毛细管力作用的不同。同时，这种微观非均质性主要影响驱油时的洗油效率，研究岩石微观非均质性对采用物理化学方法提高原油采收率具有重要的意义。

与微观非均质性不同，宏观非均质性包括多种形式，研究成果表明，储层的宏观非均质性至少有三种形式，即层间非均质性、层内纵向上的非均质性和平面上的非均质性。层间非均质性指层与层之间油层物性的非均质，一个油藏一般都由多个单油层组成，而单油层是指在同一地质时间间隔内沉积、上下有夹层和其他油层可以分开的含油地层。这些单油层之间的物性差异有时会很大，以大庆萨尔图油田某区部分油层平均渗透率剖面图为例，该油田层与层之间平均渗透率的差异是很大的，最大可达 5 倍以上，如果从一口井来看，各个层之间的渗透率差异将不是 5 倍或 10 倍，而是可以达到几十倍甚至上百倍。这种层间的非均质性将会导致注水开发过程中注入水沿高渗透层突进，降低注入水的利用率，从而影响原油的采收率。

层内纵向上的非均质性是指不同岩性的岩石在纵向剖面上以不同的方式组合，形成不同类型的沉积韵律。对于具有层内纵向上非均质性的储层，注水开发时，沉积韵律不同，其水驱特征也不同。对于正韵律油层，上部渗透率低，下部渗透率高，再加上油水密度的差异，其结果是水驱过程中，油层下部水流快，水洗程度高，而上部水洗程度低，这种韵律的地层，水驱时含水上升快、水淹快，纵向上水洗厚度小。对于反韵律油层，上部渗透率高，下部渗透率低，其水驱油过程中水淹规律是油层纵向上水洗厚度大、含水上升慢，但无明显的水洗层段，大量的原油需要在生产井见水后继续增加注水量后采出。复合韵律油层的岩性变化和顺序兼有正韵律油层和反韵律油层的特征，在复合韵律油层内，油水的运动规律取决于高渗透带和低渗透带所处的位置。

平面上的非均质性主要是由砂岩体形状、大小和延伸方向不同所引起的，根据对大量油层的分析，平面上的非均质性可以分为 5 种类型：大面积分布的厚油层、条带状分布的砂体、高渗透区零星分布的油层、大面积分布的低渗透薄油层和零星分布的油层，不同类型的地层，其非均质特性不同。以平面上的非均质性为例做进一步说明，其是油田布井中首先要考虑的因素之一，比如地层的渗透率在两个正交方向相差很大，此时若采用行列注水井排，当注采系统的水流方向与高渗透带方向一致时，注水时很容易形成水窜，其波及程度也较低；反之，如果利用上述方向渗透率高的特点，沿该方向布置注水井排，由于注采系统的水流方向与高渗透带方向相垂直，就会使波及系数大大提高。

关于储层非均质性的实际应用如下，目前 CT 扫描常用于帮助选择岩心以进行诸如相对渗透率测试这样的驱替实验，在这里使用均质岩心是十分重要的，因为这是对实验结果进行解释的一个关键性的假设。例如，实验时一块均质岩心的典型尺寸为长 10.16cm、直径 3.81cm，假设颗粒直径为 100μm，那么该岩心的长度大约相当于颗粒直径的 1000 倍；当用该岩心代表布井面积为 648000m^2 的典型井间距离时，将大约相当于 10000000 个颗粒直径长；很显然油藏距离是大小不等的，但通常比井间距离要大一个数量级左右。

油藏内的井间流动形式受油藏非均质性的控制，比如垂向渗透率和水平渗透率的差异分布以及页岩屏障、断层和裂缝的存在等都属于这种非均质性。因此，就油藏级别来讲，采收率与油藏地质密切相关。人们正逐渐意识到油藏描述对实施流体注入方案的重要性，Willhite 已提供了几个注水动态与油藏地质有关的很有意义的油田实例。

岩心所能代表油藏的程度取决于油藏的地质情况，岩心分析和测井资料均可对垂向渗透率提供解释，井间地层的连通关系可说明岩石性质在水平方向上的变化，水平钻井正在帮助加深这方面的认识。目前已有几个研究小组正在致力于研究油藏性质的地质统计学描述，同时还正在研究如何应用这些描述来预测油藏特性这一更为复杂的课题。

在水文学和石油工程领域，目前都正在探讨在具有各种渗透率分布的系统中如何模拟单相流动的问题，对非均质系统中两相流动的处理也是一项与预测注气和注水动态有关的重要研究课题，这里面涉及非均质系统的相对渗透率测量在预测油藏动态这一更大问题中的应用，结果表明，对于由具有不同渗透率的层状并且相互连通的油层所给出的比较简答的油藏非均质性模型，存在着毛细管和黏滞窜流的相互作用。

应该指出，处理油藏描述复杂问题的一个已广泛应用的实用方法是通过类比来进行设计，使用该法可避免出现在一些文献中所讨论的大部分问题。在这些情况下，来自一个相同的或者地质上相似的地层的水驱动态资料可用来预测某种新驱替过程的动态，类比法还可用于将一项小型试验的结果扩展成全面的驱替，在使用类比这种方法时，高级岩心分析的工作量可减少到最低限度，但是这种方法也有它的局限性和风险性，很显然它的一个基本要求是必须对样板油藏进行适当的工程化处理，Slider 强调指出类比法应作为对设计的补充，而不能作为另外一种方法来代替岩心分析的结果和对油藏的适宜描述。

综合上述，储层非均质性对于认识储层特性变化及其对开发效果的影响具有十分重要的实际意义，因此非常有必要对储层非均质性开展系统深入的研究。

二、基于 CT 的非均质表征方法

1. 定性分析方法

鉴于目前对于宏观非均质性的研究工作已经比较成熟，而在微观非均质即岩心尺度方面的研究相对较少，下面将就岩心尺度非均质性研究做一个简要的介绍。

CT 扫描并通过图像重建，可以直观获取岩心内部图像。无论是毫米尺度的医疗 CT，还是微米尺度的微米 CT，都可以基于该图像对岩心的非均质性进行定性分析。例如，在岩心微米级 CT 图像中，由于图像分辨率达到微米级，因此可以直接识别出岩心中的孔隙和基质骨架（通常图像中暗色的区域可以识别为孔隙，而图像中灰色的区域可以识别为基质骨架，有时在图像中还存在亮色区域，此区域可以识别为岩心中的重晶矿物），通过这些信息可以直接定性分析出岩心在微米级尺度的非均质性。如图 3-14 和图 3-15 分别为 1 号和 2 号两块岩心的微米 CT 扫描图像，从 CT 扫描图像可以明显看出，1 号岩心的孔隙和骨架基质分布都较均匀，而 2 号岩心存在明显的重晶矿物区域，该区域呈斜条带状贯穿岩心，综合来看，1 号岩心在微米级尺度的均质性较好，而 2 号岩心在微米级尺度的非均质性十分明显，存在大量重晶矿物分布区域。

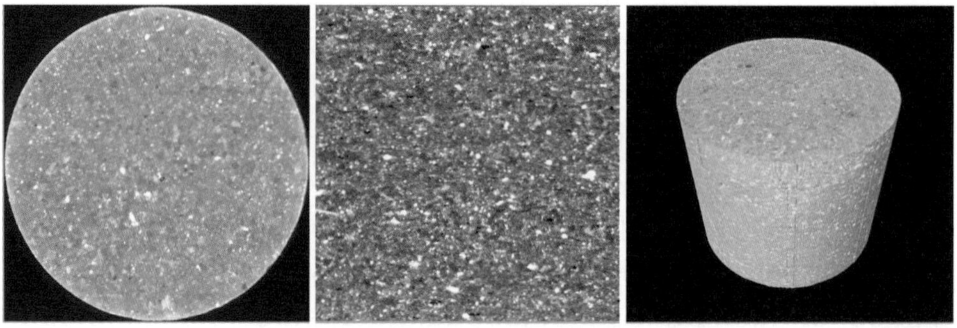

图 3-14　1 号岩心微米 CT 扫描图像

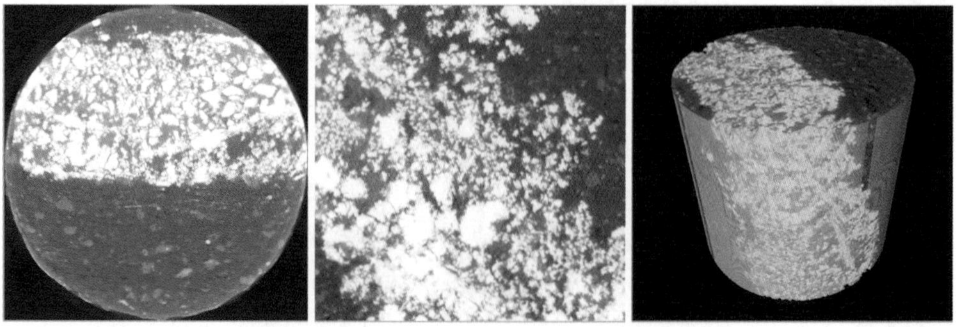

图 3-15　2 号岩心微米 CT 扫描图像

2. 定量统计分析方法

如前文所述，CT 扫描可以给出定量的信息，比如医用 CT 扫描得出 *CT* 值，微米 CT 扫描得出灰度值，可以借助医用 CT 或微米 CT 扫描对岩心非均质性进行定量分析。比较直接的方法就是对岩心微米 CT 图像中各个像素点的灰度值，或者医用 CT 图像中各个像素点的 *CT* 值进行统计分析；另外一种定量分析岩心非均质性的方法是对上述获取的孔隙度、基质骨架、重晶矿物及其位置信息进行统计分析，该方法是在对 CT 扫描图像数据信息做处理后开展，因此该方法相当于间接法。

相比于微米 CT 扫描，医用 CT 扫描得到的图像分辨率通常是亚毫米级到毫米级，因此借助医用 CT 扫描可以分析岩心在亚毫米级到毫米级的非均质性特征，一般选取 *CT* 值和孔隙度进行统计分析。以 *CT* 值为例，通过统计定量分析可以更好地表征岩心的非均质性。下面是一些提出的 *CT* 值分布表征参数，这里面就包括集中趋势指标（均值 $\overline{CT}$、最大值 $CT_{\max}$、最小值 $CT_{\min}$）、离散程度指标（标准偏差 σ、变异系数 C_{r}）和分布形态描述指标（峰度 K_{ur}、歪度 SK，即正态分布程度表征），各参数定义如下：

$$\overline{CT} = \frac{\sum CT}{n} \tag{3-38}$$

$$\sigma = \sqrt{\frac{\sum (CT_i - \overline{CT})^2}{n-1}} \tag{3-39}$$

$$C_{\mathrm{r}} = \frac{\sigma}{\overline{CT}} \tag{3-40}$$

$$K_{\mathrm{ur}} = \frac{n(n+1)}{(n-1)(n-2)(n-3)} \sum_{i=1}^{n} \left(\frac{CT_i - \overline{CT}}{s}\right)^4 - \frac{3(n-1)^2}{(n-1)(n-3)} \tag{3-41}$$

$$SK = \frac{n}{(n-1)(n-2)} \sum_{i=1}^{n} \left(\frac{CT_i - \overline{CT}}{s}\right)^3 \tag{3-42}$$

式中 $\overline{CT}$——*CT* 值均值；

CT_i——每个体素的 *CT* 值；

n——体素的数量；

σ——标准偏差；

C_{r}——变异系数；

K_{ur}——峰度；

SK——歪度。

利用医用 CT 扫描可以得到岩心每个层面（即扫描切片）的 *CT* 值均值，并根据层面的位置绘制岩心层面 CT 均值分布沿程曲线（图 3-16）。曲线变化较大，即轴向标准偏差大的表明岩心轴向均质性强。根据每个层面的所有像素点的 *CT* 值计算标准偏差，层面 *CT* 值标准偏差大的岩心，表明岩心单层切片非均质性强。另外通过 CT 扫描可以看到非均质性较强的岩心在局部出现 *CT* 值的突变区域。图 3-17 所示为岩心 CT 扫描轴向及断层面图。

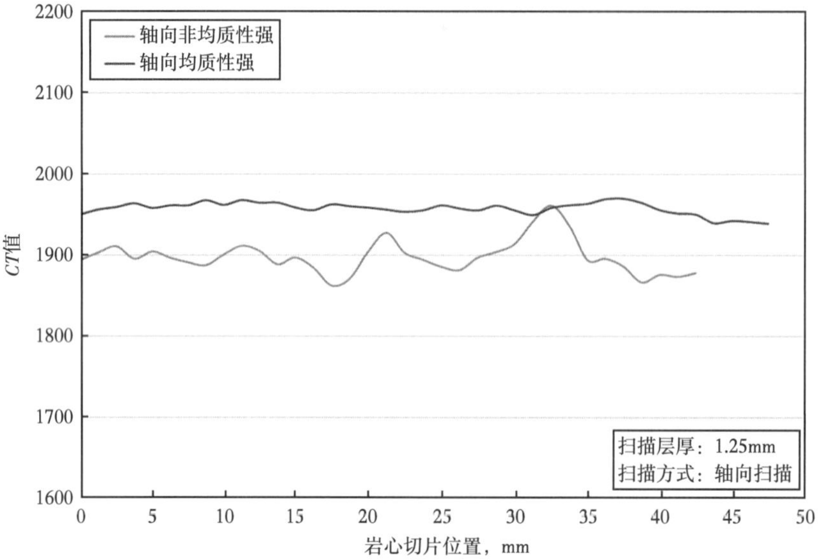

图 3-16　岩心层面 CT 均值分布沿程曲线

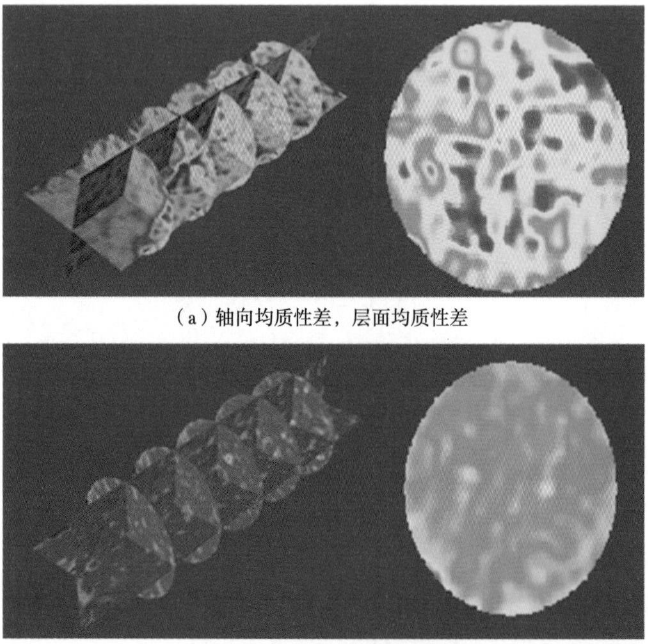

（a）轴向均质性差，层面均质性差

（b）轴向均质性好，层面均质性好

图 3-17　岩心 CT 扫描轴向及断层面图

同时，可以对非均质性定量评价标准规定见表 3-6：轴向标准偏差：0~20 弱，20~50 中，50 以上强；层面标准偏差：0~100 弱，100~200 中，200 以上强。

表 3-6　岩心 CT 扫描非均质性评价数据

样号	轴向		层面		平均 *CT* 值
	标准偏差	非均质性	标准偏差	非均质性	
61	6.46	弱	105.03	中	2160.52
68	4.33	弱	32.48	弱	2168.58
67	12.12	弱	82.97	弱	1959.93
008-9	170.67	强	227.44	强	1799.98
64	7.2	弱	32.82	弱	1796.58
008-16	7.77	弱	75.13	弱	1957.53
66	8.77	弱	33.02	弱	1800.39

除了对 *CT* 值进行定量统计外，还可以对以 *CT* 值为基础得到的一些新变量参数进行定量统计，这其中对岩心非均质性表征最具有意义的就是孔隙度，通过前面章节的孔隙度计算式（3-37），可得到储层岩心不同扫描断面孔隙度分布数据。同时参照 *CT* 值的分布表征参数，对岩心扫描断面孔隙度分布的集中趋势、离散程度和分布形态进行表征。

表 3-7　某碳酸盐岩岩心孔隙分布非均质参数

位置	孔隙度均值，%	孔隙度中值，%	标准偏差	变异系数	歪度	峰度
1	30.0	30.0	3.29	0.11	-0.54	4.32
2	29.2	29.0	3.15	0.11	0.40	0.94
3	29.4	29.3	3.22	0.11	-0.21	1.59
4	29.7	29.9	3.73	0.13	-0.87	4.33
5	29.9	30.0	4.12	0.14	-0.40	3.98
6	30.5	30.6	4.48	0.15	-0.21	5.14
7	30.7	30.8	4.06	0.13	-0.44	3.87
8	30.2	30.6	4.13	0.14	-0.86	4.66
9	30.2	30.6	4.61	0.15	-0.89	3.83
10	30.3	30.6	4.18	0.14	-0.84	2.95
11	30.7	30.7	3.91	0.13	0.11	2.14
12	30.3	30.4	3.89	0.13	0.11	1.43
13	30.2	30.4	4.32	0.14	-0.58	4.12
14	29.1	29.7	5.13	0.18	-1.29	4.62
15	29.7	30.0	4.88	0.16	-1.08	4.88

续表

位置	孔隙度均值，%	孔隙度中值，%	标准偏差	变异系数	歪度	峰度
16	30.0	30.2	4.57	0.15	−0.35	1.01
最小值	29.1	29.0	3.15	0.11	−1.29	0.94
最大值	30.7	30.8	5.13	0.18	0.40	5.14
岩心级别	30.0	30.2	4.10	0.14	−0.50	3.36

对于非均质研究的级别，体素为选定断面内若干体积相同的长方体，是 CT 图像的基本组成单元。在每个体素的扫描体积内包含着由多个孔隙组成的孔隙群，以医用 CT 机为例，其扫描机分辨率为 512×512，扫描体素大小为 227μm×227μm×2500μm，扫描直径为 2.5cm 的岩心柱可得到 110×110 的数字矩阵，有效数据为 9676 个。根据 CT 扫描的特点和成像的原理，可在“断面级”“岩心级”两个级别上进行岩心孔隙度分布特征研究。“断面级”孔隙度分布研究的是岩心某个扫描断面内所有孔隙的集合体，所以其扫描范围为岩心的扫描断面；“岩心级”研究对象为岩心整体内所有孔隙，结果反映了岩心三维孔隙综合信息。将岩心孔隙度分布特征划分为“断面级”“岩心级”，利用三维重建技术将不同孔隙度区域立体化地展现出来，有助于深入地分析和认识岩心不同尺度非均质分布特征（图 3-18 至图 3-20）。

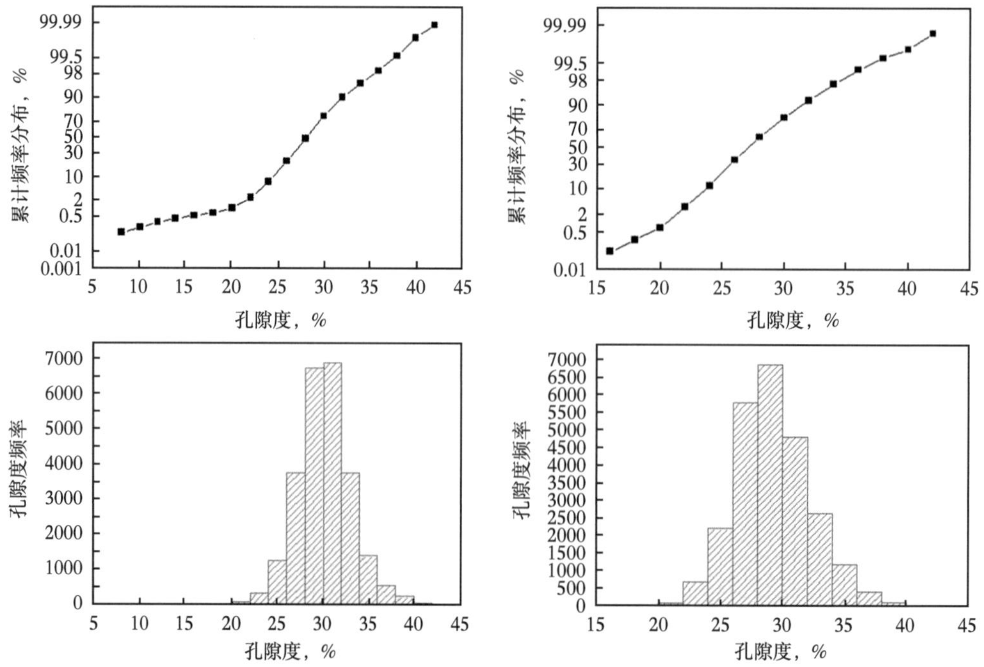

图 3-18　典型断面的孔隙度频率分布及累计频率分布

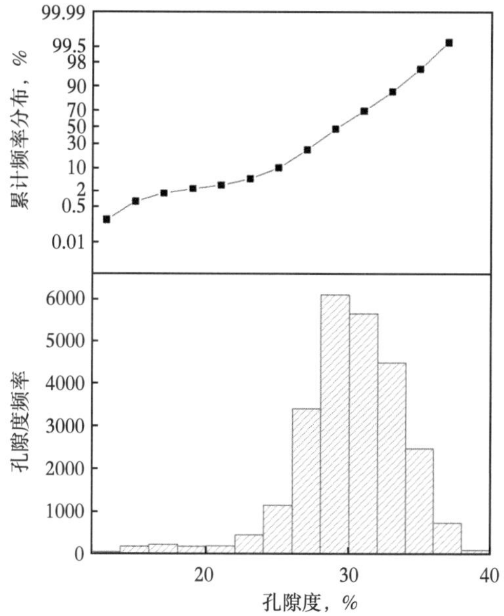

图 3-19 岩心级孔隙度频率分布及累计频率分布

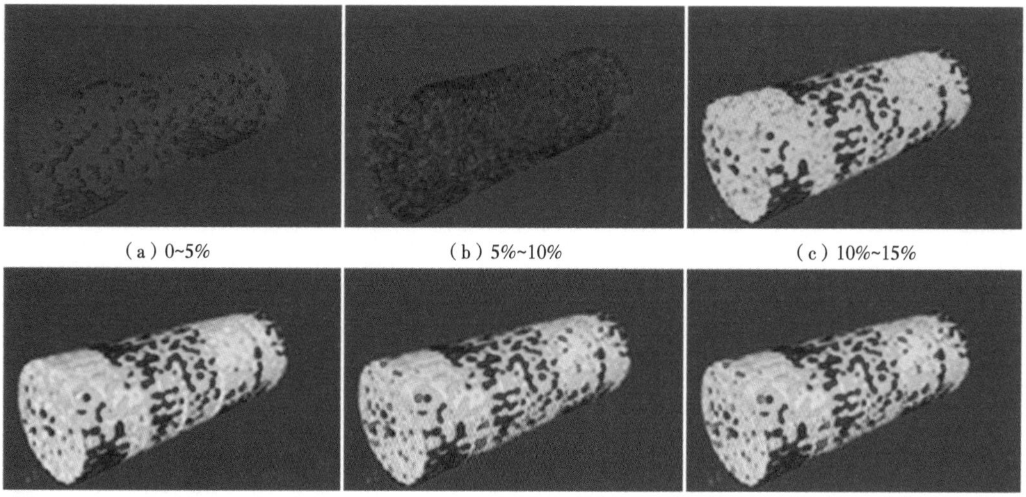

(a) 0~5%　(b) 5%~10%　(c) 10%~15%

(d) 15%~20%　(e) 20%~25%　(f) 25%~30%

图 3-20 不同孔隙度分布的三维重建

三、岩心筛选

在开展岩心一系列实验以前，通常需要根据岩心的信息对其进行划分，之后将性质相近的岩心样品归为平行样，该过程被称为岩心筛选。在岩心筛选后，可以对岩心平行样设计平行实验，进而对单因素进行分析，这对于获取某些影响因素的新认识是非常有帮助的。

在进行岩心筛选之前，先简单介绍一下岩样选取，岩样选取通常是指按照勘探开发的工作条例结合地层岩性变化和井下取心的实际情况选取常规岩心分析的样品，其首要原则就是所选样品应有代表性。对于选样数量，对于孔隙度、渗透率项目，岩性比较均匀的较厚砂岩，每米岩心可以取 3~8 个样品，岩性变化较大的碳酸盐岩地层、倾斜地层、有交错层理的地层，可适当多取；对于油水饱和度项目，含油较多的厚油层，每米至少选一个，薄油层每层选取一个；粒度分析项目，每米选一个；比表面项目每个层组选 2~3 个。关于不同分析项目的具体取样要求，常规岩心分析中对油水饱和度的要求比较特殊，对孔隙度和渗透率两项目的要求基本相同，具体表现为测定油水饱和度的岩样要尽量避免或减少其中液体的损失，只要条件许可，都应在钻井取心的现场取样，岩样要选取岩心的中央部位，以避免钻井液滤液渗入的影响，尽量使测试数据接近储层的真实情况；对于渗透率项目的取样，对非均质程度高的，或有裂缝、溶洞的岩心，需使用大直径岩样（直径 50mm 以上，直到全岩心一整段岩心），对较均质的岩心，可钻取直径 25~38mm 的圆柱；对于孔隙度项目的取样，一般与渗透率项目相同，而且尽量用同一圆柱岩样来测定，如果无法取得圆柱岩样，也可取一块 15~25g 的岩样，处理成无棱角的椭圆状岩样，用液体饱和法测定孔隙度。

传统的岩心取样方法通常基于岩心孔隙度和渗透率数据来进行筛选，这是因为岩心的尺寸相较于油藏要小很多，因此在岩心尺度范围内通常认为其是均质均一的，但是近年来随着研究的储层日益复杂，在岩心小尺度范围内的非均质性确实是存在的，同时一些研究也表明岩心尺度的若干差别确实会对开发效果造成显著影响。下面举一个实例，一块岩心从外表看非常均质，但从驱油实验结果来看与预期有很大的差别。通过 CT 扫描发现，岩心的内部出现一个突变区域，如图 3-21 所示，实际上岩心存在一定的非均质性，在标准岩心实验过程应避免选用此类样品。

在选取岩心平行样设计平行实验时，传统的方法也是只需要确定所选取的几块岩心的孔隙度和渗透率等宏观参数基本一致时，就可以判断所选取的这几块岩心是平行样，从而完成岩心筛选。但从图 3-22 所示这个例子可以看出，钻取自同一块全直径岩心的一组小岩心，虽然孔隙度和渗透率参数一致，经 CT 扫描后发现，*CT* 值的差别还是很大，如果选用这组岩心作为平行样，会给实验结果带来很大的误差。

因此，在进行岩心筛选的过程中，除了考虑孔隙度和渗透率等宏观参数外，还应结合 CT 扫描技术充分考虑岩心的非均质特征，而平行样的选择也应该附加上 *CT* 值一致的因素。

例如一批岩心，除了传统的孔渗测试外，利用上节介绍的基于 CT 的非均质表征方法，得到岩心的 *CT* 值轴向分布、孔隙度沿程分布及孔隙度频率分布等信息（图 3-23 至图 3-25）。结合以上信息可发现，003 号样品 *CT* 值分布不均匀，008-9 号样品孔隙度沿程分布波动大，都不适用于进行岩心实验；而 1025-70 号和 1025-5 号以及 1025-24 号和 1025-26 号样品可作为平行样。图 3-26 所示为不同孔隙度分布的三维重建。

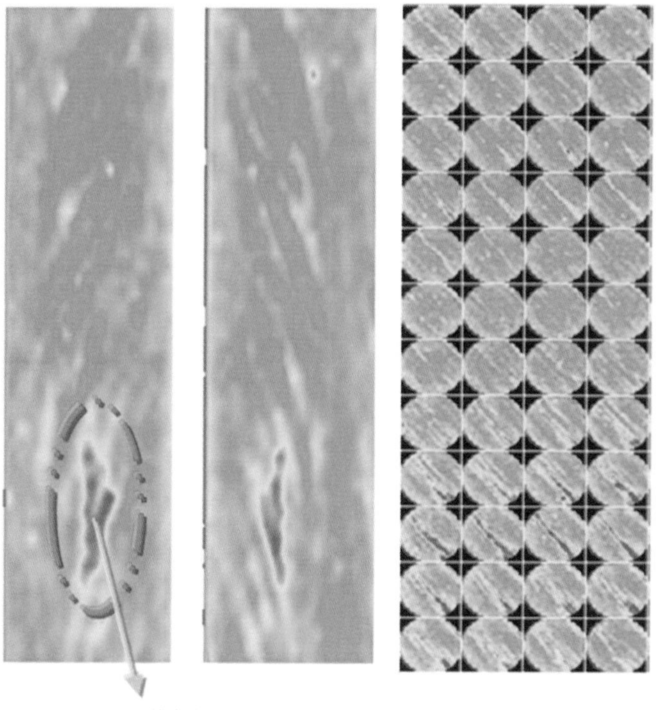

图 3-21　某岩心 CT 扫描图

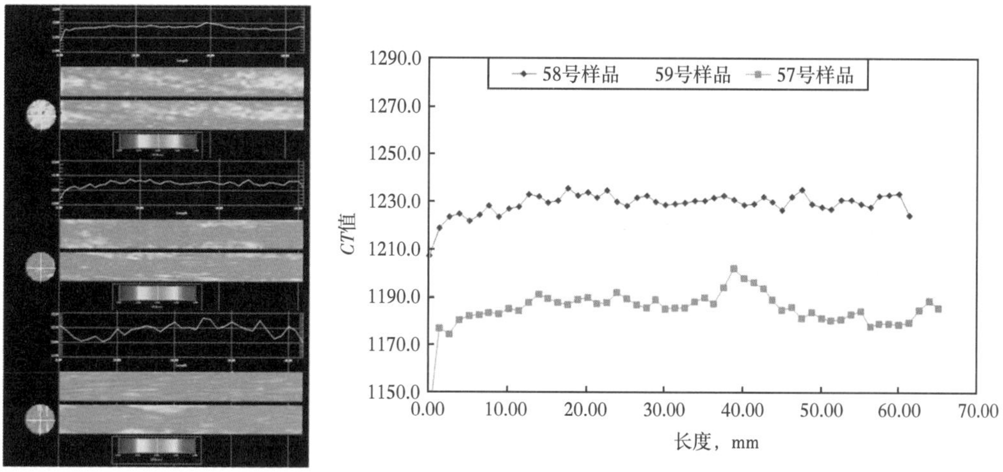

图 3-22　钻取自同一块全直径岩心的一组小岩心 CT 扫描及 *CT* 值分布图

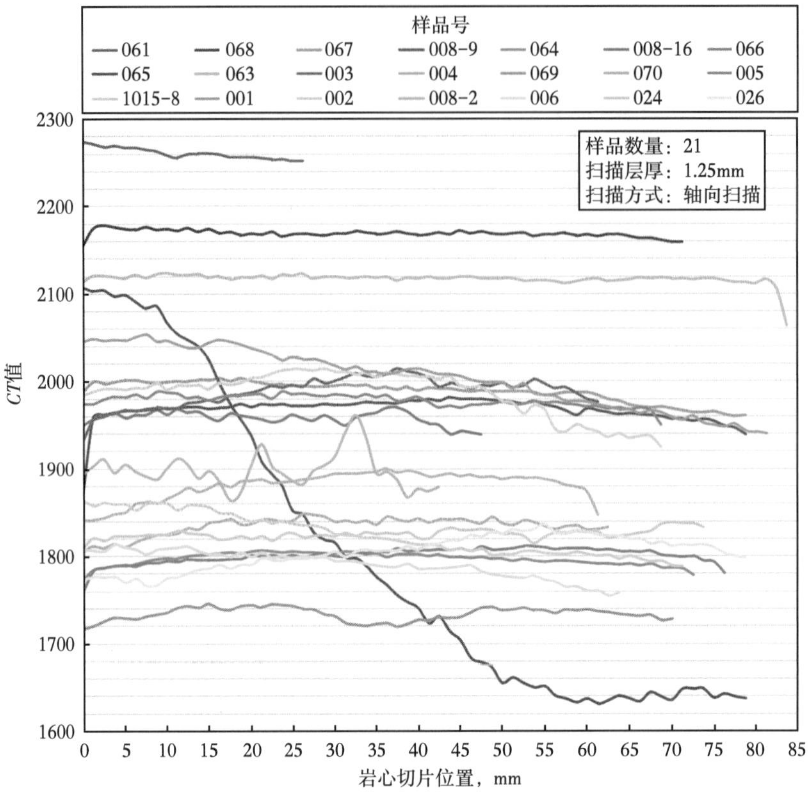

图 3-23　岩心 CT 值轴向分布

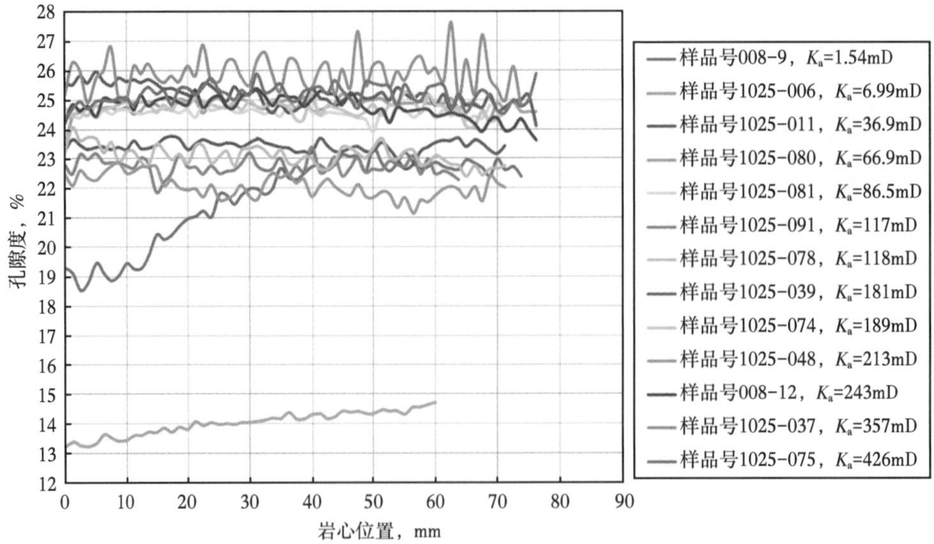

图 3-24　孔隙度沿程分布曲线

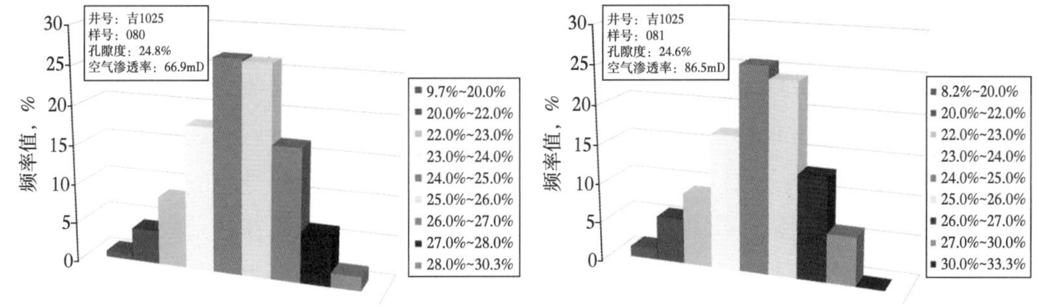

图 3-25　孔隙度分布频率

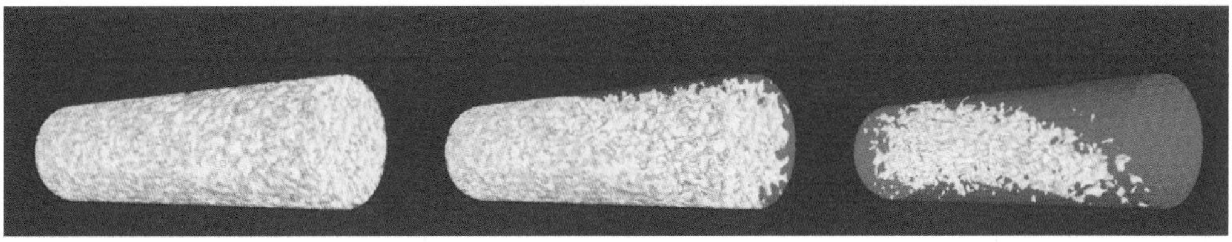

孔隙度大于18%　　孔隙度大于21%　　孔隙度大于27%

图 3-26　不同孔隙度分布的三维重建

第四节　孔隙结构表征

一、孔隙结构的基本概念

储集岩的孔隙结构是指岩石所具有的孔隙和喉道的几何形状、大小、分布及其相互连通关系，将储集岩的孔隙空间划分成孔隙和喉道是研究储集岩孔隙结构的基本前提。一般可以将岩石颗粒包围着的较大空间称为孔隙，而仅仅在两个颗粒间连通的狭窄部分称为喉道，也有某些定义将两个较大空间之间的收缩部分称为喉道。流体沿着自然界复杂的孔隙系统流动时，将要经历一系列交替着的孔隙和喉道。无论在石油二次运移向孔隙介质中驱替在沉积期所充满的水时，或者是在开采过程中石油从孔隙介质中被驱替出来时，都受流体流动通道中最小的断面（即喉道直径）所控制，显然喉道的大小和分布以及它们的几何形状是影响储集岩的储集能力和渗流特征的主要因素。所有的孔隙都受与其连通的喉道所控制，因此确定喉道大小分布是研究储集岩孔隙结构的中心问题。

可以将所有复杂形状的喉道断面都用一个等效的圆面积来近似，这样每一支喉道都能相应地近似看作为一支毛细管，于是各种测定毛细管压力的方法便可用来测定储集岩的喉道直径及该喉道所控制的孔隙体积占总孔隙体积的百分数，这种大小分布称为视孔隙大小分布，或称为孔喉大小分布。

储集岩的孔隙结构实质上是岩石的微观物理性质，它比仅仅研究统计量的常规物性更为深入而细致。由于储集岩的孔隙结构十分复杂，因此常规物性不一定能完全反映岩石的特性。而只有增加对孔隙结构的了解才能正确地反映其储集性和渗流特征。在自然界的沉积岩系中，除了具有常规物性与孔隙结构的一致性而外，还有不少岩石其孔隙结构特征和常规物性参数呈现出非一致性。这在沉积特征变化较大的砂岩和各种碳酸盐岩中是经常遇到的情况。也就是说，对于沉积性储集岩，只开展常规物性的研究往往是很不全面的，孔隙结构对于各种储集岩来说，其必要性越来越显得突出。特别要提出的是，在碳酸盐岩储集岩中，除了与砂岩的孔隙结构有一致性而外，由于碳酸盐岩中溶洞、裂缝等次生孔隙的发育，其孔隙结构也有其特殊性。一般来说，在各种碳酸盐岩储集岩中，孔隙结构是指岩石具有的孔、洞、缝的大小、形状及相互连通关系。对于碳酸盐岩来说，搞清基块的孔隙结构以及切割基块的裂缝网将是研究碳酸盐岩储层的关键所在。

对于孔隙结构数据来说，其获取是相当必要的：一方面，孔隙结构数据控制并影响流体渗流，对岩心中的流体流动性质起决定作用；另一方面，孔隙结构数据是孔隙网络模拟的基础，而通过孔隙网络模拟能够对多孔介质的流体流动性质进行微观机理研究。结合前面提到的岩心筛选，在室内开发实验中，常涉及选取平行样进行对比实验，通常的做法是选择渗透率接近且产自同一层位的岩样作为平行样；然而，相当一部分的实验数据显示，此种方法选出的平行样在进行驱替实验时，束缚水饱和度、水驱采收率、相对渗透率曲线等诸多关键参数存在显著差异，此时选定的样品就不能视为平行样。在大量的实验中出现相当部分的上述情况说明，此种现象绝非偶然现象，必定有其必然的内在联系；究其原因，孔隙度和渗透率只是反映岩心尺度级别的参数，相比具体微观尺度级别的孔隙和喉道，它们可视为相对宏观尺度级别的参数，反映的是岩心尺度级别的整体平均性质，并未体现岩心内部的孔道展布、孔道尺寸、孔道连通程度、孔道配位性等诸多微观特性，而这些特性的差异将直接导致以上现象。此外，岩心内部的孔道展布、孔道尺寸、孔道连通程度、孔道配位性等诸多微观特性对流体在岩心中渗流有直接影响，这种影响在两相或多相渗流时更显著；因此，当用一种模型来模拟流体在岩心孔道中的流动时，如果模型不能以这些微观特性为基础，其模拟结果将不具备模拟对象应具备的物理意义；作为一种以孔喉为基础的模型，孔隙网络模型中的孔喉数据对应岩心内部的孔道展布、孔道尺寸、孔道连通程度、孔道配位性等诸多微观特性。综上所述，一方面，孔道微观特性控制影响流体在其中的流动；另一方面，孔隙网络模型以孔喉为基础，故获取孔喉数据对进行孔隙网络模拟而言是相当必要的。

二、基于 CT 的孔隙结构表征方法

目前在测定孔喉大小分布方面最流行的方法是水银注入法，或称为压汞法，该方法是根据水银对岩石是一种非润湿流体，在施加压力后，能克服岩石孔隙喉道的毛细管阻力的

原理来测定岩石的孔喉大小分布的方法。这种方法具有快速和准确的优点，所测得的毛细管压力—水银饱和度关系曲线可以定量描述各种孔喉大小分布的物理参数，包括排驱压力、饱和度中值毛细管压力、最小非饱和的孔隙百分数以及孔隙分选系数等，由于其中排驱压力所相应的是该岩石的最大连通的孔喉半径，而饱和度中值毛细管压力则相应于该储集岩的近似平均喉道半径，所以此方法可定量反映储集岩的孔隙喉道的大小分布。同时，该方法可定量描述各种孔喉大小分布的数学模型，包括正态分布及地质混合经验分布，应用这两种数学分布可以确定孔喉均值、孔喉分选系数、歪度、变异系数以及峰态等数学物理参数。正态分布是基于储集岩的孔喉大小分布属于对称性的分布而提出的，地质混合经验分布则是基于储集岩的孔喉大小是多种地质成因所造成的非正态分布所提出的，这两种分布适用于不同地质环境的储集岩。

毛细管力曲线反映的岩石孔隙结构往往是笼统的，无法进一步分辨孔隙和喉道。正是基于此，发展了恒速压汞法来解决这一问题。恒速压汞法根据阈压可以确定岩石的最大孔喉半径，通过岩心的毛细管力曲线可以直接绘出岩石孔隙大小分布直方图，由毛细管力曲线的平缓段可以确定岩石的主要喉道半径的范围。测试时，将处理好的岩样放入恒速压汞仪（图3-27）内，盖上安全盖，恒速压汞过程即开始，实验全过程的数据是通过计算机采集的。如图3-28所示，随着汞液不断进入岩心孔道内部，注入压力不断升高，此处与常规压汞无异；但是在全过程中，常出现一些大大小小的波动，即图中标记为Rheon的部分，经分析，此现象是由于汞液进入一些相对大的孔隙所致；而注入压力曲线的正常缓慢上升部分，即图中标记为Rison的部分，经分析，是汞液持续进入越来越小的喉道所致。因此，可通过分析Rheon部分和Rison部分在整个压力曲线中的位置（包括压力值以及此

图3-27　恒速压汞仪

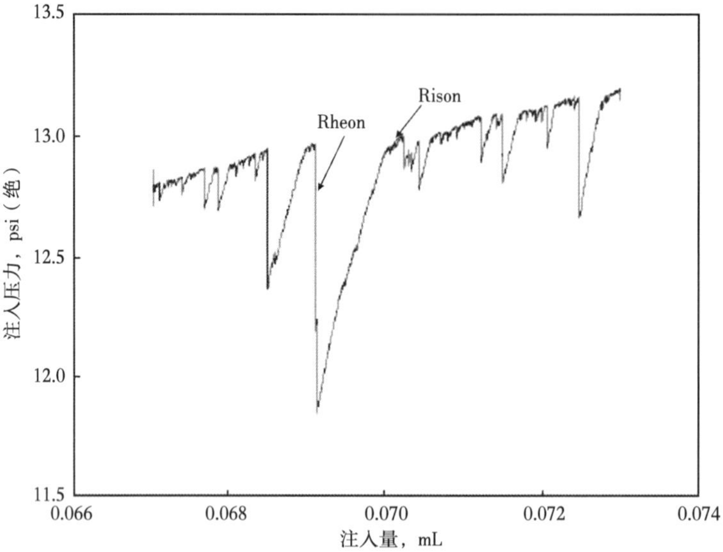

图 3-28　注入压力与进汞量典型关系曲线

时对应的进汞量变化）得出各种孔隙半径的孔隙数和各种喉道半径的喉道数，其中压力值主要用于分析具体半径值，而进汞量变化用于分析孔隙数和喉道数。

恒速压汞法能直接给出测试岩样的孔隙半径和喉道半径的分布，不过其缺少了对孔隙与喉道之间关系的描述。此外，该方法在测试前需对岩样进行严格的处理，而且测试过程伤害岩样。

研究真实孔隙大小分布的现代方法是定量立体学方法以及孔隙铸体（或薄片）的镜下统计法。前者是将伍德合金灌注在岩石的孔隙空间中去，溶蚀掉岩石后，对留下的孔隙空间结构的铸体用定量立体学方法恢复其三维空间结构，根据一定的数学解来确定真实的孔隙大小的体积分布。后者则是将染色树脂灌注到岩石的孔隙空间中去，树脂固结后，溶蚀掉岩石部分，对留下的孔隙空间铸体用扫描电镜观察研究。用这两种方法都可以直观地了解岩石孔隙空间的三维结构，并可量度其尺寸，是一种比较先进而成功的方法。将灌注了染色树脂的岩石切成薄片，在显微镜下观察研究，称为铸体薄片法，也是常用的方法。这种方法可以很方便地直接观察到孔隙、喉道及其相互连通、配合的二维空间结构。如果有计划地从各个方向来切取较多的薄片，也可以适当程度地了解三维空间结构。从孔隙铸体或者岩石铸体薄片中，可以了解许多有关孔隙和喉道的特性，包括孔隙类型、形状、测定平均孔隙直径、孔隙大小分布频率、确定孔隙与孔隙之间或孔隙与喉道之间的组合关系、孔隙喉道的配位数、测量二维或三维的孔喉直径比等。

描述真实孔隙大小分布的数学模型研究得尚少，Meyer 曾提出使用泊松分布来定量描述真实孔隙大小分布。近年来，已逐步开展了视孔隙大小分布和真实孔隙大小分布的综合研究。Waedlaw 提出了岩石的平均孔喉直径比，Dullien 提出了岩石的结构难度指数，这些综合参数都是研究储集岩的储集性和石油采收率的重要参数。

基于 CT 扫描可以在不破坏样品的条件下，能够通过大量的图像数据对很小的特征面进行三维全面展示，因此可以对岩心内部的孔隙结构进行真实的表征。CT 图像分辨率是决定岩心内部孔隙分布观测的重要参数。影响扫描图像分辨率的因素主要包括三种：(1) 几何放大，由于在仪器中使用的 X 射线为锥形光，所以放射源、物镜的位置决定了实际的放大倍数（即分辨率的大小）；(2) 物镜的倍数选择，由于不同倍数的物镜对应不同的放大率，所以物镜的选择也直接决定了分辨率的大小；(3) 图像读出模式（Binning）的选择，仪器内部的 CCD（Charge Coupled Device）是由 2048×2048 个像素组成的，每个像素对应的实际物理大小即为分辨率的大小，但是在扫描过程当中可以选择 Binning 的大小，例如 Bin2 表示在 CCD 上将会使 2 个像素合并成 1 个像素，分辨率为原来的 2 倍，扫描时间为原来的 1/4。适当的选取 Bining 数可以在保证分辨率的前提下大大缩短岩心三维扫描所需要的时间，从而提高工作效率。

下面以一个真实岩心为例，对 CT 扫描岩心孔隙结构表征方法进行详细的介绍。

原始岩心样本为直径 25mm、长 10~21mm 的圆柱形岩心栓。首先，对每块岩心栓进行全栓塞扫描，扫描分辨率为 14μm，通过观测全栓塞三维 CT 图像选取微样本钻取区域并确定微样本扫描分辨率。其次，从该圆柱体岩心栓上所选定的区域中钻取直径 1~5mm 的圆柱体微样并放入 X 射线 CT 扫描仪进行微样本扫描，扫描分辨率范围为 0.6~2.8μm。样品制备与扫描尺寸见表 3-8。

表 3-8　样品制备与扫描尺寸

样品号	S159		
样品直径，mm	25	4	2
扫描分辨率，μm	13.68	2.28	1.14

对扫描图像进行重构后，得到微样本三维灰度图像如图 3-29 所示。其中左图为俯视剖面图、中图为正视剖面图、右图为三维效果图。本次实验样本均为致密砂岩。通过 CT 扫描图像，可以观察到该样本均质性较差，分选性中等。砂岩颗粒尺寸较小，颗粒呈次棱角状，颗粒间为接触式胶结。样本孔隙结构主要呈棱角状与裂缝状，较大的孔隙内含微孔结构。同时可观察到样本内部含有高密度物质（图中亮白色部分）。

基于上述图像，下面对其进行处理，首先是图像分割技术，在得到微米级 CT 扫描图像后，通过图像分割技术（Segmentation）从 256 色灰度图中辨识出孔隙。由于 CT 图像的灰度值反映的是岩石内部物质的相对密度，因此 CT 图像中明亮的部分认为是高密度物质，而深黑部分则认为是孔隙结构。利用 Avizo 软件通过对灰度图像进行区域选取、降噪处理、图像分割与后处理，得到提取出孔隙结构之后的二值化图像，其中黑色区域代表样本内的孔隙，白色区域代表岩石的基质。

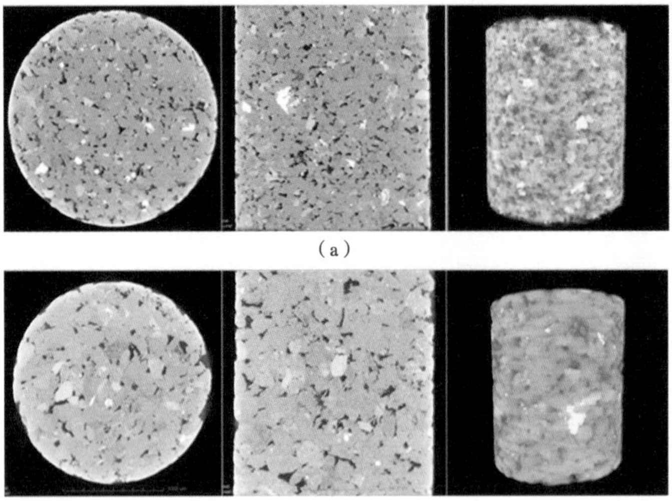

(a)

(b)

图 3-29　S159 号岩心栓 4mmCT 扫描灰度图像（a）和 2mmCT 扫描灰度图像（b）

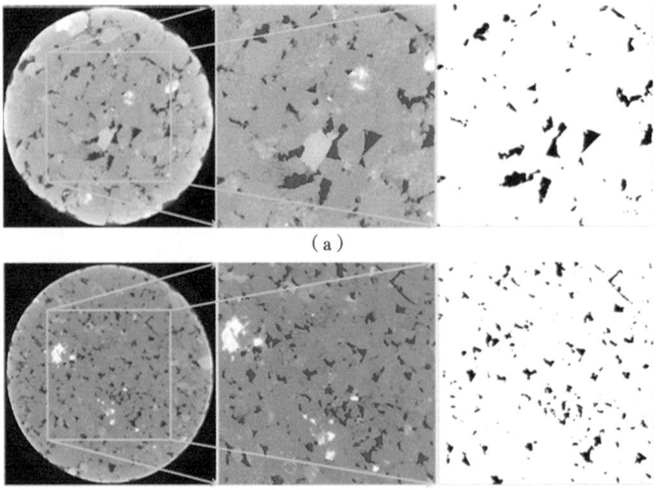

(a)

(b)

图 3-30　S159 号岩心 4mm 样本微米级 CT 图像分割过程（a）
和 2mm 样本微米级 CT 图像分割过程（b）

之后是在上面图像分割的基础上进行三维可视化处理，三维可视化的目的，在于将数字岩心图像的孔隙与颗粒分布结构用最直观的方式呈现。利用第二章第五节介绍的 Avizo 软件，可以将不同密度的各组分物质分割，在 Avizo 中的 image segmentation 选项中选取适当的分割方法，可以将实际样品中的不同密度的物质按照灰度区间分割出来，并能直观地呈现各组分的三维空间结构（其中可以将这些三维立体结构旋转、切割、透明等各种效果呈现）如图 3-31 至图 3-33 所示。

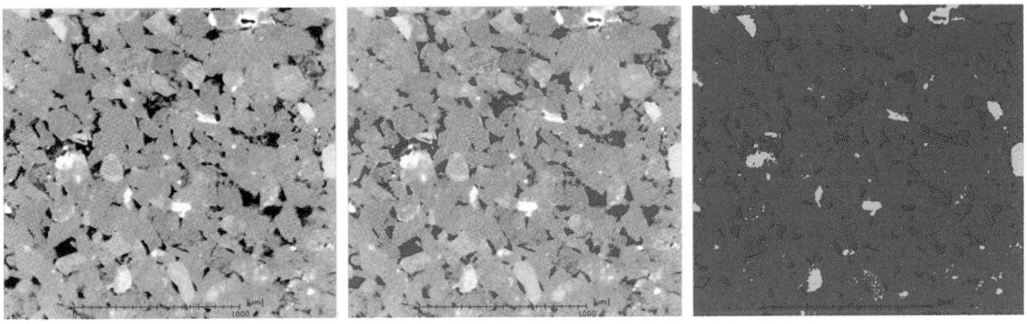

（a）CT扫描灰度图　　（b）红色代表从灰度图像中提取出的孔隙　　（c）由灰度图生成的三相分割图

图 3-31　Avizo 软件分割效果图

（红色为孔隙，绿色为高密度物质，蓝色为基质）

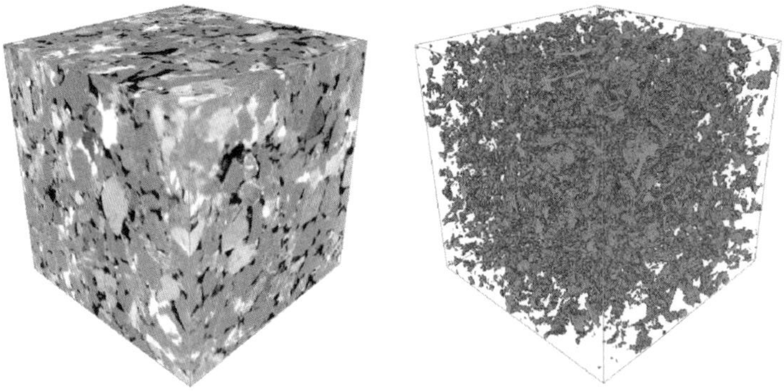

（a）三维CT扫描灰度图　　（b）三维孔隙结构

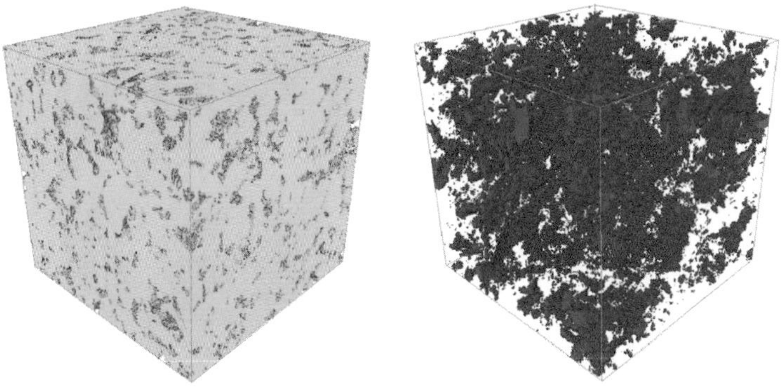

（c）三维岩石骨架结构　　（d）高密度物质三维空间结构

图 3-32　Avizo 软件处理三维提取效果图

最后是在三维可视化基础上提取孔隙网络模型，孔隙网络模型建立，是指通过某种特定的算法，从二值化的三维岩心图像中提取出结构化的孔隙和喉道模型，同时该孔隙结构模型保持了原三维岩心图像的孔隙分布特征以及连通性特征。采用“最大球法（Maxima-

Ball）”进行孔隙网络结构的提取与建模，既提高了网络提取的速度，也保证了孔隙分布特征与连通特征的准确性。

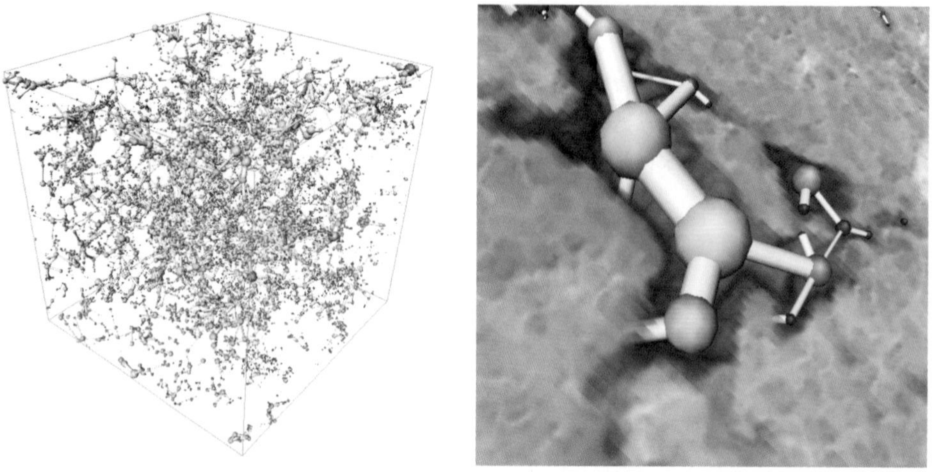

图 3-33　三维孔隙网络示意图

“最大球法”是把一系列不同尺寸的球体填充到三维岩心图像的孔隙空间中，各尺寸填充球之间按照半径从大到小存在着连接关系。整个岩心内部孔隙结构将通过相互交叠及包含的球串来表征。孔隙网络结构中的“孔隙”和“喉道”的确立，是通过在球串中寻找局部最大球与两个最大球之间的最小球，从而形成“孔隙—喉道—孔隙”的配对关系来完成（图 3-34）。最终整个球串结构简化成为以“孔隙”和“喉道”为单元的孔隙网络

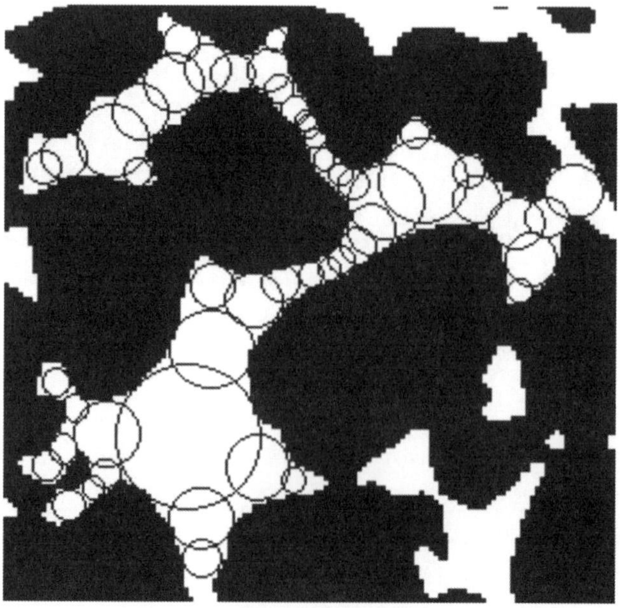

图 3-34　“最大球”法提取孔隙网络结构

结构模型。“喉道”是连接两个“孔隙”的单元；每个“孔隙”所连接的“喉道”数目，称之为配位数（Coordination Number）。

在用最大球法提取孔隙网络结构的过程中，形状不规则的真实孔隙和喉道被规则的球形填充，进而简化成为孔隙网络模型中形状规则的孔隙和喉道。在这一过程中，利用形状因子 G 来存储不规则孔隙和喉道的形状特征。形状因子的定义为 $G=A/P^2$，其中 A 为孔隙的横截面积，P 为孔隙横截面周长（图 3-35）。在孔隙网络模型中，利用等截面的柱状体来代替岩心中的真实孔隙和喉道，截面的形状为三角形、圆形或正方形等规则几何体（图 3-36）。在用规则几何体来代表岩心中的真实孔隙和喉道时，要求规则几何体的形状因子与孔隙和喉道的形状因子相等。尽管规则几何体在直观上与真实孔隙空间差异较大，但它们具备了孔隙空间的几何特征。

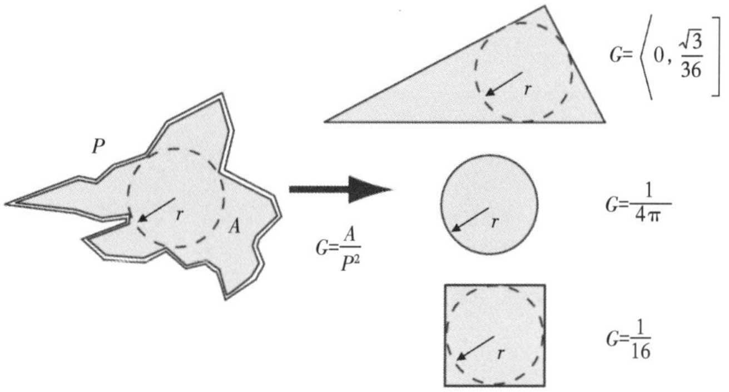

图 3-35　形状因子 G

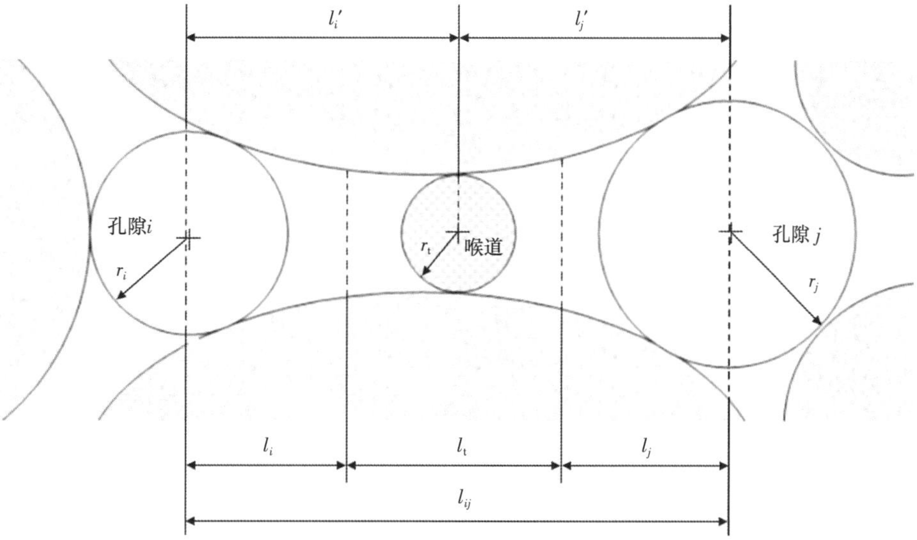

图 3-36　孔隙与喉道划分

r_i，r_j—孔隙 i 和孔隙 j 的半径；r_t—喉道半径；l_i，l_j，l_{ij}—孔隙 i、孔隙 j 和总的喉道的长度；l_t—喉道长度

从三维岩心二值图中提取出的孔隙网络模型，保持了原三维孔隙空间结构的几何特征与连通特征。通过对孔隙网络模型进行各项统计分析，可以了解真实岩心中的孔隙结构与连通性。孔隙网络模型统计分析具体包括：尺寸分布，包括孔隙和喉道半径分布、体积分布，喉道长度分布，孔喉半径比分布，形状因子分布等；连通特性，包括孔隙配位数分布，欧拉连通性方程曲线；相关特性，对孔隙和喉道的尺寸、体积、长度等任意两个物理量之间进行相关性分析（图 3-37）。

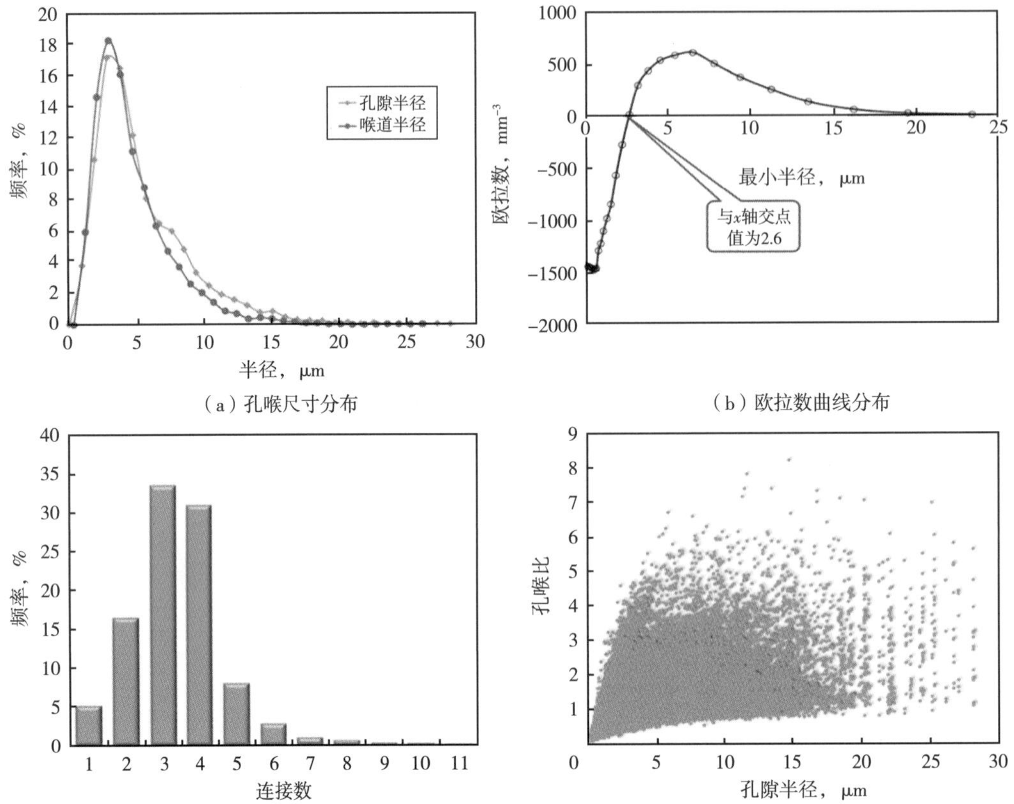

（a）孔喉尺寸分布　（b）欧拉数曲线分布　（c）连接数分布　（d）孔喉比分布

图 3-37　S159 号样品 2mm 孔隙网络参数性质描述图

三、基于 CT 的缝洞分析表征方法

与砂岩相比较，碳酸盐岩的储集空间比较复杂，次生变化非常明显，可以发育有一系列的非原生孔隙，再加上裂缝及孔洞发育，使碳酸盐岩储层具有岩性变化大、孔隙类型多、物性参数无规则以及孔隙多次变化等特点。裂缝一般是由于构造作用或成岩作用形成，裂缝的长度不一，由几厘米至几千米不等，宽度也可由几毫米到几十厘米（甚至更宽），但微裂缝的宽度仅数十微米，一般来说，大的裂缝延伸远，方向稳定，与油气储集的关系更为密切。孔洞通常是在溶蚀作用下形成的，主要包括沟道、晶洞和洞穴，沟道是

由于地下水活动而形成的连通水道，大多沿层理分布，有时被后生沉淀物所充填或部分充填，它在储层中虽然对孔隙度的贡献是次要的，但对渗透率的贡献往往可以很大；晶洞也是在溶蚀作用下形成的，同时其不受岩石组构所控制，一般直径为1/16mm到10cm，其连通情况决定了这种孔隙的重要性；洞穴的成因与晶洞相同，一般直径为10cm以上，这种空间在喀斯特区发育，在溶蚀型油气田钻探过程中，有时可发生“放空”现象，这种现象一般与洞穴有关，同时“放空”现象的出现经常伴随着有高产层的局部存在，洞穴有时很大，可达1.5~2m，甚至更大。综合上述，缝洞作为碳酸盐岩储层中特殊的孔隙结构而存在，同时其对碳酸盐岩的储层特性和后续开发效果都有着显著影响，因而对碳酸盐岩中的缝洞进行分析表征具有非常重要的意义。

首先介绍一下缝洞分析表征的基础理论，确定多孔介质的初始几何特性一个简单的方法是在样品的横断面上随意地选定一个点，重复这个过程就可以得到孔隙介质的孔隙度。假定该样品是均质的和各相同性的，所选点落空了好多次，那么孔隙度可定义为：

$$\phi = \frac{n}{N} \tag{3-43}$$

式中 ϕ——孔隙度，%；

n——孔隙区所选点落空的次数；

N——随意选点的总次数，也是所研究样品在数字图像上所占像元的面积。

另一种分析样品结构特性的简单方法是：在横断面上附加足够长的线，因此这条线会均匀地覆盖在样品的表面。通过这种方法，也可以测得孔隙度的大小。孔隙度可定义为：

$$\phi = \frac{l}{L} \tag{3-44}$$

式中 ϕ——孔隙度，%；

l——孔隙区线的总长，cm；

L——线的总长，cm。

这种测定方法的优点是不仅可以测得孔隙度，还可以测得其他的几何参数。因此，如 c 是直线和孔隙周长的交点个数，那么比表面，被定义为孔隙的表面与总体积的比值，可从式（3-45）得到：

$$S = \frac{2c}{L} \tag{3-45}$$

式中 S——比表面，cm^{-1}；

c——直线和孔隙周长的交点个数；

L——线的总长，cm。

为了对孔隙介质的内部几何特性有一个准确的描述，需要对孔隙大小和粒度大小有一个数量上的概念。但是，由于孔隙介质的复杂性，要给出孔隙和粒度在几何上的定义很难，特别是所选样品为固体介质时。但是在没有对孔隙大小和粒度大小有确切定义的情况下，还是要用到这两个名词。解决这个问题的办法是：假设这个足够长的绳子均匀分布于样品的表面，那么孔隙表面的绳子长度就被定义为在给定的点和给定的方向上的孔隙宽度。因此，如果样品是均质的和各相同性的，样品的平均孔隙宽度 $\bar{p}$ 被定义为：

$$\bar{p} = \frac{l}{c/2} \tag{3-46}$$

式中 $\bar{p}$——平均孔隙宽度，cm；

l——孔隙区线的总长，cm；

c——直线和孔隙周长的交点个数。

同样地，孔隙中每一段绳长被定义为特殊的粒度大小。因此，样品的平均粒度 $\bar{g}$ 被定义为：

$$\bar{g} = \frac{L - l}{c/2} \tag{3-47}$$

式中 $\bar{g}$——平均粒度，cm；

L——线的总长，cm；

l——孔隙区线的总长，cm；

c——直线和孔隙周长的交点个数。

该公式适用于固体和非固体介质。

通过这些定义可得到平均孔隙宽度和平均粒度大小的关系，联立式（3-46）和式（3-47）可得到：

$$\bar{g} = \frac{1 - \phi}{\phi}\bar{p} \tag{3-48}$$

平均孔隙宽度和平均粒度可由孔隙度和比表面表示，由式（3-44）、式（3-45）和式（3-46）得：

$$\bar{p} = \frac{4\phi}{S} \tag{3-49}$$

把式（3-49）代入式（3-48）得到：

$$\bar{g} = \frac{4(1 - \phi)}{S} \tag{3-50}$$

为了更好地理解平均孔隙宽度和平均粒度，考虑一个规则立方体的填充模型。这种模型可划分为许多规则的相同的小立方单元。它的孔隙度是（6−π）/6，如果 D 是每个立方体的直径，它的比表面是π/D。代入式（3-49）和式（3-50），可得到平均孔隙宽度和平均粒度分别为0.606D和0.667D。对别的填充模型采用同样的计算方法，可发现平均粒度大小是相同的，但是平均孔隙宽度却不相同。最后的数值代表平均弦长，如果在填充模型中有大量的线随意穿过的话。

对最后一部分中所得数据进行校正。可得到用于测量多孔介质几何特性的简单步骤。这种方法要求输入该多孔介质的数字图像，数字图像可通过几种方法获得：微模型或岩心的计算机体层成像技术，岩心表面的数字照相，被有色物质例如塑性材料所饱和的样品。因此，岩石骨架和孔隙就可以被分辨出来。为了简化样品的图像处理，可很容易地计算出所研究岩心与其数字图像的比例关系。一旦这些都做好了，就可以把均质分布的像元网格与样品的数字图像就行重叠，这个操作可得到下面的参数的数值：直线和孔隙周边的交点个数（c）、直线的总长（L）、数字图像的比例因子或放大系数（m）、孔隙表面像元的个数（n）以及所研究样品总的像元个数（N）。

这些数据用于确定样品的几何特性：如果孔隙是随意分布的，那么网格节点或像元就可以被认为是遍布整个数字图像的随意分布的点。因此，可通过式（3-43）得到孔隙度。同样的，网格也可以被认为是足够长的线，因此以m表示数字图像的线形比例因子，比表面可表示如下：

$$S = \frac{2c}{L}m \tag{3-51}$$

式中 S——比表面，cm^{-1}；

c——直线和孔隙周长的交点个数；

L——线的总长，cm；

m——线形比例因子。

把式（3-43）中的ϕ、式（3-51）中的S代入式（3-49）和式（3-50），可得以下关系表达式：

$$\bar{p} = \frac{2Ln}{Ncm} \tag{3-52}$$

$$\bar{g} = \frac{2L(N-n)}{Ncm} \tag{3-53}$$

式中 $\bar{p}$——平均孔隙宽度，cm；

$\bar{g}$——平均粒度，cm；

L——线的总长，cm；

N——随意选点的总次数，也是所研究样品在数字图像上所占像元的面积；

n——孔隙区所选点落空的次数；

c——直线和孔隙周长的交点个数；

m——线形比例因子。

对裂缝的表征方法，主要涉及下述几个参数：

（1）波及面积。原始的三维目标在经过离散化处理之后，其表面由连续变为了离散，因此要精确计算出目标表面积的难度很大，对于不规则形体更是如此。通过第二章第五节介绍的 Marching cubes 对目标进行表面重建之后，目标表面由一系列三角面片构成，可以通过计算这些三角面片的面积，最终累积求得整个目标的表面积。

（2）裂缝平均厚度。将裂缝模拟成一个立方体，立方体的表面积为裂缝表面积，底面积近似为裂缝的波及面积，立方体的体积为裂缝的体积，所以，裂缝的厚度为立方体的高。

（3）裂缝长度。裂缝长度用来表征整个裂缝在 z 轴方向的长度。裂缝的延伸长度是指裂缝在某个方向上的分布长度，表示裂缝在某个方向上的连通长度，由于三维中常用的是 x，y 和 z 三个正交方向，因此，主要定义裂缝在 x 方向、y 方向和 z 方向的延伸长度 l_x，l_y 和 l_z（图 3-38）。

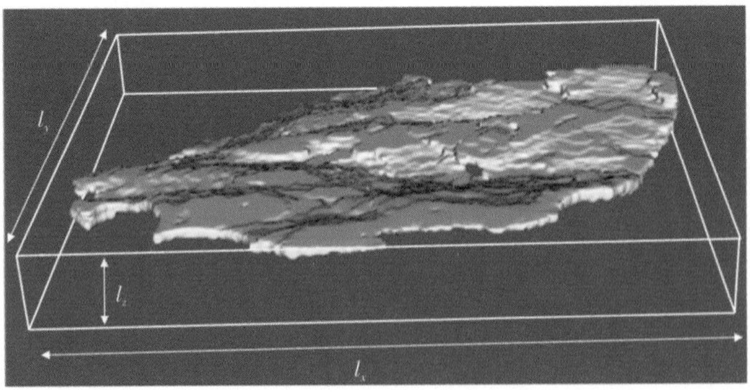

图 3-38　延伸长度示意图

（4）裂缝体积。体积就是用来表征整个裂缝所占空间的大小。裂缝体积直接决定了油气储藏量的大小对整个三维图像进行逐点扫描，对同一连通目标进行标记，然后记录不同标记的体素点数目，即可得到不同标记表示的裂缝的体积。具体计算过程如下：裂缝像素点，检测其邻域像素点，并对邻域像素点进行标记；统计具有相同标记像素的个数，即为裂缝的体积。

下面是通过 CT 扫描进行缝洞分析表征的具体实例。首先，创立模型的微元结构，这些结构适应于 CT 机，以得到 0.3in 微模型的横断面上的密度分布，这些微模型是由直径大小不同的圆柱形的聚丙烯柱体制造而成，因此高低密度区很容易被辨别出来。对微模型的一些 CT 扫描所得到的数据在下面的例子中有所展示。

实验中，针对 4 种不同的模型，由 CT 扫描得到了 4 个 512×512 的数字图像，这 4 个模型是：（1）均质的；（2）垂相裂缝的；（3）有一个孔洞的；（4）裂缝—孔洞型。首先要计算的数值是像元中微元的面积，孔隙表面和岩心骨架中像元的个数、孔隙度，见表3-9。这4个图像按照上一部分提到的程序处理，得到的结果如图3-39（a）所示，它们是4个图像的轮廓抽取图，通过这些图像，可得到 c 值、比表面值、平均孔隙宽度值、平均粒度大小和渗透率值。最后，按照原来的方法对初始图像的三个区域进行处理，如图3-39（c）所示。

表3-9　数字图像的地质参数的数值

实验	孔隙表面像元个数	岩心骨架像元个数	微元面积 cm^2	孔隙度 %	c 值	比表面 cm^{-1}	平均孔隙宽度 cm	平均粒度 cm	渗透率 mD
1	25265	35509	176	41. 57	60774	2088	6347	796	1647
2	30062	31794	174	48. 60	61856	2036	6267	960	2983
3	28742	32970	167	46. 57	61712	1947	6008	957	2664
4	32081	27667	109	53. 69	59748	1316	3932	1632	8937

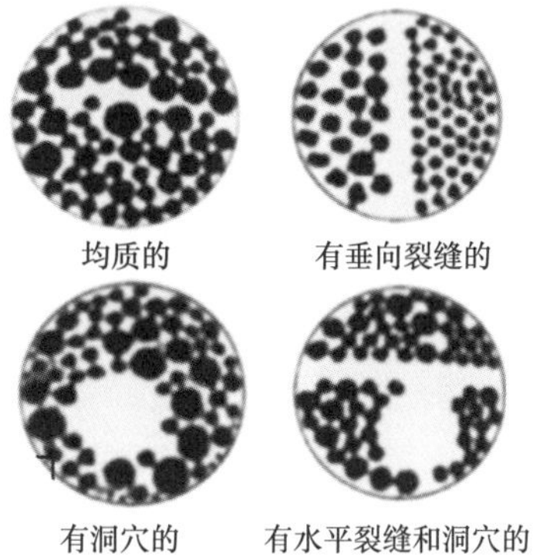

（a）四个模型的CT值图像

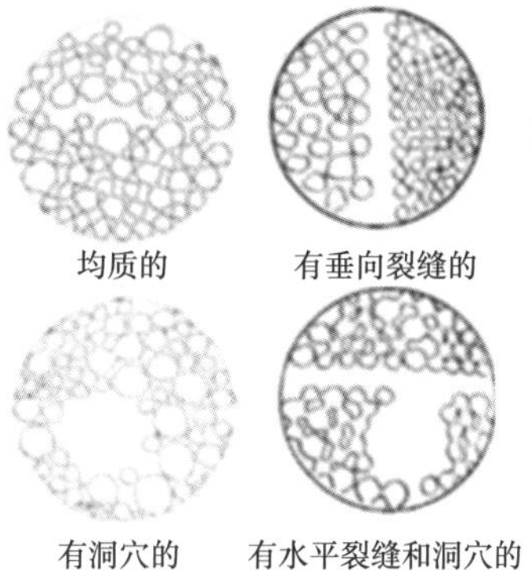

（b）由数字图像所得比表面的轮廓线

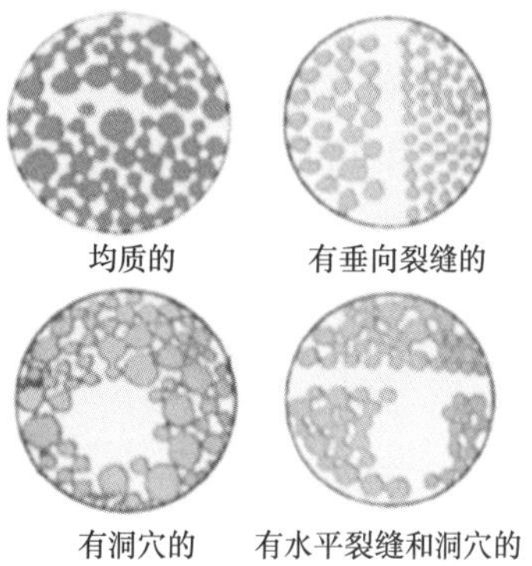

（c）采用原法得到的三个区域——孔隙、沙粒和接触面的数字图像

图3-39　4种不同模型CT扫描数字图像

第四章　储层流体 CT 扫描实验技术

储层流体是指储存于岩心孔隙中的石油、天然气和水。石油和天然气是多组分烃类物质的混合物。储层深埋于地下，储层流体处于高温、高压状态，特别是原油中含有大量的天然气。因此，地下储层流体的物理性质与其在地面时相比有极大的差异。油、气组成是影响其高温物性特征的内因；温度、压力是外因。

储层流体分析实验主要用于分析测试油气藏地层流体的物性参数，讨论由于温度、压力变化引起的油气藏烃类体系相态变化的规律以及烃类物质的溶解与分离的本质特征等，获取的地层流体物性分析数据是油藏储量计算、开发方案、油藏工程和采油工艺研究的重要基础数据。随着油气田勘探开发的需要，传统的储层流体分析实验技术已经无法满足更深层次的机理认识的需要，比如对流体的微观赋存状态等可视化表征信息，以及流体微观波及规律的动态特征等。利用 CT 扫描这一非破坏性的成像技术，再结合一些基本参数的计算，同样可以使多孔介质中的流体透明可见。

本章重点介绍利用 CT 技术对多相流体的识别和饱和度的计算、地层原油饱和压力的测定以及微观流体赋存及动态运移规律的表征方法。

第一节　饱和度测定

一、饱和度定义

当储层岩石孔隙中充满一种流体时，意味着孔隙中饱含该流体，也可以称岩石孔隙饱和了一种流体。而当储层岩石孔隙中同时存在多种流体（比如原油、地层水和天然气等）时，此时岩石孔隙被多种流体所饱和，这种情况下将某种流体所占的体积分数称为该种流体的饱和度，即油气储层岩石孔隙中流体的体积与孔隙体积的比值，常以百分数或小数表示。

根据上述定义，储层流体饱和度的公式为：

$$S_1 = \frac{V_1}{V_p} = \frac{V_1}{\phi V_t} \tag{4-1}$$

式中　S_1——流体饱和度，%；

V_1——孔隙中流体的体积，cm^3；

V_p——孔隙体积，cm^3；

V_t——岩石总体积，cm^3。

ϕ——孔隙度,%。

通常，油气储层的岩石孔隙中含有原油、天然气和地层水，所以流体饱和度又可分为含油饱和度、含气饱和度与含水饱和度，其计算表达式可分别写成下面的形式。

含油饱和度 S_o 是孔隙中油的体积 V_o 与孔隙体积 V_p 的比值，即：

$$S_o = \frac{V_o}{V_p} = \frac{V_o}{\phi V_t} \tag{4-2}$$

含气饱和度 S_g 是孔隙中气体的体积 V_g 与孔隙体积 V_p 的比值，即：

$$S_g = \frac{V_g}{V_p} = \frac{V_g}{\phi V_t} \tag{4-3}$$

含水饱和度 S_w 是孔隙中水的体积 V_w 与孔隙体积 V_p 的比值，即：

$$S_w = \frac{V_w}{V_p} = \frac{V_w}{\phi V_t} \tag{4-4}$$

当岩石孔隙中油、气、水三相共存时，根据饱和度的概念，含油饱和度 S_o、含气饱和度 S_g 和含水饱和度 S_w 三者之间还应满足以下关系：

$$S_o + S_g + S_w = 1 \tag{4-5}$$

式中 S_o——含油饱和度,%；

S_g——含气饱和度,%；

S_w——含水饱和度,%；

V_o——孔隙中油的体积，cm^3；

V_g——孔隙中气的体积，cm^3；

V_w——孔隙中水的体积，cm^3；

V_p——孔隙体积，cm^3；

V_t——岩石总体积，cm^3；

ϕ——孔隙度,%。

当岩心中只有油水两相，此时含气饱和度 S_g 为 0，含油饱和度 S_o 和含水饱和度 S_w 满足下面的关系，即 $S_o+S_w=1$。

储层流体饱和度反映了油、气、水在储层岩石中各自所占的比例，它直接关系到油、气在地层中的储量大小，也是评价储层好坏的重要参数。

随着油气田的开发，不同时期地层中的油、气、水饱和度是不同的，下面介绍油气田开发历程中几个重要的饱和度概念及其影响因素分析。

首先是原始流体饱和度，它是指仍处于勘探阶段，油气田尚未开发时的流体饱和度，主要包括原始含油饱和度 S_{oi}、原始含气饱和度 S_{gi} 和原始含水饱和度 S_{wi}。

原始含水饱和度的名称较多，又称残余水饱和度、束缚水饱和度、原生水饱和度、封存水饱和度、不可再降低的水饱和度、临界饱和度或平衡饱和度等，之所以有以上的各种名称，那是从不同角度来考虑的，不过就其成因角度和存在状态来说，将其称为束缚水饱和度较为合理。这是因为油藏投入开发前，并非孔隙中 100% 含油，而是一部分孔隙被水占据，大量的现场取心分析表明，即使是纯油气藏，其储层内都会含有一定数量的不流动水，通常把这部分不流动水称为束缚水。束缚水一般存在于颗粒表面、砂粒接触处角隅或微毛细管孔道中。束缚水的存在与油藏的形成过程有关，以砂岩的成藏过程为例进行说明，在水相中沉积的砂岩层中，起初孔隙中是完全充满水的，在原油运移过程中，由于毛细管作用和岩石颗粒表面对水的吸附作用，油不可能将水全部驱走，会有一些水残存下来，从而在油藏中形成束缚水。不同油藏由于其岩石及流体性质不同，油气运移条件将存在不小的差异，并导致束缚水饱和度的大小存在较大的差别，一般而言在 20%~50%，总的来说，粗粒砂岩、粒状孔洞灰岩以及所有大孔隙岩石的束缚水饱和度较低，而粉砂岩、含泥质较多的低渗透砂岩的束缚水饱和度较高。

由于天然气在地层压力下一般溶解在原油中，所以对于常见油藏来说，其储层中只含有原油和地层水，故多数时候原始含气饱和度为零。而对于存在气顶的油气藏或纯气藏来说，在某些特定位置处或气藏储层中才存在原始含气饱和度。形成储层中原始含气的主控因素仍然是油气运移，存在烃类气体运聚是存在原始含气饱和度的必要前提，当然随着油气成藏过程中温压条件变化，在储层某些特定位置即油气藏顶部出现气顶也是可能的。

根据上面对原始含气饱和度的阐述，绝大多数油藏投入开发时，地层中通常只存在油和束缚水两相，这意味着当束缚水饱和度高时，原始含油饱和度就低，而当束缚水饱和度低时，原始含油饱和度就高，即二者是相互制约的。由于原始含油饱和度是最重要的参数，它关系到油藏储量的大小，下面对储层中的原始含油饱和度做进一步分析。一般在纯油带，原始含水饱和度就是束缚水饱和度，此时对应的原始含油饱和度较高，该区域对应的储量丰度也较高，对该区域进行开采只有油相参与流动，水相是被束缚住的不参与流动，因此开发效率也较高。如果处于油水过渡带，原始含水饱和度就是共存水饱和度，共存水的物理意义是指除了束缚水之外，还存在可动水，此时对应的原始含油饱和度较低，该区域对应的储量丰度也较低，对该区域进行开采是油相和水相同时参与流动，因此就开发效率而言也是较低的。对原始含油饱和度和原始含水饱和度这种相互制约影响的因素进行分析可知，孔隙结构、润湿性和原油性质等是决定二者高低的关键因素。孔隙结构是影响储层岩石饱和度的最主要因素，一般岩石粒度较粗，孔隙喉道半径较大，孔隙的连通性较好，渗透率较高，束缚水就比较低，原始含油饱和度就较高。润湿性决定了储层中油、水在孔隙中的分布，油湿的储层束缚水饱和度较低，原始含油饱和度就较高，相反，水湿的储层束缚水饱和度较高，原始含油饱和度就较低。原油的性质对油水分布也有较大的影响，假设运移来的原油黏度大，不易进入孔隙，使得残余水含量高，含油饱和度就低。

其次是当前油、气、水饱和度，它们是指在油气田开发的不同时期、不同阶段的流体饱和度，是在目前储层压力、温度条件下的油、气、水饱和度。这里需要指出，油、气、水饱和度的变化除了各相注采平衡过程中引起的变化，还需要特别考虑储层温压条件改变引起的气相体积变化，最后综合物质平衡方程得到该阶段的油、气、水饱和度。

最后是残余油饱和度，它是指油田开发后期，地层岩石孔隙中仍存在尚未采尽的原油，这部分原油称为残余油，其孔隙体积占比就是残余油饱和度。事实上，不同的开采方法，其残余油和残余油饱和度是不同的，如果纯粹靠天然能量开采，或在天然能量开采后期再注水开采，或者在开发之初就早期注水开采，都可能有各自的残余油饱和度，而且它又随开发的工作制度和采取的措施而异。残余油饱和度的大小反映了油藏的开发效果，它既取决于油藏本身条件的好坏，又受开采工艺技术的影响。由于油藏中残余油饱和度的存在，它理所当然地成为提高采收率工作的目标，即降低残余油饱和度，采出更多的原油。

二、饱和度传统测试方法

确定储层流体饱和度的方法主要有三种，即油层物理方法、测井方法和经验公式或图版法。油层物理方法包括常规岩心分析方法和专项岩心分析方法，其中常规岩心分析方法又包括常压干馏法、蒸馏抽提法和色谱法等，这些方法的基本原理都是通过测定岩样中的含水量、含油量和岩样的孔隙体积或有效孔隙度，计算出岩样的各相流体饱和度；专项岩心分析方法是指测试其他参数的过程中同时获取饱和度的方法，比如由相对渗透率曲线或毛细管压力曲线可以确定出油水饱和度。总的来说，油层物理方法是通过室内实验来获取岩心的流体饱和度，该方法具有直接准确的特点。测井方法又称间接法，这是因为该方法是借助电法测井、脉冲中子俘获测井和核磁测井等方法，通过测量其他信号再反演出测定井周围地层的流体饱和度，测井方法的优势是能够快速获取全井段的流体饱和度信息，但该方法受限于各类模型复杂的反演求解，其得到的流体饱和度很可能不是非常准确。经验公式或图版法是指对某一区块大量的岩心分析资料进行统计回归分析得到经验公式或图版，之后通过经验统计公式或图版粗略估算出新获取岩心的流体饱和度，该方法能够快速预估岩心的流体饱和度，但同样得到的饱和度信息不是很准确。基于上述对饱和度传统测试方法的分析，下面重点介绍一下室内实验流体饱和度测试方法，即常压干馏法、蒸馏抽提法和色谱法。

常压干馏法又称干馏法或蒸发法，其工作原理是在常压下加热岩样，当温度高于水的沸点时，干馏出水和原油的轻质馏分，继续升温干馏出原油的重馏分，因而测得水量和油量，在干馏岩样邻近取另一块岩样，在压汞仪中测出其总体积和气体体积，用以计算岩样的视密度，并折算出干馏岩样的气体体积，它与干馏岩样测得的水量与原油量一起，得到干馏岩样的孔隙体积，再用岩样的视密度和干馏岩样的质量，计算出干馏岩样的总体积，得其有效孔隙度，从而求得岩样的各相流体饱和度。

该方法使用的主要仪器设备是常压干馏法油水饱和度测定仪、压汞仪和分析天平，其测定装置由铰链固定在支架上，岩心由上盖放入岩心筒内并密封，用电炉对取样岩心进行加热，从岩心蒸发出束缚水，然后再升高温度蒸发油。从岩心蒸发出来的油、水蒸气经冷凝管冷凝后变为液体，并汇集到收集量筒中，由量筒可直接读出油、水体积；用其他方法测出岩石孔隙体积，就可计算出岩石中的流体饱和度。

常压干馏的测试方法是称取一定量的碎块岩样放入密闭的岩心筒内在筒式电炉中加热，定时读取馏出的水量，直到水量不变。继续加热至650℃，直至油量不再增加。记录馏出的油、水量；由于干馏过程中，水和油的轻组分蒸发，剩余油的重组分在高温时产生裂解与叠合，后者导致原油结焦存留在岩样及岩心筒中，使馏出的油量偏低；另外，如岩样中含有带结晶水的矿物（如石膏等）以及含有吸附水、层间水和羟基水的黏土矿物，造成馏出的水量偏高，但这些水与岩样孔隙中的水馏出温度不同（大都在120~150℃），因此要作干馏出水量与时间、温度的关系曲线和原油的校正曲线，对获得的油水量进行校正；取碎样进行干馏的同时，在其邻近部位称取一整块岩样，放入压汞仪在常压下测得其总体积，用来计算岩样视密度。然后在5~7MPa下，压入水银，得到其气体体积，按工作原理中所述，求得岩样的孔隙体积和油水饱和度。

常压干馏法的优点是测量速度快，缺点是干馏所得的油水量都必须经校正后才能使用。这是因为在干馏过程中，由于蒸发损失、结焦或裂解等原因，干馏出的油量一般会少于实际岩心的含油量，而且不同性质的原油差别很大，有的原油损失可达30%以上，因此必须对干馏出的油量进行校正，实验中常常根据该油层实际油量与干馏出油量间的关系曲线来进行校正；同时，干馏时温度过高则干馏出的水量中可能包括矿物中的结晶水，因此在岩心干馏时，干馏束缚水阶段温度不能太高，此时的温度大小需根据干馏出水量与温度的关系曲线图来确定，通常曲线上第一个平缓段即是束缚水完全蒸出时所需要的温度，待干馏出岩样内的束缚水后，才能将温度提高到550℃。

蒸馏抽提法是岩石物性实验中最常使用测定岩样中油水饱和度的方法，选择抽提溶剂（如甲苯、溶剂汽油等）的标准是：其沸点高于水，密度低于水，与水不相溶，且有较好的溶油洗油效果。将岩样放入岩心杯，加热溶剂将岩样的水分蒸出，得到其含水量。岩样洗净、烘干后，根据蒸馏抽提前后岩样的质量差，即可获得其含油量。

该方法的实质是抽提岩心中的水，通过测定含水量从而确定各相流体饱和度。其测定装置包括调温电炉、加热烧瓶、微孔隔板漏斗、冷凝管、水计量管等，称取含油岩样质量后，将岩心放入测定仪的微孔隔板漏斗中，加热烧瓶中的溶剂，使岩样中的水分蒸馏出来，经冷凝管冷凝后汇集在水计量管中，从水计量装置中直接读出水的体积，而岩样孔隙体积可由前面提到的各种方法进行测定，从而可按定义计算流体饱和度。

蒸馏抽提的测试方法是岩样称量质量后放入油水饱和度测定仪的长颈烧瓶的岩心杯中，加热溶剂（甲苯或溶剂汽油）蒸馏岩样中的水分。蒸出的水分和溶剂蒸气经冷凝管冷凝后，滴入带刻度的集水管中，由于溶剂的密度小于水，水珠沉入集水管下部，集水管装满之后，多余的溶剂则顺着集水管上部的斜管流回烧瓶，滴在岩心杯中的岩样上。这样在蒸馏过程中，一方面可蒸出水分，另一方面也在清洗岩样。溶剂回到烧瓶中，继续加热蒸发，如此反复循环，直至将水分全部蒸出。继续将岩样清洗干净（也可取出岩样放入洗油仪中集中清洗），烘干岩样称量其质量，用蒸馏前与清洗后岩样的质量差减去水量，得含油量。再测出岩样的孔隙体积或有效孔隙度，即可根据下列公式计算含油、含水饱和度：

$$S_o = \frac{V_o}{\phi_e V_t} = \frac{V_o \rho_a}{\phi_e (m_2 - m_3)} \tag{4-6}$$

$$S_w = \frac{V_w}{\phi_e V_t} = \frac{V_w \rho_a}{\phi_e (m_2 - m_3)} \tag{4-7}$$

$$V_o = \frac{(m_1 - m_2) - V_w \rho_a}{\rho_o} \tag{4-8}$$

式中 S_o——含油饱和度，%；

S_w——含水饱和度，%；

V_o——孔隙中油的体积，cm^3；

V_w——孔隙中水的体积，cm^3；

V_t——油水总体积，cm^3；

ϕ_e——岩样有效孔隙度，%；

ρ_o——测试温度下油密度，g/cm^3；

ρ_a——测试温度下岩样视密度，g/cm^3；

m_1——岩心杯和抽提前岩样质量，g；

m_2——岩心杯和抽提后岩样质量，g；

m_3——岩心杯质量，g。

蒸馏抽提法的优点是测量精度高，方法简便，而缺点是测试周期长。同时它具有岩心清洗干净、方法简便、操作容易和水体及测量精确等优势，一般使用洗油能力强、密度比水小、沸点比水高的溶剂，比如常用的甲苯（沸点110℃、相对密度0.867），同时考虑岩心的润湿性不相同，应采用不同的、有针对性的溶剂，目的是不改变岩心润湿性。比如亲油岩心可选用四氯化碳，亲水岩心可选用按1:2，1:3和1:4比例配置的酒精苯复配溶液，对中性岩心和沥青质原油可选用甲苯等作溶剂，当矿物含有结晶水，应选用沸点比水低的溶剂进行抽提，以防止结晶水被抽提出。抽提水的过程也是岩心清洗的过程，为了清洗干净，抽提时间应足够长，例如致密岩心的抽提需要48h或更长时间。

色谱法可以快速测定油气储层岩心的含水量，其工作原理是基于水与乙醇可无限量混溶的特点，利用无水乙醇萃取岩样中的水分，进入气相色谱仪后分离成水蒸气和乙醇蒸气，通过热导池检测器检测并记录水峰与乙醇峰；通过与纯乙醇和纯水的空白实验对比，从其峰值比算出岩样的含水量；岩样再经洗油、烘干、称量，利用差减法得到岩样的含油量，测得孔隙体积或有效孔隙度后，计算出岩样的流体饱和度。色谱法使用的主要仪器设备是气相色谱仪和分析天平，关于其测试方法是这样的，称取一定量的岩样，在无水乙醇中萃取岩样中的水分，如果岩样致密可将其置于干馏筒中密封，在 100℃以上恒温数小时后，将干馏筒在冷水中冷却，擦干干馏筒外部，打开密封盖，加入一定量的无水乙醇，密封浸泡后，取一定量溶液进入气相色谱仪中检测水峰和乙醇峰，在取岩样萃取的同时，在其邻近部位另取一块岩样洗油后测其孔隙体积或孔隙度，公式计算为：

$$V_o = \frac{m_o}{\rho_o} \tag{4-9}$$

$$V_p = \phi \frac{m}{\rho_a} \tag{4-10}$$

$$S_w = \frac{V_w}{V_p} \tag{4-11}$$

$$S_o = \frac{V_o}{V_p} \tag{4-12}$$

式中 S_o——含油饱和度,%；

S_w——含水饱和度,%；

V_o——孔隙中油的体积，cm^3；

V_w——孔隙中水的体积，cm^3；

V_p——岩样孔隙体积，cm^3；

ϕ——岩样孔隙度,%；

ρ_o——测试温度下油密度，g/cm^3；

ρ_a——测试温度下岩样视密度，g/cm^3；

m——干岩样质量，g；

m_o——岩样中总油量，g。

色谱法的优点是测试含水的精度高，可以大批量测试，分析速度快；缺点是仪器较贵，成本较高。

实验室测定岩样含水饱和度的方法还有库仑法，它也是利用无水乙醇萃取岩样中的水分后，注入电解池中，水与电解池中的卡尔—菲休试剂反应，在阳极上形成碘，由耗电量可知乙醇中的水量，在测得岩样孔隙体积的条件下，即可求出岩样的含水饱和度。

对于气藏岩样的含水饱和度也可用微波加热或电烘箱加热法，根据岩样被烘干前后的质量差，得到岩样的含水量，在测得岩样孔隙体积的条件下，即可求出岩样的含水饱和度。

此外，利用半渗透隔板法、离心机法以及用油或气体驱替饱和地层水的岩样，都可以获得束缚水饱和度。但是这些方法都是间接测定的方法，实验周期较长，影响因素很多，驱替不一定能达到束缚水状态，其可信度要比以上的直接测定方法差得多，所以使用较少。

上述各方法最关键的是要取得能代表储层中流体原始分布和含量的岩心样品，这将影响到测试结果的准确性和可靠性。进一步分析影响地面岩心流体饱和度的因素，一般实验室测定的岩心油水饱和度值都与实际油藏的数值相差较多，究其原因主要是钻井取心过程中岩心受钻井液的冲刷和取心筒从井底到地面过程中，岩心经历了温度、压力的巨大变化。以油层岩心为例，它受到的影响主要有以下两大方面：首先，在钻井取心过程中岩心受到钻井液的冲刷，如果使用的是水基钻井液，岩心中的油被冲刷后，含油饱和度变小，而含水饱和度变大；其次，在岩心筒从井底往地面上提过程中，岩心的压力、温度都大大降低，导致岩心所含油的体积膨胀，渗出岩心，同时油中溶解的天然气脱逸而出，占据了一部分岩心的孔隙，使原油进一步被驱赶，造成含油饱和度进一步下降，这些逸出的天然气也驱赶了岩心中受水基钻井液冲刷而增加的水分，使其含水饱和度比岩心受冲刷时曾达到的最高值下降了一些，而含气饱和度则从零上升到一定数量。据美国岩心公司 20 世纪 70 年代的培训教材所述：某油藏含油饱和度 70%，含水饱和度 30%；使用水基钻井液取心，取心筒内岩心含油饱和度下降到 30%，含水饱和度升至 70%；到达地面之后，含油饱和度进一步降至 12%，含气饱和度上升至 40%，含水饱和度降为 48%。

以上例子反映了岩心经历了取心过程中取心液冲刷，岩心筒上提时温度、压力降低的变化，最后达到地面时，其流体饱和度已面目全非了。按照上述一般取心方法，由于压力下降，岩心中流体会收缩、溢流或被驱出来，根据岩心所测出的含油饱和度比实际地层的含油饱和度偏小，误差大小与原油的黏度、溶解油气比有关，最大可达到 70%~80%，因此实际应用中要校正由于流体的收缩、溢流和被驱出所引起的误差，同时根据实验室测得的数据，乘以原油的地层体积系数，再乘以校正系数。用一般取心方法，其分析结果都是无法代表油藏实际情况的，特别是含油饱和度只能反映经过溶解气驱和不完全水驱后的含油饱和度。

饱和度参数是计算油气藏储量和评价储层物理性质的主要参数，取准饱和度资料是极其重要的，解决这一问题必须从取心过程入手，主要包括三方面措施：第一方面措施，在油藏开发之前打一口油基钻井液取心井，取得可靠的束缚水参数。这种方法从所取资料来看，是比较稳妥的，但是从工程的角度来看，存在着安全隐患多、劳动条件差、成本高的情况，所以这种方法较少采用。第二方面措施，密闭液取心，中国从 20 世纪六七十年代就开始实验这种方法。钻井取心时，在取心筒内装入油基密闭液（一般用蓖麻油、重晶石和一些添加剂），并在钻井液中加入示踪剂（如 KCNS、酚酞等）。取心时，密闭液覆盖在岩心表面，防止钻井液的侵入。取出岩心后，从岩心外壁取样浸泡检查如无示踪剂的痕迹，说明钻井液未侵入岩心，就可从岩心中部取岩样，测定其油水饱和度。因此，这种密闭液取心的方法可以获得可靠的束缚水饱和度资料。但是这种方法只适用于井深 1500~2000m 以内的钻井取心，超过这一深度之后，钻井液就可能会突破密闭液，而不能保证质量了。第三方面措施，20 世纪中期开始，国内外都在研究高压密闭取心（也称保压取心）技术。在其中的一种技术中使用了双层取心筒，内筒装有聚合物密闭液，取心时，密闭液覆盖在岩心周围，岩心进入取心筒内筒后，取心筒全封闭，使岩心保持地层压力。取心筒上提到地面之后，将铝质内筒取出，迅速用液氮冷冻。利用铣床将内筒铣开，取出岩心，刮除岩心壁上的聚合物密闭液后，将岩心切割成段（一般每段 4ft 长）后，放入装有干冰的木箱中运回实验室。在实验室将岩心按分析要求用液氮冷冻，切成正圆柱体，称量质量后放入饱和度仪器，静置化冻，天然气逸出，并带出原油，分别收集油气。然后用蒸馏抽提法测出含水量，洗油后称量岩样质量，得到含油量（与化冻时流出的原油合在一起计量），测定岩样的孔隙体积，就可计算出岩样的含油饱和度、含水饱和度、原油的体积系数和气油比。由于高压密闭取心法的岩心未受钻井液冲刷以及岩心筒提升的影响，其油水饱和度即是油藏的饱和度数值。

三、CT 方法测试流体饱和度

1. 两相流体饱和度测试

与 CT 方法测试岩石孔隙度的饱和法类似，CT 方法测试流体饱和度通常采用医用 CT。医用 CT 扫描的图像分辨率在毫米级，虽然比微焦点 CT 和纳米 CT 扫描的分辨率微米级甚至纳米级低出不少，但该分辨率对于流体饱和度表征来说更具有物理意义，这是因为流体饱和度本身就是一个区域平均信息的物理量，如果采用高或超高分辨率对其进行表征，很多像素体元的油水会被直接识别出来，这些位置处流体饱和度的取值将直接变成 0 或 1，从而导致流体饱和度的物理意义变得不突出，综合来看采用医用 CT 扫描来测试流体饱和度是更合适的。

通过医用 CT 扫描研究岩石中的流体饱和度及其分布特征同样以如下三条基本假设为前提，即应用 CT 扫描确定岩石中流体饱和度参数是建立在射线线性衰减的基础上，对于单能量 X 射线符合朗伯-比尔定律；岩石骨架和孔隙均为刚性体，抽真空饱和某种流体后孔隙完全被该流体饱和，孔隙结构与骨架颗粒形状不发生变化；在各种过程中，忽略岩石孔隙流体压力变化产生的应力敏感特性，岩石的孔隙结构不发生变化，只是孔隙内各相流体饱和度发生变化。

和 CT 方法测试岩石孔隙度的饱和法相似，通过医用 CT 扫描对岩石中流体饱和度进行测试也需要对岩石进行饱和，这里需要指出测试流体饱和度的过程需要对岩石进行多次饱和，有时是某一种流体完全饱和，有时是某两种流体同时饱和，甚至有时是油、气、水三相同时饱和。基于以上分析，下面将对多种情况下流体饱和度的 CT 扫描测试过程和计算方法进行阐述。

对于气水两相同时饱和岩石的情况，干岩心和完全饱和盐水的岩心的 CT 值已由式（3-35）和式（3-36）给出。

当岩心处于气驱水实验某一时刻 t 时，岩心此时的状态为同时饱和气和水，对该状态的岩心进行 CT 扫描，此时同一断层面的 CT 值可以写成：

$$CT_t = (1-\phi)CT_{\mathrm{grain}} + \phi(S_{\mathrm{w}} \cdot CT_{\mathrm{w}} + S_{\mathrm{g}} \cdot CT_{\mathrm{air}}) \tag{4-13}$$

此外气水饱和度还满足以下关系：

$$S_{\mathrm{w}} + S_{\mathrm{g}} = 1 \tag{4-14}$$

联立式（3-35）、式（3-36）和式（4-13）、式（4-14），可以分别得到含水饱和度和含气饱和度的计算表达式：

$$S_{\mathrm{w}} = 1 - \frac{CT_{\mathrm{wct}} - CT_{t_1}}{CT_{\mathrm{wet}} - CT_{\mathrm{dry}}} \tag{4-15}$$

$$S_{\mathrm{g}} = 1 - \frac{CT_{\mathrm{wet}} - CT_{t_1}}{CT_{\mathrm{wet}} - CT_{\mathrm{dry}}} \tag{4-16}$$

式中 S_{w}——含水饱和度,%；

S_{g}——含气饱和度,%；

CT_{dry}——干岩心断层面的平均 CT 值；

CT_{grain}——岩心骨架的 CT 值；

CT_{wet}——完全饱和盐水的岩心断层面的平均 CT 值；

CT_t——t 时刻岩心断层面的平均 CT 值；

CT_{air}——空气的 CT 值；

CT_{w}——饱和液体的 CT 值；

ϕ——孔隙度,%。

对于油气两相同时饱和岩石的情况和上面气水两相同时饱和岩石的情况基本是类似的，只需做出如下改变即可建立油气饱和度的测试过程并获取油气饱和度的计算方法，在对干岩石扫描结束后，将岩心由完全饱和盐水变成饱和油，对完全饱和油的岩石进行 CT 扫描，之后再对气驱油实验某一时刻 t 进行 CT 扫描，最后综合以上几个 CT 扫描过程并对方程进行联立求解即可分别得到油气两相饱和度：

$$S_o = 1 - \frac{CT_{oilwet} - CT_t}{CT_{oilwet} - CT_{dry}} \tag{4-17}$$

$$S_g = 1 - \frac{CT_{oilwet} - CT_t}{CT_{oilwet} - CT_{dry}} \tag{4-18}$$

式中 S_o——含油饱和度，%；

S_g——含气饱和度，%；

CT_{dry}——干岩心断层面的平均 CT 值；

CT_{oilwet}——完全饱和油的岩心断层面的平均 CT 值；

CT_t——t 时刻岩心断层面的平均 CT 值。

对于油水两相同时饱和岩石的情况可在前面气水两相情况的部分基础上进行改进，在对完全饱和盐水状态的岩石进行 CT 扫描后，对该状态下的岩石开展油驱水或者后续水驱油实验，选取油水驱替实验某一时刻 t 并对其进行 CT 扫描，此时同一断层面的 CT 值可以写成如下：

$$CT_t = (1 - \phi)CT_{grain} + \phi(S_w CT_w + S_o CT_o) \tag{4-19}$$

同时此种情况下油水饱和度还满足归一化方程：

$$S_w + S_o = 1 \tag{4-20}$$

联立式（3-35）、式（3-36）和式（4-19）、式（4-20）可以分别得到含水饱和度和含油饱和度的计算表达式：

$$S_w = 1 - \frac{CT_{wet} - CT_t}{CT_{wet} - CT_{dry}} \frac{CT_w - CT_t}{CT_w - CT_o} \tag{4-21}$$

$$S_o = 1 - \frac{CT_{wet} - CT_t}{CT_{wet} - CT_{dry}} \frac{CT_w - CT_t}{CT_w - CT_o} \tag{4-22}$$

式中 S_w——含水饱和度，%；

S_o——含油饱和度，%；

CT_{dry}——干岩心断层面的平均 CT 值；

CT_{grain}——岩心骨架的 CT 值；

CT_{wet}——完全饱和盐水的岩心断层面的平均 CT 值；

CT_t——t 时刻岩心断层面的平均 CT 值；

CT_o——油的 CT 值；

CT_w——饱和盐水的 CT 值；

ϕ——孔隙度，%。

对于气液饱和度的测定，先将经过洗油、洗盐并烘干的待测的岩心样品，放置 CT 扫描床上，调整位置后固定，用CT对岩心样品扫描，确定并记录仪器扫描参数，包括：扫描方式、扫描层厚、扫描间隔距离、管电压、管电流等信息。预扫描结束后准确选取岩石扫描区域，同时记录位置坐标，保证下次扫描时在同一位置进行，正式扫描结束后存储干岩心状态下的扫描结果；在同样的仪器条件下对周围的空气进行扫描以确定空气的 *CT* 值；将岩心样品放置在将要饱和液体的容器内，将容器放置在CT扫描床上，并确保与前次扫描在同一位置上，设定CT仪器的扫描参数，与第一次扫描完全相同。预扫描结束后准确选取扫描区域并将位置坐标调整到与第一次扫描一致，设定扫描间隔时间，并在每个时间正式扫描结束后存储扫描结果；自吸实验完成后，将岩心样品加压充分饱和液体24h以上，完全饱和液体后的岩心样品，擦干表面积液后放置CT扫描床上，并确保扫描与前次在同一位置上，用CT对完全饱和液体的岩心样品进行扫描，扫描参数与前几次扫描完全相同，预扫描结束后准确选取扫描区域并将位置坐标调整到与前几次扫描一致，正式扫描结束后存储岩心完全饱和液体状态下的扫描结果；在同样的仪器条件下对饱和用的液体进行扫描以确定液体的 *CT* 值；用图像处理软件对实验结果进行处理，计算岩石内气液饱和度的时间和空间分布。

对于油水饱和度的测定，同样首先将经过洗油、洗盐并烘干的待测的岩心样品，放置CT扫描床上，调整位置后固定，用CT对岩心样品扫描，确定并记录仪器扫描参数，包括：扫描方式、扫描层厚、扫描间隔距离、管电压、管电流等信息，预扫描结束后准确选取岩石扫描区域，同时记录位置坐标，保证下次扫描时在同一位置进行，正式扫描结束后存储干岩心状态下的扫描结果；在同样的仪器条件下对周围的空气进行扫描以确定空气的 *CT* 值；将岩心样品加压充分饱和液体（盐水或油）24h以上，其中盐水中加入质量浓度1%的碘化钠作为显影剂，饱和液体后的岩心样品，擦干表面积液后放置CT扫描床上，并确保与前次扫描在同一位置上，用CT对饱和液体的岩心样品进行扫描，扫描参数与前次扫描完全相同，预扫描结束后准确选取扫描区域并将位置坐标调整到与第前次扫描一致，正式扫描结束后存储岩心完全饱和盐水状态下的扫描结果；在同样的仪器条件下对实验用的盐水（含碘化钠）和油进行扫描以确定盐水和油的 *CT* 值；进行岩心的吸水排油（吸油排水）或油水驱替实验，将实验装置放置在CT扫描床上，并确保与前次扫描在同一位置上，设定扫描间隔时间，并在每个时间正式扫描结束后存储扫描结果；用图像处理软件对实验结果进行处理，计算岩石内油水饱和度的时间和空间分布。

关于岩心CT扫描饱和度测试的数据处理，以油水饱和度情况为例对其做以下两方面说明：首先是计算某一时刻岩石内部流体饱和度的平均值和分布情况，用图像处理软件处理实验结果数据，首先调入饱和液体后的岩石扫描数据和某一时刻的岩石扫描数据，二者相减，导出的实验数据包括每个扫描层面的 *CT* 值差别及整个岩心的 *CT* 值差别的平均值，继续调入饱和液体后的岩石扫描数据和干岩心的扫描数据，二者相减，导出的实验数据包括每个扫描层面的 *CT* 值差别及整个岩心的 *CT* 值差别的平均值，最后根据公式计算某一时刻岩心样品中每个层面流体的饱和度和整个岩心中流体饱和度的平均值，并利用扫描层厚和每个层面流体的饱和度作出某一时刻岩心轴向流体饱和度分布曲线。其次是计算岩心样品中在不同时刻中某一层面的流体饱和度变化和整个岩心中流体饱和度平均值的变化曲线，将不同时刻的岩石扫描数据调入图像处理软件中并重复上述步骤，计算该时刻岩石某一层面流体的饱和度和整个岩心中流体饱和度的平均值，利用扫描间隔时间作出岩心样品中在不同时刻中某一层面的流体饱和度变化和整个岩心中流体饱和度平均值的变化曲线。

结合上面的测试步骤和数据处理过程，下面以某岩心油水驱替实验油水饱和度测试为例进行实例说明。岩心的基本信息如下，直径 2.496cm、长度 6.616cm、气测渗透率 1.21mD、孔隙度 8.0%。CT 扫描的条件设置如下，CT 扫描电压 120kV，扫描电流 60mA，扫描体素为 227μm×227μm×2500μm，采用轴向扫描的扫描方式，将岩心扫描间距设为层厚，以获得岩心全部孔隙信息。岩心水驱油过程 CT 扫描实验步骤如下：

（1）取心岩心洗油，测常规孔隙度、渗透率；测试地层水 *CT* 值。

（2）把干岩心放入碳纤维岩心夹持器中，缓慢增加围压至要模拟油藏的上覆压力，对夹持器整体进行 CT 扫描，得到干岩心各扫描层面的 *CT* 值数字矩阵。

（3）将岩心抽真空，加压饱和地层水至油藏孔隙流体压力，对夹持器整体进行 CT 扫描，得到饱和地层水岩心各扫描层面的 *CT* 值数字矩阵。

（4）进行水驱油实验，驱替速度为 0.1mL/min，计量采出油水量对岩心驱替过程进行 CT 扫描。

（5）计算扫描层面孔隙度、原始含油饱和度和残余油饱和度分布参数，重建含油饱和度分布图。

对水驱油实验过程的含水率与采收率进行分析，通过计量水驱油过程不同时刻采出的油、水量，得到岩心含水率和采收率曲线，如图 4-1 所示。对水驱油实验过程不同扫描层面含油饱和度进行分析，通过对岩心水驱油过程 CT 扫描，得到各扫描断面含油饱和度随

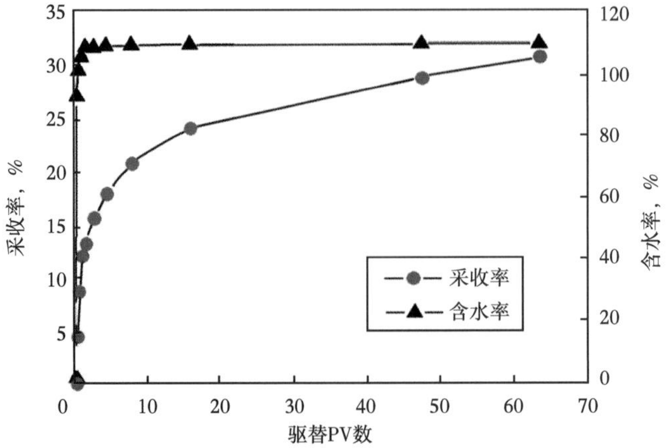

图 4-1　含水率和采收率曲线

时间变化曲线，如图 4-2 所示。

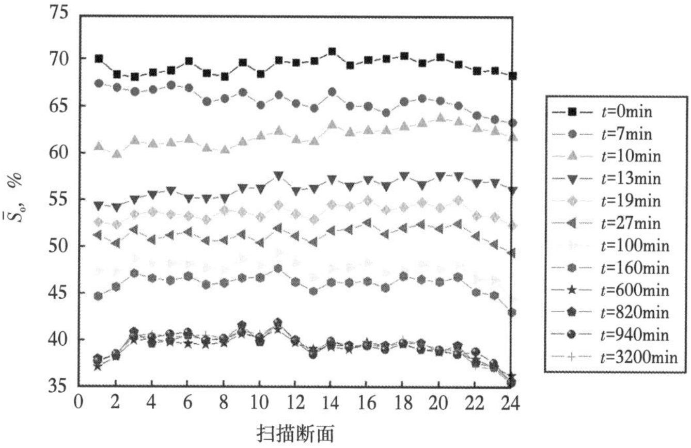

图 4-2　各扫描断面含油饱和度随时间变化曲线

同 CT 方法测试岩石孔隙度的饱和法相似，CT 法测饱和度除能准确反映多孔介质内整体饱和度外，由于是基于每个像素点的 *CT* 值进行计算，还能得到每个像素点的饱和度信息，从而能够展现多孔介质内部的流体饱和度分布，并以此为基础进行统计分析，进而提供丰富的流体分部信息，岩心不同层面的扫描结果如图 4-3 至图 4-5 所示。CT 法测饱和度为多孔介质内微观流体的赋存状态的表征提供了新的手段，这一内容将在本章第三节详细说明。

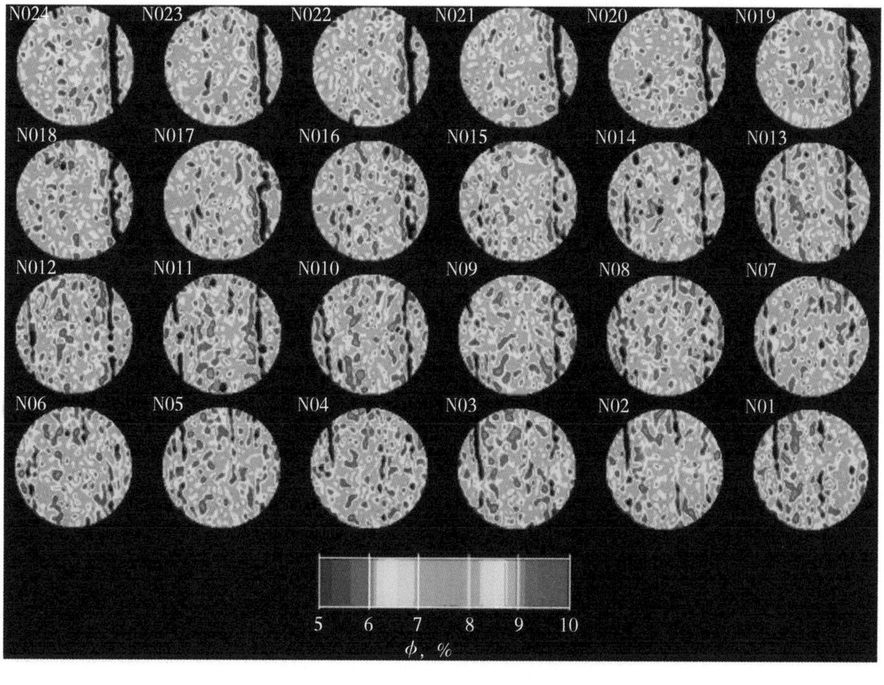

图 4-3　岩心不同扫描层面孔隙度分布

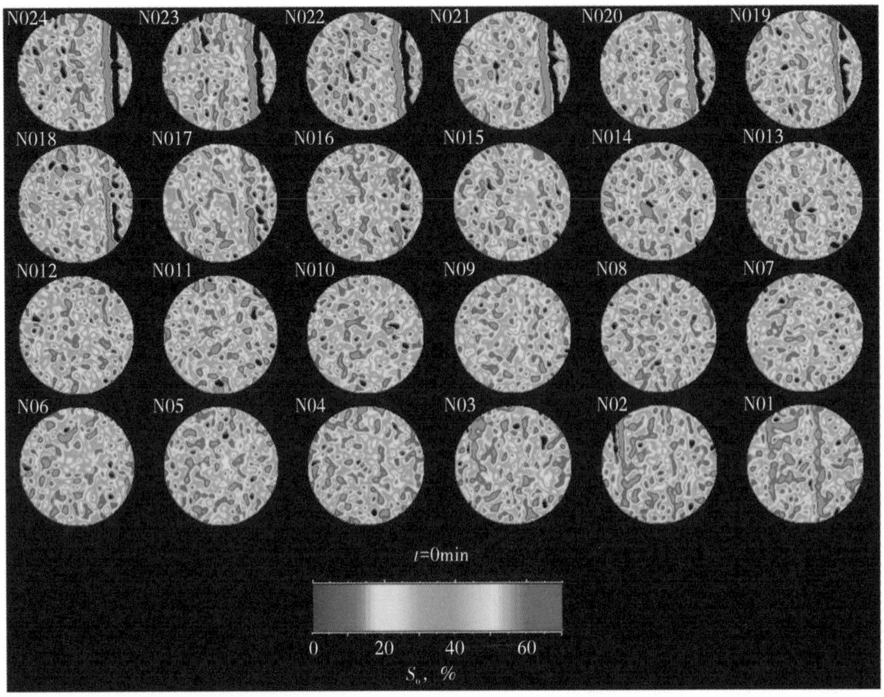

图 4-4　岩心原始含油饱和度分布

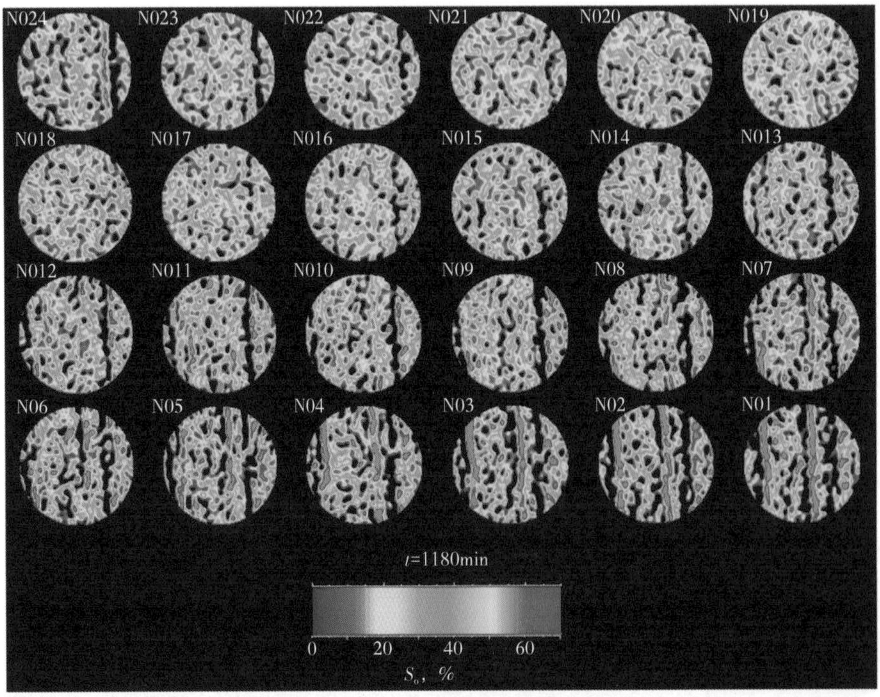

图 4-5　岩心残余油饱和度分布

2. 三相流体饱和度测试

三相流动发生在含水饱和度高于残余水饱和度，并且油和气又作为流动相而存在的时候，实际上所有油藏都构成潜在的三相系统，石油开采领域的诸多技术也都涉及三相流动问题，对三相流体饱和度的测试就尤显重要。

对于油、气、水三相同时饱和的情况，如果在干岩石和湿岩石 CT 扫描数据的基础上只增加一组油、气、水三相驱替实验的岩石 CT 扫描数据，由于此时待求未知参数变成了三个，联立形成的方程组无法求解的。通过前述 CT 扫描方法只能对两相流体的饱和度进行测定，而直接采用该方法无法测试出三相流体饱和度，因此需要对传统 CT 扫描流体饱和度测试方法进行改进。在第二章介绍过，CT 球管发射能量不同时，流体的 CT 值也不同。基于这一现象，可以对不同饱和状态下的岩石开展双能同步 CT 扫描，即在两个不同的能量下同时对岩石进行 CT 扫描，得到不同能量下各相流体的 CT 值，用以计算各相流体饱和度。图 4-6 所示为医用模式下的双能扫描。

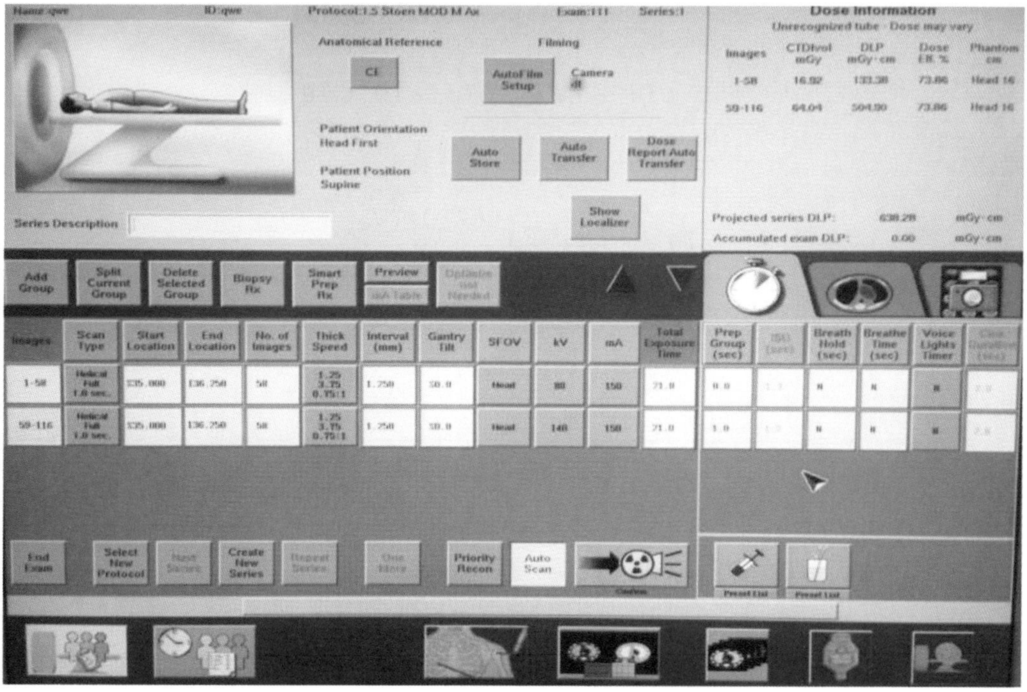

图 4-6 医用模式下的双能扫描

对于岩石的某一断层面进行双能同步 CT 扫描，在 E_1 和 E_2 两种能量下可得到以下方程：

$$CT_{E_1\text{dry}} = (1 - \phi) CT_{E_1\text{grain}} + \phi CT_{E_1\text{g}} \tag{4-23}$$

$$CT_{E_1\text{waterwet}} = (1 - \phi) CT_{E_1\text{grain}} + \phi CT_{E_1\text{w}} \tag{4-24}$$

$$CT_{E_1} = (1-\phi)CT_{E_1\text{grain}} + \phi(S_g CT_{E_1g} + S_w CT_{E_1w} + S_o CT_{E_1o}) \tag{4-25}$$

$$CT_{E_1\text{dry}} = (1-\phi)CT_{E_2\text{grain}} + \phi CT_{E_2g} \tag{4-26}$$

$$CT_{E_2\text{waterwet}} = (1-\phi)CT_{E_2\text{grain}} + \phi CT_{E_2w} \tag{4-27}$$

$$CT_{E_2} = (1-\phi)CT_{E_2\text{grain}} + \phi(S_g CT_{E_2g} + S_w CT_{E_2w} + S_o CT_{E_2o}) \tag{4-28}$$

$$S_g + S_w + S_o = 1 \tag{4-29}$$

联立式（4-23）至式（4-29），求解得到三相流体饱和度的计算公式：

$$S_w = \frac{\begin{vmatrix} \dfrac{(CT_{E_1\text{dry}} - CT_{E_1})(CT_{E_1g} - CT_{E_1w})}{CT_{E_1\text{dry}} - CT_{E_1\text{waterwet}}} & CT_{E_1g} - CT_{E_1o} & 0 \\ \dfrac{(CT_{E_2\text{dry}} - CT_{E_2})(CT_{E_2g} - CT_{E_2w})}{CT_{E_2\text{dry}} - CT_{E_2\text{waterwet}}} & CT_{E_2g} - CT_{E_2o} & 0 \\ 1 & 1 & 1 \end{vmatrix}}{\begin{vmatrix} CT_{E_1g} - CT_{E_1w} & CT_{E_1g} - CT_{E_1o} & 0 \\ CT_{E_2g} - CT_{E_2w} & CT_{E_2g} - CT_{E_2o} & 0 \\ 1 & 1 & 1 \end{vmatrix}} \tag{4-30}$$

$$S_o = \frac{\begin{vmatrix} CT_{E_1g} - CT_{E_1w} & \dfrac{(CT_{E_1\text{dry}} - CT_{E_1})(CT_{E_1g} - CT_{E_1w})}{CT_{E_1\text{dry}} - CT_{E_1\text{waterwet}}} & 0 \\ CT_{E_2g} - CT_{E_2w} & \dfrac{(CT_{E_2\text{dry}} - CT_{E_2})(CT_{E_2g} - CT_{E_2w})}{CT_{E_2\text{dry}} - CT_{E_2\text{waterwet}}} & 0 \\ 1 & 1 & 1 \end{vmatrix}}{\begin{vmatrix} CT_{E_1g} - CT_{E_1w} & CT_{E_1g} - CT_{E_1o} & 0 \\ CT_{E_1g} - CT_{E_2w} & CT_{E_2g} - CT_{E_2o} & 0 \\ 1 & 1 & 1 \end{vmatrix}} \tag{4-31}$$

$$S_g = \frac{\begin{vmatrix} CT_{E_1g} - CT_{E_1w} & CT_{E_1g} - CT_{E_1o} & \dfrac{(CT_{E_1\text{dry}} - CT_{E_1})(CT_{E_1g} - CT_{E_1w})}{CT_{E_1\text{dry}} - CT_{E_1\text{waterwet}}} \\ CT_{E_2g} - CT_{E_2w} & CT_{E_2g} - CT_{E_2o} & \dfrac{(CT_{E_2\text{dry}} - CT_{E_2})(CT_{E_2g} - CT_{E_2w})}{CT_{E_2\text{dry}} - CT_{E_2\text{waterwet}}} \\ 1 & 1 & 1 \end{vmatrix}}{\begin{vmatrix} CT_{E_1g} - CT_{E_1w} & CT_{E_1g} - CT_{E_1o} & 0 \\ CT_{E_2g} - CT_{E_2w} & CT_{E_2g} - CT_{E_2o} & 0 \\ 1 & 1 & 1 \end{vmatrix}} \tag{4-32}$$

式中 $CT_{E_1\mathrm{dry}}$——E_1 能量下干岩心断层面的平均 CT 值；

$CT_{E_1\mathrm{grain}}$——E_1 能量下岩心骨架的 CT 值；

$CT_{E_1\mathrm{waterwet}}$——$E_1$ 能量下完全饱和盐水的岩心断层面的平均 CT 值；

CT_{E_1}——E_1 能量下某时刻岩心断层面的平均 CT 值；

$CT_{E_1\mathrm{g}}$——E_1 能量下气的 CT 值；

$CT_{E_1\mathrm{w}}$——E_1 能量下水的 CT 值；

$CT_{E_1\mathrm{o}}$——E_1 能量下油的 CT 值；

$CT_{E_1\mathrm{dry}}$——E_2 能量下干岩心断层面的平均 CT 值；

$CT_{E_2\mathrm{grain}}$——E_2 能量下岩心骨架的 CT 值；

$CT_{E_1\mathrm{waterwet}}$——$E_2$ 能量下完全饱和盐水的岩心断层面的平均 CT 值；

CT_{E_2}——E_2 能量下某时刻岩心断层面的平均 CT 值；

$CT_{E_1\mathrm{g}}$——E_2 能量下气的 CT 值；

$CT_{E_2\mathrm{w}}$——E_2 能量下水的 CT 值；

$CT_{E_2\mathrm{o}}$——E_2 能量下油的 CT 值；

S_g——含气饱和度，%；

S_w——含水饱和度，%；

S_o——含油饱和度，%；

ϕ——孔隙度，%。

通过以上列出的流体饱和度计算公式可知，除了需要对不同饱和状态下的岩石进行 CT 扫描获取相关数据外，还需要各相流体的 CT 值来支撑计算。同时，对三相流体饱和度的数据处理，在图像上可以采用三色相图的方式显示（图 4-7 和图 4-8）。

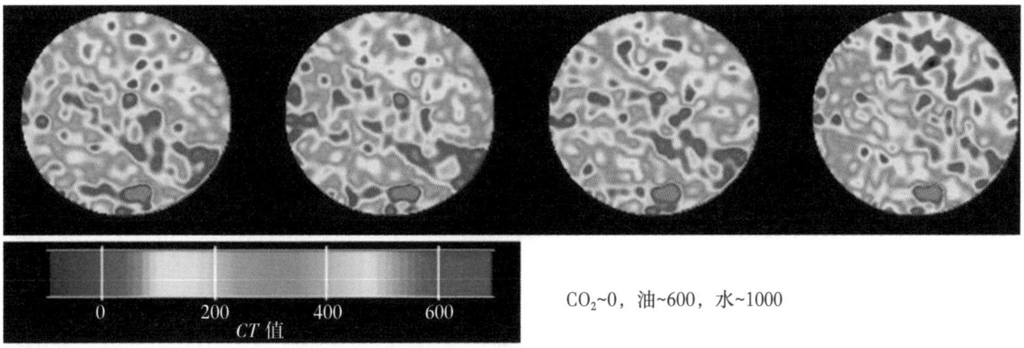

图 4-7　三相流体饱和度在岩心中的分布医用模式下的双能扫描

对于油、气、水三相饱和度的测定，可以采用如下方式：首先将经过洗油、洗盐并烘干的待测的岩心样品，放置 CT 扫描床上，调整位置后固定，用 CT 对岩心样品扫描，确定并记录仪器扫描参数，包括扫描方式、扫描层厚、扫描间隔距离、管电压、管电流等信

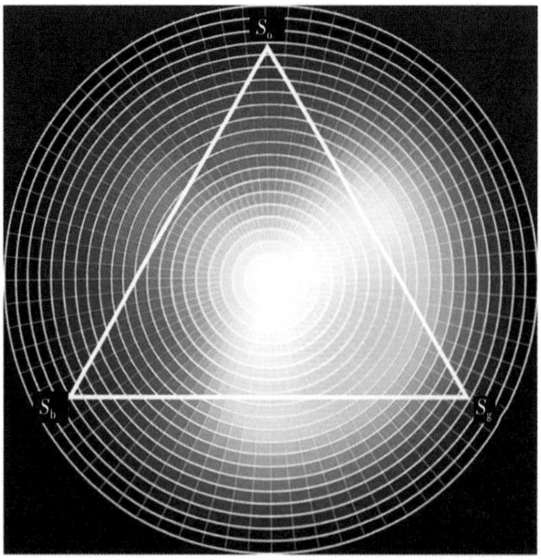

图 4-8　三相流体饱和度的三色相图

息，预扫描结束后准确选取岩石扫描区域，同时记录位置坐标，保证下次扫描时在同一位置进行，正式扫描结束后存储干岩心状态下的扫描结果；将岩心样品加压充分饱和油相24h以上，饱和油相后的岩心样品，擦干表面积液后放置于CT扫描床上，并确保与前次扫描在同一位置上，用CT对饱和油相的岩心样品进行扫描，扫描参数与前次扫描完全相同，预扫描结束后准确选取扫描区域并将位置坐标调整到与前次扫描一致，正式扫描结束后存储岩心完全饱和油相状态下的扫描结果；对岩心进行洗油并烘干，将岩心放置在CT扫描床上，确保与之前扫描在同一位置上，用CT对洗油后的干岩心样品进行扫描，扫描参数与之前扫描完全相同，预扫描结束后准确选取扫描区域并将位置坐标调整到与之前扫描一致，正式扫描结束后存储重新洗油后干岩心的扫描结果，与之前干岩心状态下的扫描结果进行比对，当二者几乎一致时进行下一步操作，否则继续洗油烘干加上CT扫描，直至与初次干岩心CT扫描结果一致时结束本操作步骤；将岩心样品加压充分饱和水相24h以上，饱和水相后的岩心样品，擦干表面积液后放置于CT扫描床上，并确保与前次扫描在同一位置上，用CT对饱和水相的岩心样品进行扫描，扫描参数与前次扫描完全相同，预扫描结束后准确选取扫描区域并将位置坐标调整到与前次扫描一致，正式扫描结束后存储岩心完全饱和水相状态下的扫描结果；进行岩心的三相驱替实验，将实验装置放置在CT扫描床上，并确保与前次扫描在同一位置上，设定扫描间隔时间，并在每个时间正式扫描结束后存储扫描结果；用图像处理软件对实验结果进行处理，计算岩石内油、气、水三相饱和度的时间和空间分布。

结合上面的测试步骤和数据处理过程，下面以某岩心原始含油饱和度的测试为例加以说明。密闭取心的岩心样品，直径10.04cm，长度18.28cm。CT扫描的条件设置如下：CT扫描电压选取80kV和120kV，扫描电流60mA，采用轴向扫描的扫描方式，将岩心扫描间距设为层厚。实验程序与常规的驱替实验有所不同，具体实验步骤如下：

（1）将岩心样品直接放置在扫描床上，调整位置后固定。

（2）用 CT，选取两种电压分别对岩心样品扫描，确定并记录仪器扫描参数，包括：扫描方式、扫描层厚、扫描间隔距离、管电压、管电流等信息，预扫描结束后准确选取岩石扫描区域，同时记录位置坐标，保证每次扫描时在同一位置进行，正式扫描结束后存储扫描结果。

（3）将岩心洗油、洗盐并烘干，放置在扫描床上，调整位置后两种电压分别进行扫描，扫描参数与前一次扫描完全相同；确保扫描与前次在同一位置上，岩心定位可采用第二章第四节推荐的方法；正式扫描结束后存储扫描结果。

（4）对岩心样品加压充分饱和盐水或油 24h 以上，饱和后的岩心样品擦干表面液体后放置于 CT 扫描床上，调整位置后两种电压分别进行扫描，扫描参数与前一次扫描完全相同；确保扫描与前次在同一位置上；正式扫描结束后存储扫描结果。

（5）在同样的仪器条件下对周围的空气、岩心内的水及油进行扫描，确定两种电压下的 *CT* 值。

（6）用图像处理软件对实验结果进行处理，计算岩石的三相流体饱和度及分布。

从实验结果来看，用 CT 法可以得到岩心原始含油饱和度的平均值及每个区域饱和度的分布范围，能更深入地认识原始油藏的含油含水性能。图 4-9 所示为原始含油饱和度及分布，图 4-10 所示为原始含油饱和度的 CT 扫描图。

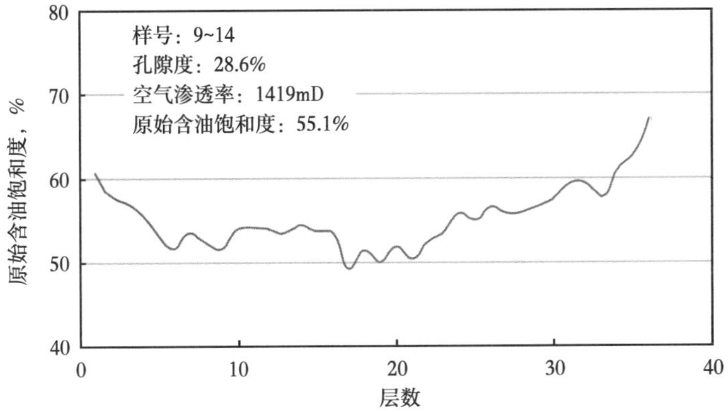

图 4-9　原始含油饱和度及分布

3. 提高饱和度测试精度的方法

目前，对流体饱和度的在线测试方法包括体积法、微波法、核磁法（NMR）以及 CT 扫描法等。其中体积法基于物质平衡的原理，对油水两相饱和度测试结果准确，但由于气体的特殊性，体积难以精确计量，此方法对三相流体饱和度的测试并不十分准确；微波法利用水分子吸收的微波进行计量，但此方法只适用于静态岩心，对多相流体饱和度的测试

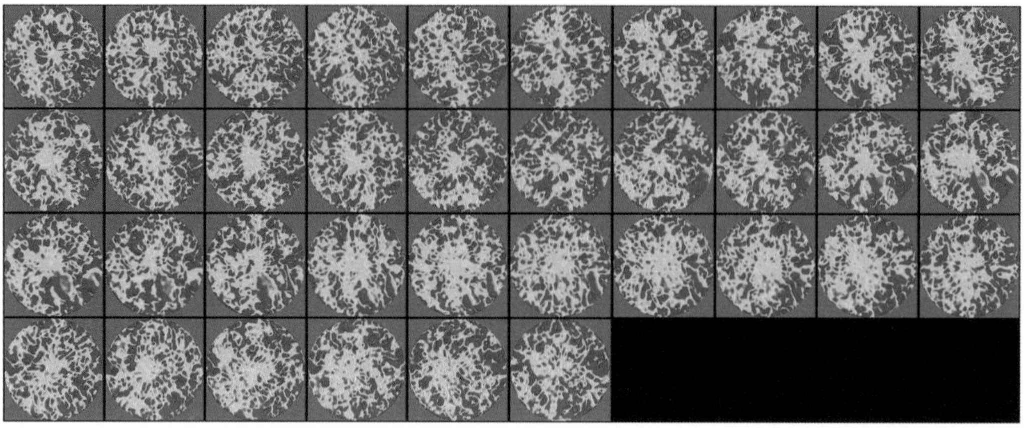

图 4-10　原始含油饱和度的 CT 扫描图

精度也不高；核磁法通过改变射频场监测质子含量计算流体饱和度，但由于其不能测定含有大量磁性物质、黏土或气体的岩心的缺点，也无法进行多相流体饱和度的测试；CT 扫描法直接，并可得到三维流体饱和度的分布，但传统的 CT 扫描法由于射线硬化效应的影响，饱和度测试精度较低。提高 CT 测试饱和度的精度，可采用以下两种方法。

1）优选 CT 增强剂

通过分析可知，在确定了不同饱和状态下的岩石 CT 扫描数据的大前提下，各相流体 *CT* 值的选取对最终计算出的各相流体饱和度精度有显著的影响。而选择合适的 CT 增强剂，可以将 *CT* 值调整到需要的范围。关于 CT 增强剂已经在第二章第一节做了简单的介绍，这里着重介绍 CT 增强剂的优选。

对于水和气或者油和气来说，由于二者相互之间的密度差异较大，所以它们之间的 *CT* 值差别也较大，这对于利用 CT 扫描分辨水和气或者油和气是有益的。然而由于水和油的密度相近，因此二者的 *CT* 值差别不大，这就对利用 CT 扫描进行油水分辨造成了一定的困难，并将导致饱和度测试的精度偏低。基于以上分析，如何提高 CT 扫描测量流体饱和度精度变得非常重要和实际，通常可以尝试在其中一相中加入造影剂，从而加大两相之间的 *CT* 值差别，从而达到提高饱和度测试精度的目的。当然加入的造影剂还需要具备一些性质，比如单相溶解和密度或原子数高从而提高溶解相的 *CT* 值等。碘化钠为常用的造影剂，它单相溶解在水中而不溶于油相，并使水相的 *CT* 值提高几百甚至上千，从而使得通过 CT 扫描可以分辨油水两相。除了上述基本性质要求外，还需要对造影剂的其他性质进行评价，以确保造影剂的加入不会对岩心及驱替实验造成其他影响，下面对 CT 增强剂性能开展相关研究，主要包括增强剂浓度与 *CT* 值的关系、增强剂与地层水密度和黏度的关系、增强剂对油水界面张力的影响以及增强剂对储层渗流能力的影响。

首先是增强剂浓度与 *CT* 值关系研究，应用 CT 成像技术进行水驱油含油饱和度分布研究中，由于常规模拟油与地层水的 *CT* 值差别较小，通常在模拟油或地层水中加入增强剂，增加模拟油与地层水 *CT* 值差别。该研究在地层水中加入增强剂碘化钠或碘化钾，分别测试了碘化钠溶液、碘化钾溶液、20000mg/L 地层水配制的碘化钠溶液和 20000mg/L 配制的碘化钾溶液 *CT* 值与浓度关系，测试结果如图 4-11 所示。研究表明，四种溶液的 CT 值与所含的碘化钠和碘化钾密切相关，相同浓度条件下两种增强剂的 *CT* 值比较接近。

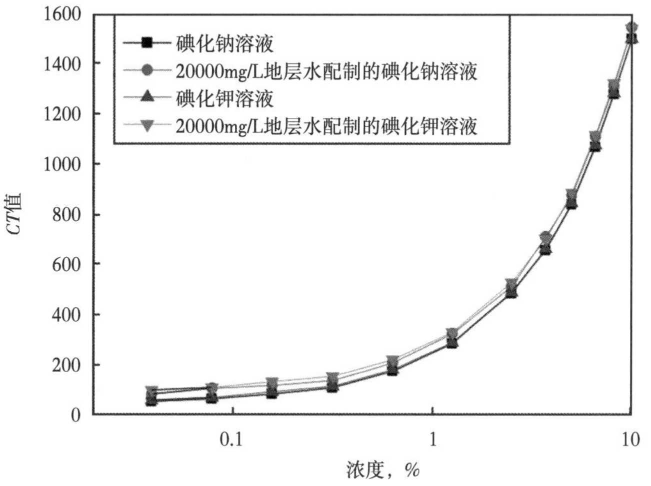

图 4-11 浓度与 *CT* 值相关性

其次是增强剂与地层水密度和黏度关系研究，在研究水驱油过程中含油饱和度分布时，也选择了 *CT* 值相差 3 个数量级对应的增强剂浓度，该研究选用浓度为 80000mg/L 增强剂浓度，所对应的 *CT* 值为 1300，用来进行水驱油含油饱和度计算。测试了不同温度下浓度为 8%（矿化度为 80000mg/L）增强剂的碘化钠溶液、碘化钾溶液、20000mg/L 地层水配制的碘化钠溶液和 20000mg/L 地层水配制的碘化钾 I 溶液密度与黏度关系，测试结果如图 4-12 所示。在测试 20~60℃范围内，相同温度下地层水配制成的 80000mg/L 的碘化

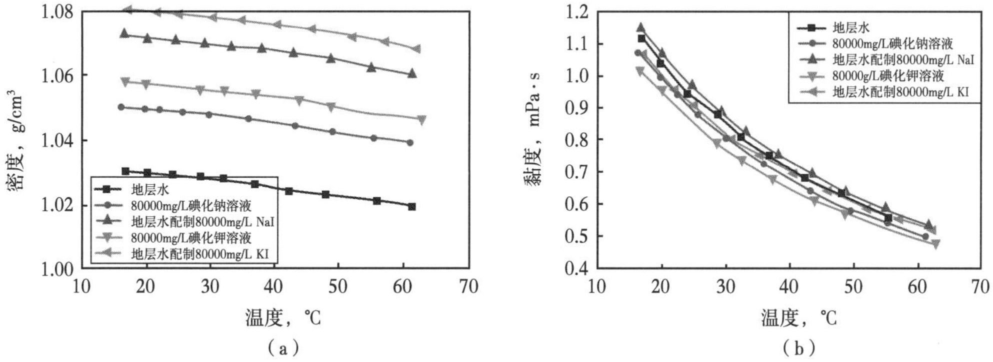

图 4-12 密度与温度关系曲线（a）和黏度与温度关系曲线（b）

钠溶液的密度值和黏度值与地层水的密度值与黏度值比较接近。

还有就是增强剂对油水界面张力影响研究，水驱油效率与油水界面张力密切相关，为了研究加入增强剂后的模拟水与地层水对驱油效果的影响，测试了 80000mg/L 浓度的增强剂与模拟油之间的界面张力，如图 4-13 所示。不同温度下，增强剂与地层水界面张力值有一定差别，由地层水配制的 80000mg/L 的碘化钠溶液与地层水和模拟油间的油水界面张力值较为接近。

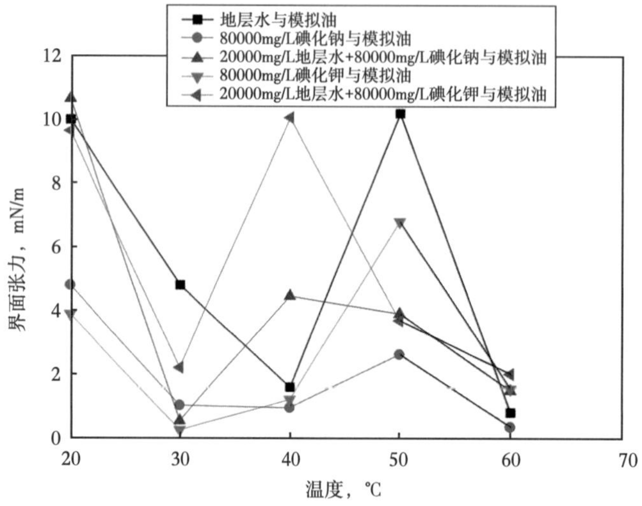

图 4-13　地层水、增强剂与模拟油界面张力

最后是增强剂对储层渗流能力影响研究，进行了 CT 增强剂对储层渗流能力影响研究，选取 3 块低渗透岩心，岩心物性参数见表 4-1。进行了 CT 增强剂对低渗透岩心渗流能力影响评价实验，测试流体依次为地层水以及用地层水配制的 80000mg/L，60000mg/L，40000mg/L 和 20000mg/L 碘化钠溶液，地层水。以最初的地层水通过岩心的渗透率为参照，各测试液体对低渗透岩心渗流能力影响如图 4-14 所示。

表 4-1　岩心物性参数

序号	岩心号	ϕ，%	K_a，mD	L，cm	D，cm
1	西 137-16	10.5	1.21	6.616	2.496
2	西 137-36	8.7	0.455	5.173	2.492
3	西 137-47	10.0	0.657	5.090	2.493

注：ϕ—孔隙度；K_a—空气渗透率；L—岩心长度；D—岩心直径。

总体来讲，由地层水配制的碘化钠溶液对岩心的渗流能力影响不大，不同配方影响程度在 79%~98%，由地层水配制的 80000mg/L 碘化钠溶液渗透率为地层水渗透率的 94%~98%。由此可得，由地层水配制的 80000mg/L 碘化钠溶液对岩心的渗流能力影响不大，在进行岩心水驱油过程中，可以较真实地反映出岩心的渗流特征。

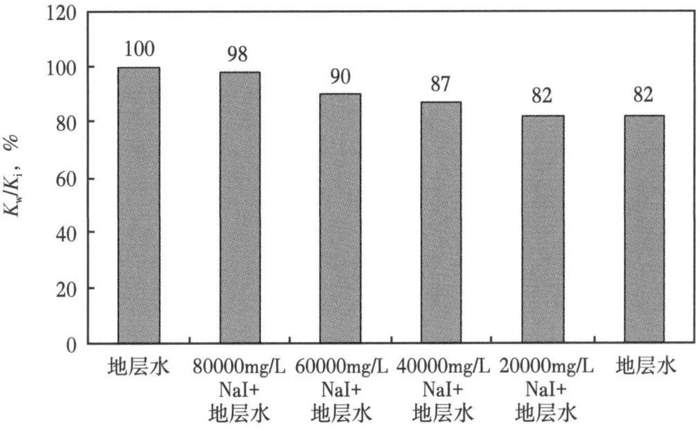

（a）西137-16

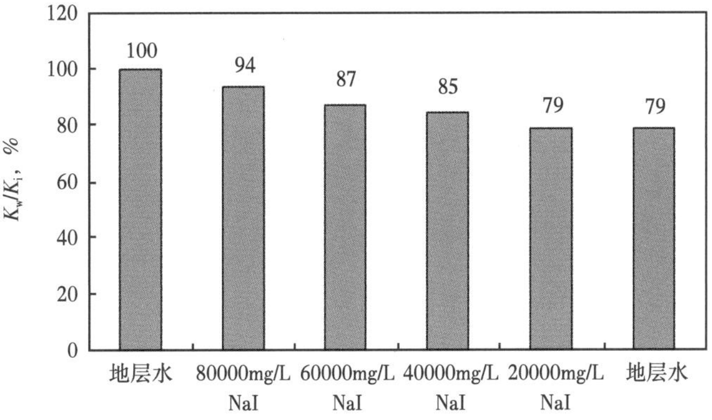

（b）西137-36

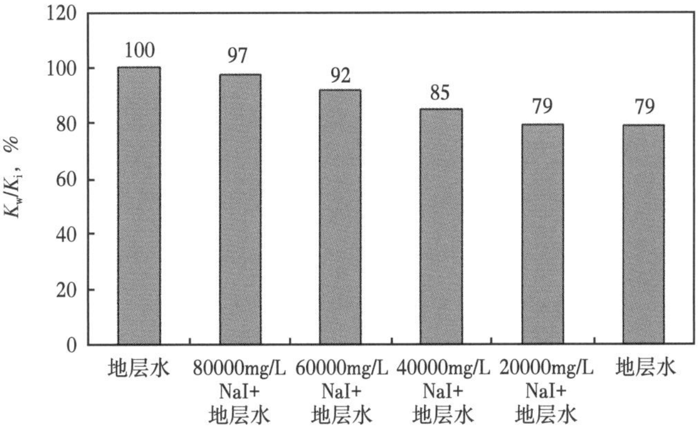

（c）西137-47

图 4-14　CT 增强剂对低渗透岩心渗透能力的影响

综合以上四方面的研究，CT 增强剂的加入并不会影响流体以及流体岩石相互作用的诸多性质，CT 增强剂能够在一定程度上提高 CT 扫描油水饱和度识别精度，同时对涉及油水饱和度识别的相关实验不会产生影响。

2）*CT* 值校正

CT 扫描测量流体饱和度的精度比较低，主要原因是驱替实验在岩心夹持器中完成，而由于射线硬化的影响，水和油在岩心夹持器中和直接暴露在空气中的 *CT* 值是不同的；水和油在岩心夹持器中的 *CT* 值又很难直接得到，所有应用暴露在空气中的水和油的 *CT* 值进行计算，会对饱和度的计算结果带来一定的误差。因此，在驱替实验中提高 CT 测试饱和度的精度，必须对油和水的 *CT* 值进行校正。

简单的方法，通常岩心驱替实验都需要造束缚水，由于造束缚水时最终的束缚水饱和度很容易通过体积法精确计量，通过此束缚水饱和度，以及岩心样品在夹持器外扫描得到的岩石孔隙度值，对水和油的 *CT* 值可以进行校正；而因为气体对 X 射线几乎没有吸收，*CT* 值不变，不需要校正。最后将校正后的 *CT* 值利用对流体饱和度进行计算，可大大提高测量的精确度。表 4-2 为校正前后 CT 测量流体饱和度的实验结果。从结果可以清楚地看出，对水和油的 *CT* 值进行校正后，饱和度测量的相对误差提高到 1%以内。

表 4-2　CT 测量流体饱和度的实验结果数据

含水饱和度，%				含油饱和度，%			
体积法	CT 法		误差	体积法	CT 法		误差
	校正前	校正后			校正前	校正后	
77.7	78.8	77.6	−0.1	1.3	3.5	1.1	−0.2
66.9	68.8	67.0	0.1	9.9	12.2	10.2	0.3
55.5	59.1	56.0	0.5	18.7	20.0	19.3	0.6
40.1	43.6	40.7	0.6	30.6	33.1	31.0	0.4
36.7	39.8	36.7	0.0	32.2	35.9	32.4	0.2

对于油、气、水三相的情况，饱和度的计算公式相较更复杂，各相流体饱和度的测试精度对各相流体 *CT* 值的选取更加敏感。针对油、水 *CT* 值在岩心夹持器内外不一致的情况，从计算原理上，可以通过增加方程将各相流体饱和度计算公式中各相流体 *CT* 值消去。基于这一思想，增加岩石完全饱和油相状态下的双能量 CT 扫描数据，即：

$$CT_{E_1\text{oilwet}} = (1-\phi)CT_{E_1\text{grain}} + \phi CT_{E_1\text{o}} \tag{4-33}$$

$$CT_{E_1\text{oilwet}} = (1-\phi)CT_{E_1\text{grain}} + \phi CT_{E_2\text{o}} \tag{4-34}$$

将 E_1 能量下的式（4-23）、式（4-24）和式（4-33）联立可得如下表达式：

$$\frac{CT_{E_2\text{waterwet}} - CT_{E_1\text{oilwet}}}{CT_{E_1\text{waterwet}} - CT_{E_1\text{dry}}} = \frac{\phi(CT_{E_1\text{w}} - CT_{E_1\text{o}})}{\phi(CT_{E_1\text{w}} - CT_{E_1\text{g}})} = \frac{CT_{E_1\text{w}} - CT_{E_1\text{o}}}{CT_{E_1\text{w}} - CT_{E_1\text{g}}} \tag{4-35}$$

将式（4-35）中各变量的 E_1 能量下标进行整合，可以将其写成如下表达式：

$$\left(\frac{CT_{\text{waterwet}} - CT_{\text{oilwet}}}{CT_{\text{waterwet}} - CT_{\text{dry}}}\right)_{E_1} = \left(\frac{CT_{\text{w}} - CT_{\text{o}}}{CT_{\text{w}} - CT_{\text{g}}}\right)_{E_1} \tag{4-36}$$

同样地，对于E_2能量下的式（4-26）、式（4-27）和式（4-34）联立可以得到下面的表达式：

$$\left(\frac{CT_{\text{waterwet}} - CT_{\text{oilwet}}}{CT_{\text{waterwet}} - CT_{\text{dry}}}\right)_{E_2} = \left(\frac{CT_{\text{w}} - CT_{\text{o}}}{CT_{\text{w}} - CT_{\text{g}}}\right)_{E_2} \tag{4-37}$$

将上面式（4-36）和式（4-37）代入式（4-30）、式（4-31）和式（4-32）可以消去其中的各相流体CT值，从而得到新的油、气、水三相饱和度计算公式：

$$S_{\text{o}} = \frac{\left(\dfrac{CT_{\text{waterwet}} - CT_{E}}{CT_{\text{waterwet}} - CT_{\text{dry}}}\right)_{E_1-E_2}}{\left(\dfrac{CT_{\text{waterwet}} - CT_{\text{oilwet}}}{CT_{\text{waterwet}} - CT_{\text{dry}}}\right)_{E_1-E_2}} \tag{4-38}$$

$$S_{\text{g}} = \frac{\left(\dfrac{CT_{\text{waterwet}} - CT_{E}}{CT_{\text{waterwet}} - CT_{\text{dry}}}\right)_{E_2} \cdot \left(\dfrac{CT_{\text{waterwet}} - CT_{\text{oilwet}}}{CT_{\text{waterwet}} - CT_{\text{dry}}}\right)_{E_1} - \left(\dfrac{CT_{\text{waterwet}} - CT_{E}}{CT_{\text{waterwet}} - CT_{\text{dry}}}\right)_{E_1} \cdot \left(\dfrac{CT_{\text{waterwet}} - CT_{\text{oilwet}}}{CT_{\text{waterwet}} - CT_{\text{dry}}}\right)_{E_2}}{\left(\dfrac{CT_{\text{waterwet}} - CT_{\text{oilwet}}}{CT_{\text{waterwet}} - CT_{\text{dry}}}\right)_{E_1-E_2}} \tag{4-39}$$

$$S_{\text{w}} = 1 - \frac{\left(\dfrac{CT_{\text{waterwet}} - CT_{E}}{CT_{\text{waterwet}} - CT_{\text{dry}}}\right)_{E_2} \cdot \left(\dfrac{CT_{\text{waterwet}} - CT_{\text{oilwet}}}{CT_{\text{waterwet}} - CT_{\text{dry}}}\right)_{E_1} - \left(\dfrac{CT_{\text{waterwet}} - CT_{E}}{CT_{\text{waterwet}} - CT_{\text{dry}}}\right)_{E_1} \cdot \left(\dfrac{CT_{\text{waterwet}} - CT_{\text{oilwet}}}{CT_{\text{waterwet}} - CT_{\text{dry}}}\right)_{E_2}}{\left(\dfrac{CT_{\text{waterwet}} - CT_{\text{oilwet}}}{CT_{\text{waterwet}} - CT_{\text{dry}}}\right)_{E_1-E_2}} \tag{4-40}$$

式中 $CT_{E_1\text{dry}}$——E_1能量下干岩心断层面的平均CT值；

$CT_{E_1\text{grain}}$——E_1能量下岩心骨架的CT值；

$CT_{E_1\text{waterwet}}$——E_1能量下完全饱和盐水的岩心断层面的平均CT值；

$CT_{E_1\text{oilwet}}$——E_1能量下完全饱和油的岩心断层面的平均CT值；

CT_{E_1}——E_1能量下某时刻岩心断层面的平均CT值；

$CT_{E_1\text{g}}$——E_1能量下气的CT值；

$CT_{E_1\text{w}}$——E_1能量下水的CT值；

$CT_{E_1\text{o}}$——E_1能量下油的CT值；

$CT_{E_2\text{dry}}$——E_2能量下干岩心断层面的平均CT值；

$CT_{E_2\text{grain}}$——E_2能量下岩心骨架的CT值；

$CT_{E_2\text{waterwet}}$——E_2能量下完全饱和盐水的岩心断层面的平均CT值；

$CT_{E_2\text{oilwet}}$——E_2能量下完全饱和油的岩心断层面的平均CT值；

CT_{E_2}——E_2能量下某时刻岩心断层面的平均CT值；

$CT_{E_{2g}}$——E_2 能量下气的 CT 值；

$CT_{E_{2w}}$——E_2 能量下水的 CT 值；

$CT_{E_{2o}}$——E_2 能量下油的 CT 值；

S_g——含气饱和度，%；

S_w——含水饱和度，%；

S_o——含油饱和度，%；

ϕ——孔隙度，%。

通过改进双能同步 CT 扫描方法，在增加一组湿模型方程的基础上，得到新的油、气、水三相流体饱和度计算公式不再包含变量繁多且形式复杂的各相流体 CT 值关系式，这也就使得各相流体饱和度的计算将不再需要对各相流体 CT 值进行精确标定，从而消除各相流体 CT 值标定误差对各相流体饱和度计算精度的显著影响。但对实验过程来说，需要增加一部分工作量，即在干岩心、完全饱和水和完全饱和油三种情况下都需要对岩心在两种扫描电压下进行扫描。

第二节　地层原油饱和压力测定

一、地层流体测试

关于储层流体的组成，主要有地层原油、天然气和地层水，三者互相依存，形成统一的地下流体系统。储层流体的特点是油、气、水以不同的相态共处于地层的高温、高压状态下，油和水中均溶有不同数量的气体，水中还溶有大量的盐类。特定的储存环境，使其具有一定的物理性质，通称为高压物性，它们的黏度、密度等物理性质与大气压力、常温状态下迥然不同。

地层油是指处在地层条件下的原油，是一种复杂烃类的液态混合物，主要为 4~16 个碳原子的石蜡族烷烃（化学通式为 C_nH_{2n+2}）以及环烷烃（化学通式为 C_nH_{2n}）和芳香烃（化学通式为 C_nH_{2n-6}）。在一定压力和温度下，油中溶有一定数量的碳原子数为 1~3 的烃类气体，也溶有少量分子量较高的液态和固态烃（如石蜡等），还有少量的非烃类（含氧、氮、硫的化合物，如沥青和胶质等）。由于地层原油处于高温和高压条件下，溶解有常温常压下为气态、固态的烃类和沥青、胶质等，因此其物理特性如密度、黏度、体积等与地面脱气原油有很大差别。在油藏开发过程中，当压力下降到一定程度时，地层原油中的溶解气便分离出来，地层原油由原来的单一液相转变为气、油两相。当压力继续降低时，气体继续分离。气体从原油中大量分离，引起油气系统温度降低，从而使溶解的石蜡从油中析出，油气系统即由原来的两相转变为油、气、固三相。随着上述过程的进行，地层原油的组成及其物理和物理化学性质均有所改变。

天然气是指在一定的压力和温度的条件下，储存在不同深度的地层中的气体。大多数天然气为可燃气体，主要成分为气态烃类、含有少量的非烃类气体，但有的天然气，非烃类气体含量超过90%。工程上常用质量、体积和物质的量来度量天然气的数量，因此天然气组成有质量组成、体积组成和摩尔组成三种表示法。天然气组成决定天然气的性质，是计算各种物理参数的主要依据，通常用气相色谱仪分析测定。

地层水是指在地层中自然存在的水，统称为地层水。在油气田地层中，根据水在油气藏的不同位置和存在状态，可分为边水、底水、层间水、共存水和束缚水等。

对比而言，地层油和天然气的高温高压性质较地层水的高温高压性质更复杂，因而对油气藏烃类流体的研究也更多。对油气藏烃类流体进行分类，按照其组成性质可分为天然气、凝析气、临界油、黑油、重质油。天然气通常以干气甲烷为主，还含有少量乙烷、丙烷和丁烷。凝析气中含有甲烷到辛烷等烃类，它们在地下原始条件下是气态，随着地层压力的降低，或到地面后会凝析出液态烃，其中液态烃的相对密度为0.70~0.78，颜色浅，也被称为凝析油。临界油也称易挥发油，其特点含有较重的烃类，相对密度0.78~0.88。黑油以液相烃为主，油中溶解有一定量的天然气，相对密度为0.88~0.93。黑油以液相烃为主，油中溶解有一定量的天然气，相对密度为0.88~0.93。重质油又称稠油，按1983年在伦敦召开的第11届世界石油会议所制定的标准，地面脱气原油相对密度为0.93~1.00，相对密度大于1.0的为沥青，地层温度条件下脱气原油黏度为100mPa·s至上百万毫帕秒。

对油气藏烃类流体物性进行分析，各种流体的分析项目分别如下：(1) 天然气分析。单次闪蒸实验，测得井流物组分组成、天然气相对分子量和相对密度、天然气黏度、天然气体积系数、地层条件下天然气偏差系数；恒质膨胀实验，测得天然气压缩系数和分级压力下的偏差系数；热膨胀实验，测得天然气热膨胀系数。(2) 凝析油分析。井流物组成实验，测得井流物组成；恒质膨胀实验，测得各级压力下的平衡气相偏差系数、各级压力下的两相体积系数、累计采收率、油的累计采油量、闪蒸气的累计采出量、闪蒸气中重质组分的累计采出量、井流物中重质组分的累计采出量。(3) 挥发油分析。地层流体组分组成实验，测得脱气油和气的组成、脱气油相对密度、地层油的体积系数和气油比；热膨胀实验，测得地层油的热膨胀系数；恒质膨胀实验，测得地层油的饱和压力、压缩系数、不同压力下的相对体积；定容衰竭实验，测得各级压力排出的在大气条件下可形成液体的气体积、各级平衡气的偏差系数、各级排出气的组成、累积产出气的体积百分数、累积产出气体体积、产出气中重组分含量、液体体积占孔隙体积百分数；黏度实验，测地层原油在各级压力下的黏度。(4) 黑油分析。地层原油组成实验，测得地层原油组成；单次脱气(闪蒸)实验，测得气油比、体积系数、地层油密度、脱气油和脱出气的组分组成；热膨胀实验，测得地层原油热膨胀系数；恒质膨胀实验，测得地层油的饱和压力、压缩系数、相对体积和Y函数；多次脱气实验，测得各级压力下的溶解气油比、体积系数、密度、脱出气的偏差系数、相对密度和体积系数、油气两相体积系数；地层油黏度实验，测得地层条件下及不同脱气压力下油的黏度；分离实验，测得原油最佳回收率的分离条件。

关于油田开发过程中的相态变化描述如下：在油田开发过程中，当地层流体从储层流向井底，再从井底流至地面的过程中，由于压力和温度的改变，会引起地层流体一系列的变化——原油脱气、体积收缩、原油析蜡、气体体积膨胀、气体凝析出油、地层水析盐——即离析和相态转化过程。这一系列变化对油藏动态分析、油井管理、提高采收率等都有重要影响。在科学开发油气田时，必须掌握有关地下流体的动态与静态物理特性，原油和天然气、水的体积系数、溶解系数、压缩系数、黏度、密度等；在进行油气田科学预测方面，在开采初期及中期，油藏有无气顶、气体是否会在地层中凝析出油来等都需要对地层流体物理化学特性及相态有深刻的认识，才能做出正确的判断和决策；了解地层原油、天然气和地层水的性质及其相互关系，掌握它们的高压物理特性，是科学进行油气田开发、采油、采气、油气加工过程中必须进行的基础工作。

二、地层原油饱和压力测试传统方法

在油藏温度下，地层原油中无限小量的气相与大量液相平衡共存的压力称为泡点压力。泡点压力是某一烃类系统的一个特征状态，在该状态下，烃类系统总是处于液相为气体所饱和的状态，故往往把泡点压力称为饱和压力。严格来讲，前者是确指仅无限小量气相存在时的压力；后者则是确指气相与液相平衡时的压力，并不考虑其间的比例。若储层压力低于泡点压力，地下烃类系统则将由单一液相转为气、液两相，随着油藏压力的继续降低，系统中的溶解气将不断分离出来，气液的组成及其相态特性均有明显变化。

油层压力和饱和压力之差的大小是衡量油藏弹性能量大小的重要参数之一。饱和压力越低，弹性能量越大，有利于放大生产压差来提高油井产量和油田采油速度。但饱和压力低，井筒内脱气点高，能量损失大，油井自喷能力差。合理的控制地层压力和饱和压力的压差，是进行油田开发、保证油田长期高产稳产所必须遵守的技术方针之一。

获取饱和压力通常有 3 个途径：第一种方法是室内 PVT 实验分析方法，该方法的测试过程是用储层油样在高压物性仪器装置上进行恒组成等温膨胀测试，取得压力—体积变化关系，通过作图找出压力 p、体积 V 直线斜率的变化，拐点所对应的压力即为饱和压力。

第二种方法是经验公式法，在不具备取样条件时，可以利用相关经验公式来确定饱和压力。这些公式，是在研究统计了世界范围内油气藏大量高压物性实验数据的基础上建立的，具有较好的代表性和实用价值，常用公式有 Standing 公式及 Glaso 公式。

Standing（1947）公式：

$$p_b = 24.6\left[\left(\frac{R_s}{\gamma_g}\right)^{0.83}\exp\left(3.7716\times10^{-3}T-\frac{4.072}{\gamma_o}\right)\right] \tag{4-41}$$

式中 p_b——地层油的饱和压力，MPa；

R_s——溶解气油比，m^3/m^3；

γ_g——闪蒸分离天然气相对密度；

γ_o——闪蒸分离脱气油相对密度；

T——地层温度，℃。

Glaso（1980）公式：

$$\lg p_b = 1.7447\lg p_b - 0.3022(\lg p_b^*)^2 - 0.3946 \tag{4-42}$$

$$p_b^* = 4.0876\left(\frac{R_s}{\gamma_g}\right)^{0.816} \times \frac{1.8213(5.625\times10^{-2}+1)^{0.173}}{124.6285\left(\frac{1.076}{\gamma_o}-1\right)^{0.989}} \tag{4-43}$$

式中 p_b——地层油的饱和压力，MPa；

p_b^*——相关数；

R_s——溶解气油比，m^3/m^3；

γ_g——闪蒸分离天然气相对密度；

γ_o——闪蒸分离脱气油相对密度。

第三种方法是图版法，该方法是对照图版求解地层饱和压力，矿场上常用的查地层油饱和压力的图版如图4-15所示，由此可见，该图中与饱和压力相关的参数有溶解气油比、油罐油相对密度、气相对密度、地层温度等，由于考虑的相关因素多，故该图具有较高的精度，与实测值相比通常仅差7%。图4-15所示为一实例，已知目前溶解气油比 $R_s=72m^3/m^3$，油罐原油相对密度 $\gamma_o=0.88$，地层温度 $T=93.3℃$，天然气相对密度 $\gamma_g=0.8$，按图查得目前地层油饱和压力16.6MPa。

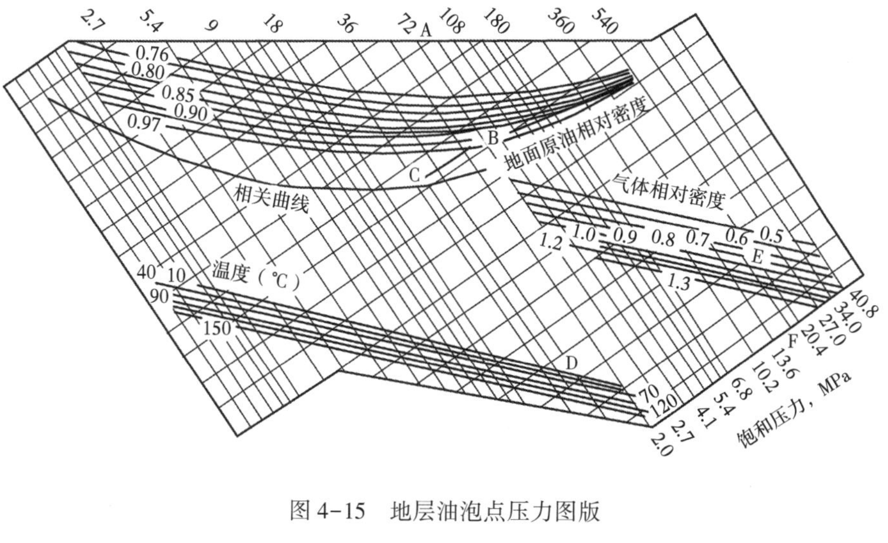

图4-15 地层油泡点压力图版

综合来看，地层原油饱和压力测试传统方法中经验公式法和图版法需要前期大量数据做支撑，当面对全新的地层时，上述两种方法将变得不适用，同时图版法在查取过程中还存在测试精度的问题。室内 PVT 实验分析方法在测试准确性方面没有问题，但该方法一般只能测试单独地层流体状态下的高压物性参数，对于地层流体处于多孔介质中的情况将变得无能为力，而后者情况下的高压物性参数更加具备说服力，迫切需要开发一种全新的方法来测试地层原油饱和压力。

三、CT 方法测定多孔介质内原油饱和压力

CT 测定多孔介质内原油饱和压力的方法可分为直接法和间接法。直接法与在 PVT 筒中测试饱和压力的方法类似，在不同压力下直接通过 CT 图像观察多孔介质中原油的变化，当相态发生变化时，*CT* 值也会有显著的变化，以此来测定原油的饱和压力。由于该方法是基于 CT 扫描图像，因此其也被称为图像分析法。

通过图像分析法测定多孔介质内原油饱和压力，通常需要使用医用 CT 才能够实现，这是由于需要较大尺寸的岩心扫描才能保证研究的代表性，另外需要较短的扫描时间获取代表性的扫描切片，只有医用 CT 才能满足需求。

图 4-16 是利用 CT 测试方法测定岩心内饱和 CO_2 活油体系的泡点压力的实例。从 10MPa 的压力开始，压力每降低 0.1MPa 对岩心进行一次扫描，观察溶解气随压力下降析出的情况。从图 4-16 中看出，在 6.8MPa 的时候，代表低密度 *CT* 值的蓝色区域明显增大，显示 CO_2 饱和度快速升高，由此测定孔隙中泡点压力约 6.8MPa。这个结果与 PVT 筒

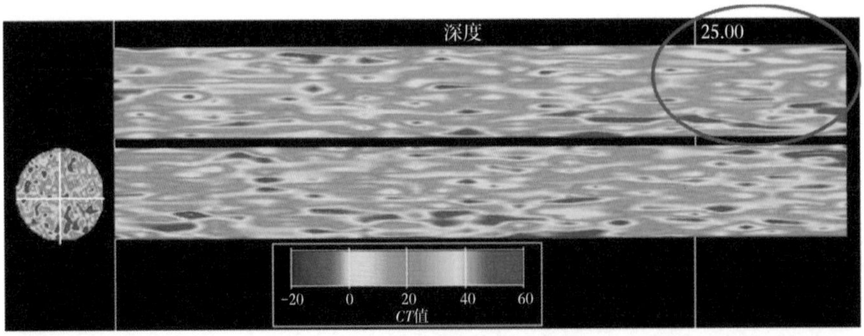

(a) 7.0MPa

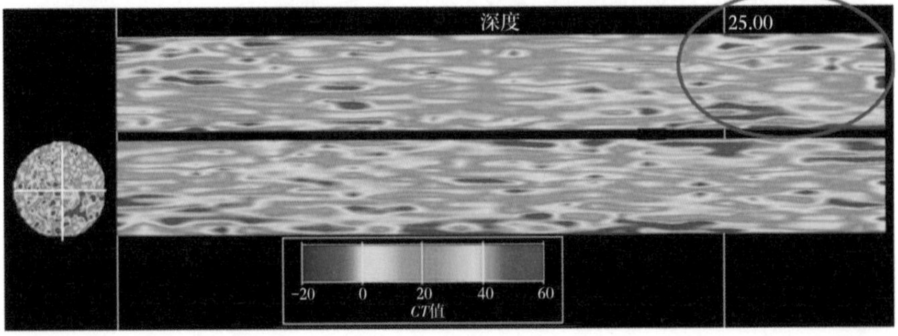

(b) 6.8MPa

图 4-16 不同压力下岩心的 CT 扫描图

中测试的活油泡点压力（6.4MPa）还是有一定差别的，得到的结果更能真实反映油藏中的原油相态行为。

直接法即图像分析法可以作为一种快速测量多孔介质内原油饱和压力的方法，但如果要得到更准确的数据，通常采用间接的方法。该方法的原理为：利用医用 CT 扫描可得到岩石每个切片上 512×512 个数字矩阵的 *CT* 值，并用二次扫描法可计算得到每个数字矩阵点的含油饱和度值。通过降压可得到每个压力点下岩石内每个数据点的含油饱和度统计信息。初始每个点的含油饱和度都为 100%，含油饱和度 100%的分布频率为 100%。当含油饱和度频率分布出现突变时的压力即为原油在多孔介质中的泡点压力。

利用该方法测试泡沫油的泡点压力和拟泡点压力的实例：该实验研究是在一个填砂模型上开展的，模型的孔隙度是 36.5%，空气渗透率 5541mD，使用的含气原油在室温下黏度是 6151mPa·s，通过 PVT 筒测定其泡点压力和拟泡点压力分别为 6.0MPa 和 4.4MPa，具体测定过程如下：

（1）填砂模型烘干后，在 120kV 扫描电压下进行扫描，记录扫描位置和扫描条件，获得填砂管每个像素点的 *CT* 值；

（2）填砂管抽空，堵住一端，另一端在保持压力 7.0MPa（参考 PVT 筒里的饱和压力值）下 100%饱和原油，再利用回压阀保持岩心内部 7.0MPa 的压力；

（3）在与步骤（1）相同的扫描电压、扫描条件和扫描位置下，对填砂管用医疗 CT 进行扫描，获得完全饱和原油的岩心每个像素点的 *CT* 值；

（4）控制回压阀压力每次下降 0.2MPa，每次下降待平衡后，在与步骤（1）相同的扫描电压、扫描条件和扫描位置下，对填砂管用医疗 CT 进行扫描，获得岩心每个像素点的 *CT* 值，并计算每个像素点的含油饱和度，同时绘制含油饱和度分布频率图如图 4-17 所示，图 4-18 所示为典型含油饱和度切片变化。

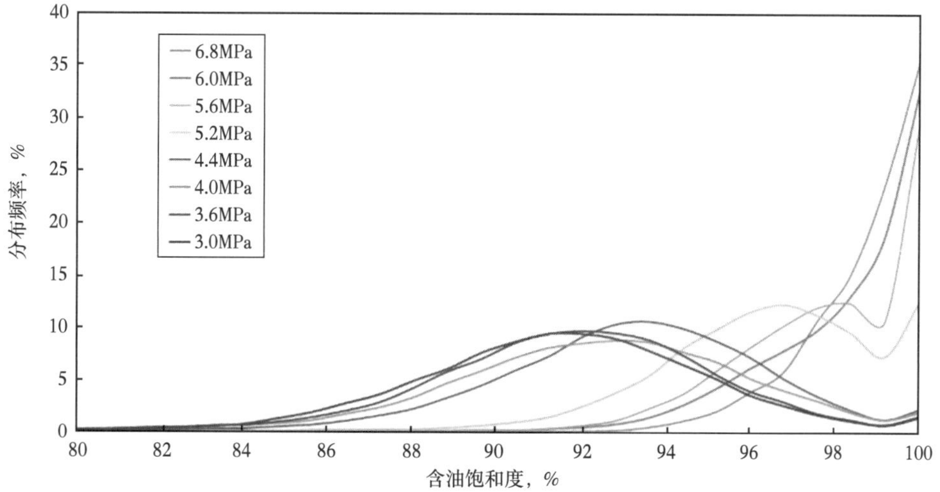

图 4-17　实验过程中含油饱和度频率分布变化曲线

（5）频率分布图显示在压力降至 5.6MPa 时分布频率有第一次突变，确定其在填砂管中的泡点压力为5.6MPa，在4.0MPa 时分布频率有第二次突变，确定其在填砂管中的拟泡点压力为 4.0MPa。

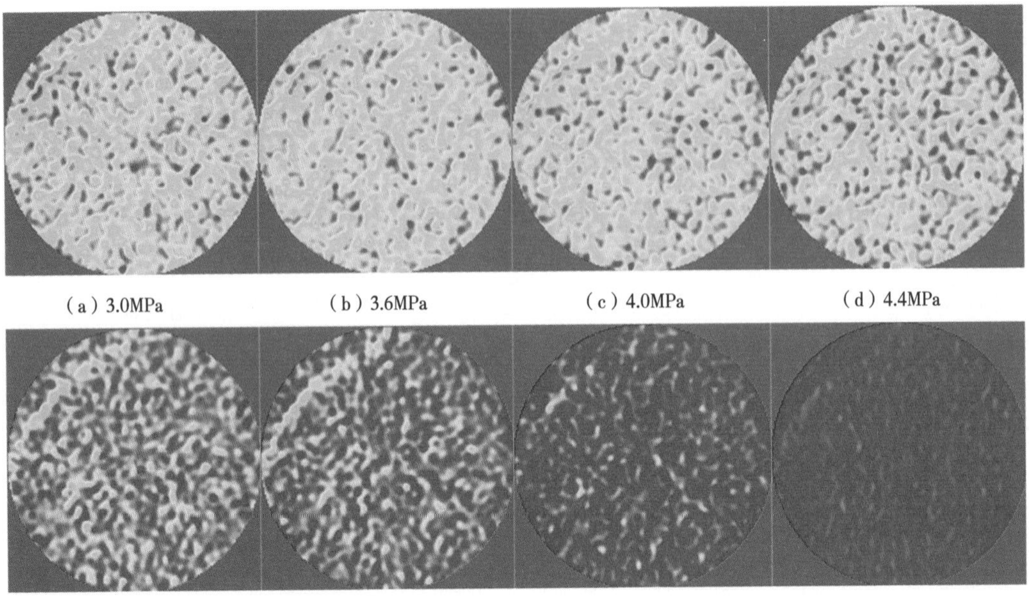

（a）3.0MPa （b）3.6MPa （c）4.0MPa （d）4.4MPa

（e）5.2MPa （f）5.6MPa （g）6.0MPa （h）6.8MPa

图 4-18 实验过程中典型含油饱和度切片变化

（不同颜色代表不同的含油饱和度，红色含油饱和度高，蓝色含油饱和度低）

第三节 微观流体赋存状态分析

一、微观流体赋存状态传统分析方法

研究油藏微观流体赋存状态特别是剩余油饱和度、剩余油分布及可动性是非常有意义的，它是油藏储量计算和后期高效开发的基础，剩余油与可动流体分布状态评价将为持续提高采收率技术提供理论支撑。对于微观流体赋存状态分析，传统方法是先制备类似铸体薄片的岩石薄片，之后通过电镜观察，由于原油具备一定的荧光性，从而能够区分薄片图片中的水和油。近年来各种新型测试方法出现，其中核磁共振和 CT 扫描方法能够在线分析和透视岩石孔隙内的流体状态，为微观流体赋存状态和动用规律的认识提供了新的手段。

1. 岩石薄片分析方法

岩石薄片分析方法的实验原理是地层中的水不含荧光物质，原油含有荧光物质，通过这一差异可用荧光分析发定性/定量分析剩余油的赋存状态。通常情况下，如图 4-19 剩余油的赋存状态分为 3 大类和 10 小类。

（1）束缚态（界面力影响）：吸附在矿物表面的剩余油，包括孔表薄膜状、颗粒吸附状、狭缝状；

（2）半束缚态（驱替动力不足）：在束缚态的外层或离矿物表面较远的剩余油，包括角隅状、喉道状；

（3）自由态（微观未波及）：离矿物表面较远的剩余油，包括簇状、粒间吸附状。

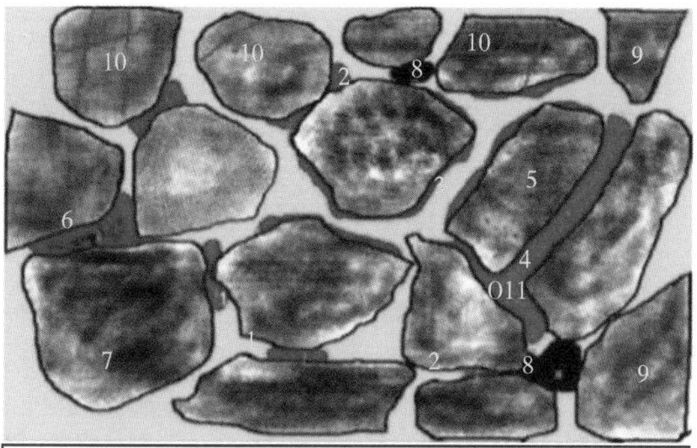

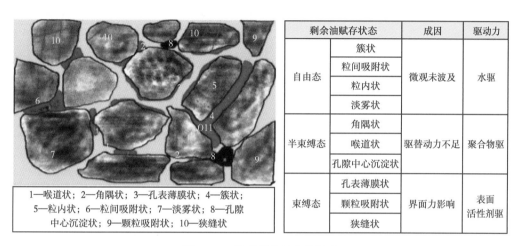

1—喉道状；2—角隅状；3—孔表薄膜状；4—簇状；5—粒内状；6—粒间吸附状；7—淡雾状；8—孔隙中心沉淀状；9—颗粒吸附状；10—狭缝状

剩余油赋存状态		成因	驱动力
自由态	簇状	微观未波及	水驱
	粒间吸附状		
	粒内状		
	淡雾状		
半束缚态	角隅状	驱替动力不足	聚合物驱
	喉道状		
	孔隙中心沉淀状		
束缚态	孔表薄膜状	界面力影响	表面活性剂驱
	颗粒吸附状		
	狭缝状		

图 4-19　微观剩余油分类标准

采用紫外荧光和激光共聚焦联用技术，对微观剩余油赋存状态及类型进行量化表征，创新冷冻制片技术，可保持油水岩原始状态不变，样品厚度由 1mm 减少至 0.05mm，避免了上下层孔隙荧光干扰，测量精度精度提高 20 倍，其分析方法流程如图 4-20 所示。

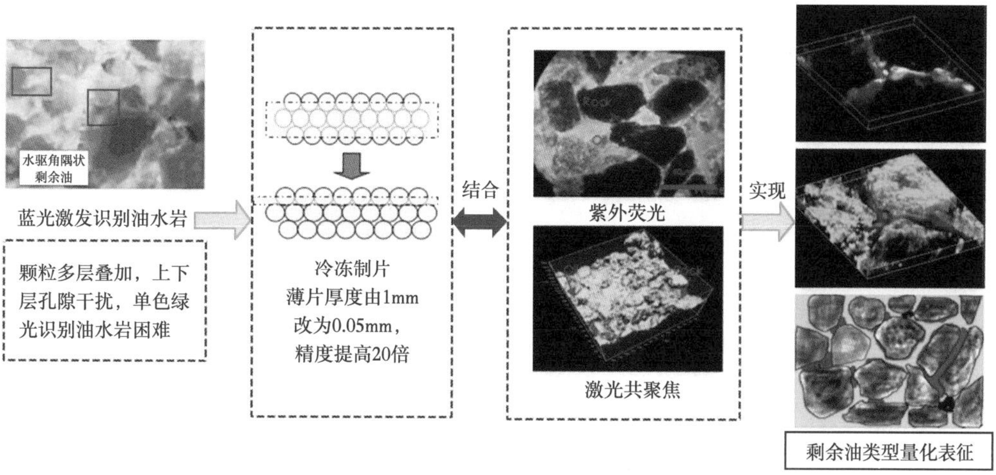

图 4-20　剩余油赋存状态分析方法流程图

下述对某岩心的共聚焦有机质进行分析结果如图 4-21 所示，可以看出，该岩心的轻质组分较重质组分含量高。

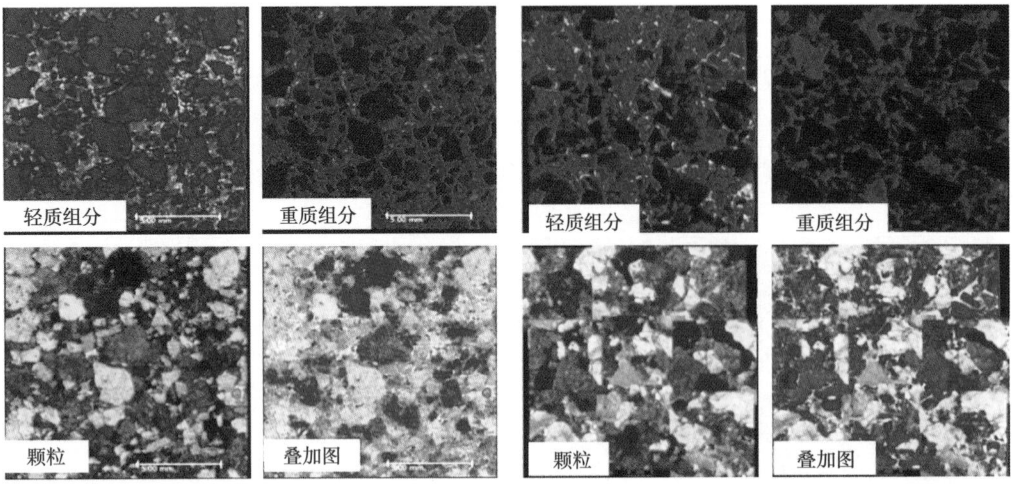

（a）B23833　　（b）B12523

图 4-21　岩心有机质分析结果

（颜色越亮，代表浓度越高）

同时，该岩心的微观剩余油赋存状态如图 4-22 所示，含油面积 1.2%，含水面积 0.99%，自由态剩余油占 50%以上，以粒间吸附态剩余油为主，分析结果见图 4-23 和表 4-3。

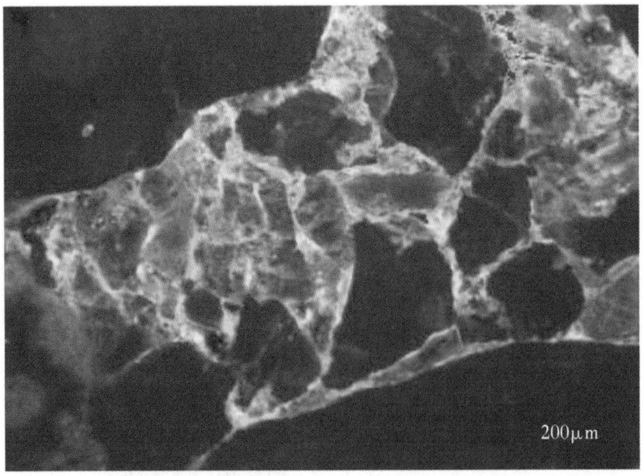

图 4-22　剩余油赋存状态

（黄色为原油；绿色为水；黑色为岩石）

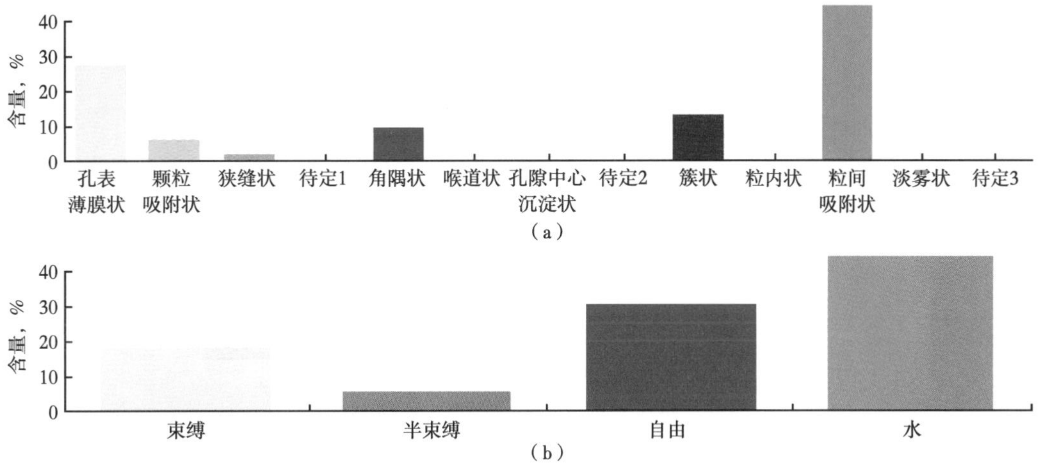

图 4-23 剩余油分布（a）和油水分布（b）状态统计直方图

表 4-3 剩余油赋存状态及含量

剩余油赋存状态		含量，%	总计，%
自由态	簇状	12.3	56.13
	粒间吸附状	43.83	
	粒内状	0	
	淡雾状	0	
半束缚态	角隅状	9.36	9.36
	喉道状	0	
	孔隙中心沉淀状	0	
束缚态	孔表薄膜状	27.33	34.51
	颗粒吸附状	5.78	
	狭缝状	1.4	

该方法也有不少的局限性，首先这种方法会破坏岩石样品，导致无法对岩石样品做下一步分析，还有就是岩石薄片非常不好制备，这是因为需要同时保存薄片中的流体和保证薄片的透光性，最后由于样品存在脱气、挥发、蒸出率等损失，使得实际测量值与原始值之间存在一定偏差该方法，其得到的微观流体赋存状态与实际情况也存在不小的差别。

2. 核磁共振分析方法

核磁共振的基本原理是，质子自旋弛豫是磁场环境中的自旋核（如质子）系统吸收外界场能量发生矢量变化的物理现象（图 4-24），弛豫可直接反映分子间、分子与环境的相互作用。

低场核磁共振技术是利用油气或者水中的氢原子核在磁场中具有共振并能产生信号的特性来探测油、气、水及其分布和岩石物性参数。岩石中，不同大小的孔隙喉道构成岩石

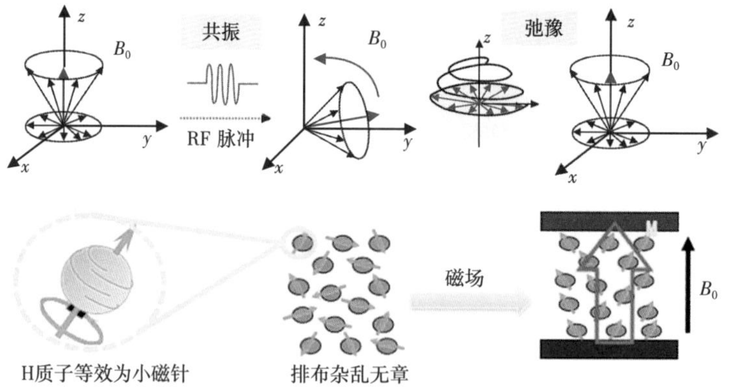

图 4-24　质子自旋弛豫原理图

B_0—磁场强度

孔隙，弛豫时间显示的是孔隙大小的特征。因此 T_2 谱显示了岩石的孔径大小分布，孔隙的尺寸越大，对应的弛豫时间越长，T_2 分布曲线越靠右侧；孔隙尺寸越小，对应的弛豫时间越短，T_2 分布曲线越靠近左侧，如图 4-25 所示。

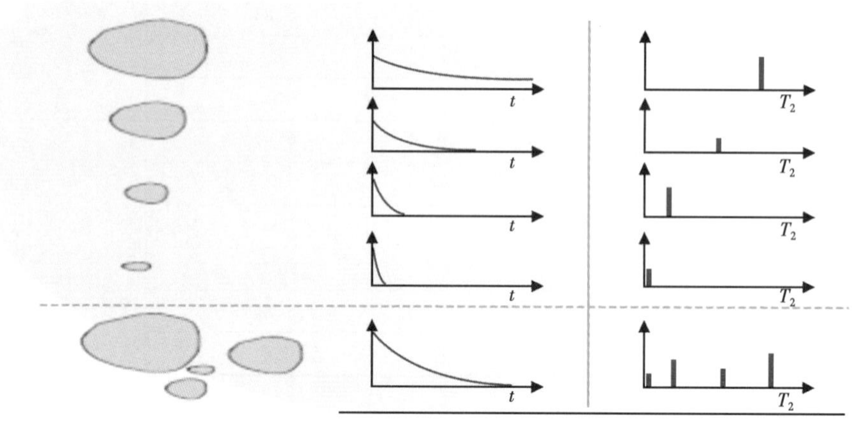

图 4-25　多孔介质内多指数弛豫衰减曲线

流体固化后弛豫时间会大大降低，选择合适的回波时间，无法采集到固态流体的信号。例如液体水的弛豫时间长达 3000ms，而冰的弛豫时间为十几微秒，利用两者的巨大差异，可以选择性地观测岩心中水的信号，而忽略冰或者骨架中的质子信号。

同时，岩心为多孔介质，在进行岩心压汞时，汞会优先通过大孔道，随压力增加逐渐进入较小孔隙，通过压汞曲线可以得到不同进汞压力对应的孔隙分布信息。而岩心饱和流体的 T_2 谱图也可通过测试孔隙中流体直接反映岩心孔隙结构与弛豫时间的分布规律，弛豫时间越小，则孔隙越小。因此，将压汞孔隙直径分布曲线与流体 T_2 曲线相结合，采用最小二乘法进行拟合，可得到流体横向弛豫时间与岩心孔隙结构分布规律。根据孔隙结构与流体的匹配关系，得到微观流体的赋存状态。

下面举例说明，图 4-26 表示某岩心压汞孔隙累积分布与横向弛豫时间累积分布曲线，通过最小二乘法进行数学拟合，得到了岩心孔隙直径与弛豫时间 T_2 的拟合曲线（图 4-27）。为达到最佳匹配效果，把弛豫时间分为 1~100ms，100~1000ms，1000~10000ms 三段进行公式拟合，拟合方程的相关系数均大于 0.9，由此可较为准确匹配横向弛豫时间（T_2）与岩心孔隙直径的对应关系。

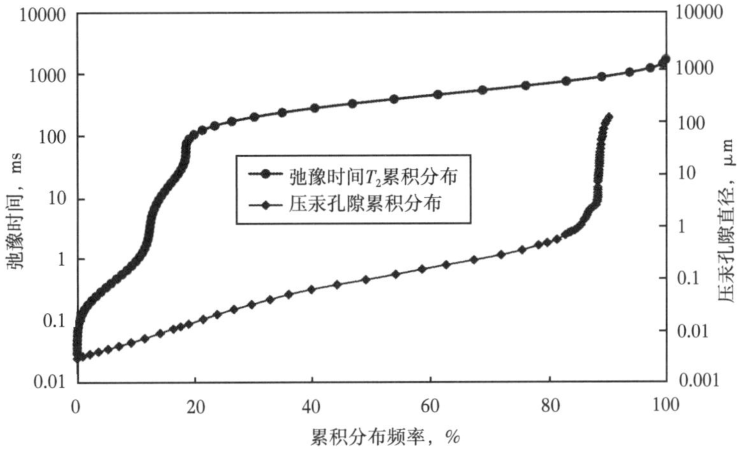

图 4-26 横向弛豫时间 T_2 与压汞曲线

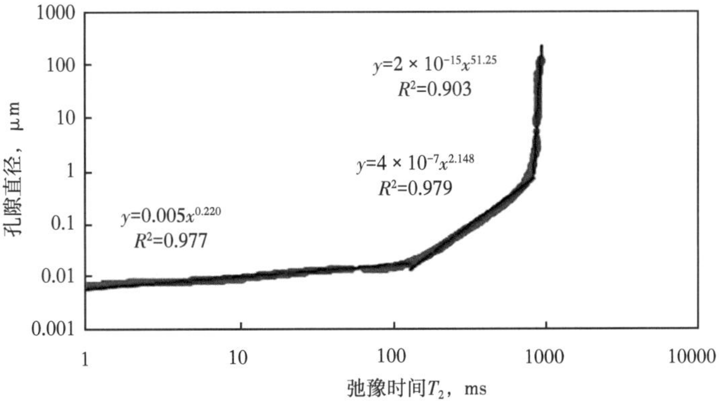

图 4-27 孔隙直径与横向弛豫时间 T_2 拟合曲线

不同流体在油藏多孔介质中的赋存状态可分为束缚流体与可动流体。对于不同类型渗透率油藏条件，尤其岩石孔隙结构、比表面、润湿性等因素影响，束缚流体与可动流体差异很大，有效准确评价不同油藏条件下可动流体分布对于油藏开发具有重要意义。图 4-28 表示某岩心水驱效率、聚合物驱效率、剩余油含量、水驱动用规律、聚合物驱动用规律和剩余油的分布情况。可以看出，该岩心水驱效率约为 46%，主要动用 50μm 以上的储油空间，聚合物驱效率为 30.8%，主要动用 5μm 以上孔隙剩余油。

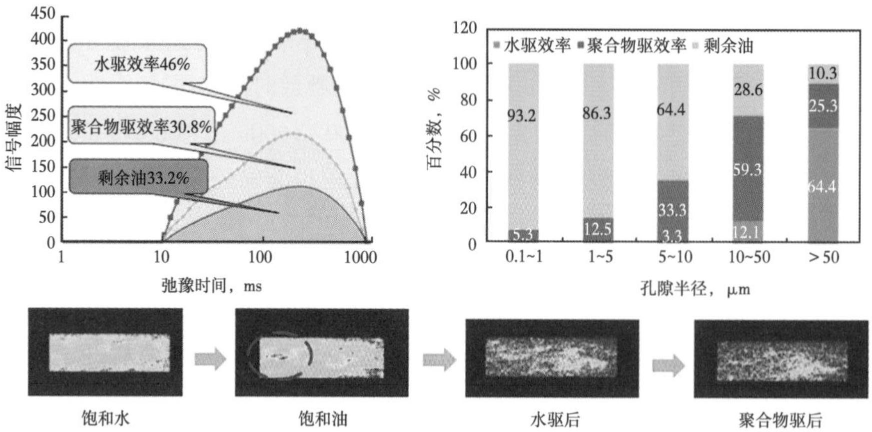

图 4-28 某岩心水驱和聚合物驱对剩余油的动用规律

二、CT 方法表征微观流体赋存状态

1. 图像分析法

CT 扫描获得高精度的图像，可以进行数据处理，利用图像分割技术，对重构出的二维微米级 CT 灰度图像进行二值化分割，划分出孔隙与颗粒基质，并通过边缘硬化校正和环状伪影去除等，使用滤波器进行降噪处理，增强各相之间的对比度。

由于 CT 图像的灰度值反映的是岩石内部物质的相对密度，因此 CT 图像中明亮的部分认为是高密度物质，而深黑部分则认为是孔隙结构，其中对深色部分进行进一步的分析，调整其对比度，则可以将深黑色中的油水区分开来，得到三值化的结果，如图 4-29 所示。

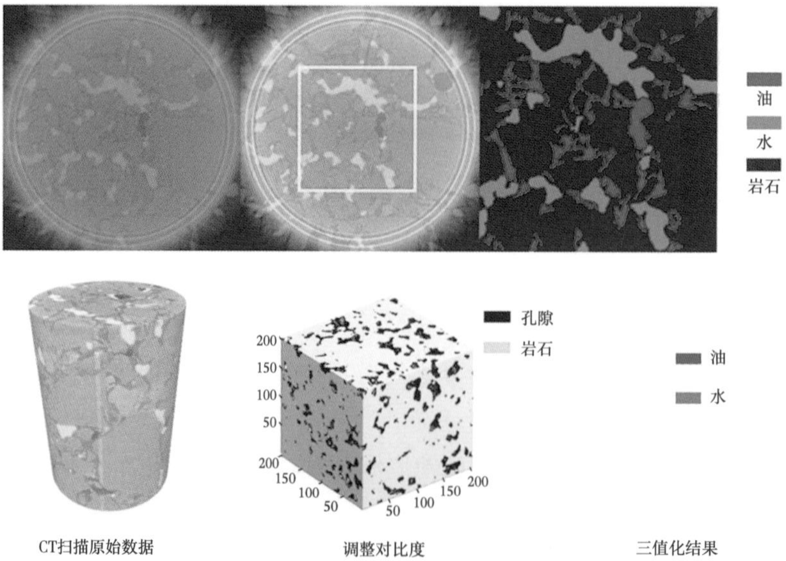

图 4-29 岩心三维重建及油水岩石分布区分

通过对剩余油的不同参数分析，可以根据形状因子、欧拉数和接触比对不连续的剩余油簇进行提取和定量表征，并将其划分为5类，分类结果见表4-4。

表4-4 剩余油定量表征参数

剩余油类型	CT三维重建	动用难易程度	所占孔喉数或厚度	形状因子（G）及欧拉数（E）	接触比（C）
滴状流		难	厚度<孔喉直径的1/3	$0.3<G<0.7$ & $E>1$	$C<0.4$
膜状流			孔隙、喉道数≤1	$G>0.7$	$C=0$
柱状流			孔隙、喉道数≤1	$0.3<G<0.7$ & $E<1$	$C\geqslant0.4$
多孔流			1<相连孔隙数≤5	$0.1<G<0.3$	$C\geqslant0.4$
簇状流	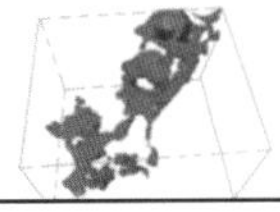	易	相连孔隙数>5	$G<0.1$	$C\geqslant0.4$

形状因子、欧拉数、接触比的计算公式及物理意义见表4-5。根据表4-5中的5种形态，可以将剩余油从难以生产到易于生产排序。剩余油被分为滴状流、膜状流、柱状流、多孔流和簇状流。通常动用滴状流、膜状流和柱状流的开发方法可以提高微观驱替效率，例如表面活性剂驱替。动用多孔流和簇状流的开发方法可以提高微观波及效率，例如聚合物驱，这部分内容将在下节详细介绍。图4-30所示为微观剩余油按形态分类。

表4-5 表征参数的计算公式及物理意义

表征参数	计算公式	物理意义
形状因子	$接触比=\frac{油与岩石骨架接触面积}{油表面积}$	反映单块剩余油形状与球体的接近程度，球体为1，越小越接近球体，越大则形状越不规则
欧拉数	欧拉数=1−洞数+闭控数	反映单块剩余油孔洞数量，越小孔洞数越多
接触比	$形状因子=\frac{表面积^3}{36\pi\times体积^2}$	反映单块剩余油与孔壁的接触关系，接触比越小，剩余油附着在孔隙表面的比例越小

利用此方法，结合第二章介绍的微米CT进行原位驱替扫描测试技术，可以对岩心驱替过程中的剩余油赋存状态进行分类。如对某岩心驱替过程进行测试，如图4-31所示。可以看出在黄色和绿色圈部分，剩余油随着注入水的增多发生了巨大的变化。

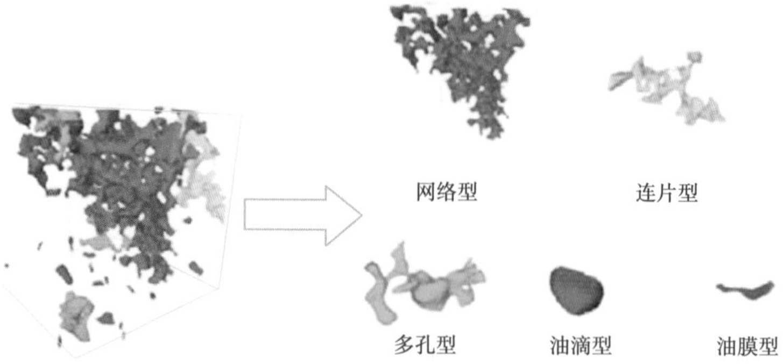

图 4-30　微观剩余油按形态分类

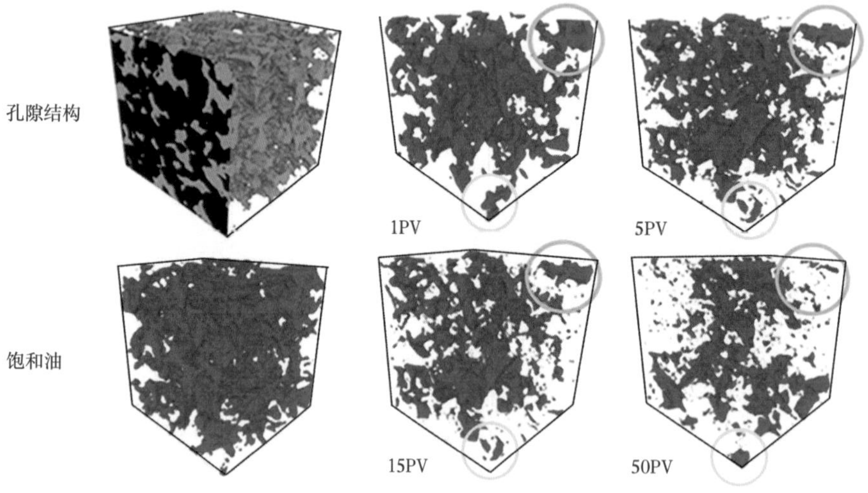

图 4-31　岩心孔隙结构及剩余油随着水驱过程的变化

分析此岩心水驱后含油饱和度以及各类剩余油含量，可以得到润湿性以及渗透率都是影响砂岩油藏微观剩余油的关键因素。渗透率升高，水驱后簇状剩余油明显减少，分散型剩余油比例会增加；而储层润湿性也决定了水驱效率以及膜状剩余油的含量（图 4-32 和图 4-33）。

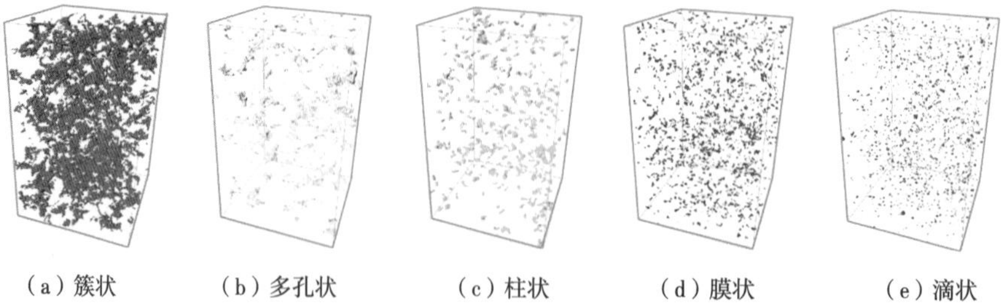

图 4-32　岩心水驱后剩余油分类结果

2. 饱和度分布统计分析法

本章第一节介绍过，CT 法测饱和度能得到每个像素点的饱和度信息，从而能够展现多孔介质内部的流体饱和度分布。以此为基础进行统计分析，可以获取不同阶段含油饱和度的频率变化信息，从而深入了解微观剩余油的分布及动用情况。

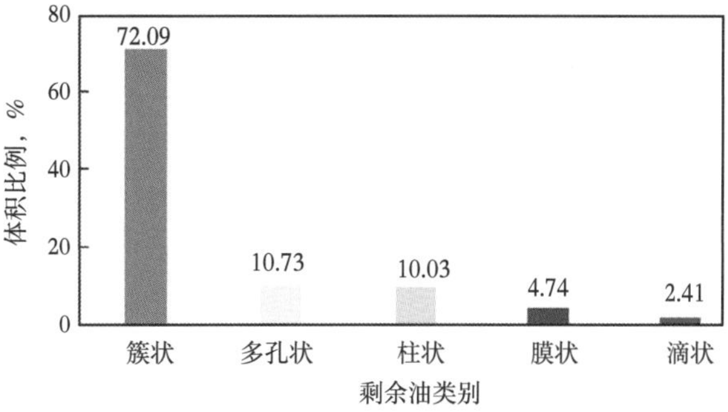

图 4-33　岩心水驱后各类剩余油体积比例

对饱和度分布统计的展现，通常有两种方式：一种是在不同的驱替阶段，饱和度值的区间所占频率的分布的变化情况；另一种是在不同驱替倍数下，饱和度值的区间所占频率的分布的变化情况。岩心不同驱替阶段饱和度的频率分布变化如图 4-34 所示，无论哪种方式，都是反映出微观流体赋存的状态及变化情况。为了更深入地掌握机理和规律，一般结合驱油实验的动态信息同步分析，并且基于饱和度的分布频率提出一些新的参数计算方法。

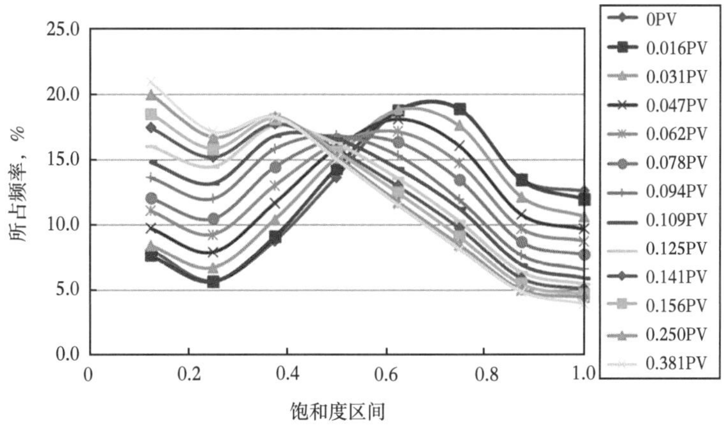

（a）水驱含油饱和度频率分布变化

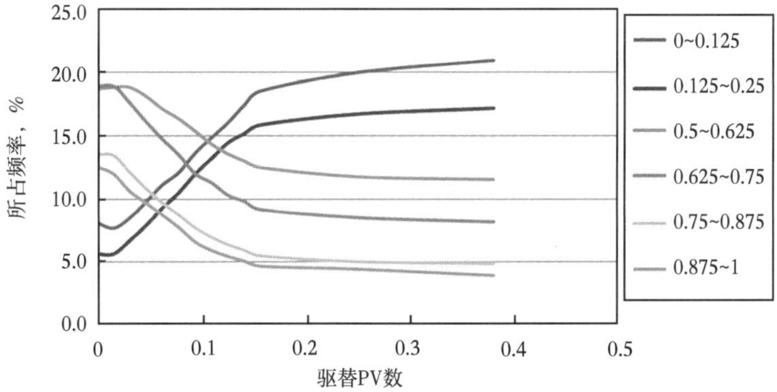

（b）各区间饱和度所占频率变化

图 4-34　岩心不同驱替阶段饱和度的频率分布变化

三、微观波及系数测定方法

1. 波及系数

油气层岩石及流体物性研究与应用，在改善油气田开发效果、提高原油采收率方面有重要的作用，以提高采收率为目的进行的油气层岩石及流体物性研究，其内容是非常广泛的，所采用的研究方法也是多种多样的。提高采收率技术既和油藏的地质条件有关，又受现有的开发开采工艺技术水平的限制。油层物理研究的目的就是了解油藏的地质特征、油藏流体的特征，研究不同开采工艺技术条件下的驱油机理，为现场提高采收率提供基础资料和依据。

油藏原油采收率定义为采出地下原始储量的百分比，实践经验表明，油藏原油采收率和油层的能量以及驱动方式有较大关系，不同驱动方式下的原油采收率不同。一次采油是指依靠天然能量开采原油的方法，天然能量包括含油区岩石和液体的弹性能、含水区的弹性能和露头水柱压能、含油区溶解气的弹性能、气顶区气体的弹性膨胀能、原油自身的位能等，通常一次采油的采收率很低，当油层深、原油黏度大、地层压力不足时，不仅采收率低，采油速度也很慢。二次采油是指用注水或注气的方法弥补采油的亏空体积，补充地层能量进行采油的方法，或称为利用机械能量方式的采油，通常二次采油紧跟在一次采油之后进行，在条件许可的情况下，从油田开发伊始，将注水保持地层压力措施与采油同时实施，这样既能提高采收率，也能提高采油速度，二次采油采收率一般在 30%~50%，个别情况可达到 70%~80%，目前从环境保护要求考虑，油田污水处理受到严格的限制，注气补充能量方法越来越受到重视。三次采油也称“提高原油采收率”，它是针对二次采油未能采出的剩余油和残余油，采用向地层注入其他驱油剂或引入其他能量（例如化学能、生物能、热力学能等）的采油方法，这些新的采油方法与二次采油不同，其驱油机理主要是通过改善水油流度比或降低油水界面张力等的物理化学采油方法。

对采收率进行分析，如果把驱油的物质称为工作剂，那么进入并占据地层含烃孔隙中工作剂的量就等于采出的油量，一次采油和二次采油采收率低的原因在于注入的工作剂没有完全占据或无法进入所有的含烃孔隙；另外，即使工作剂进入了含烃孔隙，也不能将所进入的孔隙中的油全部替换出来；因此注入工作剂驱油时，原油采收率取决于工作剂的波及程度及注入工作剂在孔隙中驱洗原油的能力，通常用波及系数和洗油效率来表示工作剂的波及程度和洗油能力。

波及系数指注入工作剂在油层中的波及程度，即被工作剂驱扫过的油藏体积或面积百分数。由于油藏岩石微观孔隙的不均一性以及毛细管力和界面张力的作用，即使是在工作剂波及的区域中，仍有一部分孔隙中的原油未能被驱出，工作剂在孔道中驱洗原油的程度用洗油效率来表示，它表征工作剂的微观驱油能力。当同时考虑波及程度与洗油效率两个因素时，原油采收率可表示为波及系数与洗油效率的乘积。波及系数越大，洗油效率越高，油藏原油采收率就越高。如果注入工作剂的波及系数太低，无论洗油效率多高，采收率的数值也不会太高。因此，波及系数对原油采收率的影响是非常大的，特别是针对宏观油藏尺度来说。

凡是影响波及系数的因素最终都会影响原油采收率，研究表明，储层非均质性和流体性质等都是影响波及系数的重要因素。储层非均质性主要与沉积条件、成岩作用、地应力场分布等有关，在研究储层非均质性时，常常以渗透率为主要对象，因为渗透率是储层性质的综合评价指标之一。储层的非均质性表现为微观非均质性和宏观非均质性两个方面，即岩石孔隙空间（微观）的非均质性和储层岩石（宏观）的非均质性。研究成果表明，微观非均质性主要影响驱油时的洗油效率，宏观非均质性对波及系数存在显著影响，具体表现为，储层的宏观非均质性通常有三种形式，即层间非均质性、层内纵向上的非均质性、平面上的非均质性；层间非均质性指层与层之间油层物性的非均质性，这种层间的非均质将会导致注水开发过程中注入水沿高渗透层突进，降低注入水的利用率，从而影响原油的采收率；层内纵向上的非均质性是指不同岩性的岩石在纵向剖面上以不同的方式组合，形成不同类型的沉积韵律，对于正韵律油层，上部渗透率低，下部渗透率高，再加上油水密度的差异，其结果是水驱过程中，油层下部水流快、水洗程度高，而上部水洗程度低，正韵律地层水驱时含水上升快，水淹快，纵向上水洗厚度小，相反对于反韵律油层，在其水驱过程中，油层纵向上水洗厚度大、含水上升慢，但无明显的水洗层段，大量的原油需要在生产井见水后继续增加注水量后采出；平面上的非均质性是指由砂岩体形状、大小和延伸方向不同所引起的非均质性，平面上的非均质性是油田布井中首先要考虑的因素之一，若地层的渗透率沿 X 轴和 Y 轴方向相差较大时，此时采用行列注水井排，当注采系统的水流方向与高渗透带方向一致时，注水很容易形成水窜，其波及程度较低，当注采系统的水流方向与高渗透带方向相垂直，就会使波及系数大大提高。

流体性质对波及系数的影响主要体现为流度比对原油采收率的影响，流度比定义为驱替液的流度和被驱替液的流度之比，对于水驱油系统，水油流度比定义为水相的流度比上油相的流度。研究表明，水油流度比直接影响水驱油时的波及系数，水油流度比小时，面积波及系数大，水驱前缘比较规则，水油流度比大时，水发生明显的粘性指进，这时面积波及系数大大降低，因此大的水油流度比不利于驱油，要提高水驱油的采收率，必须降低水油流度比。

2. CT 扫描微观波及体积测定

对于提高采收率来说，波及系数是一个非常重要的评价参数，它主要反映驱替过程中注入流体驱扫的部分占整个油藏的比例。如何确定波及系数一直都是油藏开发的一个关键问题，通过调研，常用的方法有流线法、可视流动实验法、水驱饱和度前缘法和经验公式法等。以上方法基本上都是针对宏观情况下的波及系数计算方法，对于微观下的情况都存在不适应性，如何测量微观波及体积成为难题。

CT 扫描的原理前文已经多次提到，利用 CT 扫描数字矩阵统计驱替前后每个像素单元的含油饱和度大小及分布频率变化，而饱和度的变化和波动一定程度上反映其波及情况及波及程度。根据这一原理，可以计算出微观波及体积，公式如下：

$$D_s = \frac{n(\Delta S_o = 0)}{n} \tag{4-44}$$

式中 D_s——微观波及体积，%；

ΔS_o——含油饱和度的变化，%；

n——像素单元的个数。

统计整个驱替过程中每个像素体元的饱和度值，如果该像素体元的饱和度值发生了变化，就说明该像素体元被波及到了，如果饱和度值几乎不变则表示没有波及到，最后统计所有被波及的像素体元再除以总共的像素体元就是微观波及体积。

同时，发生变化的像素体元的饱和度，可以用来计算微观洗油效率，计算公式如下：

$$E_s = \frac{\Delta S_o}{S_{or}} \tag{4-45}$$

式中 E_s——微观洗油效率，%；

ΔS_o——含油饱和度的变化，%；

S_{or}——初始含油饱和度，%。

结合以上微观信息，可以更深入地了解微观流体赋存状态及动用规律。下面举一个具体例子说明。某岩心水驱聚合物驱实验，对饱和原油含束缚水的岩心样品进行水驱，水驱至高含水阶段转注聚合物溶液 0.7PV，最后后续水驱至没有原油产出为止。图 4-35 是驱油实验的 CT 扫描处理结果，主要包括驱替过程各阶段沿程含油饱和度分布，以及初始、水驱后、聚合物驱后和最终的含油饱和度纵向切片。

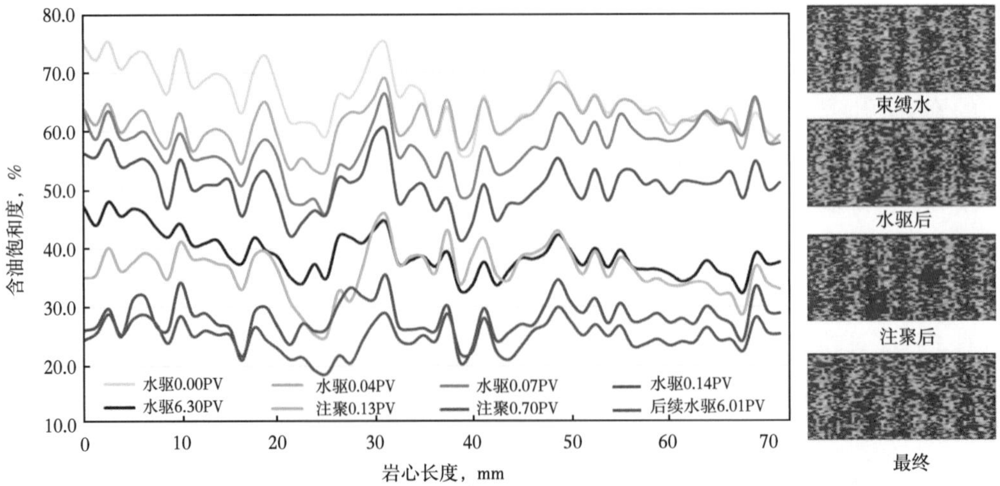

图 4-35 驱替过程各阶段沿程含油饱和度分布及含油饱和度典型纵向切片

从水驱沿程分布曲线上看，由于驱油类型为非活塞式驱替，从CT扫描图上看，剩余油分布极为分散，水驱波及程度不高，因此需要提高波及效率以提高采收率，因此注聚提采效果明显，从CT图像来看明显提高了微观波及程度。

结合上节介绍的饱和度分布统计分析微观流体赋存状态的方法，统计各像素体元的含油饱和度变化情况并进行分析如图4-36所示。总体上看，大孔隙中的油被驱替，剩余油主要最终残余在小孔隙内，水驱主要动用的是大孔隙内的原油，含油饱和度大于80%的频率显著减少，而聚合物驱调整了剩余油分布，迫使小孔隙中的原油运移至大孔道，最后聚合物驱有效动用了剩余原油，含油饱和度分布频率左移明显，大孔内剩余油极少。

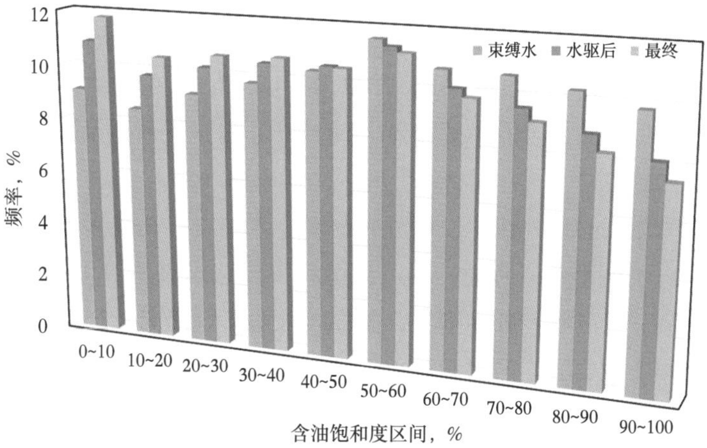

图4-36　含油饱和度变化统计

根据上面的统计数据，可以计算出各阶段的微观波及体积，结合采收率值可以反算出各阶段的驱油效率，如图4-37所示。分析可知，该岩心水驱波及程度较差，注聚合物可以较大程度提高波及程度，从而提高采收率。

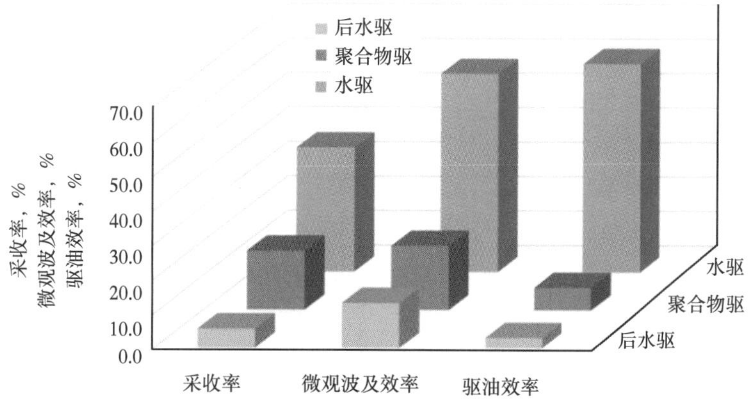

图4-37　不同开采阶段的采收率、微观波及系数和驱油效率分析

第五章　CT 技术应用

过去的几十年里，CT 技术作为岩心分析中常规的测试技术，得到越来越多的认可。从最初的 X 射线在线测量一维岩心两相饱和度，到目前的三维体层成像定性和定量展现岩心内部孔隙结构及多相流体饱和度信息，CT 技术在油气藏开发实验中也发挥了越来越重要的作用。前几个章节介绍的都是基于 CT 扫描对一些定量参数，或者是某些细节特征的获取方法。由于储层岩石是具有复杂孔隙结构的多孔介质，其中的流体也具有多元化和多相化的特征，研究储层岩石、岩石中的流体（油、气、水）性质以及流体在岩石中渗流机理，必须结合更多的信息。

通常情况下，利用岩心切片照片，通过光刻蚀技术将岩石孔隙复制到光学玻璃上烧制而成的物理模型。由于模型是透明的，利用显微和图像记录设备可以详尽观察和记录油、水、气在孔隙中渗流的全过程和各种细节，并在孔隙水平（微米级）上研究油水气的渗流机理。但玻璃模型和实际岩心样品的性质差别还是很大的。利用 CT 技术可以观察到在真实的多孔介质内不同流体的流动信息，结合定量的参数和丰富的图像，可以更深入更真实的研究渗流规律。

本章将重点介绍 CT 扫描技术在岩石描述、渗流规律、提高采收率机理、储层伤害评价等方面的应用。

第一节　非常规储层孔隙结构表征

一、致密储层孔隙结构特征研究

致密油储层孔隙度和渗透率都很低，其储层特征与常规低渗透储层之间存在显著差异，尤其在微观孔隙结构特征方面。由于异常致密和结构复杂等特点，利用铸体薄片和压汞等方法只能观测到少量微孔隙，采用常规孔隙测试技术进行表征难度很大。

由于有较高的分辨率，在微米 CT 和纳米 CT 扫描图像上可直接识别出微米级和纳米级孔道，因而可以采用重建孔隙网络的方法，深入分析岩心在微米级和纳米级的孔隙结构特征。在孔隙网络重建过程中，首先基于二维扫描切片对岩心选定分析区域进行三维重建，之后设置灰度阈值实现图像分割，对提取出的孔道利用最大球法进行填充，分析各个球体之间的隶属关系，并以此为依据，将孔道中充填的球体简化为孔隙和喉道，从而辨别孔隙和喉道，进而可以统计出分析区域内的孔喉数量，并根据平均配位数信息分析区域的连通性，整个分析过程如图 5-1 所示。

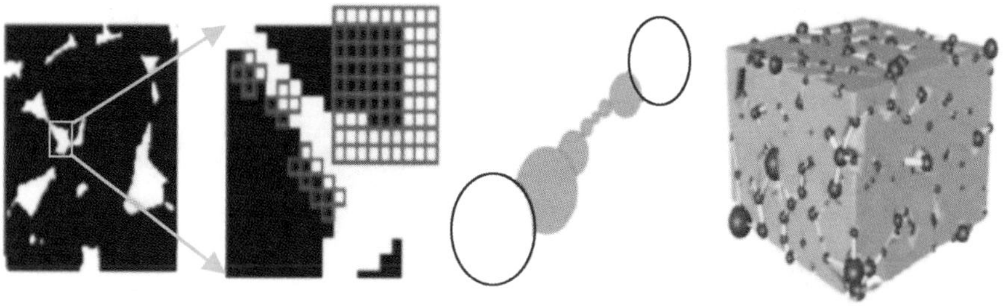

图 5-1 网络重建孔隙辨别过程示意图

利用某地区致密油储层 2 块岩心，建立致密油孔隙结构表征方法。首先对待分析岩心进行钻切磨平等前期准备工作，测试岩心孔渗基础参数见表 5-1。

表 5-1 某地区致密油储层测试岩心基本参数

岩样	直径，mm	长度，mm	孔隙度，%	渗透率，mD	岩性
A103	25.35	64.41	1.5	0.1330	石灰岩
A123	25.37	72.97	0.8	0.0117	石灰岩

利用医用 CT 对 2 块岩心进行扫描，获取 2 块岩心的孔隙度分布信息，也对岩心的非均质性有一个全面认识；根据医用 CT 的扫描结果，选取均质性较好的区域做进一步分析，利用场发射扫描电镜对选定区域表面进行精细扫描，得到各尺度的二维图像，分析各尺度下孔道的类型、尺寸、分布和成因等；在均质性较好区域中钻取直径 2.00mm 柱塞，利用微米 CT 进行扫描测试，重建孔隙网络分析微米级下岩心的孔隙结构特征；对于微米孔道不明显的岩心，在上述 2.00mm 柱塞基础上继续钻取直径 65mm 柱塞，利用纳米 CT 进行扫描测试，并采用同样的方法分析纳米级下岩心的孔隙结构特征，以上所有的测试方法说明见表 5-2。

表 5-2 分析岩心测试方法说明

测试方法	扫描样品尺寸	图像分辨率	获取信息
医用 CT	25.4mm 柱塞	0.1875mm	孔隙度频率分布及毫米级连通性
微米 CT	2.00mm 柱塞	1.08μm	基质部分微米级孔喉数量及连通性
纳米 CT	65μm 柱塞	65nm	基质部分微米级孔喉数量及连通性

图 5-2 所示为岩心医用 CT 扫描的三维重建图像，由于致密油孔道极其微小，在医用 CT 扫描图像上未能直接观察到毫米级孔道。

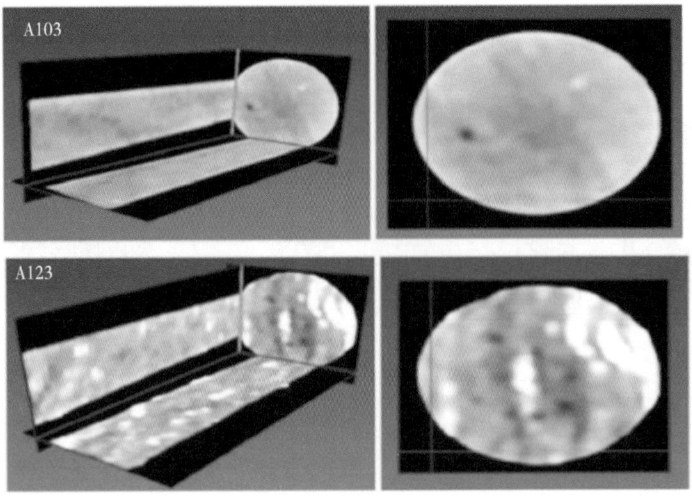

图 5-2　医用 CT 扫描岩心三维重建图像

在医用 CT 扫描图像上，高灰度值（亮色）区域一般反映高密度区，通常对应岩心的骨架部分，与之对应的低灰度值（暗色）区域反映低密度区，一定程度上对应岩心的孔隙区域部分。基于以上分析可以得出 A103 岩心和 A123 岩心的整体连通性都不是太好，孔隙空间分布也极度分散；相比较而言，A103 岩心的孔隙空间分布相对成片，其连通性较 A123 岩心要好，这一点也与岩心渗透率的测试结果相吻合。采用孔隙度测量技术对 2 块岩心做进一步分析，岩心孔隙度频率分布如图 5-3 所示，2 块岩心的孔隙度在 0.5%以下

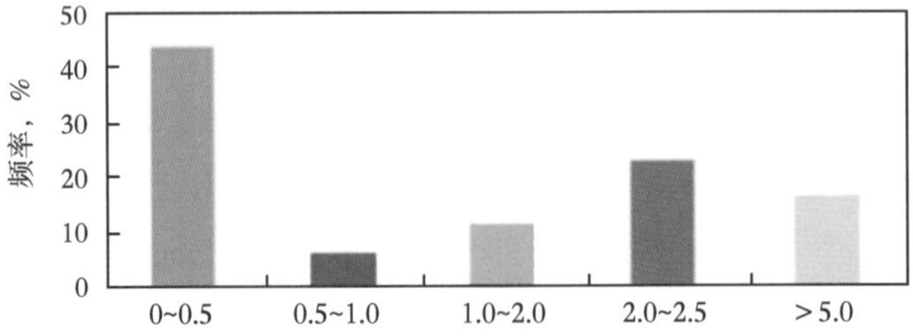

（a）A103

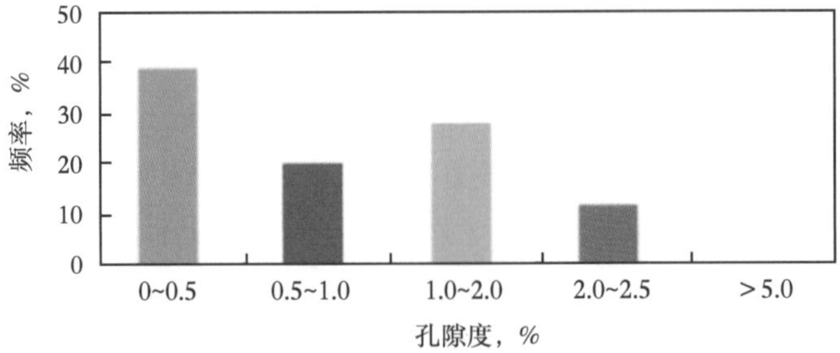

（b）A123

图 5-3　岩心 A103 和 A123 孔隙度频率分布

的分布频率均占到40%左右，说明上述致密油的孔隙度分布范围主要集中在0.5%以下。

通过微米CT对A103岩心上钻取的毫米级柱塞进行扫描，利用数字岩心技术重建孔隙网络（图5-4）。经过统计，A103岩心选定分析区域内共有11397个孔隙和18808个喉道，平均配位数不到2，存在大量孤立孔隙，推断A103岩心基质部分在微米级尺度上连通性很差。采用同样的方法对A123岩心进行分析，共统计出3692个孔隙和5439个喉道，孔喉数量较前者大幅减少，其基质连通性同样很差。

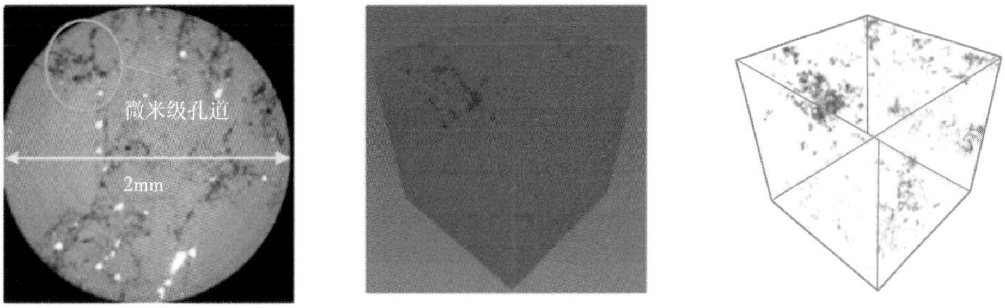

（a）微米CT扫描图像　（b）图像分割　（c）孔隙网络重构

图5-4　微米CT扫描A103岩心孔隙网络重建

由于A123岩心的微米级孔道并不明显，通过纳米CT扫描并结合孔隙网络重建对其重点分析，选定区域内共统计出19027个孔隙和33546个喉道，平均配位数依旧不到2，故A123岩心基质部分在纳米级尺度的连通性依旧很差。

综合上述对2块致密油岩心孔隙结构的表征，基本可以确定该地区致密油储层具有多尺度多类型孔隙连续分布的特征。基于医用CT扫描的毫米级图像分析表明，该地区致密油储层连通性较差，孔隙空间分布也极度分散，孔隙度的主要分布范围在0.5%以下，同时致密油基质孔道在微米级和纳米级尺度的连通性依旧很差，其中还未考虑部分纳米孔道并不一定可作为有效的渗流通道。

二、碳酸盐岩储层孔隙结构特征研究

相较于碎屑岩储层而言，碳酸盐岩储层原始物性较差，更易受到后期溶蚀、胶结等成岩作用的影响，由此也造成了碳酸盐岩储层中孔隙类型复杂多样，并最终导致其储层评价难度同样也较大。而孔隙结构特征是储层微观研究的核心内容之一，其与储层的储集和连通性能密切相关，孔隙结构特征研究对于认识储层特性至关重要。由于其重要性，前人针对碳酸盐岩储层的孔隙结构特征开展了一系列研究和评价工作，同时也已经取得了一些认识和成果。例如有学者借助图像分析软件对碳酸盐岩孔隙结构参数进行了定量化提取，重点研究了孔隙结构参数对岩电参数的影响；也有学者运用某种参数进行物性拟合，取得了相对比较准确的物性计算结果等。然而存在的一些问题仍未解决，如孔隙结构参数（包括基本参数、局部参数和整体参数等）种类繁多，各种参数与碳酸盐岩储层物性的相关程度和响应方式存在差异；应用单一的孔隙结构参数不能全面地表征储层的储集空间特征，基于其提出的物性拟合公式的可信度比较低等。

应用医用 CT 扫描成像技术可以研究碳酸盐岩岩心不同扫描层面和岩心整体的孔隙度分布特征，进而重建岩心不同扫描层面、沿某正交切面、三维孔隙度分布特征，同时应用孔隙度频率分布曲线可得到岩心各扫描层面及整体孔隙度分布统计特征，选用几种参数对岩心“层面级”和“岩心级”孔隙度分布的集中趋势、离散程度和分布形态进行表征，定量地表征碳酸盐岩储层孔隙度分布特征。

应用医用 CT 扫描成像技术可得到岩心不同扫描层面、某正交切面和岩心三维孔隙度分布，具体结果如图 5-5 至图 5-7 所示。孔隙度分布图像可以直观地观测岩心孔隙度空间分布特征，对于该碳酸盐岩储层来说，其孔隙度分布特征差异较大，最显著的特征就是存在多重多孔介质孔缝洞型，最大孔隙（溶洞）半径可达 5mm，其平均孔隙度为 20%左右，最大孔隙度可达 40%。

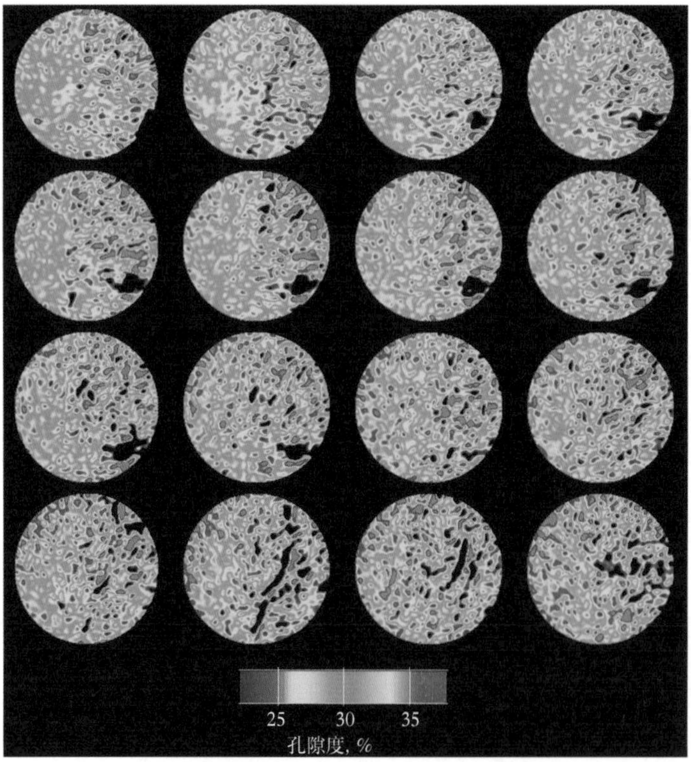

图 5-5　岩心孔隙度分布切片图

进一步开展定量分析，这里可以应用孔隙度频率分布曲线表征岩心各扫描层面的孔隙度分布统计特征（图 3-19），孔隙度频率分布曲线表示扫描层面不同孔隙度所占比例，曲

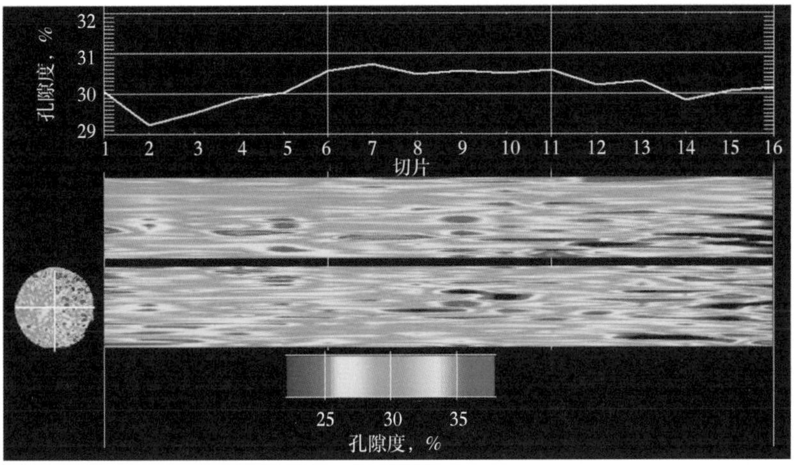

图 5-6　岩心孔隙度分布正匀切片图

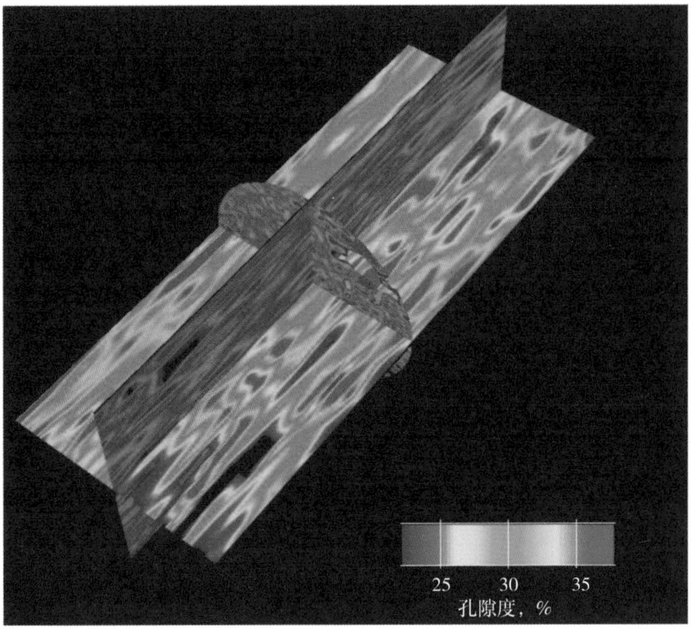

图 5-7　岩心孔隙度三维分布图

线尖峰越高，表明该岩石以某一孔隙度范围为主，此时层面孔隙度分布越均匀；曲线尖峰越靠左，表明层面孔隙度越小，曲线尖峰越靠右，表明层面孔隙度越大。

对碳酸盐岩岩心扫描层面的孔隙度数字矩阵进行统计分析，得到表征“层面级”和“岩心级”孔隙度分布的 7 种表征参数，孔隙度集中趋势指标反映总体孔隙度的平均水平，孔隙度离散程度指标反映扫描层面孔隙度的均衡程度和稳定程度，*K*–*S* 参数表征层面孔隙度分布与正态分布的吻合程度，孔隙度偏度和峰度从整体分布形态角度来描述孔隙度分布特征，详细统计结果见表5-3。岩心“层面级”孔隙度均值范围为29.1%~30.7%，孔隙度中值范围为29.0%~30.8%，孔隙度标准偏差范围3.15~5.13，变异系数0.11~0.18，偏度范围-1.29~0.4，峰度范围0.94~5.14，正态分布吻合度参数SK范围0.031~0.099。同时对各个层面相关统计参数随层面变化进行分析，分析结果如图5-8所示。

表5-3 某碳酸盐岩心孔隙分布非均质参数

位置	孔隙度均值 %	孔隙度中值 %	标准偏差	变异系数	偏斜度	峰度	SK 系数
1	30.0	30.0	3.29	0.11	-0.54	4.32	0.048
2	29.2	29.0	3.15	0.11	0.40	0.94	0.045
3	29.4	29.3	3.22	0.11	-0.21	1.59	0.031
4	29.7	29.9	3.73	0.13	-0.87	4.33	0.066
5	29.9	30.0	4.12	0.14	-0.40	3.98	0.074
6	30.5	30.6	4.48	0.15	-0.21	5.14	0.099
7	30.7	30.8	4.06	0.13	-0.44	3.87	0.067
8	30.2	30.6	4.13	0.14	-0.86	4.66	0.078
9	30.2	30.6	4.61	0.15	-0.89	3.83	0.092
10	30.3	30.6	4.18	0.14	-0.84	2.95	0.064
11	30.7	30.7	3.91	0.13	0.11	2.14	0.042
12	30.3	30.4	3.89	0.13	0.11	1.43	0.036
13	30.2	30.4	4.32	0.14	-0.58	4.12	0.057
14	29.1	29.7	5.13	0.18	-1.29	4.62	0.075
15	29.7	30.0	4.88	0.16	-1.08	4.88	0.048
16	30.0	30.2	4.57	0.15	-0.35	1.01	0.031
最小值	29.1	29.0	3.15	0.11	-1.29	0.94	0.031
最大值	30.7	30.8	5.13	0.18	0.40	5.14	0.099
岩心级别	30.0	30.2	4.10	0.14	-0.50	3.36	0.060

对该碳酸盐岩岩心的CT扫描图像进行图像分隔，从分隔结果来看（图5-9），岩心内含有大量的不同尺度多孔介质，图中红色细长部分为裂缝，深蓝色圈闭图形为孔洞，综合CT扫描图像分割处理结果，碳酸盐岩具有*CT*值分布和孔隙度分布的两极分化特征。

同时可以进一步借助微米CT对此碳酸盐岩岩心的典型孔缝洞区域进行深入扫描，对这些区域的扫描图像进行数据提取并开展网络模型重建，进而对选取区域内的孔隙网络连通性进行分析（图5-10）可知碳酸盐岩的基质一般不参与流动，渗流通道主要为裂缝网络及连通溶洞网络。

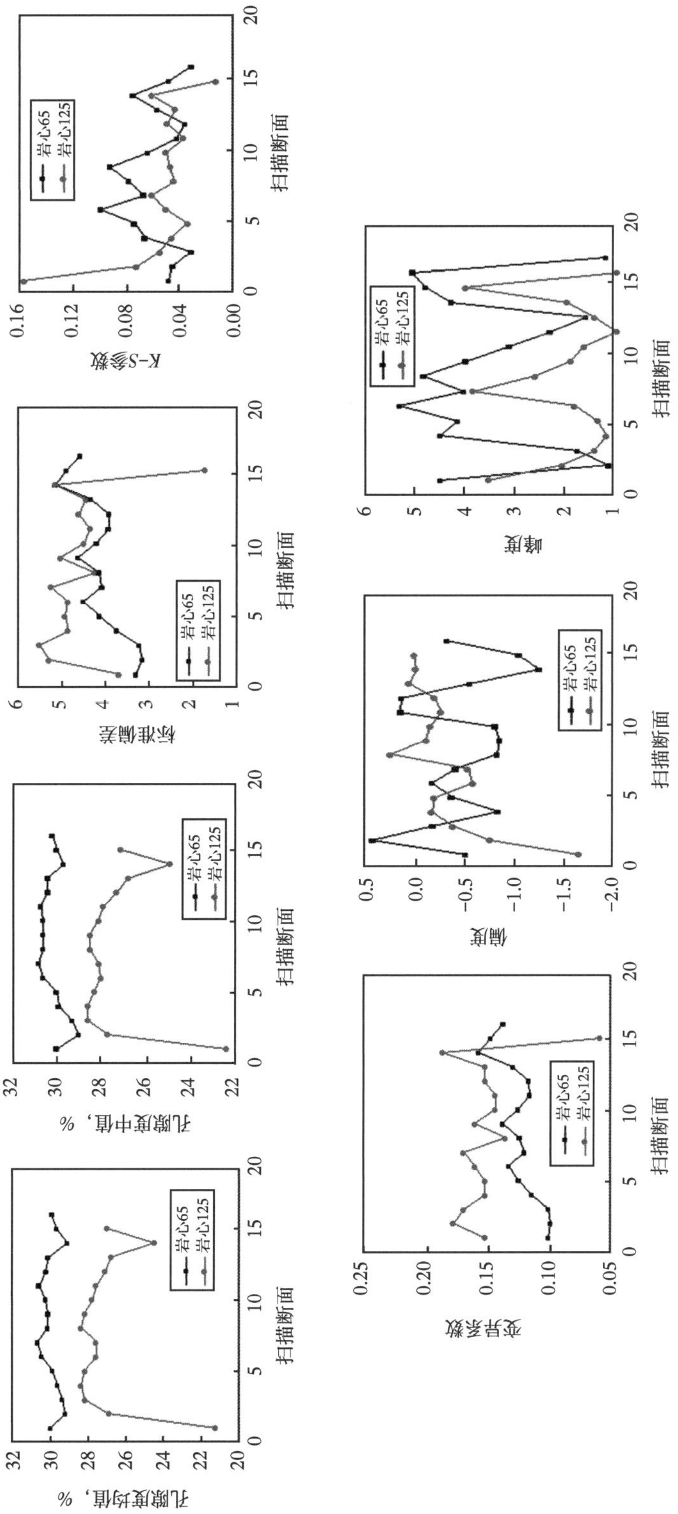

图 5-8 岩心非均质参数

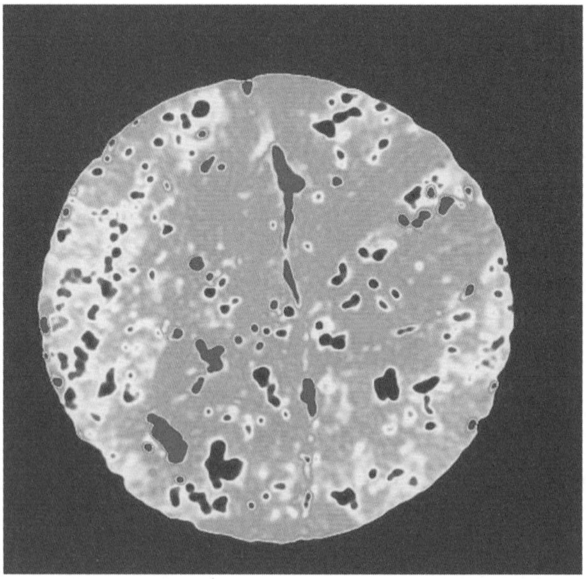

图 5-9　碳酸盐岩 CT 扫描切片的孔缝洞识别

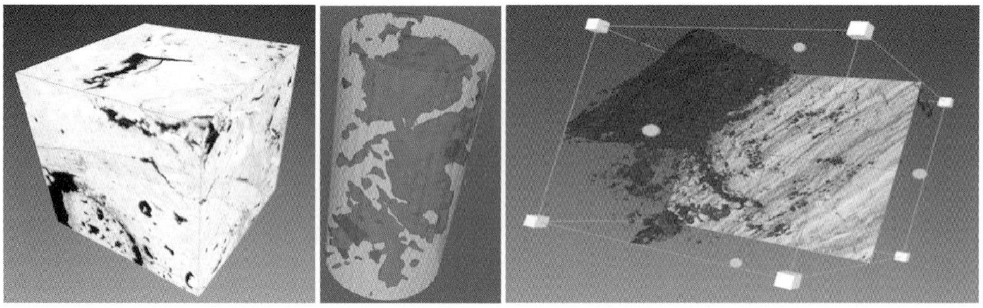

图 5-10　碳酸盐岩孔缝洞提取及溶洞和裂缝网络连通性分析

三、页岩储层孔隙结构特征研究

油气藏内的微观孔隙结构对储层的渗流能力有着非常重要的影响，利用常规测试方法测量页岩孔隙度通常只能测得连通孔隙，从而导致大量存在页岩干酪根内的孤立孔隙被忽略，同时受限于传统方法在研究尺度上的局限性，也使得测量干酪根内的微纳孔隙暂时无法实现。各种先进的成像法可以在不破坏样品的前提下高清展示页岩内孔隙空间和有机质赋存状态，这使得测量干酪根内的微纳孔隙成为可能，同时需要指出，由于不同图像方法的尺寸跨度较大，这也使得各类图像各有优缺点。医用 CT 扫描图像由于分辨率低，无法观察到页岩中的干酪根；微米 CT 扫描图像分辨率较医用 CT 扫描要高出不少，可以清楚地看到页岩中的干酪根，但进一步受限于分辨率不够，无法分辨出存在于干酪根内的微纳孔隙；高精度扫描电镜即 QEM-SCAN 虽然可以分辨出页岩中的干酪根及其包含的孔隙，但是由于获取的图像是二维的，同时代表区域较小，因而存在代表性的问题；由于高精度扫描电镜获取的数据是二维图像，针对这一缺陷近年来逐渐发展起 FIB-SEM 方法，该方法能够通过聚焦离子束对页岩表面进行一层又一层的切铣，同时在每一层切铣完后借助 SEM 对新产生的表面进行高精度成像，FIB-SEM 方法得到的图像具有超高分辨率，在二维图像的基础上可以进行三维孔隙空间重构从而分辨出页岩中的干酪根，但是由于成像区域极小，得到的是干酪根局部微孔隙度不能代表整体总孔隙度。因此，如何利用不同成像尺度下的图像，对图像中所包含的组分信息和孔隙度信息进行整合，精确计算出含干酪根孔隙度的页岩总孔隙度是亟待解决的问题。

根据上述不同图像方法的研究尺度级别和相互优缺点，目前提出一种新的测试非均质页岩岩心孔隙度的方法，首先在微米 CT 图像中识别出宏观的连通孔隙和孤立孔隙以及干酪根区域（此时无法辨识干酪根孔隙所占体积百分比）；其次借助高精度扫描电镜或 FIB-SEM 方法，对微米 CT 图像中的干酪根区域进行超高分辨率成像，识别出干酪根孔隙空间并计算出干酪根本身的孔隙度；最后将超高分辨率下得到的干酪根孔隙度信息返回微米 CT 图像中的干酪根区域内，修正微米 CT 图像宏观总孔隙度。

基于上面的研究思路，在不同尺度图像的处理过程中需要涉及图像的比对，准确地说是微图像拼接，其基本测试原理是在选定区域内排布扫描出上千张尺寸相同的超高分辨率图像，并将小图像拼接成一张超高分辨率、超大面积的二维背散射电子图像，相应的扫描测试原理示意图如图 5-11 所示。

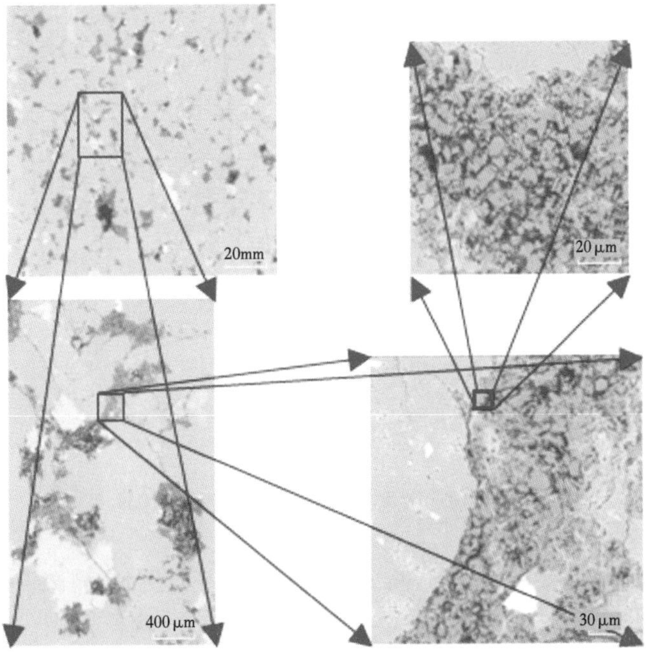

图 5-11　微图像拼接扫描测试原理示意图

针对需要大面积观察且内部物质结构较小的页岩样品，需要在样品表面设置一系列连续且边缘重叠的大量高分辨率的小图像扫描，扫描完成以后会将这些小图像进行拼接进而得到一张高分辨率且覆盖大面积的图像，这对于泥页岩中的有机质种类、成熟度判断和选择三维切割区域至关重要。

首先将页岩样品进行整体亚毫米级分辨率精度的医用 CT 扫描，判断样品均质性及孔隙大体分布范围，然后将页岩样品表面切薄片进行抛光喷碳，做表面二维电镜扫描，判断其孔隙大小分布为微纳米尺度级别，在此基础上对样品进行微米 CT 扫描，根据扫描得到的数据进行图像动画处理并建立孔隙网络模型，完成孔喉参数计算及渗流模拟计算，测试流程示意图如图 5-12 所示。

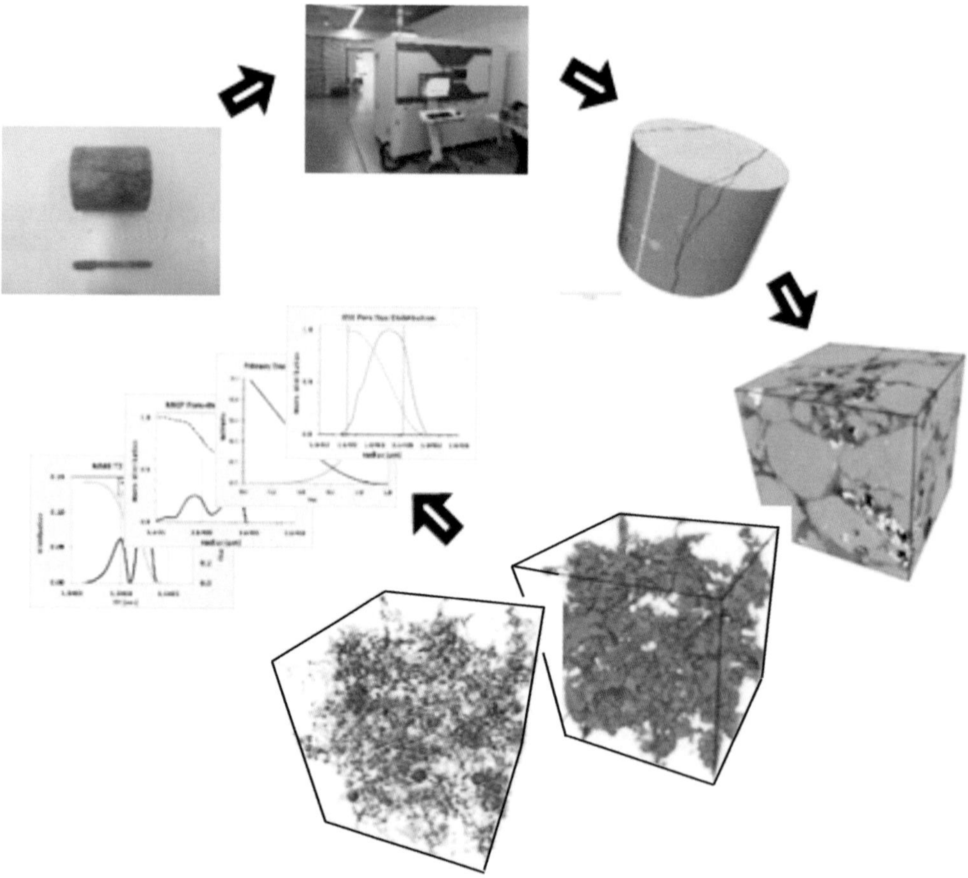

图 5-12　微米 CT 分析工作流程示意图

将测试页岩样本按照要求进行制样，然后用 MAPS 模式扫描测试。在岩石样品上切下直径与原始样品相同，厚度为 2~5mm 的子样，对表面进行离子抛光，然后在表面镀上碳导电膜（厚度为 10~20nm）确保样品表面导电性。将制备好的样品放进 Helios 仪器样品舱内，聚焦并选择背散射图像模式，选择合适的电压和电流值然后设置单张小图像的大小和扫描区域的大小，开始扫描。

得到扫描图像后，开始精准计算岩心孔隙度。首先，假设三维立方体图像总体积为 V_{bulk}，从图像中可识别的孔隙度为 ϕ_{pore}，则可识别的孔隙所占体积为：

$$V_{pore}=V_{bulk}\phi_{pore} \tag{5-1}$$

式中 V_{pore}——图像可识别的孔隙体积，mm^3；

V_{bulk}——三维立方体图像总体积，mm^3；

ϕ_{pore}——图像中可识别的孔隙度，%。

假设图像中识别出干酪根相所占体积为 $V_{kerogen}$，则定义干酪根所占比例为：

$$V_{pore}=\frac{V_{kerogen}}{V_{bulk}} \tag{5-2}$$

式中 V_{pore}——图像可识别的孔隙体积，mm^3；

V_{bulk}——三维立方体图像总体积，mm^3；

$V_{kerogen}$——图像中识别出干酪根相的体积，mm^3。

其次，有代表性地选取样品位点，通过图像放大法观察干酪根中的微小孔隙，确定该局部干酪根区域内的微小孔隙所占孔隙度为 $\phi_{kerogen}$，计算出三维图像中干酪根内微孔的体积为：

$$V_{kerogen}\phi_{kerogen}=V_{bulk}F_{kerogen}\phi_{kerogen} \tag{5-3}$$

式中 V_{bulk}——三维立方体图像总体积，mm^3；

$V_{kerogen}$——图像中识别出干酪根相的体积，mm^3；

$\phi_{kerogen}$——局部干酪根区域内的微小孔隙所占孔隙度，%；

$F_{kerogen}$——干酪根所占比例。

对三维图像总孔隙度进行修正，则总孔隙度为：

$$\phi_{total}=\frac{(V_{pore}+V_{kerogen}\phi_{kerogen})}{V_{bulk}} \tag{5-4}$$

式中 V_{bulk}——三维立方体图像总体积，mm^3；

$V_{kerogen}$——图像中识别出干酪根相的体积，mm^3；

V_{pore}——图像可识别的孔隙体积，mm^3；

$\phi_{kerogen}$——局部干酪根区域内的微小孔隙所占孔隙度，%；

ϕ_{total}——总孔隙度，%。

需要注意的是，在确定干酪根微孔隙度 $\phi_{kerogen}$ 时，高分辨率图像必须完全只包含干酪根和干酪根内的微孔，不能包含其他诸如基质、大孔或裂缝，否则会影响干酪根孔隙度计算准确度（图 5-13）。

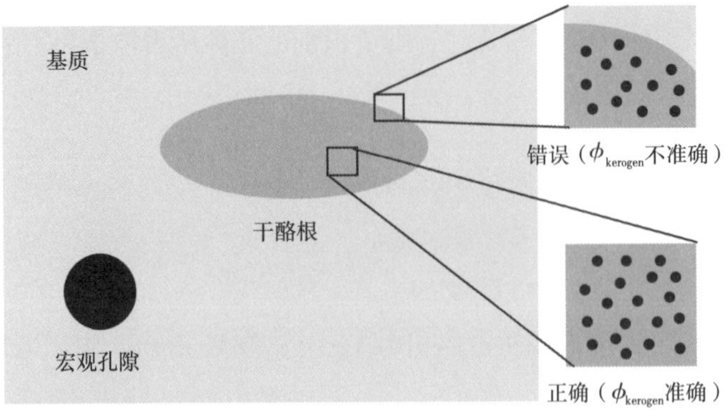

图 5-13　图像截取方法

利用 ImageJ 软件的图像分割技术，对重构的三维微纳米级 CT 灰度图像进行二值化分割，划分出孔隙与颗粒基质，得到可用于孔隙网络建模与渗流模拟的分割图像；对 CT 扫描数据进行切片，得到横向和纵向的灰度图像，通过 Avizo 软件提取孔隙图像并进行三相分隔；对扫描图像进行重构后，得到微样本三维灰度图像；由于 CT 图像的灰度值反映的是岩石内部物质的相对密度，因此 CT 图像中明亮的部分认为是高密度物质，而深黑部分则认为是孔隙结构。

利用 Avizo 软件通过对灰度图像进行区域选取和降噪处理，将孔隙区域用红色渲染；将图像进行分割处理得到提取出孔隙结构之后的二值化图像，其中黑色区域代表样本内的孔隙，白色区域代表岩石的基质；三维可视化的目的在于将数字岩心图像的孔隙与颗粒分布结构用最直观的方式呈现，如图 5-14 所示。

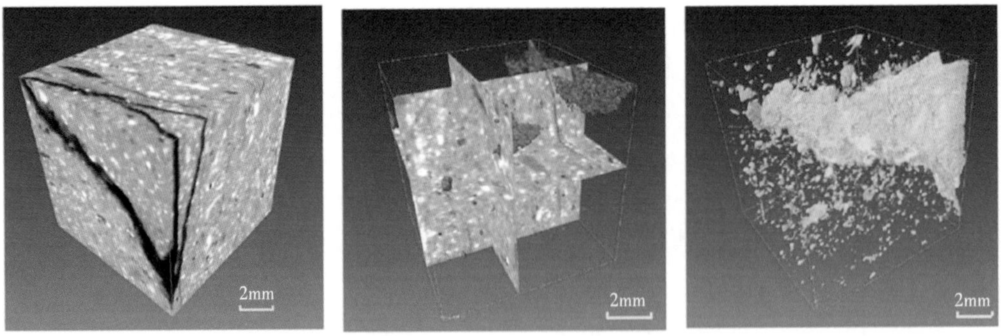

（a）灰度图像　（b）孔隙　（c）干酪根

图 5-14　微纳米 CT 子样扫描处理结果图像

利用 Avizo 提供的强大数据处理功能，不仅可以表现出岩心三维立体空间结构，同时还可以利用 Avizo 的数值模拟功能实现岩心内部油藏流动的动态模拟展示。在 Avizo 中的图像分割法选项中选取适当的分割方法可以将实际样本中的不同密度的物质按照灰度区间分割，并直观地呈现各组分的三维空间结构，其中可以将这些三维立体结构旋转、切割、透明等各种效果呈现。通过微米 CT 扫描子样处理结果及图像处理得到样品测试结果见表 5-4，其中体素大小为 1μm，扫描尺寸为 2mm×2mm。

表 5-4 样品测试结果

项目	孔隙度，%	干酪根，%
测量值	0.53	2.86

在宏观三维 CT 图像中精确识别宏观孔隙体积和干酪根所占体积后，需在更高分辨率的图像中截出一块只含有干酪根的图像，并在该图像上计算干酪根中微孔所占比例，即干酪根局部孔隙度 $\phi_{kerogen}$，这可以采用两种方法实现：

（1）利用 FIB-SEM 精确定位选取干酪根区域进行超高分辨率成像；

（2）在现有图像上，如“放大区域一”或“放大区域二”截出小块只含干酪根的局部图像进行计算，前提是能辨识干酪根微孔隙，且均质性较好（图 5-15）。

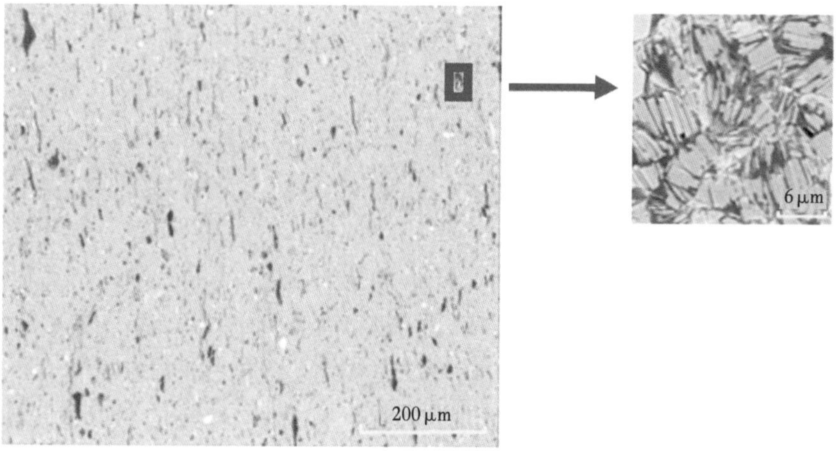

图 5-15 微图像拼接法示意图

考虑到样品切片在不同区域内干酪根的孔隙度不均匀，而测量所有区域内干酪根孔隙度不现实，这就要求取一定数量的样品进行测量，同时不能随意取样，可以采取九格取样法（图 5-16），全面考虑测试样品的中心区域和边缘区域，分别测得有代表性的 5 个数据后取平均值，得到测量样品的平均孔隙度，测量结果见表 5-5。

表 5-5 九格取样法测量孔隙度结果

区 域	1	2	3	4	5
孔隙度，%	36	20	27	15	18

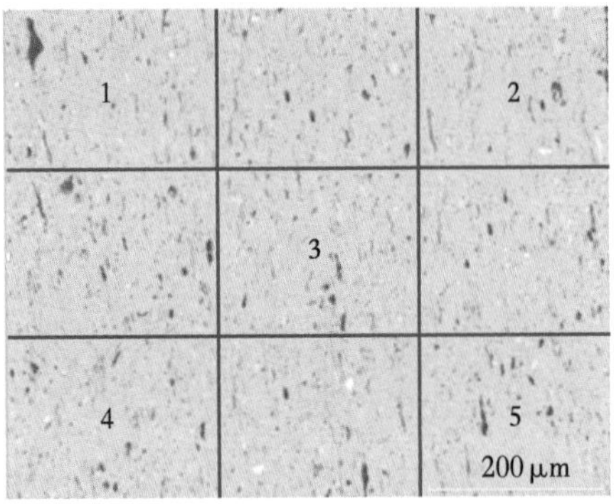

图 5-16　九格法取样示意图

将超高分辨率下得到的干酪根孔隙度信息返回微米 CT 图像中的干酪根区域内，修正微米 CT 图像宏观总孔隙度。假设三维图像体积为 $1mm^3$，可观察到孔隙度 ϕ_{pore} 为 0.53%，即可观察到孔隙体积 $0.0053mm^3$；干酪根所占比例 $F_{kerogen}$ 为 2.86%，干酪根所占体积为 $0.0286mm^3$，通过超高分辨率识别出干酪根中的平均孔隙度为 23.2%，在 $1mm^3$ 的三维图中，干酪根所含微孔体积为 $0.00664mm^3$，则该图像修正后的总孔隙度为 1.194%。

为验证实验方法的可信性，按照美国泥页岩孔隙度标准测试方法对该样本进行 GRI 法孔隙度测量，GRI 法需要首先将样品粉碎到直径为 0.5～0.85mm 的小颗粒，然后通过非稳态气体压力衰减技术，最终测得该样本的总孔隙度为 1.284%，与方法误差小于 10%，证明该测量方法准确可信。

第二节　渗流规律研究

一、水驱特征研究

1. 特高含水期油藏水驱规律研究

水驱油效率是油田开发中预测油田最终采收率、评价油田开发效果、确定水淹状况的重要基础参数。随着油田进入高含水后期或特高含水阶段，油藏内油水分布更趋复杂，不同油层或同一油层的不同位置存在的可动剩余油有很大差异；并且在经过长期的注水后，储层的物性参数可能发生变化，如孔隙度、渗透率、孔隙半径增大，更为重要的是在油层统注开采的情况下，层间非均质性使波及系数降低；这些都对注水层系中各油层的驱油效率产生较大的影响，可导致最终驱油效率的改变。

目前室内水驱油效率评价结果与油田的实际生产的水驱油效率存在着差异，生产过程水驱油效率是在各种综合措施条件下评价结果，室内水驱油效率评价是在特定实验条件下，在均质模型基础上的评价结果，而且影响水驱油效率的因素很多，目前各实验室的室内驱油实验条件无统一的标准。而关于非均质的研究，分为层内和层间非均质研究，层间非均质的研究方法简单，多采用多个并联岩心，夹持器和计量相对简单。关于层内非均质性的研究比较少，目前的方法是多采用填砂模型作为模拟层内非均质体系，它与真实岩心有一定差距。另一种方法是将人造岩心压制成一个多层模型在岩心夹持器中进行驱替实验。其缺点是，无法测定各个渗透层的参数和实现分层计量，不能确定层间的相互作用和剩余油分布，这些都是层内非均质的研究中亟待解决的技术问题。

应用CT系统，采用组合模型，将会观察到水驱过程中每层的油水分布，对非均质的油水运动规律有更直观的了解。实验流程如图5-17所示，主要由CT扫描系统、驱替系统、围压系统、特殊岩心夹持器系统、压力测量系统和计量系统构成。特殊设计的岩心夹持器系统可采用第二章第三节介绍的适用于CT扫描的非均质多层岩心夹持器。

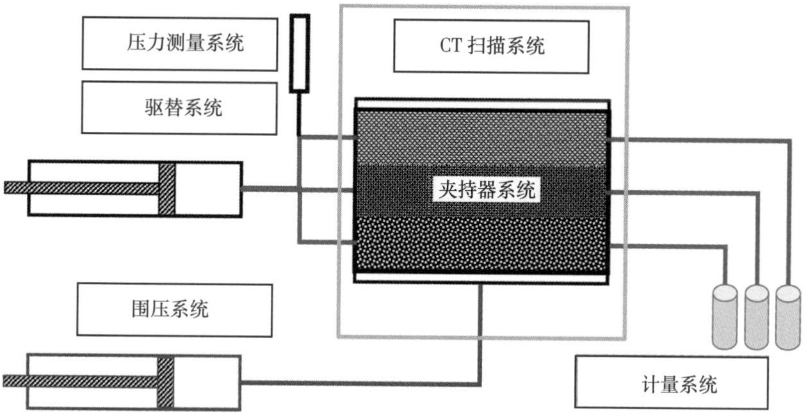

图5-17 层内非均质模型水驱实验流程示意图

实验过程中，首先测量每块岩心的基本参数孔隙度、渗透率，对干岩心、实验用白油和盐水进行CT扫描。然后将岩心抽空饱和盐水，将饱和盐水的岩心以反韵律的顺序放入特殊夹持器内，两块岩心之间以滤纸进行间隔，加围压725psi，对饱和后的湿岩心进行CT扫描。用白油以从低到高的速度造束缚水。用5%溴化钠盐水以1mL/min的速度进行驱替，三个出口端分别计量采出油量和水量（分层计量法），水驱初期用CT每隔120s扫描一次，水驱后期加大CT扫描的时间间隔。实验结束后使用软件分析CT扫描数据，计算各扫描时刻岩心的含水饱和度。

1）正韵律层内非均质水驱实验

2组正韵律（DQZ1，平均渗透率903mD，变异系数0.82；DQZ2，平均渗透率932mD，变异系数0.33）及1组反正韵律（DQFZ1，平均渗透率1054mD，变异系数0.32）层内非均质水驱实验，用于分析正韵律层内非均质模型水驱采出程度、相对渗透率曲线等与变异系数、韵律性的关系。另外，在正韵律层内非均质水驱实验中，对非均质模型进行CT扫描，并经过软件处理，可以得到非均质模型总体及各层含水饱和度沿程分布，从而可计算各层采出程度（CT法），利用分层计量手段，也可计算各层采出程度（分层计量法），通过对比分析这二者之间的差异，可以定量分析其油水运动规律。

通过对非均质模型水驱过程在线CT扫描，得到了2组正韵律（DQZ1和DQZ2）及1组反正韵律（DQFZ1）层内非均质模型总体含水饱和度沿程分布，如图5-18至图5-20所示，由此可定量分析非均质模型每一点含水饱和度动态变化情况，并可计算水驱每一时刻

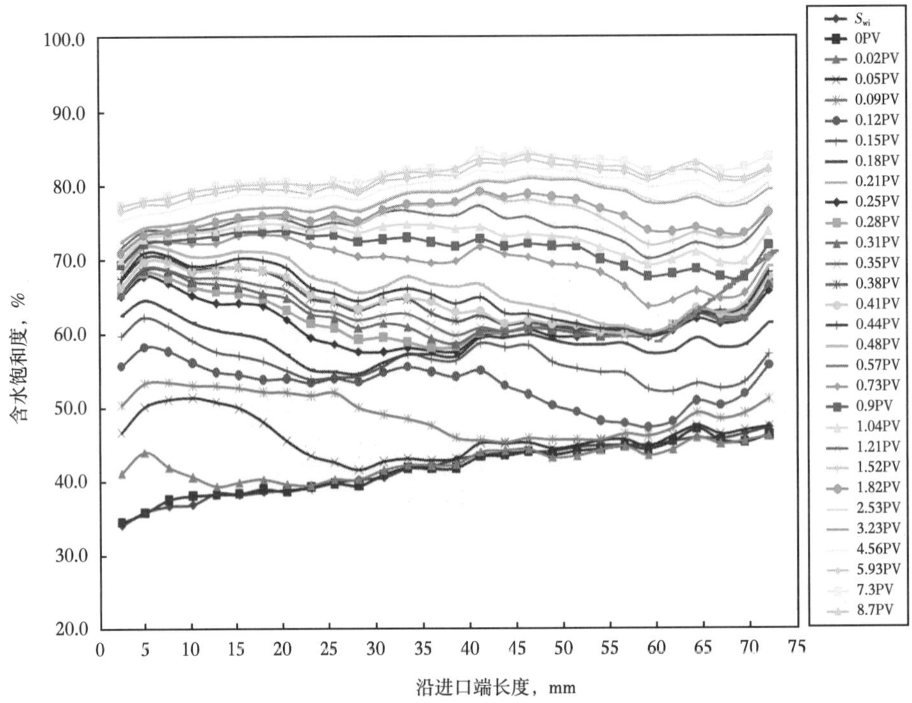

图 5-18　DQZ1（均质系数 0.82）正韵律整体含水饱和度沿程分布图

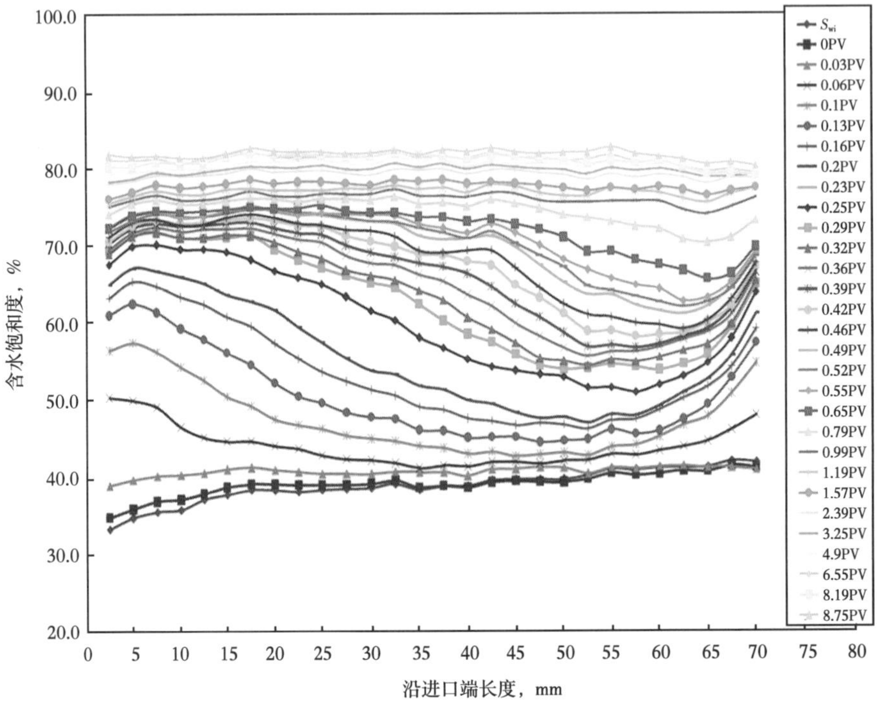

图 5-19　DQZ2（均质系数 0.33）正韵律整体含水饱和度沿程分布图

非均质模型整体采出程度；正韵律变异系数越大，前缘越陡峭，出口端端面效应较小，变异系数越小，前缘越平缓，出口端端面效应越大（含水饱和度尾端上翘厉害），体现了不同变异系数下毛细管力影响的大小也不相同；而相同变异系数下，反正韵律（DQFZ1）前缘又比第二组正韵律（DQZ2）前缘陡峭，则体现了重力作用的影响。

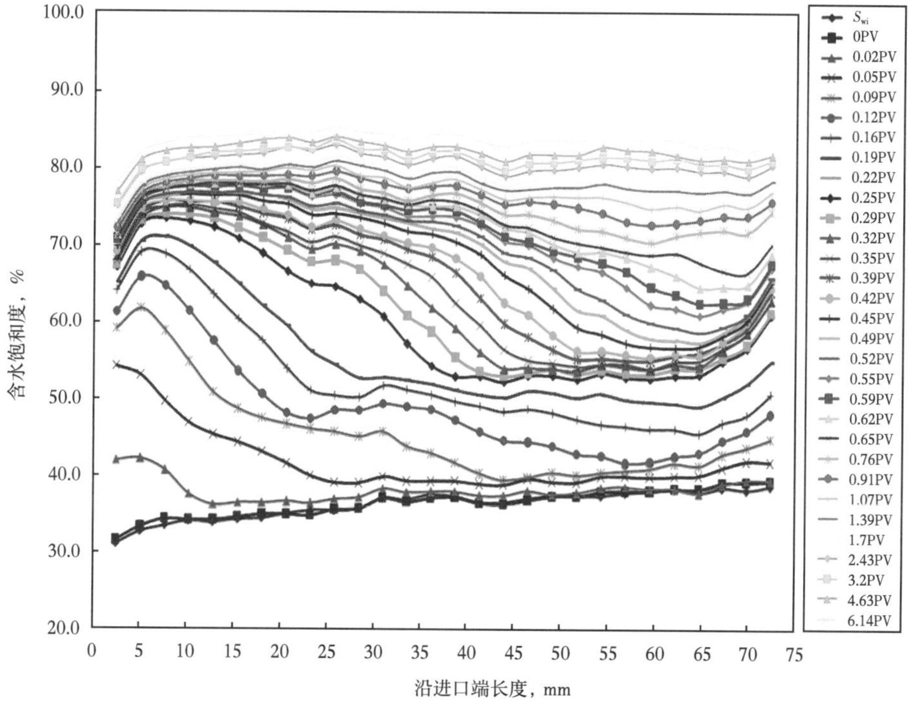

图 5-20　DQFZ1（均质系数 0.32）正韵律整体含水饱和度沿程分布图

正韵律组合模型水驱结果表明，正韵律变异系数越小，驱替越均匀，采出程度越高，尤其在水驱开发前期效果更明显，随着驱替倍数的不断增加，到后期不同变异系数的模型水驱采出程度逐渐接近，差距变小；而反正韵律由于改善了最上层剩余油的动用情况，在水驱开发的前期，其采出程度和正韵律变异系数小的差不多，到高含水后期驱替效果明显好于正韵律变异系数小的组合模型，而且在突破后其采出程度一直明显好于正韵律变异系数大的模型。如图 5-21 所示。

正韵律储层动用较差的剩余油主要在上部的中、低渗透层，后期通过提高注水倍数、压力梯度和封堵措施，提高采出程度 5.7 %~11.1%；而反正韵律改善了上部剩余油的动用状况，各层开发比较均衡，采出程度高，如图 5-22 所示。

2）*反韵律层内非均质水驱实验*

1 组反韵律（DQF1，平均渗透率 853mD，变异系数 0.82）层内非均质水驱实验。在反韵律层内非均质水驱实验中，对非均质模型进行 CT 扫描，并经过软件处理，可以得到

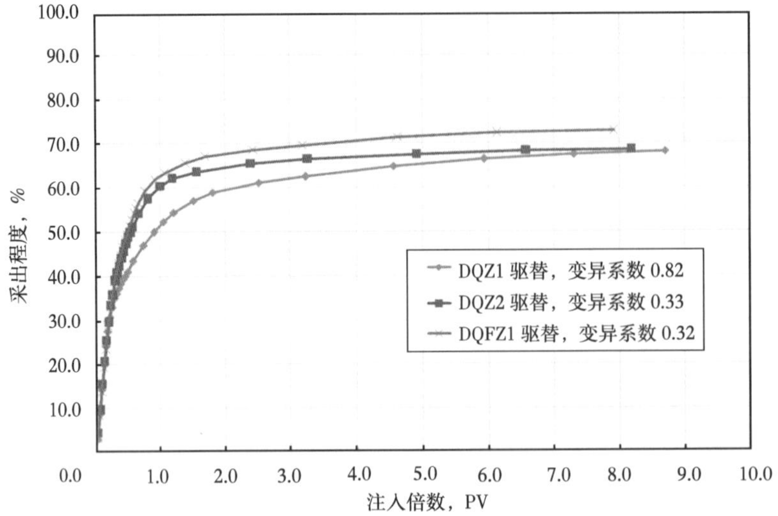

图 5-21　不同变异系数正韵律模型采出程度与注入倍数关系曲线

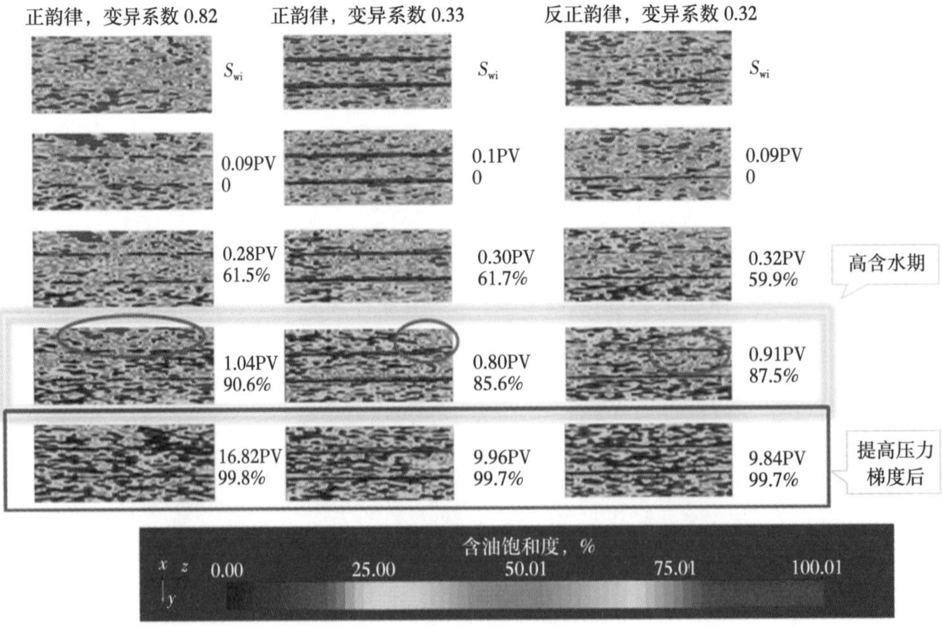

图 5-22　正韵律层内模型水驱各阶段油水分布图

非均质模型总体及各层含水饱和度沿程分布，从而可计算各层采出程度（CT 法），利用分层计量手段，也可计算各层采出程度（分层计量法），通过对比分析这二者之间的差异，可以定量分析其油水运动规律。将其与正韵律实验结果对比，可以分析层内非均质模型水驱采出程度、相对渗透率曲线、各层压力分布模式及窜流规律等与非均质模型的韵律性、变异系数等的关系。

如图 5-23 所示，可得到反韵律总体含水饱和度沿程分布，依此可计算水驱每一时刻其总体采出程度（CT 法）。与 DQZ1 相比，反韵律整体前缘非常平缓，出口端端面效应也较明显，前缘到达出口端后，含水饱和度整体向上有明显抬升。

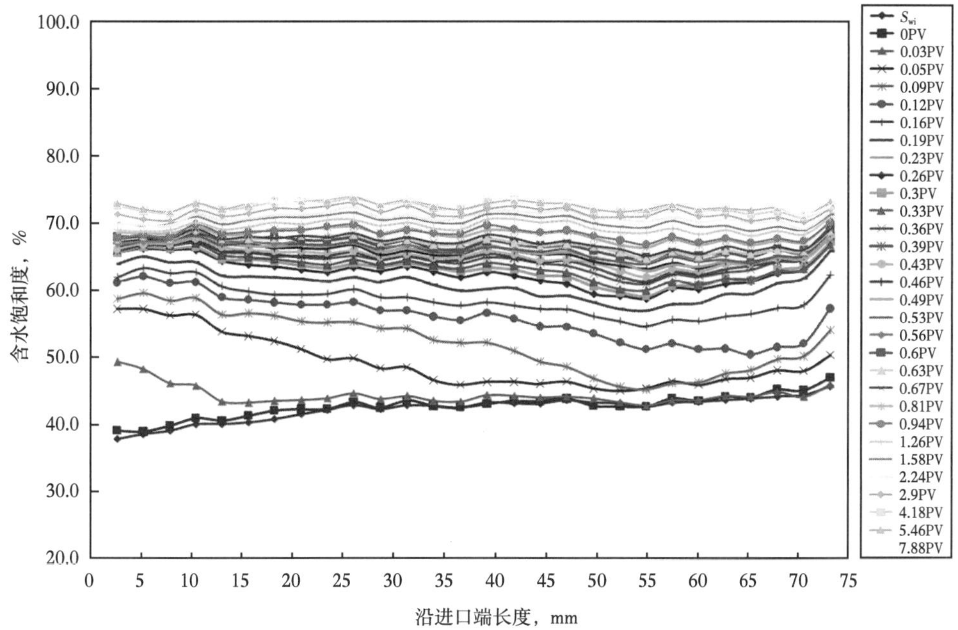

图 5-23 DQF1（均质系数 0.82）正韵律整体含水饱和度沿程分布图

如图 5-24 至图 5-26 所示，该组反韵律各层含水饱和度沿程分布差异极大：高渗透层前缘陡峭，很快到达出口端，此后整体含水饱和度升高不太明显；中渗透层前缘非常平

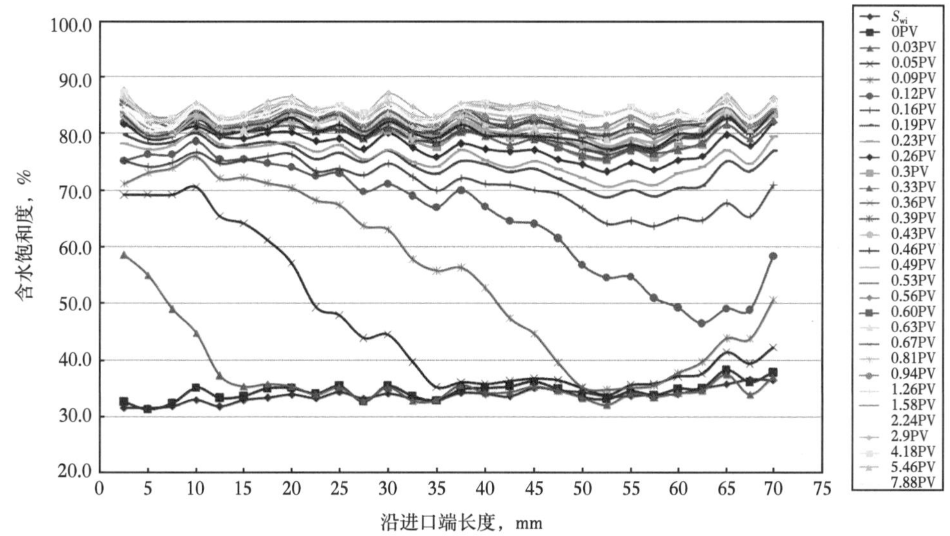

图 5-24 DQF1 反韵律高渗透层含水饱和度沿程分布图

缓，到达出口端很慢，且之后整体含水饱和度仍有较大提高；低渗透层前缘不明显，整个水驱过程中其整体含水饱和度提高很少，因此该层采出程度很低，最终造成该反韵律模型整体采出程度偏低。

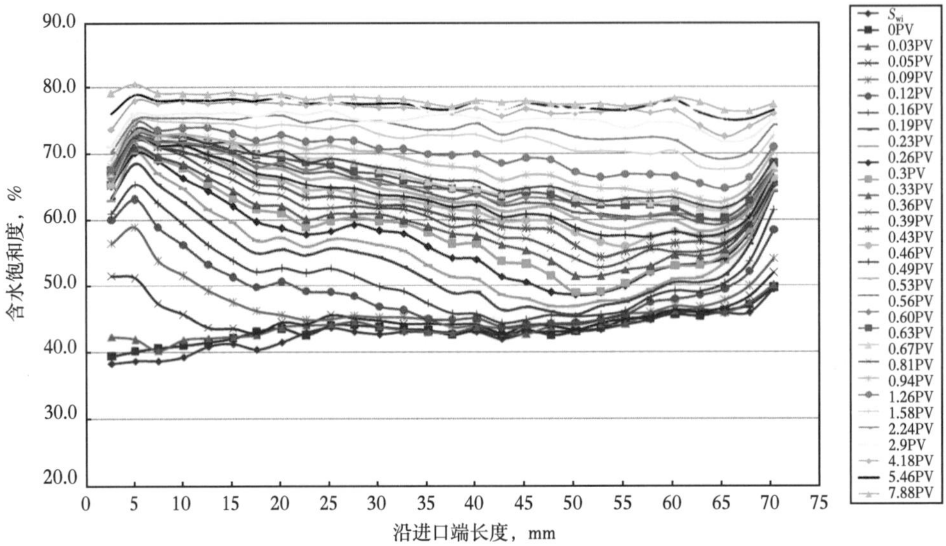

图 5-25　DQF1 反韵律中渗透层含水饱和度沿程分布图

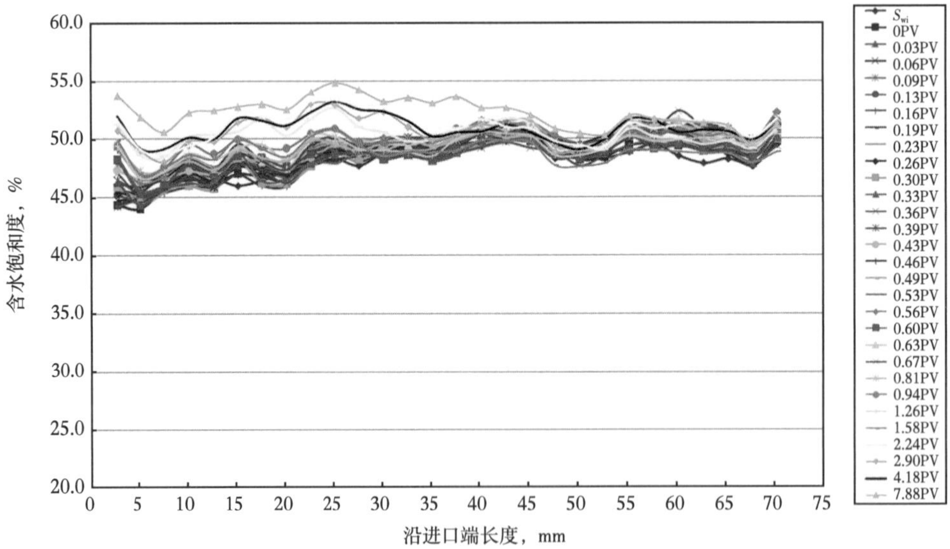

图 5-26　DQF1 反韵律低渗透层含水饱和度沿程分布图

由图 5-27 可见，该反韵律各层采出程度差异极大，高渗透层采出程度非常高（超过 80%），而低渗透层采出程度才刚过 20%，结合该组各层含水饱和度沿程分布图可知，低渗透层整体含水饱和度提高很少，可能是由于黏土膨胀的原因，使反韵律低渗透层水相渗透率较低、与空气渗透率的比值大大低于其他层。从该图也可看出高渗透层见水后采出程度提高很少，很快达到稳定，中渗透层见水后采出程度仍缓慢上升，因此突破后其整体采出程度提高主要来自中渗透层的贡献。

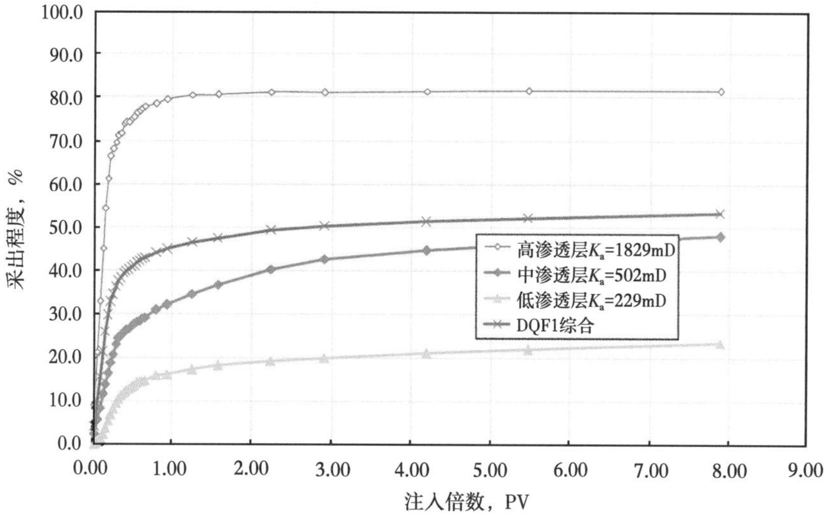

图 5-27　DQF1 采出程度与注入倍数的关系曲线

从反韵律的实验来看，层内表外储层的动用差，后期通过提高注水倍数和压力梯度，表外层能提高采出程度 9.5%；封堵高渗透层，表外层能再提高采出程度 14.1%。如图 5-28 所示。

3）多层模型水驱窜流计算方法

通过分层计量方法得到的每层的油量是本层被驱出的真实油量与层间窜流油量的总和。利用 CT 扫描方法可以得到模型中每一层的剩余油饱和度，进而可计算出本层被驱出的真实油量（CT 法），通过比较分层计量方法的采出油量与本层被驱出的油量（CT 法）可以得到层间窜流油量。分层计量方法的采出程度比 CT 法大，说明有油窜入该层，相反，分层计量方法的采出程度比 CT 法小，说明有油从该层窜出。

从非均质水驱实验来看，层内水驱存在窜流，储层非均质越强，窜流越严重。窜流主要发生在高渗透突破后一段时期内，油相从中低渗透层窜流入高渗层；反韵律窜流量比正韵律的大。实验数据如图 5-29 至图 5-31 所示。

2. 低渗透岩心水驱特征研究

对于低渗透岩心的水驱特征研究，近些年来，已有大量关于低渗透岩心水驱油微观驱替机理和流动特征的研究。与中高渗透岩心不同，低渗透岩心水驱油过程存在更为复杂的微观驱替机理，主要包括活塞式驱替、海恩斯跳跃、爬行机理、卡断机理、小孔包围大孔机理、指进机理和绕流黏附部分膜流动及汇聚机理等。这些微观驱替机理及其流动特征主要受孔隙形状和各种物理化学参数（岩心的非均质性、润湿性，流体的黏度比、界面张

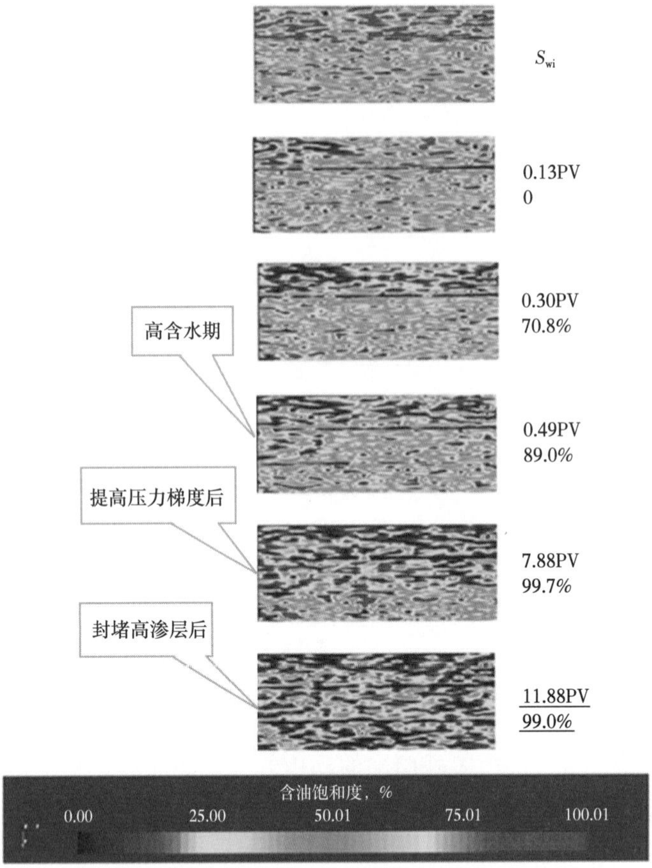

图 5-28　反韵律层内模型水驱各阶段油水分布图

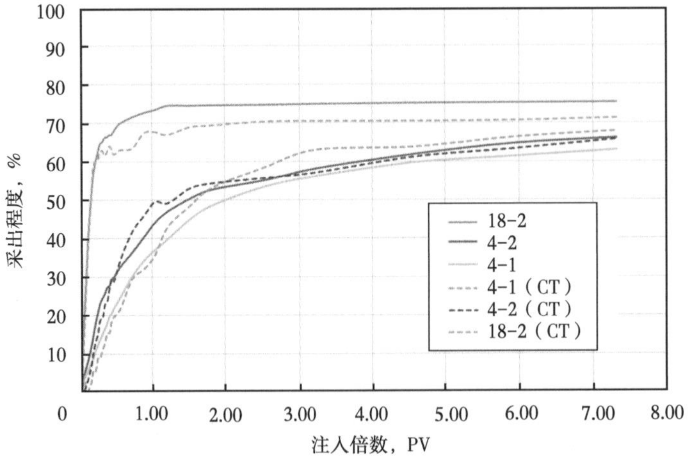

图 5-29　DQZ1 各层驱替法与 CT 法采出程度与注入倍数关系曲线

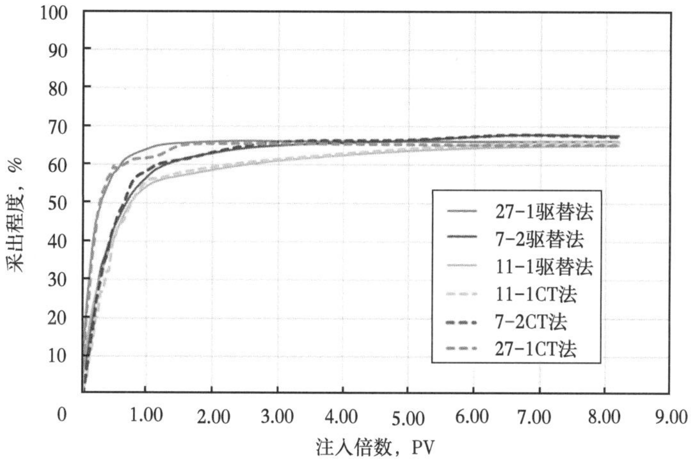

图 5-30 DQZ2 各层驱替法与 CT 法采出程度与注入倍数关系曲线

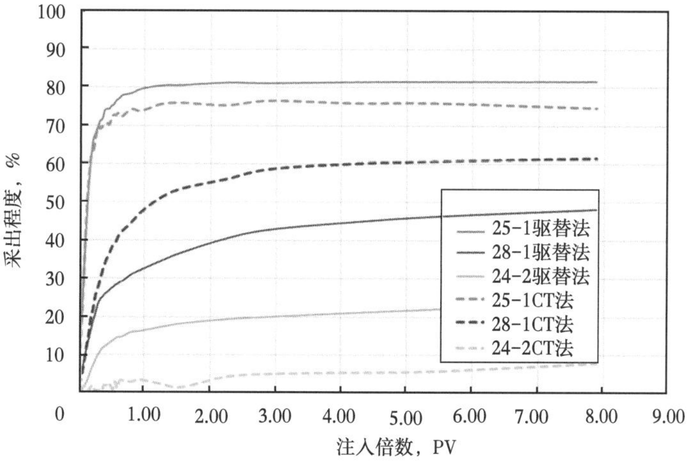

图 5-31 DQF1 各层驱替法采出程度、CT 法采出程度与注入倍数关系曲线

力、注入速度等）的影响。另外，多孔介质中是否含有束缚水也对微观驱替机理有很大影响。在岩心驱替实验中，宏观描述难以反映真实的驱油机理，而以孔隙结构为基础进行微观研究，通过分析流体在岩心中的渗流特征和残余油分布，往往能够揭示驱油机理。也就是说，低渗透岩心水驱油过程中微观驱油机理的差别可以反映在不同时刻流体饱和度的沿程分布信息中。

另外，对低渗透油藏开采的渗流机理，特别是水驱开采的渗流机理进行研究，难点问题是水驱开采渗流过程的核心参数——相对渗透率曲线的室内测试。石油行业标准测定相对渗透率曲线的方法主要有稳态法和非稳态法两种测定方法，但利用稳态测试技术，由于低渗透岩心的原始渗透率比较低，导致油、水在其中渗流通常需要很长的时间才能达到平衡，岩样的进出口压差及油、水流量长期处于波动状态，因此利用稳态法测定低渗透岩心相渗时，很难判断是否达到稳定。同时，由于稳定时间长，油、水的累计流量大而且测量环境难以保持一致，因此利用称重法或物质平衡法无法精确地计算出岩样的平均含水饱和度。利用非稳态技术，由于低渗透岩心在驱替过程中非线性渗流显著，任一给定的含水饱和度在岩心中所推进的距离未必与出口端含水率对含水饱和度的导数成正比，因此利用JBN 方法计算低渗透岩心见水后出口端含水饱和度已经不合适。

使用 CT 扫描技术可以得到岩心内部流体饱和度的沿程分布信息，通过岩心样品饱和空气、水、油、油水两相的 *CT* 值计算岩心各截面的孔隙度及含水饱和度，对驱替过程进行可视化研究。同时，针对低渗透油藏相对渗透率曲线难以获取的问题，可以借助 CT 扫描测定低渗透岩心相对渗透率曲线。

1）驱替过程饱和度沿程分布

对 2 块强水湿且无速敏的露头砂岩样品开展 CT 扫描水驱特征研究，岩心基本物性参数见表 5-6，从空气渗透率来看，2 块岩心均为低渗透岩心。实验用油为正癸烷，实验用水为质量分数为 5%的碘化钠溶液，其中碘化钠可增大水相的 *CT* 值，进而提高在 CT 扫描过程中分辨油水的效果。

表 5-6　岩心样品的基本物性参数

编号	长度，cm	直径，cm	孔隙体积，mL	孔隙度，%	空气渗透率，mD
CQ-1	7.98	2.54	4.85	12.0	0.85
CQ-2	7.85	2.54	4.25	10.7	0.73

实验步骤如下：首先对 2 块干岩心样品进行 CT 扫描，根据 *CT* 值的径向和轴向分布确定其均质程度；之后用质量分数为 5%的碘化钠溶液充分饱和 2 块岩心样品 4 天，对饱和后的样品进行 CT 扫描，计算孔隙度的轴向分布和平均孔隙度；采用梯度加压法，将饱和好的岩心样品用正癸烷驱替至束缚水状态，对束缚水状态下的岩心样品进行 CT 扫描，确定岩心样品的束缚水分布状态和平均束缚水饱和度；对均质性较好的岩心样品进行驱替速度影响因素分析，设定驱替速度分别为 0.005mL/min，0.05mL/min 和 0.15mL/min，对指定岩心样品进行水驱油实验，每组实验在一定的时间间隔内对岩心样品进行 CT 扫描，以获取油水饱和度的沿程分布信息，驱替至出口端含水率达 98%以上；对均质性较好的岩心样品进行束缚水状况影响因素分析，将均质性较好的岩心样品重新洗油、洗盐并烘干，初始完全饱和正癸烷，再以 0.15mL/min 的驱替速度进行水驱油实验，在一定的时间间隔内对岩心样品进行 CT 扫描，以获取油水饱和度的沿程分布信息，驱替至出口端含水率达 98%以上；最后以 0.15mL/min 的驱替速度对束缚水状态下的均质性较差的岩心样品进行水驱油实验，在一定的时间间隔内对岩心样品进行 CT 扫描，以获取油水饱和度的沿程分布信息，驱替至出口端含水率达 98%以上。

分析含水饱和度轴向分布可知，岩心样品 CQ-2 的束缚水饱和度分布比较均，但在出口端附近的束缚水饱和度较高，这是由于末端效应的影响。平均束缚水饱和度为 28.5%，这与油水计量法得到的结果一致，说明通过 CT 扫描确定油水饱和度的方法是可行的。由 3 种驱替速度下含水饱和度增量沿程分布曲线（图 5-32）可见，在不同的驱替速度下，含水饱和度增量的沿程分布曲线明显不同。总体来说，当驱替速度较低时，含水饱和度增量沿程分布比较平缓，其中驱替速度为 0.005mL/min 时，含水饱和度增量的沿程分布基本

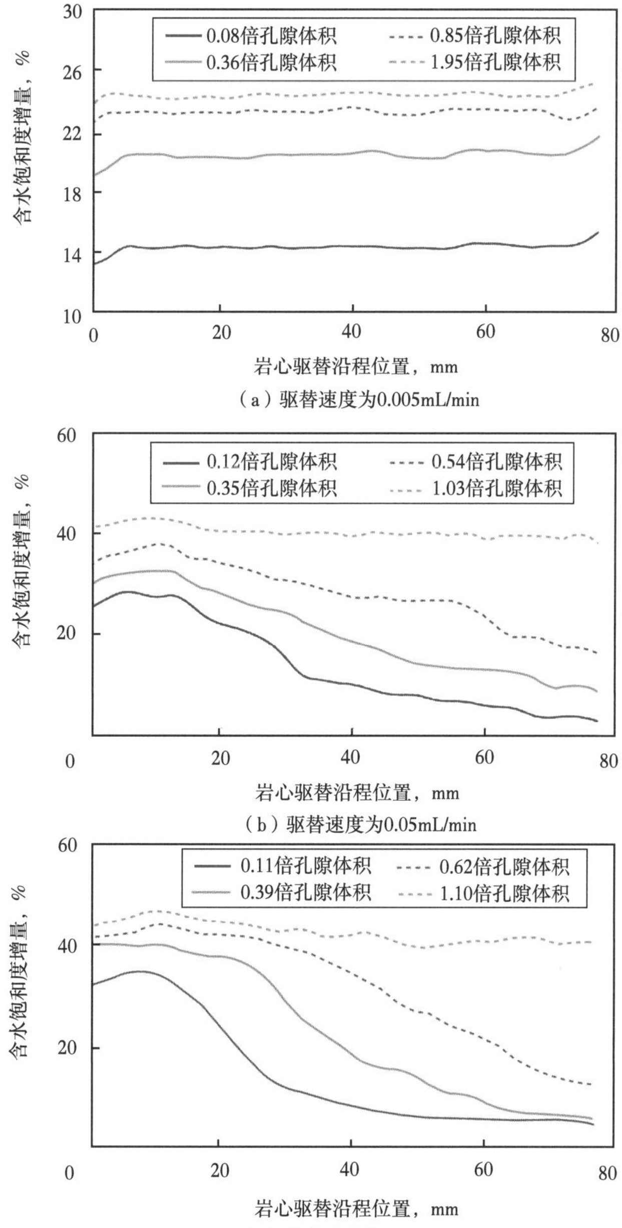

（a）驱替速度为0.005mL/min

（b）驱替速度为0.05mL/min

（c）驱替速度为0.15mL/min

图 5-32　不同驱替速度下岩心样品 CQ-2 含水饱和度增量沿程分布曲线

是均匀的［图 5-32（a)］，在很小的注入孔隙体积倍数下出口端即会见水；而随着驱替速度的增大，不同时刻的含水饱和度增量沿程分布形态差别较大［图 5-32（b)］，当驱替速度为 0.15mL/min 时，含水饱和度增量的沿程分布基本呈现前沿推进方式［图 5-32（c)］。

从微观角度分析，当驱替速度较大（毛细管数较高）时，活塞式推进为主要的驱替方式，含水饱和度增量的沿程分布呈现对流式的直进形态；而在驱替速度（毛细管数）较低时，卡断或爬行成为主要的微观驱油机理，毛细管压力的作用使含水饱和度增量的沿程分布范围拓宽。

分析岩心样品 CQ-2 不同驱替速度下不同时刻的含水饱和度增量沿程分布实验结果可知：当驱替速度为 0.005mL/min（毛细管数为 4.1×10^{-8}）时，卡断后被圈闭的油量较多，造成残余油饱和度较高，约为 46.8%；而当驱替速度为 0.05mL/min 和 0.15mL/min（毛细管数分别为 4.1×10^{-7} 和 1.2×10^{-6}）时，残余油饱和度分别为 31.6% 和 30.7%，二者差异不大，均降低了 15%左右。这表明，当毛细管数大于 10-8 时，油的卡断作用会得到有效抑制。Lenormand 等的二维微观模拟实验和 Martin 等的孔隙网络模拟结果均表明，当毛细管数小于 10^{-8}时，油的卡断机理占主导作用；Mogensen 等利用动态网络模型模拟的结果是：卡断效应减弱时，残余油饱和度会降低 10%～15%；实验结果与 2 个数值模拟结果均相吻合。

无束缚水状态下岩心样品 CQ-2 含水饱和度增量沿程分布曲线如图 5-33 所示。对比图 5-33 和图 5-32（c）发现，在驱替速度均为 0.15mL/min 的条件下，含水饱和度增量沿程分布差别很大。当无束缚水存在时，含水饱和度增量的沿程分布曲线更加陡峭，呈现出对流式的直进形态，而水驱后残余油饱和度更低（24.5%）。当存在束缚水时，一方面，位于油流动前方的束缚水将阻碍油的流动，降低了油相的相对渗透率；另一方面，预先存在于小孔隙中的水很容易被注入水补充聚集，并且在含水饱和度增量推进前缘到达前有充足的时间形成稳定的隔断阻塞孔喉；因此，束缚水的存在促进了卡断的发生，提高了残余油饱和度，并使含水饱和度增量推进前缘变得更加平缓。

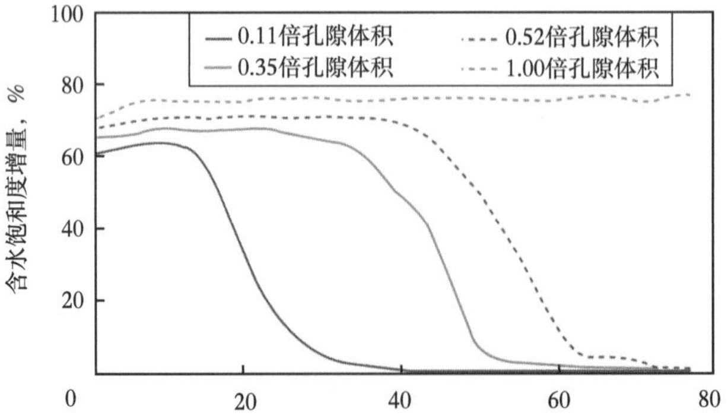

图 5-33　无束缚水状态下岩心样品 CQ-2 含水饱和度增量沿程分布曲线

2）相对渗透率曲线的测试

实验岩心为 2 块低渗透岩心，其基本物性参数见表 5-7。实验用水为 8%标准盐水（其中，4%的 NaBr 作为水相 CT 增强剂），以增强油水两相 *CT* 值的差别，在实验温度下，其密度为 1.045g/cm³，黏度为 1.002mPa·s；实验用油为煤油，在实验温度下，密度为 0.8031g/cm³，黏度为 1.387mPa·s。

表 5-7 实验用岩样常规参数

岩样编号	长度，cm	直径，cm	孔隙体积，cm³	孔隙度，%	气测渗透率，mD
1	6.121	2.507	2.75	9.1	0.924
2	5.958	2.506	2.76	9.4	0.460

稳态测试实验步骤如下：岩样建立束缚水饱和度后，用实验用油驱替一段时间，达到稳定状态后，记录下流速和压差，计算出束缚水状态下的油相有效渗透率；在总流速不变的条件下，将油、水按设定的比例同时注入岩样，待流动稳定时，记录油、水流速和压差，并对稳定状态下的岩样进行 CT 扫描，改变油水注入比例，重复上述实验步骤直至最后一个油水注入比。

通过上述实验步骤，可利用测定的进出口压差及出口油、水流量，由达西定律直接计算出对应油水注入比下岩样的油、水相对渗透率值，并利用 CT 扫描数据计算出岩样相应的平均含水饱和度。通过改变油水注入流量比例，就可得到一系列不同含水饱和度时的油、水相对渗透率值，并由此绘制出岩样的油水相对渗透率曲线。其中，油水按照以下比例依次注入：9:1，4:1，1:1，1:4 和 1:9 以及单相水；各级比例注入下稳定评判依据：岩样两端的压差波动幅度在 5%以内，之后对岩样按间隔 20min 连续 CT 扫描，直至前后两次扫描的 *CT* 差值在 1 以内，满足以上条件时判定为达到稳定。

非稳态测试实验步骤如下：岩样建立束缚水饱和度后，用实验用油驱替一段时间，达到稳定状态后，记录下流速和压差；按照驱替条件的要求，选择合适的驱替速度或驱替压差进行水驱油实验；准确记录见水时间、见水时的累计产油量、累计产液量、驱替速度和岩样两端的驱替压差；见水后，根据出油量的多少选择合适的时间间隔，记录每次间隔对应的时刻、累计产油量、累计产液量、驱替速度和岩样两端的驱替压差，并对该时刻下的岩样进行 CT 扫描，驱替至含水率达到 99.95%或注水 10 倍孔隙体积以上。

通过上述实验步骤，可利用累计产油量和累计产液量导出各时刻出口端的含油率 $f_o(S_{we})$；利用驱替速度和岩样两端的驱替压差可计算出各时刻流动能力比 I；利用以下公式可得出油、水相对渗透率值：

$$K_{ro}=f_o(S_{we})\frac{d(1/Q_t)}{d(1/IQ_t)} \tag{5-5}$$

$$K_{rw} = K_{ro} \frac{\mu_w}{\mu_o} \frac{1 - f_o(S_{we})}{f_o(S_{we})} \tag{5-6}$$

式中 K_{ro}——油的相对渗透率；

K_{rw}——水的相对渗透率；

S_{we}——见水后出口端含水饱和度，%；

f_o（S_{we}）——出口端的含油率，%；

I——流动能力比；

Q_t——t 时刻累积注入水量的孔隙体积倍数；

μ_w——水的黏度，mPa·s；

μ_o——油的黏度，mPa·s。

利用 CT 扫描数据计算出岩样出口端的含水饱和度；对各时刻数据进行上述处理，就可得到一系列不同含水饱和度时的油、水相对渗透率值，并由此绘制出岩样的油水相对渗透率曲线。

岩样 1 按稳态法测试，在单相水驱替阶段，当岩样两端的压差波动幅度在 5%以内，开始对此时的岩样 1 进行间隔为 20min 的连续扫描，图 5-34 所示为达到稳定前连续 8 个时刻点的岩样 *CT* 均值变化曲线，从图中可以看出，8 个时刻点对应的 *CT* 均值都散布在 1900~1910，其整体趋势表现为波动幅度逐渐变小，并且有趋于平稳的态势；7 和 8 两时刻点的 *CT* 均值分别为 1905.507 和 1905.711，按照稳定评判依据，认为 8 时刻点达到稳定，取此时的 *CT* 均值作为单相水驱替阶段流动达稳定时的 *CT* 均值，并用该均值计算岩样的平均含水饱和度。

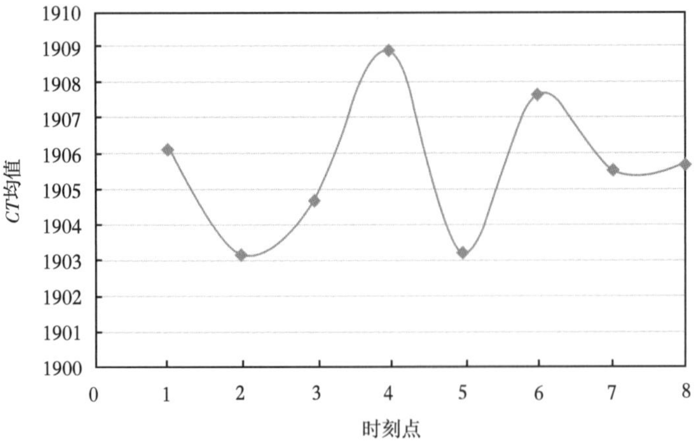

图 5-34 岩样整体 *CT* 均值随时间变化曲线

岩样 1 稳态法测试的实验数据和结果见表 5-8，根据表中数据可绘制出岩样 1 的相对渗透率曲线。

表 5-8　岩样 1 稳态法测试实验数据及结果

油水比	压力 MPa	水相		油相		含水饱和度 %	水相相对渗透率	油相相对渗透率
		流速 mL/min	渗透率 mD	流速 mL/min	渗透率 mD			
单相油	7.84	0.00	0.0000	1.00	0.3656	42.3	0.000	1.000
9:1	9.21	0.10	0.0225	0.90	0.2801	48.6	0.062	0.766
4:1	12.44	0.20	0.0333	0.80	0.1843	54.2	0.091	0.504
1:1	22.54	0.50	0.0459	0.50	0.0636	59.4	0.126	0.174
1:4	20.05	0.80	0.0826	0.20	0.0286	62.1	0.226	0.078
1:9	21.08	0.90	0.0884	0.10	0.0136	65.4	0.242	0.037
单相水	22.91	1.00	0.0904	0.00	0.0000	66.1	0.247	0.000

岩样 2 按非稳态法测试，岩样 2 见水后，选取合适的时间间隔，利用自动化实验平台同步进行 CT 扫描以及生产数据采集。利用 CT 数据计算出口端的平均含水饱和度，利用生产数据反推出口端的相对渗透率值。表 5-9 为岩样 2 非稳态法测试的实验结果，根据表中数据可绘制出岩样 2 的相对渗透率曲线。

表 5-9　岩样 2 非稳态法测试实验结果

含水饱和度 %	水油相对渗透率比 (K_{rw}/K_{ro})	水相相对渗透率 (K_{rw})	油相相对渗透率 (K_{ro})
43.9	0.0	0.000	1.000
55.1	0.8	0.073	0.090
57.8	1.5	0.083	0.054
60.6	7.6	0.099	0.013
61.8	37.9	0.106	0.0028
62.3	77.9	0.109	0.0014
63.0	317.1	0.111	0.00035

从实验结果来看，针对低渗透岩心多相驱替稳定（稳态法）过程中驱替压差一直处于波动状态的问题，以平均含水饱和度为判别指标的稳定评判依据，即岩样两端的压差波动幅度在 5%以内，之后对岩样按间隔 20min 连续 CT 扫描，直至前后两次扫描的 *CT* 差值在 1 以内。在非稳态法测试过程中，利用 CT 扫描测量流体饱和度很好地消除了 JBN 方法计算出口端含水饱和度的误差。

3. 碳酸盐岩的水驱残余油饱和度研究

由于孔隙大小分布范围广，岩心非均质性以及复杂的润湿性，使得残余油饱和度（ROS）很难确定。室内实验得出的残余油饱和度值与驱替速度、岩样类型和岩样制备技术都有关系。

现在，很多油藏被认为是中性或是混合润湿性的，在这种岩石中水驱油过程是排驱和渗吸同时作用的。但是，当实验中存在毛细管末端效应时，很难进行实验室测量，这就要求用较高的驱替速度进行实验。孔隙中随着水驱速度的增大而减少的剩余油，可能是由毛细管末端效应的减小或者是微观捕集机理的变化引起的，但是毛细管末端效应的减小是实验室的人为因素，而且并不能反应油藏特征，因此，ROS 的变化是微观捕集机理的变化，并且可以通过改变油藏条件来实现。

对非均质岩样的分析更为复杂，很多碳酸盐岩都是中等润湿性/混合润湿性的储层，在岩心规模上体现出严重的非均质性，因此，传统分析方法并不适合于这种岩石。1996 年，Espie 等总结了有关碳酸盐岩系统的研究，他们发现水驱残余油饱和度从 28%到 80%的原始石油地质储量（OOIP）不等，而三元混相驱残余油饱和度从 0 到 50%OOIP。鉴于这些不确定性，应用 CT 可视化技术可以更好地研究碳酸盐岩岩心的驱替特征。

选取 4 块代表 4 种储层类型的全直径碳酸盐岩岩心，真空干燥进行 CT 扫描，然后饱和 11%的氯化钾溶液，进行 CT 扫描得到三维孔隙度分布图。然后进行流度比为 1，等密度流体（10%溴化钾溶液驱替 11% 氯化钾溶液）的混相驱替实验，并用 CT 扫描。非稳态测试：用黏度为 1.6mPa・s 的模拟油驱替 10%的溴化钾溶液。先进行 CT 扫描，然后用原油驱替模拟，老化 3 天后再用模拟油驱替，进行 CT 扫描。在油藏速度下注入 10% 溴化钾溶液，并在过程中进行 CT 扫描，到停止产油时，将驱替速度逐步增加，并在每一速度结束时进行 CT 扫描。稳态测试：用甲苯和甲醇的溶液清洗过的混相干净岩样。饱和 10% 溴化钾溶液，进行 CT 扫描，然后用模拟油进行驱替，再进行 CT 扫描，然后用原油驱替模拟油，并在油藏条件下至少老化 3 天。在一定的流速以及不同的含水率条件下用模拟油驱替，进行稳态测试过程中进行 CT 扫描。

图 5-35 从压汞数据比较了不同岩样的孔喉大小分布，由于岩样 K2 和 K5 存在相当数量的 5~30μm 的孔洞，岩样 K2 和 K5 的孔隙度和渗透率最大。

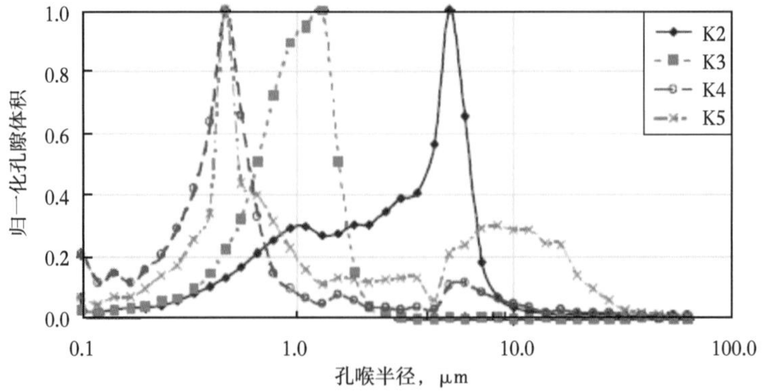

图 5-35 孔喉大小分布

利用干岩样和饱和盐水岩样的 CT 数据之间的差异，可以得到岩样的三维孔隙度分布。图 5-36 给出了垂直断面处的孔隙度变化的典型 CT 图。

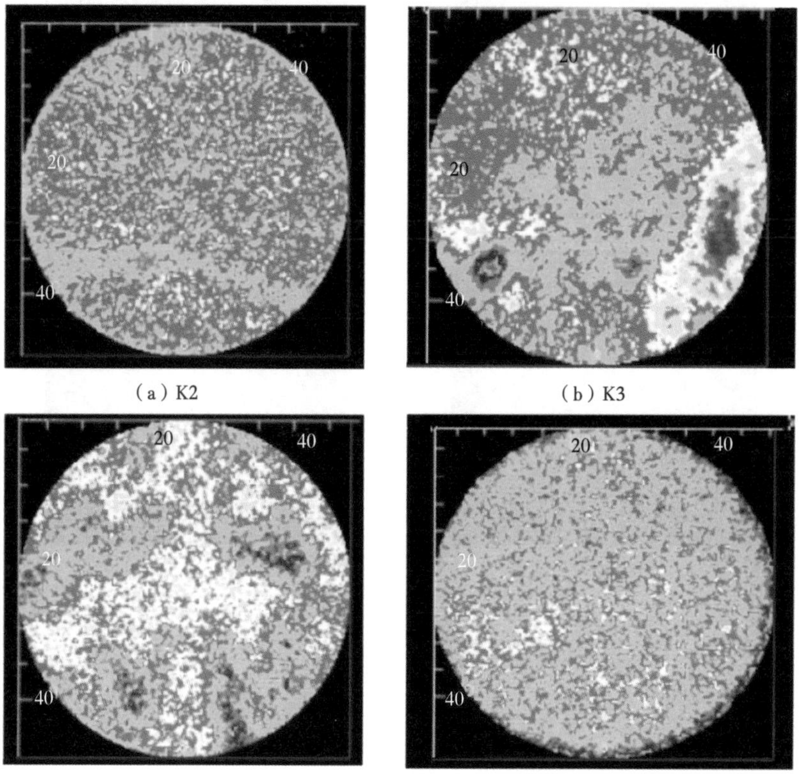

图 5-36　孔隙度变化的 CT 扫描图片

颜色—绿色：21%，灰色：25%，白色：29%，黄色：33%，红色：40%

图 5-37 给出了在饱和了 11%氯化钾溶液的岩心中注入 0.4 倍孔隙体积的 10% 溴化钾后，靠近岩样入口处切片的测量盐水浓度。这是一个流度比为 1，等密度流体的混相驱实验，能较好的反映渗透率的非均质性特征。这些 CT 图片清楚的说明了四种岩样的不同渗透率类型。K2 的渗透率是均匀的；K3 的渗透率向着岩心底部有增加的趋势；K4 的渗透率具有局部非均质性；K5 的渗透率在一定程度上与渗流通道具有空间相关性。

图 5-38 给出了从 CT 图中导出的初始含油饱和度沿程分布曲线以及不同水驱速度下的含油饱和度沿程分布曲线。用黏度为 1.5mPa · s 的模拟油驱替饱和盐水的岩样得到初始含油饱和度，然后将压差逐渐增加。除了岩样 K5，其他岩样的含油饱和度是均匀的。可能是由于岩样 K5 的双峰孔隙度分布特征的原因，使小孔隙中的水不能被驱出。

然后用原油驱替模拟油，并将岩心在油藏条件下至少老化 3 天。首先在较低的压力梯度下进行水驱实验，该实验结束时，增大压力梯度。随着压力梯度的增加，所有岩样的含

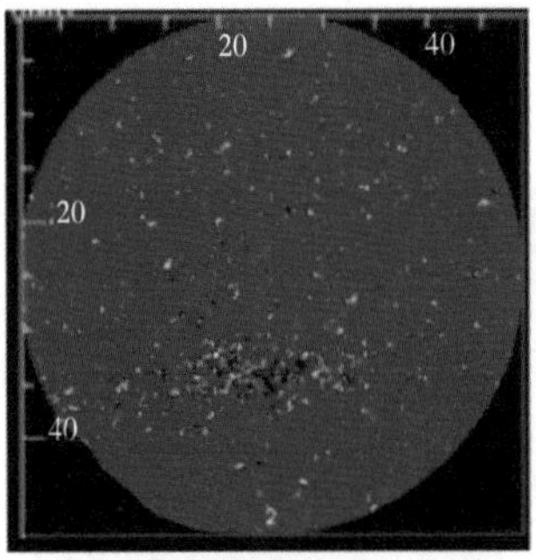

（a）K2

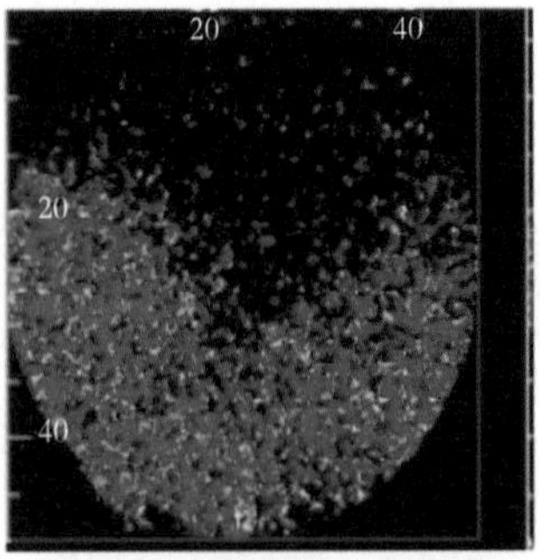

（b）K3

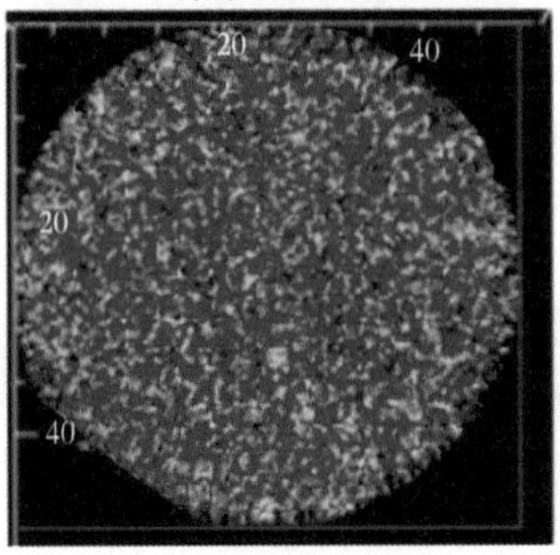

（c）K4

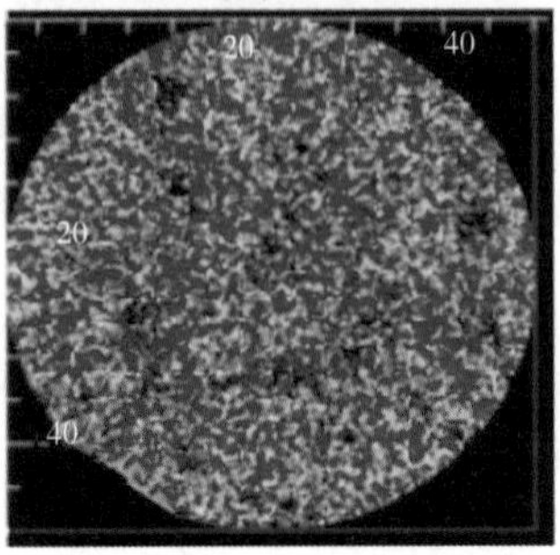

（d）K5

图 5-37　流度比为 1（等密度混相流体）的混相驱过程中入口端的盐水浓度

0.4PV 的 KBr 已经注入到了 KCl 的饱和岩样中：红色—KBr，蓝色—KCl

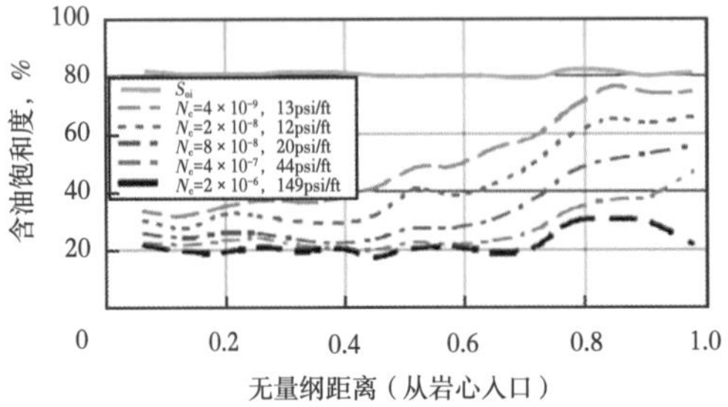

（a）K2

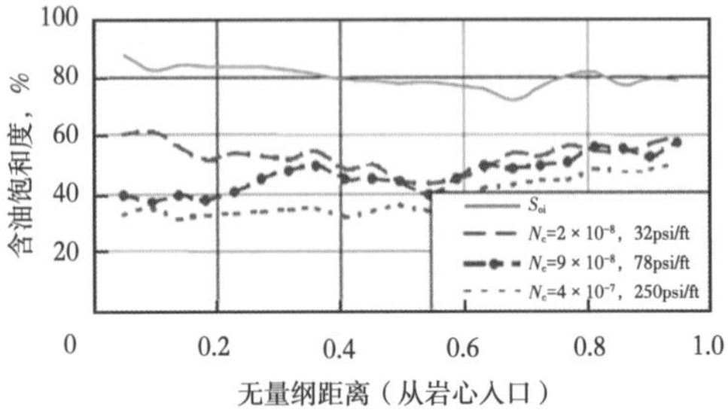

（b）K4

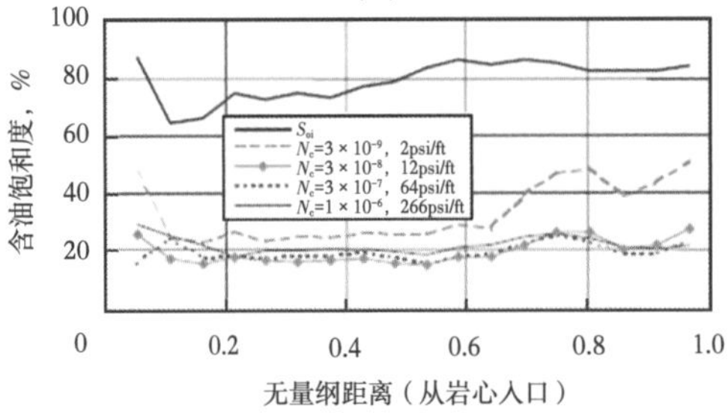

（c）K3

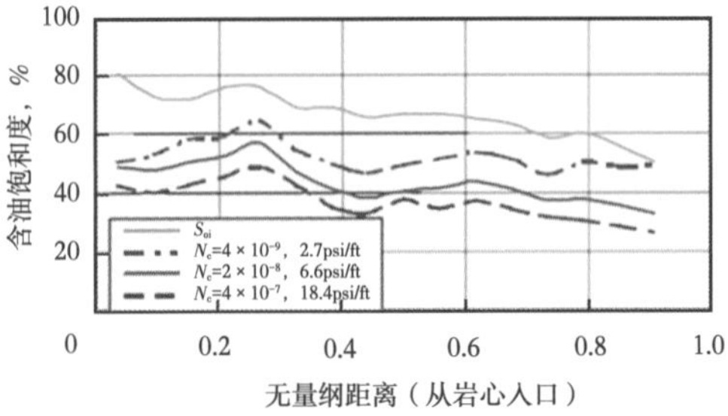

（d）K5

图 5-38　不同水驱速度的含油饱和度沿程分布曲线

S_{oi}—初始含油饱和度；N_c—毛细管数

油饱和度均降低。只有岩样 K2 具有明显的毛细管末端效应。岩样出口端的含油饱和度随着压力梯度的增大而降低。三维水驱图表明在这些水平岩心驱替实验中没有重力超覆现象。

前面的研究已经表明，由于初始含油饱和度的非均匀性，毛细管末端效应和非均质性的影响，剩余油饱和度随着压力梯度的增大而降低。应用局部的 CT 饱和度数据消除伪影因素的影响，并给出了残余油饱和度值如图 5-39 所示。岩样 K4 和 K5 的残余油饱和度值最高，与压力梯度的相关性最强。这个结论与岩样 K4 和 K5 的孔隙大小分布广、具有较大的孔隙体积和孔喉比的结论相一致。

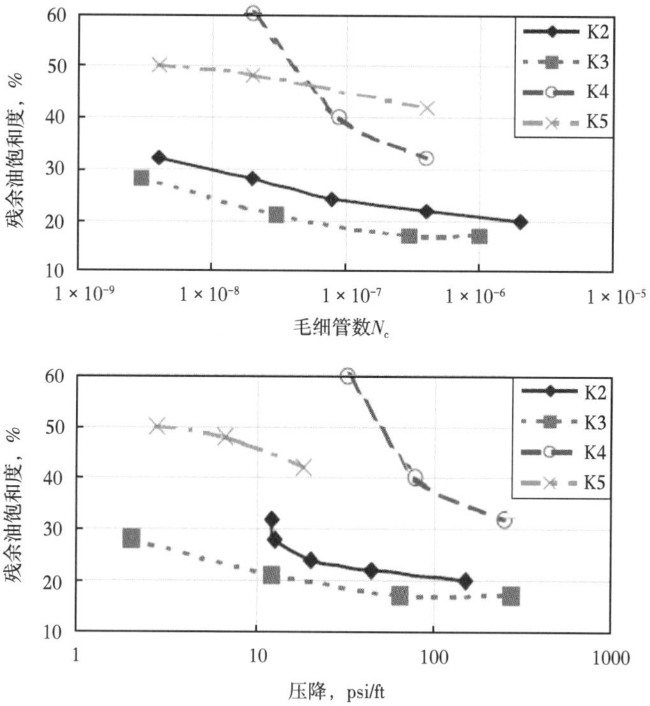

图 5-39　残余油饱和度随毛细管数和压力梯度的变化—还原状态数据

用复原状态的岩样，在单一流速下进行实验，得到稳态数据。图 5-40 给出了不同含水率下的含油饱和度曲线，点代表非稳态数据，线代表稳态数据。从图 5-40 中可以看出，岩样 K2 在含水率较高时表现出了很强的末端效应，稳态和非稳态的数据是一致的。

二、三相相对渗透率曲线特征

三相相对渗透率曲线是油气开采领域描述油、气、水流动特征的重要参数，在诸如二氧化碳驱、蒸汽驱、注胶束和注氮气等开采条件下，油藏动态的详细工程计算都需要三相相对渗透率数据。

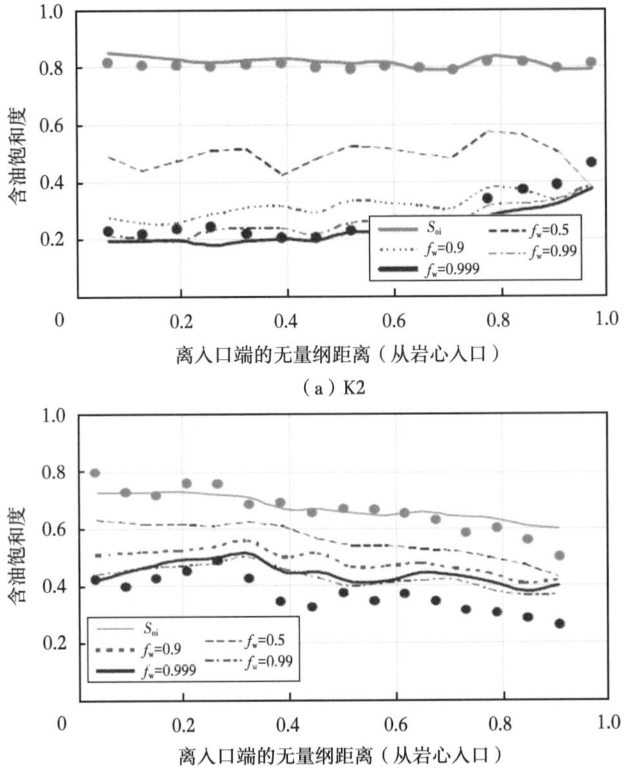

（a）K2

（b）K5

图 5-40　含油饱和度曲线

目前研究三相相对渗流问题的方法主要有两种，即数学模型法和物理模拟法。数学模型法多采用 Stone 概率模型，通过两相相对渗透率曲线计算三相相对渗透率曲线，快速简单，应用广泛。但此方法过于理想化，假设条件多，某些情况下计算结果偏离实验值，润湿性只能考虑水湿条件。利用物理模拟法测试三相相对渗透率曲线，可以真实模拟油藏的实际流动过程，方法比较直接。还能够针对油气运移、生产的实际情况提供最多 13 种饱和历程条件下的实验数据。由于实验室仪器及测量方法的一些限制，三相饱和度的同步精确计量以及如何克服末端效应等问题制约了物理模拟法测试三相相对渗透率曲线的研究。

第四章第一节已经介绍过，利用 CT 双能同步扫描的方法，能够准确获取三相流体饱和度并消除末端效应的影响。利用该方法并结合稳态物理模拟技术，可以对不同润湿性油藏的油气水三相相对渗透率进行实验测定。

实验采用钻取自同一块露头砂岩的两块岩心样品，基本物性见表 5-10，两块样品的孔渗值接近，*CT* 值分布均匀，两块样品原始状态均为水润湿，其中样品 SX2 经硅油处理并老化 14 天后用 Amott 法测为中等亲油润湿性。实验用油为模拟油，模拟油中不含溶解气，室温下（25℃）模拟油的黏度为 15mPa・s，实验用水为 5%的溴化钠（造影剂以增强水相的 *CT* 值）溶液，实验用气为氮气。

表 5-10 实验岩心的基本物性参数

岩心号	孔隙度 %	空气渗透率 mD	长度 cm	面积 cm^2	润湿性
SX1	15.0	654	18.54	5.11	水润湿
SX2	15.1	714	18.70	5.19	中等亲油

图 5-41 为基于 CT 扫描的三相相对渗透率测试系统流程图，其中 CT 扫描系统使用医用 CT，采用 100kV 和 140kV 两种扫描电压，扫描电流 150mA，采取螺旋扫描的方式，最小扫描层厚 1.25mm，利用 CT 扫描岩石图像分析软件进行 CT 扫描图像数据处理。由两组泵分别注入水和油，一组泵推动活塞容器注入氮气。实验采用恒速注入的模式，三相流体的注入速度根据饱和历程的不同进行调整。一组泵恒定围压在 10MPa，出口端使用回压系统控制回压恒定在 2.5MPa。岩心夹持器 X 射线能顺利穿过，在岩心夹持器上岩心沿程设置两个测压孔，通过压差传感器可以获得这两端的压差，同时利用 CT 技术获取这两端岩心内的流体饱和度，用这种方法可以消除末端效应的影响。

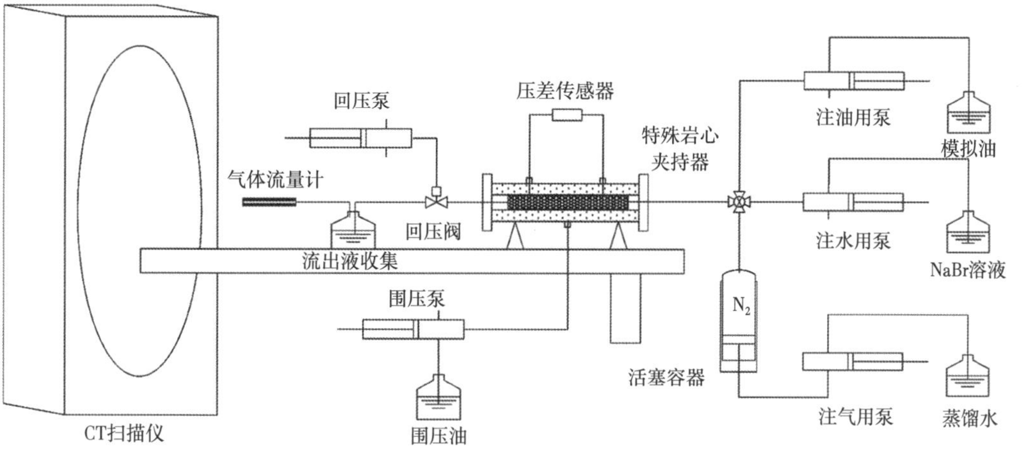

图 5-41 基于 CT 扫描的三相相对渗透率测试系统流程图

选取的饱和历程为水驱后注气驱中最常见的 DDI 历程，并考察了其反向饱和历程 IID 对三相相对渗透率的影响。实验采用稳态的方法，在室温下进行。实验过程如下：岩心烘干后放置在岩心夹持器中用 5%的溴化钠充分饱和后，用模拟油驱至束缚水状态。然后固定总流量，以一定的流量比注入油和水，其中增加水的注入速度，降低油的注入速度。接着，模拟 DDI 饱和历程，即固定流体总流量，以一定的流量比同时注入油、气、水，当压力稳定后记录各相流体流速及压差传感器的值，并继续改变各相的注入比例，其中增加气的注入量，降低水和油的注入量，同时保证水和油的注入速度比例不变。最后，再模拟反向饱和历程 IID，即降低气的注入量，增加水和油的注入量，同样在压力稳定后记录各相流体流速及压差传感器的值。在干岩心、完全饱和溴化钠、束缚水、残余油及每一种稳定状态下对岩心分别在 100kV 和 140kV 两种电压下进行 CT 扫描，计算岩心在两个测压点间的三相流体饱和度，并根据饱和度沿程分布判断岩心内部流体的稳定状态。同时将压力、流速以及其他测定数据代入达西公式计算该饱和度下各相的相对渗透率。

对实验结果进行整理分析，首先是水湿岩心的三相等渗线，水湿岩心 SX1 的饱和度变化历程如图 5-42 所示，根据各流体在不同饱和度下的相对渗透率绘制成三相等渗线（图 5-43），其中部分数据是根据文献提出的内插方法得到的。

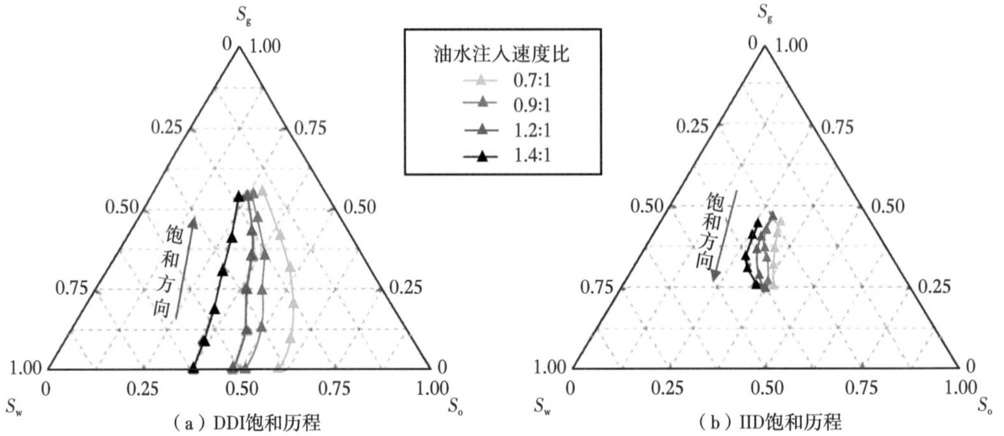

图 5-42　水湿岩心 SX1 饱和度变化历程

在水湿岩石中，水是润湿相，油是中间润湿相，气是非润湿相。根据渠道流理论，水主要占据岩石中的小孔道和孔隙表面，气体占据大孔道，油分布在气与水之间，将气、水分开，因而可以把油气看作一相，即非润湿相。因此，油、气、水三相系统中的水相相对渗透率与油水两相系统相同，只是含水饱和度的函数，从图 5-43（a）中也可看出，水的等渗线为一组直线，这也与 Stone 模型预测结果中水的等渗线为直线的结论较为一致，另外由图可见不同饱和历程对水等渗线的影响不大。

气体的等渗线是一组凸向 S_g 顶点的曲线，如图 5-43（b）所示，这主要是由于在稳态流动过程中，三相流体同时竞争进入流动通道，在此过程中气体趋向于占据孔隙的中间部位，而进入不同孔道的水和油会捕集部分气体，使得油水和气流之间存在干扰，因此油、气、水三相系统中的气相相对渗透率受所有三相流体饱和度的影响，这与 Stone 模型预测的气体相对渗透率只与气饱和度有关、等渗线为直线的结果有所不同。当气相成为两个流动的非润湿相之一时，气相相对渗透率随着含油饱和度接近含水饱和度而下降，当油和水的饱和度大致相等时达到极小值。从饱和历程来看，相对于 IID 历程，DDI 历程下气体的等渗线曲率半径更大，相同渗透率值的等渗线也更远离 S_g 顶点。这是因为相对于油和水，气体对岩石是非润湿相，在气体饱和度降低的 IID 历程，气体不断被向前推进的油和水所捕集，随着水相和油相饱和度的增加，越来越多的气体变为不连续相，大大降低了其相对渗透率；而在气体饱和度升高的DDI历程，气体是连续的，故其渗透率较高，并且被油和水捕集的气体少，其相对渗透率也更依赖于自身的饱和度，等渗线的曲率半径大，并接近于直线。

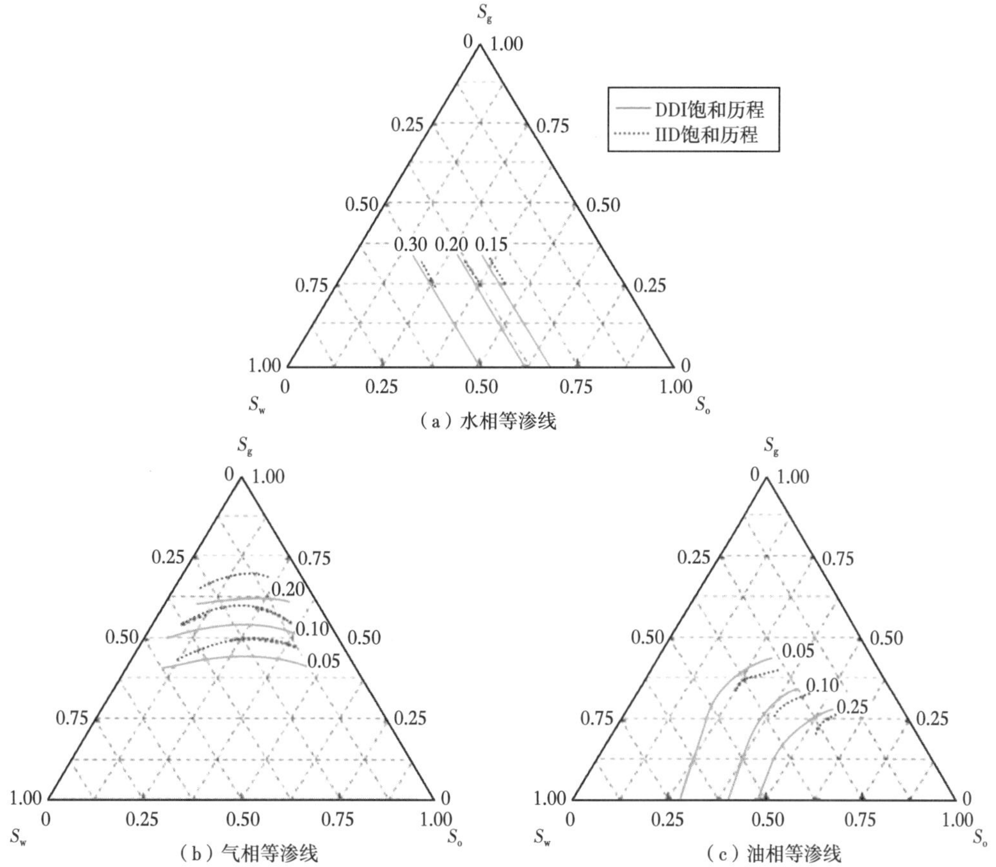

（a）水相等渗线

（b）气相等渗线

（c）油相等渗线

图 5-43　不同饱和历程下水湿岩心 SX1 的三相等渗线（图中数据为相对渗透率值）

相比于水相和气相，油相相对渗透率的变化较为复杂，如图 5-43（c）所示。对于DDI饱和历程，在初始含气饱和度等于零的状态下，油有两种赋存状态，即连续的可动油和已被水相所捕集呈孤滴状分布的油。由于与气体相比，油对岩石为润湿相，对于水为非润湿相，当含气饱和度开始增加而含水饱和度降低时，可动的连续相的油将进入原先被水相所占据的越来越小的孔隙中，流动能力下降，相对渗透率降低；但同时，能捕集油相的水饱和度降低，原先被水相所捕集呈孤滴状分布的油也被气所驱动，造成了油相相对渗透率的增加。当气饱和度继续增加，可动油所剩无几，油相基本不连续，油相相对渗透率急剧下降。以上因素使得DDI饱和历程下油相相对渗透率与所有相的饱和度都有关系，等渗线凹向 S_o 顶点。对于气体饱和度降低、油和水饱和度增加的IID历程，由于相对于气体，油对岩石是润湿相，在原来气体占据的孔道中捕捉部分气体，形成贾敏效应，使油的流动阻力增加；进入较大孔道中的水也会捕捉部分油，使油的相对渗透率下降，因此 IID 饱和历程中的油相相对渗透率也与所有相的饱和度都有关系，等渗线也凹向 S_o 顶点，但相比 DDI 历程，相同渗透率值的等渗线更靠近 S_o 顶点。

油湿岩心 SX2 的饱和度变化历程如图 5-44 所示，三相等渗线如图 5-45 所示，由图可知油湿岩心三相相对渗透率曲线与水湿岩心具有明显区别。

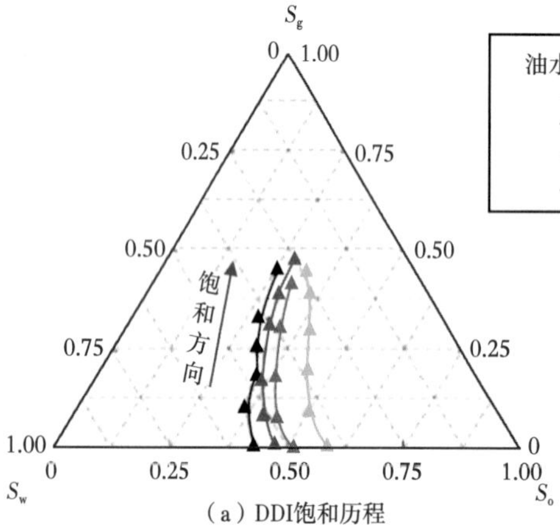

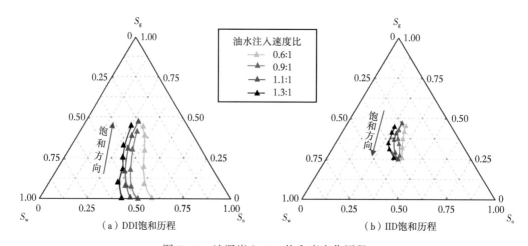

图 5-44　油湿岩心 SX2 饱和度变化历程

在油湿岩石中，油是润湿相，而水是中间润湿相并占据了中等大小的孔道。初始状态时水处于小孔道的中心，并被油所包围，为不连续的水滴，增加了孔隙中油流动的阻力，随着含水饱和度和含气饱和度的变化，这种阻力也发生变化，油的相对渗透率也随之改变。因此油的相对渗透率与所有相饱和度有关，油相等渗线为一组曲率半径很大的凸向 S_o 顶点的曲线，如图 5-45（a）所示。另外，由于油相是润湿相，不会被水或气捕集而孤立，所以不同的饱和历程对油等渗线的影响不大。水相相对渗透率的变化见图 5-45（b），类似于水湿岩心中的油相主要受水在孔隙空间的分布情况及被油捕集的水的量的影响，其中前者主要受油气水三相饱和度的影响，后者主要受饱和历程的影响。值得注意的是，由于初始油水状态模拟的是水驱油过程，即非润湿相驱替润湿相，被油捕集的不连续的水滴数量较少，减小了由于这一部分水滴被气驱动而造成的水相相对渗透率增加的影响，两种饱和历程下水的等渗线都是凸向 S_w 顶点的曲线，并且 IID 历程下相同渗透率值的等渗线相对 DDI 历程更靠近 S_w 顶点。

气体在水湿和油湿岩石中均为非润湿相，与水湿岩心类似，油湿岩心中气体的等渗线亦是一组凸向 S_g 顶点的曲线，如图 5-45（c）所示。由于油水的性质不同，捕捉气体的能力不同，形成的阻力也不同，气相等渗线的曲率也略有不同。

综合上述实验数据整理分析结果，发现利用 CT 双能同步扫描法可以准确获取三相流

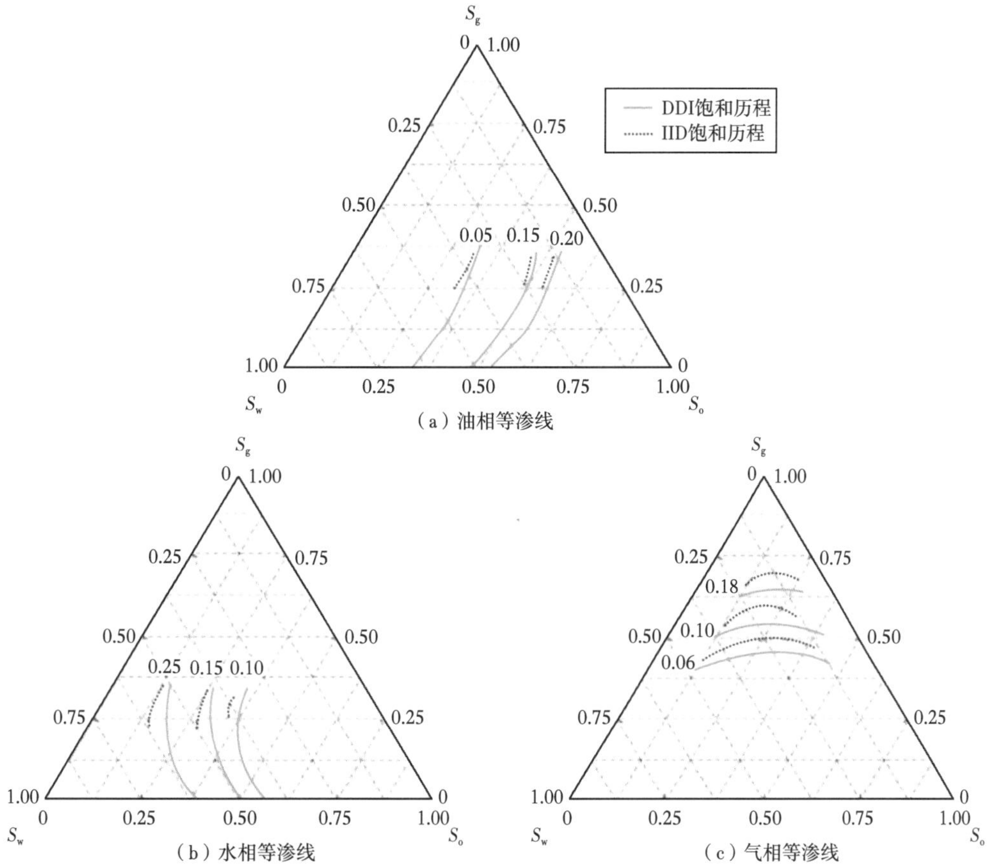

图 5-45 不同饱和历程下油湿岩心 SX2 的三相等渗线（图中数据为相对渗透率值）

体饱和度，对于水湿岩心，水相的等渗线为一系列直线，表明水相相对渗透率只与含水饱和度有关；油的等渗线为一系列凹向 S_o 顶点的曲线，气的等渗线为一系列凸向 S_g 顶点的曲线，这表明油相和气相的相对渗透率与三相饱和度都有关。对于油湿岩心，油、气、水三相的等渗线都是一系列凸向各自饱和度顶点的曲线，表明油、气、水三相的相对渗透率与所有相的流体饱和度都有关。同时不同的饱和历程对润湿相的等渗线影响不大，但对非润湿相的等渗线有影响，虽然两种饱和历程下非润湿相等渗线形态基本相同，但等渗线的位置不同。

三、泡沫油开采机理研究

在加拿大和委内瑞拉几个稠油油藏的稠油溶解气驱过程中，显示出较高的产量和一次采收率，在这些油田收集的井口油样呈现出一种油相连续的泡沫状态，这些油样就像巧克力奶油一样，包含了大量的气泡，而且这些气泡非常稳定，在敞开的容器中可以保持几个到几十个小时，其中真正的原油不足油气总体积的 20%。这些油田的生产数据表明其生产特性与常规溶解气驱油藏差别很大，单井显示出了异常高的产量，实际的原油产量要比理论预计高 10~30 倍，有的甚至高达 100 倍，“泡沫油”被认为是这种异常生产动态的原因之一。

由于原油的高黏度，气体从液相中缓慢析出并开始以相对较低的气体饱和度流动；同时，气相流度不随饱和度的增加而增加。天然气以微小的气泡出现，代表不连续相，分布在原油中并流入多孔介质。这种分散系统（例如被油包围的气泡）被称为泡沫油，这种流体类型是泡沫油流体。Sarma 和 Maini 首先使用了“泡沫油”一词，并研究了泡沫油的可压缩性、黏度、稳定性和其他热力学特性。Bora 分析了泡沫油的形成，并提出了 4 个步骤：气体过饱和、气泡成核、气泡生长和气泡合并与分裂。虽然近年来对泡沫油的认识有所加深，但泡沫油在多孔介质中的流动机理尚不十分清楚。

关于泡沫油流动机理的研究，使用可视玻璃微模型可以观察微观现象和流动机理，然而玻璃微模型受温度和压力的限制，与油藏实际情况存在一定的差异，迫切需要一种新的方法对泡沫油流动机理开展研究。随着 CT 扫描和核磁共振等成像技术的发展，岩心分析已经能够很好地对微观现象进行研究。基于 CT 扫描方法，采用填砂模型在填砂管中模拟油藏压力和温度的泡沫油衰竭开采实验，重点评估泡沫油衰竭开采特征，同时借助 CT 扫描图像分析研究气泡生成和运移特征以及其他影响因素。

填砂模型是在直径 45mm、长 450mm 的填砂管中填入 100~120 目石英砂制备而成，该模型可以耐受 60℃ 和 10MPa 并且具有 X 射线穿透性以确保 CT 扫描图像的可行性。填砂模型的隙率为 36.5%，渗透率为 5541mD，与目标油藏类似。实验流体信息如下，初始饱和白油在实验温度下的黏度为 24.67mPa·s，活油是死油与 CO_2 和甲烷混合（物质的量之比 13∶87）在模拟储层条件下配制的，对配制的活油进行 PVT 测试，其相关参数是 18.0m^3/m^3 的溶解气油比（GOR），黏度为 6151mPa·s，密度为 0.98g/cm^3，泡点压力（BBP）为 6.07MPa，油藏条件下 53.7℃ 时拟泡点压力（PBBP）为 4.44MPa。使用的 CT 扫描条件为 120kV 和 130mA，实验中采用一套 Quizix 泵用于流体注入和围压控制，同时在模型管外面使用水浴循环加热器来维持温度，在出口端采用气油分离计量系统来计量产出的油气，具体的实验步骤如下：首先预热填砂模型，将其保持在实验温度下并扫描干模型；将准备的模型抽真空并用白油饱和；在此过程中将压力维持在 7MPa，然后关闭进出口，扫描饱和模型并分析 CT 扫描孔隙度；保持围压注入活油以完全替换白油，然后在此条件下扫描模型；保持进口端关闭，出口端每步压力降低 0.2MPa，直到回压稳定并且不再有液体流出；当出口压力达到大气压力时，终止实验，保持整个系统处于储层温度，扫描模型并测量每个压降下产生的油和气。

填砂模型饱和过程中共注入 261.09mL 活油，在整个实验中共收集到 44.62g 油和 2734.5mL 气，计算其采收率为 17.44%。分析衰竭开采过程，初始阶段只产生油，当压力稍低于泡点压力（6.07MPa）时，同时产生油和气（可在出口管处观察到）并且产生大量的油直至压力达到拟泡点压力（4.44MPa）；一个生产周期后，只有压降很大才能生产少量的油；同时在关闭阶段间歇性地出现气窜。根据出口流体特性，有三个阶段对应于衰竭开采：单相油流阶段（阶段Ⅰ），其高于泡点压力；在泡点压力和拟泡点压力之间的泡沫油流动阶段（阶段Ⅱ）；气窜流阶段（阶段Ⅲ），其低于拟泡点压力。

实验中的油气生产数据如图 5-46 和图 5-47 所示。从图 5-47 中可以看出，阶段Ⅰ（压力>6MPa）对泡沫油采收率的影响非常有限，其中累计的采油量仅为整个实验的 4.8%，产出的气体很少；阶段Ⅱ是整个衰竭开采的主要贡献，占整个采收率的 72.3%；但在阶段Ⅲ中采油速度大幅放缓。整个实验最终的采收率为 17.4%，这取决于阶段Ⅱ的跨度，这是由泡点压力和拟泡点压力之间的间隔决定的。

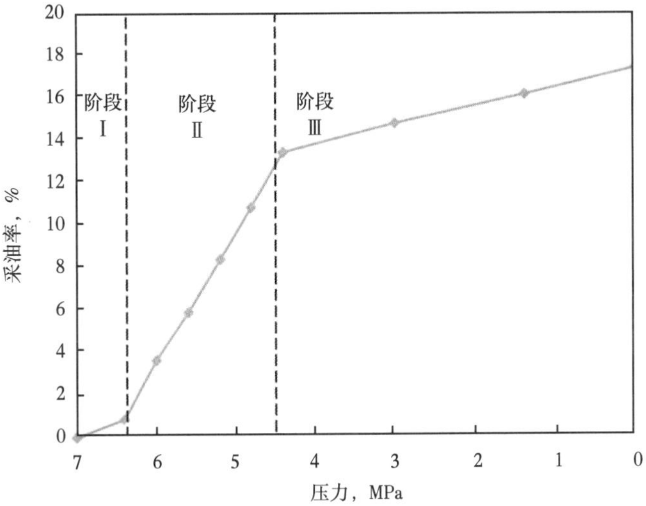

图 5-46　通过整个实验的压力变化的采油百分比

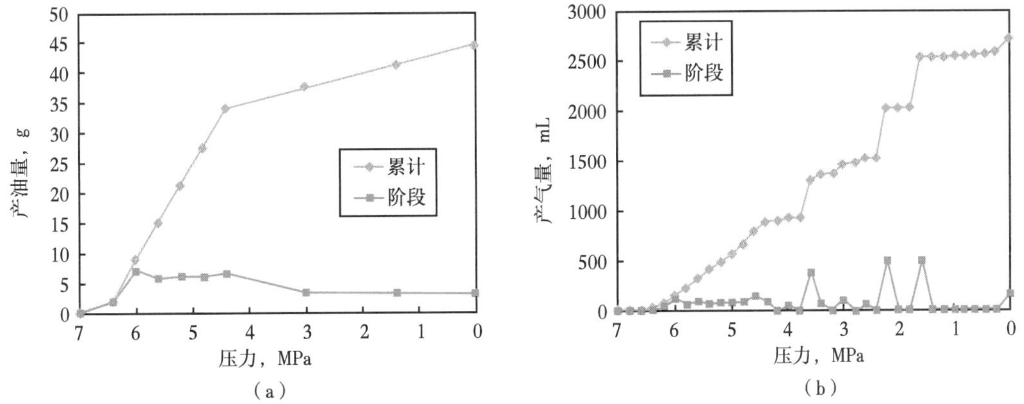

图 5-47　压力变化的每个阶段的累计产油量和阶段产油量（a）以及累计气体产量和阶段气体产量（b）

COP—累计产油量；SOP—阶段产油量；CGP—累计产气量；SGP—阶段产气量

图 5-48 显示衰竭开采过程气油比（GOR）变化，阶段Ⅰ的 GOR 保持在 18.0m^3/m^3，阶段Ⅱ的 GOR 略升至 20.35m^3/m^3，这可以解释为泡沫油中有少量分散气体，但它在油相中起着不连续的微泡的作用，然而阶段Ⅲ的 GOR 显著增加（可以达到 300.0m^3/m^3），然后最终下降到 60.0m^3/m^3。此外，该阶段的累计产气量有略微增加，并且每次变化持续时间比前一阶段长，这表明随着脱气油黏度的增加，气泡产生气相管流所需的能量也增加。因此，由于油的高黏度，很多气泡被困在多孔介质中，并且气相管流难以发生。

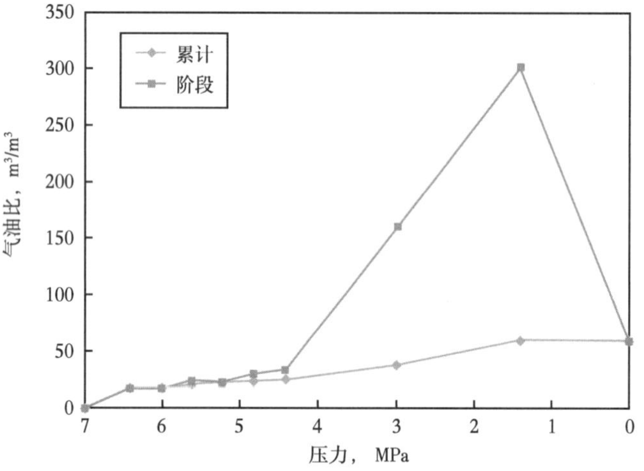

图 5-48　压力变化的每个阶段的累计气油比和阶段气油比变化

在泡沫油衰竭开采过程中，析出溶解气形成的气相将导致油/气泡混合物的有效密度的改变，CT 扫描可以在整个实验过程中监测流体饱和度，这有助于更直接更深入地了解泡沫油的流动机理。图 5-49 显示每个阶段的含油饱和度沿程分布变化。

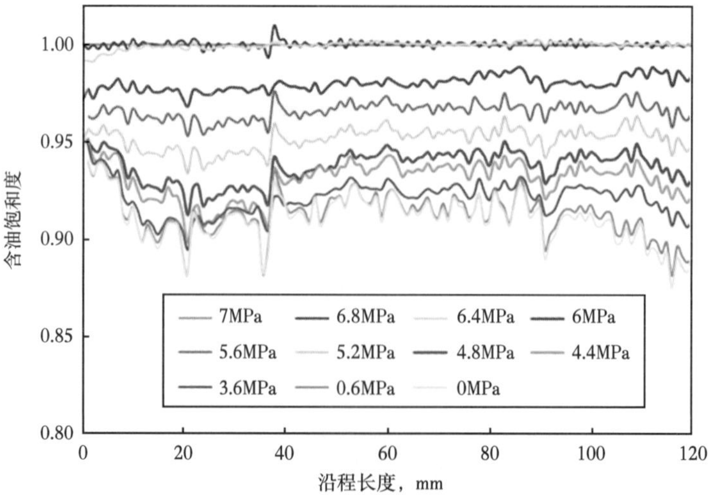

图 5-49　每个阶段各种压力下沿程含油饱和度

在阶段Ⅰ中，总的含油饱和度为100%（图5-50），但在注入端（图5-49的顶部线）有稍低一些的地方，这可能是由于局部压力下降引起的活油逸出气体。另外，由于这个位置距离出口有一段距离，因此巨大的流动阻力使这些气体保持在那里，并导致油饱和度的小幅下降，这意味着在入口位置附近形成了小气泡。

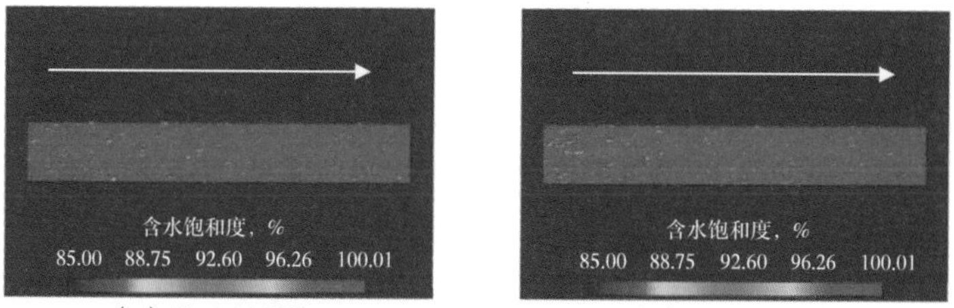

（a）20min 6.8MPa　（b）63min 6.4MPa

图5-50　阶段Ⅰ的油饱和度图像

关于阶段Ⅱ，在泡点压力附近含油饱和度显著下降（图5-49中的曲线高于4.8MPa），这表明最佳开采期是各种能量同时发挥作用的时候。之后，沿程含油饱和度曲线均匀下降，这意味着产量与生产压力成正比。比较不同位置的CT图像（图5-51），可以看出含油饱和度在整个模型中显著减少，这意味着随着压降的下降，大量微小气泡形成。另外，在出口附近观察到平缓的下降趋势，这意味着气泡相对较小且高度分离；入口区域显示低含油饱和度区域，这表明该区域中的气泡聚集并且变大。这种对比现象可以解释为出口附近形成的气泡可以通过泡沫油流及时生成，气泡很难聚集，但可以均匀分布。然而，入口

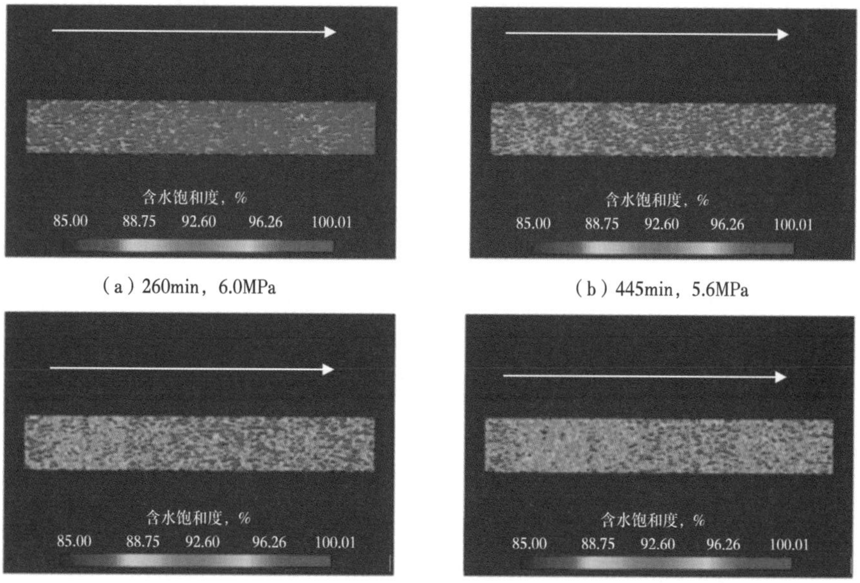

（a）260min，6.0MPa　（b）445min，5.6MPa
（c）640min，5.2MPa　（d）920min，4.8MPa

图5-51　阶段Ⅱ的油饱和度图像

附近的气泡距离末端太远，所以它们被高黏度的脱气油捕集，随着压降而膨胀，最后聚集成连接的气相。

当压力下降到 4.4MPa 时，含油饱和度没有明显地随着压力降的下降而下降（见图 5-49 中 4.8MPa 以下的曲线），进入阶段Ⅲ，气泡增大并扩大了。图 5-52 显示，在阶段Ⅲ，泡沫分布与阶段Ⅱ相似，只是泡沫较大，分布较广。然而，在实验结束时，在出口附近也形成了一个连接气相，这是由于出口附近的高黏度脱气油，它将大量气泡聚集成巨大气泡或连续气相。靠近入口和出口位置的气泡与连续气相连接，降低了气体的膨胀能量，并产生了大规模的气相管流，从而不断消耗能量。因此，根据实验的特点，泡沫油的开发应在拟泡点压力以上进行。

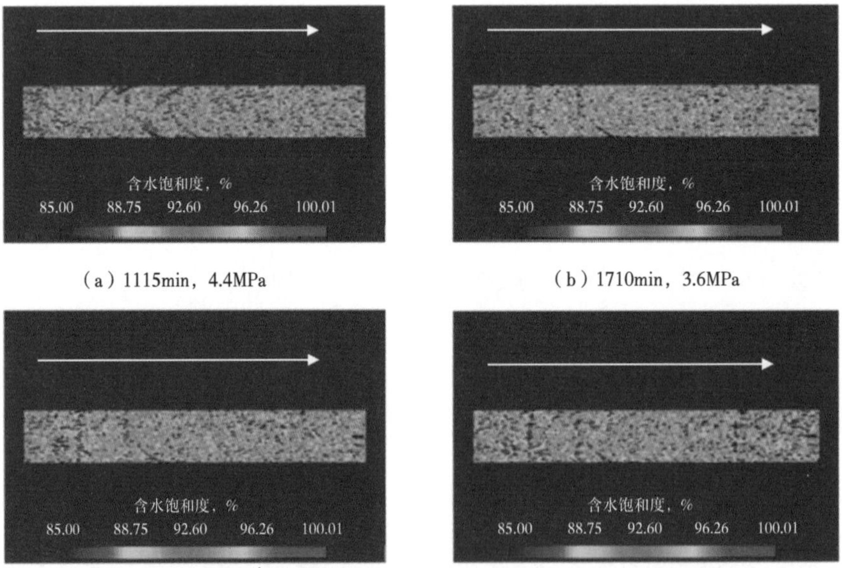

（a）1115min，4.4MPa　（b）1710min，3.6MPa

（c）2110min，2.2MPa　（d）2665min，0MPa

图 5-52　阶段Ⅲ的油饱和度图像

在层析成像技术中，每个像素的孔隙度和饱和度可以通过 CT 值来计算。考虑到饱和度分布频率和图像变化，可以通过设置像素的饱和度阈值来识别气泡。这种方法可以描述如下：当压力低于泡点压力时，气体将逸出并作为分散在油相中的未连接的微泡存在。此时的含气饱和度称为最小气泡产生饱和度，伴随着含油饱和度分布频率的急剧下降（见图 5-53 右侧）。随着压力的不断下降，这些微泡膨胀和聚集。当压力低于拟泡点压力时，连接气相开始移动，此时的气体饱和度称为临界气饱和度。当压力下降到 6.0MPa 时，破裂气体量达到峰值，其中该气体饱和度（2.3%）是该实验的最小气泡产生气体饱和度。此外，在压力下降到 4.4MPa 之前，不动气体的含油饱和度大于 0.83，这表明气体饱和度达到 17%后，连续气相取代了断开的气相。

在出口附近选择一个切片（样品 115）来分析泡沫油中气泡的形成和流动的极限，如

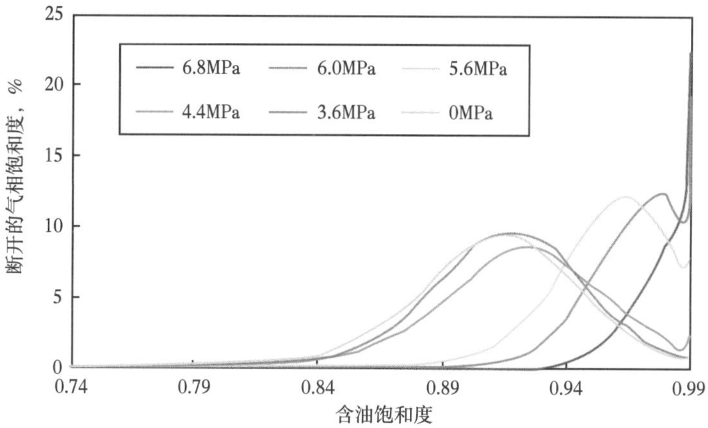

图 5-53　样品 115 的断开的气体饱和度对含油饱和度的分数

图 5-55 所示。在弹性单相流动（阶段Ⅰ）期间没有明显捕获气体，其中含油饱和度约为 100%。当到泡沫油阶段（阶段Ⅱ）时，气泡形成但断开，从而没有出现明显的低含油饱和带。当出现低含油饱和带（图 5-54 中的黑色阴影）和气体的分布频率时，图像的颜色不变直到接近临界气饱和度。

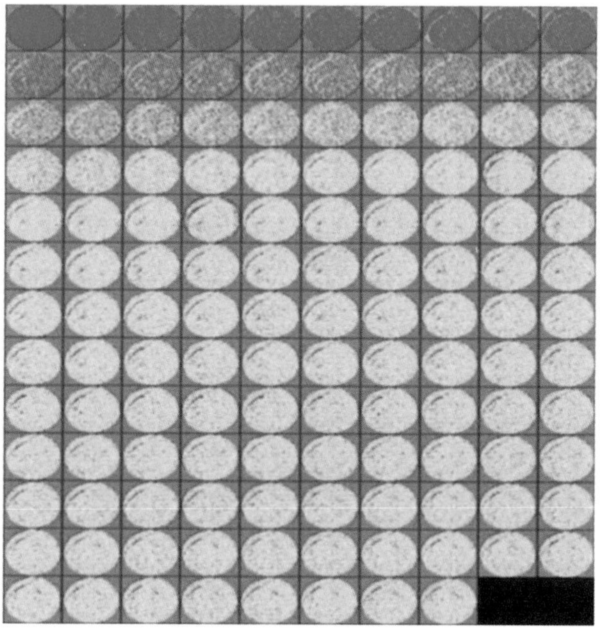

图 5-54　样品 115 的每个 CT 扫描切片中的油饱和度分布

根据每个像素的饱和度数据，可以识别气泡，并且可以按照以下规则分析其性质：首先，气体饱和度低于最小气泡产生气体饱和度，没有气泡形成；其次，最小气泡产生气饱和度与临界气饱和度之间的气体饱和度，出现不连续的气泡；最后，气体饱和度高于临界气体饱和度，呈现一个大气泡或连续气相。依据此进行分析，不连续气泡的体积范围为 0.00142~0.0141mL，连续气泡的体积范围为 0.104~12.36mL。例如，在阶段Ⅱ中，气泡的数量随压降而增加，在拟泡点压力下达到 3592，而这些气泡都是不连续的。在阶段Ⅲ，气泡数量略有下降。当压力下降到 4.0MPa 时，数量上升到 3437，但仍然表现为具有少量大气泡的不连续气泡。之后，气泡数量急剧减少，形成大气泡，最终在环境条件下，只有 896 个气泡和大气泡占据了主要位置的 87.4%左右。

一般来说，泡沫油阶段（阶段Ⅱ）是形成单一气泡的主要阶段，气体的膨胀能量用于驱替油。随着压力的大幅度降低，剩余的油产生气体的可能性较小，而现有的小气泡聚集成连续的气相形成气相管流，从而导致产油量减少。

第三节　提高采收率机理研究

一、化学驱机理研究

1. 表面活性剂渗吸

三次采油提高采收率主要是靠化学驱油技术，其中表面活性剂是提高采收率幅度较大、适用较广、具有发展潜力的一种化学驱油剂。残余油在水驱后通过毛细管力的作用被圈闭在狭小的孔洞及吼道中，从流体力学的角度看，作用于残余油珠上的两个主要力为黏滞力和毛细管力，一种采油方法中这两种力的比值确定了该采油方法的微观驱油效率，即毛管数（N_c），而表面活性剂能降低油水界面张力从而提高毛细管数。水驱后的毛细管数大约在 10^{-6}左右，若要驱动剩余的油，必须使毛细管数提高 2~3 个数量级。常规水驱的油水界面张力在 10~100mN/m，使用合适的表面活性剂可以很容易地把油水界面张力值降至 10^{-2}mN/m 以下从而把毛细管数提高 2~3 个数量级。

此外，在油田开采过程中注入的表面活性剂溶液，对岩石润湿性的影响比原油中的极性物质的影响更为显著。这些表面活性剂在岩石矿物表面的吸附，会使润湿性发生反转。在注水中添加表面活性剂不只降低了油水界面张力，而且会改变岩石润湿性，从而大大提高注入水的洗油能力，是一种有效的提高采收率方法。

裂缝性油藏可以通过自发渗吸作用而产油，油从基质流到裂缝网格。注入稀释的表面活性剂，可以通过降低油水界面张力或改变岩石润湿性而增强逆流运动、加速重力分异作用，从而提高石油产量。模拟这样的采油机理需要了解孔隙介质中流体在时间和空间上的分布，应用 CT 扫描可以监测表面活性剂的自吸过程，从而确定空间流体流动和饱和度分布。

取直径为 1.5in、长度为 7~9in 的岩样进行静态渗吸实验。表面活性剂溶液是由表面活性剂与模拟地层水混合得到的，临界胶束浓度（CMC）约为1200mg/L。渗吸池用纯聚丙烯制成，可实现CT扫描和产油量的可视化。两个聚四氟乙烯塑料栓呈120°角，保持岩心在中间位置，并在岩心与池子内壁之间设置1/4in的空隙。将岩心放于粗滤器上以保证流体与岩心底部之间的流动。渗吸池顶部为45°圆锥体，从而有助于油的聚集。使用医用CT，在120kV和24mA高分辨率模式下，得到干燥岩样和饱和流体岩样的图片。对于一个9.0in长的岩样，每隔1/8in扫描一次，每次扫描得到一张图片，扫描厚度为2mm，扫描面为6500个像素图像。扫描过程中，用扫描仪接触面定位系统能在0.012范围内移动岩心的位置，可以在渗吸过程中比较流体分布。

将干岩样垂直置于渗吸池中扫描，然后，真空条件下饱和模拟地层水溶液，模拟地层水溶液含8%的NaI。饱和模拟地层水后再次扫描岩心，基于空气（干岩样）和盐水（添加碘化钠）的*CT*值之间的差异，确定轴向的平均岩心孔隙度和孔隙分布，结果表明岩样为均质岩样。注入脱气原油，得到含油饱和度为30%~40%的岩样。再次CT扫描岩心，基于原油和盐水的*CT*值之间的差异，确定含油饱和度值。随后，老化岩心6周以恢复岩样润湿性。岩样老化后，抽出渗吸池中的油，重新扫描岩心确定实际的含油饱和度值和含油饱和度值的分布（$t=0$）。含油饱和度值及其分布与老化前的含油饱和度值和分布相比变化不大。用模拟地层水浸泡岩样，通过CT扫描断面值的平均得到含油饱和度。在每一阶段（$t=1$天、8天及30天）结束时，扫描岩样。重新将渗吸溶液充满渗吸池，准备进行下一阶段的静态渗吸实验。

静态渗吸实验过程中，可视化观察产油量提示了石油从基质到裂缝的驱油机理。岩样7A浸泡于模拟地层水中，整个渗吸过程中，岩样表面处均有油滴产出。盐水渗吸特征代表了由高毛细管压力和高界面张力引起的逆向驱替过程。岩样2A浸泡于稀释了的表面活性剂中，在渗吸过程的前几个小时，表面有油滴产出，然后，岩石顶部表面的油滴长成大油滴，自发地从顶部移出，而小油滴保持不动。结果表明，在早期阶段，当岩样的初始含水饱和度为60%~70%时，毛细管力起主要作用。在由扩散引起的稀释的表面活性剂渗透过程中，界面张力降低。较低的界面张力以及因此降低的毛细管压力减小了逆向流动，增加了垂直同向运动。这样，界面张力降低使得重力在后期表面活性剂提高采收率机理中起主要作用。

含油饱和度（S_o）随时间变化曲线如图5-55所示。图5-55（a）所示为岩样7A模拟地层水的渗吸，同一测量点的含油饱和度分布随时间而降低，含油饱和度分布随时间的均匀降低说明重力对盐水渗吸石油采收率的影响较小。图5-55（b）所示为岩样2A稀释的表面活性剂的渗吸过程，其含油饱和度对高度的斜率随时间变化而增加，在渗吸过程中，受重力作用油滴向岩样顶部分离，重力分异作用聚集的油多于岩样顶部渗出的总油量，从而导致岩样顶部含油饱和度的减少相对较小。

在渗吸实验的不同阶段，CT扫描方法监测了岩样中的流体运移。由岩样非均质性引

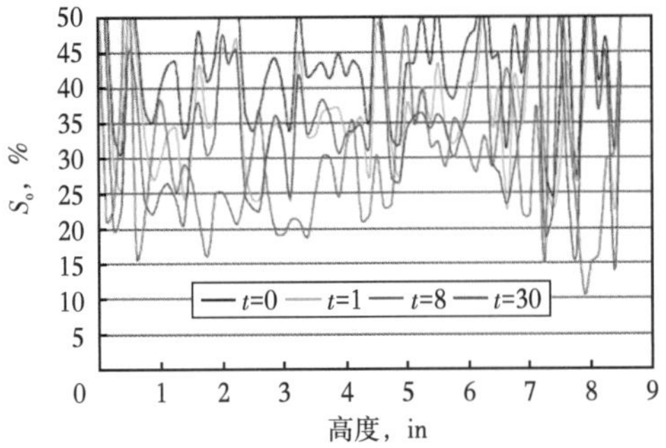

（a）岩样7A

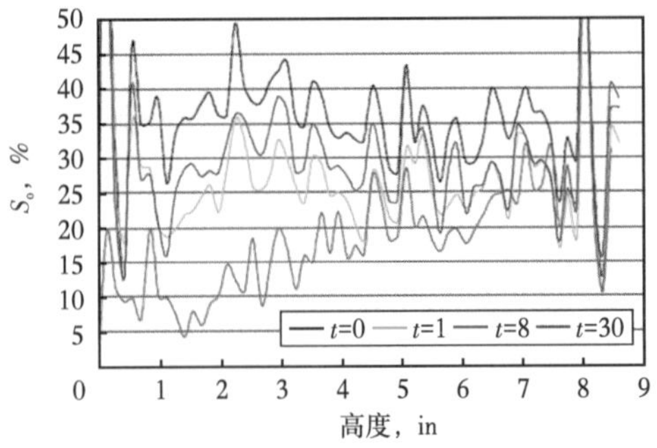

（b）岩样2A

图 5-55　岩样的含油饱和度变化曲线

起的非均匀饱和度分布的 CT 扫描图片，可以用来辅助分析油的流度和捕集趋势。图 5-56 和图 5-57 分别为模拟地层水渗吸（岩样 7A）和表面活性剂渗吸（岩样 2A）过程中，纵向中截面和横断面的含油饱和度随时间变化图。横断面图与纵向图重组，纵向图刻画了垂向上的流体运动；横断面图片说明了横断面内的流体渗透情况。图 5-55 和图 5-56 为三个横断面位置处图片。顶、底横断面分别对应距岩心顶底面 0.5in 的位置，中间断面对应岩心中点处的横断面，红色代表高含油饱和度，蓝色代表高含水饱和度。图 5-56CT 扫描表明，模拟地层水渗吸过程中，油主要是由模拟地层水在径向上的侵入而产生逆流运动引起的，还说明在模拟地层水渗吸过程中，重力产生的垂向重力分离作用很小。相反地，表面活性剂渗吸的 CT 扫描图片表明早期产油是径向逆流运动的函数，而后期产油量是由垂向重力分异作用引起的。如图 5-57 所示，在渗吸实验的第一天，稀释的表面活性剂就径向

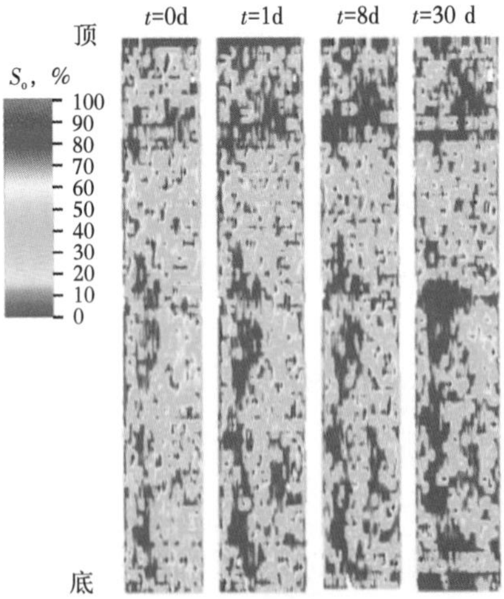

（a）横向视图

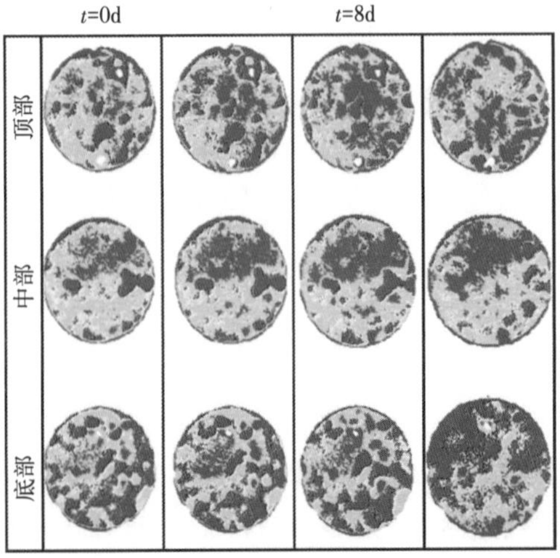

（b）截面图

图 5-56　模拟地层水渗吸，岩样 7A 的 CT 扫描图片随时间的变化

侵入了岩心，尤其是在岩样的顶部和中部之间。然而，随着渗吸的进行，岩心底部产出的油更多。总之，表面活性剂的径向渗透显著高于盐水的侵入速度，含油饱和度曲线和CT扫描的纵向图表明了油的垂直重力分异作用在稀释活性剂渗吸实验中比模拟地层水渗吸实验中显著。

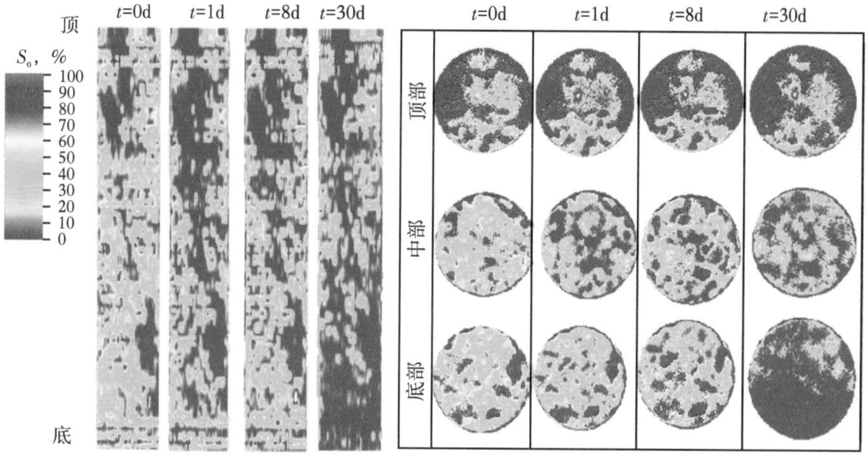

（a）横向视图　（b）截面图

图 5-57　表面活性剂渗吸，岩样 2A 的 CT 扫描图片随时间的变化

2. 聚合物驱机理研究

聚合物驱是指向地层中注入聚合物进行驱油的一种增产措施。在宏观上，它主要靠增加驱替液黏度，降低驱替液和被驱替液的流度比，从而扩大波及体积；在微观上，聚合物由于其固有的黏弹性，在流动过程中产生对油膜或油滴的拉伸作用，增加了携带力，提高了微观洗油效率。

砾岩具有非均质性极强、孔隙结构复杂等特点，水驱后往往存在大量剩余油，主要表现为含水率高、产油少，采用聚合物驱能有效提高采收率。但由于缺乏先进的技术手段，水驱产量低及聚合物驱提高采收率的机理尚不明确。以往研究中多采用岩心驱替实验，采集驱替岩心两端的数据，并计算宏观参数来描述驱油过程，难以完整、深入地揭示真实的岩心驱油机理。

CT 扫描技术可弥补传统方法的缺点。它通过对岩石物性进行定量和图像分析，直观表征岩石孔隙结构；同时可得到驱油过程中岩心内部流体饱和度的分布信息，对驱替过程进行可视化研究，进而深入解释驱油机理。利用 CT 技术可以研究砾岩岩心的双重孔隙介质结构特征及驱油机理，比较不同驱替方式（水驱、聚合物驱）的驱替特征，进而提出针对砾岩油藏的合理注采方法。

实验岩心为天然砾岩，基本物性见表 5-11。2 块样品均具很强的非均质性，为典型的双重孔隙介质岩心，如图 5-58 所示。实验扫描系统采用医用 CT 扫描仪，扫描电压

120kV，电流为130mA，最小扫描层厚1.25mm，分辨尺度0.18mm。2组泵作为注入系统，1组泵作为围压控制系统，采用特殊岩心夹持器保证X射线能顺利穿过并减小射线硬化。该驱替系统可以对岩心驱替过程进行在线CT扫描，同时采集驱替过程中的进出口流量、压力。最后利用CT扫描岩石图像分析软件处理数据。

表5-11　岩心样品的基本物性参数

编号	直径，cm	长度，cm	孔隙度，%	渗透率，mD
LY-1	3.78	5.12	27.8	1419
LY-2	3.74	7.78	20.1	379

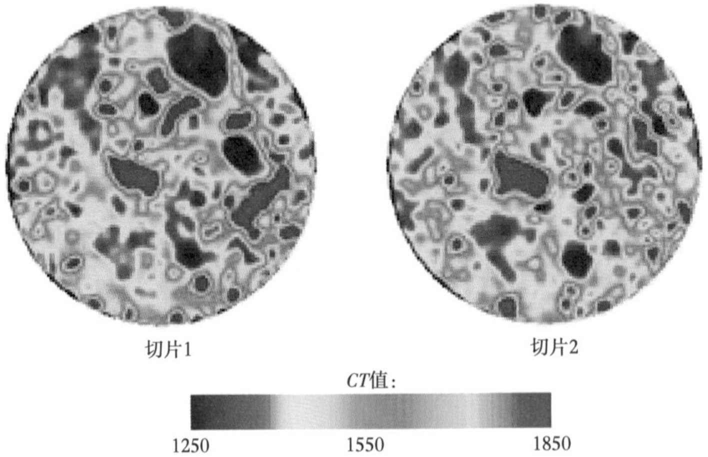

图5-58　岩心LY-1的2个切片*CT*值分布重构图

实验条件为室温（22℃），围压5MPa，无回压。具体过程如下：岩心烘干后置于夹持器中扫描，然后将岩心抽真空并饱和地层水，进行饱和水岩心扫描，计算岩心的孔隙度并统计其分布，同时重建三维孔隙度分布；将岩心用模拟油造束缚水完毕后，用添加了5%碘代己烷（*CT*值增强剂）的脱气原油替换岩心中的模拟油；然后进行水驱油实验，LY-1和LY-2的注水速度均为0.05mL/min，水驱至含水率分别为98%和90%左右，定时间间隔对每块实验岩心样品进行CT扫描（单次扫描需17s），以获取油水饱和度的分布信息；换用聚合物溶液驱替，LY-1和LY-2均驱替0.7PV后转水驱至含水98%以上，同样用CT扫描系统获取油水饱和度的分布信息，并比较不同注水、注聚合物方式对采出程度的影响。

岩心LY-2的前期水驱、聚合物驱过程与LY-1类似，研究以岩心LY-1为例加以说明。利用图像分析软件可以得到驱替过程中某时刻的岩心含油饱和度频率分布图（图5-59）。该曲线能够清楚描述驱替过程中岩心内部含油饱和度分布情况，从而反映出驱替过程中岩心内部原油的动用情况。

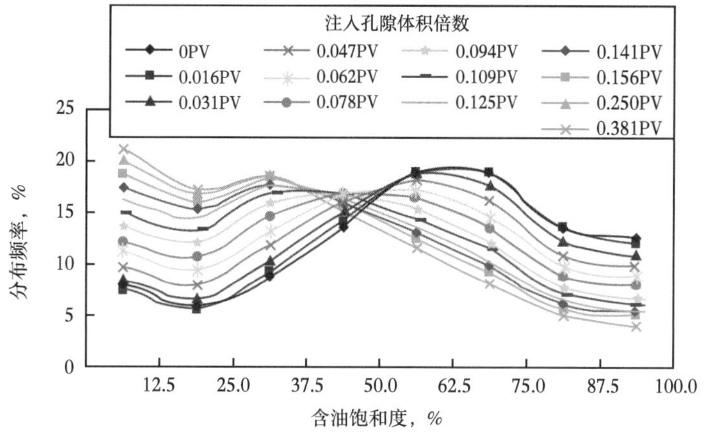

图 5-59　含油饱和度频率分布曲线

岩心 LY-1 水驱过程含油饱和度减少量（初始含油饱和度减去驱替过程中某时刻含油饱和度）沿程分布如图 5-60 所示。水驱过程水相突破很快，注水约 0.125PV（40min）时突破。水相突破后含油饱和度减少量沿程分布呈现整体上升的趋势。由 LY-1 水驱过程的岩心重构切面（图 5-61）可知：含油饱和度减少量沿程分布曲线出现整体上升是由于岩心非均质性极强，水驱突破后即形成了极强的“优势通道”，引起无效水循环；突破之后水驱仅驱出该“优势通道”的剩余油，而岩心其余区域的原油动用程度极低甚至并未被动用。

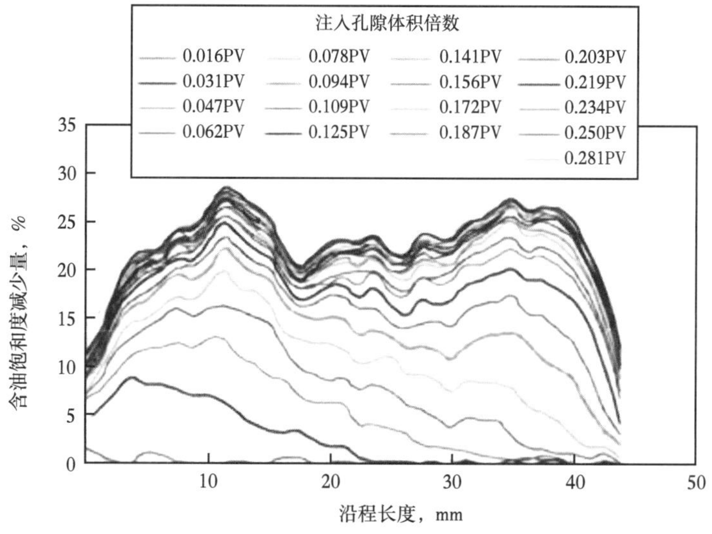

图 5-60　岩心 LY-1 水驱过程含油饱和度减少量沿程分布曲线

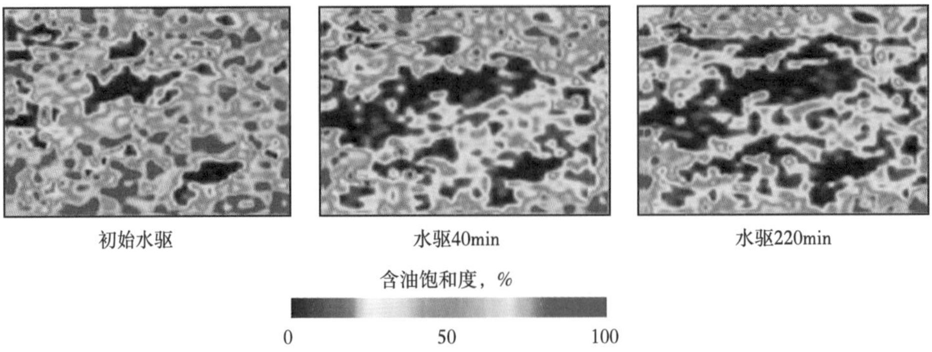

图 5-61　岩心 LY-1 水驱过程岩心重构切面

LY-1 水驱过程含油饱和度的频率分布变化如图 5-59 和图 5-62 所示。水驱时 50%~100%区间的含油饱和度所占频率下降很快（图 5-62），表明水驱时该区间的油首先被动用。0~25%区间的含油饱和度所占频率上升很快，一方面是因为该含油饱和度区间的油在水驱时难以动用，另一方面是因为岩心其他区域的水驱剩余油饱和度位于该区间。

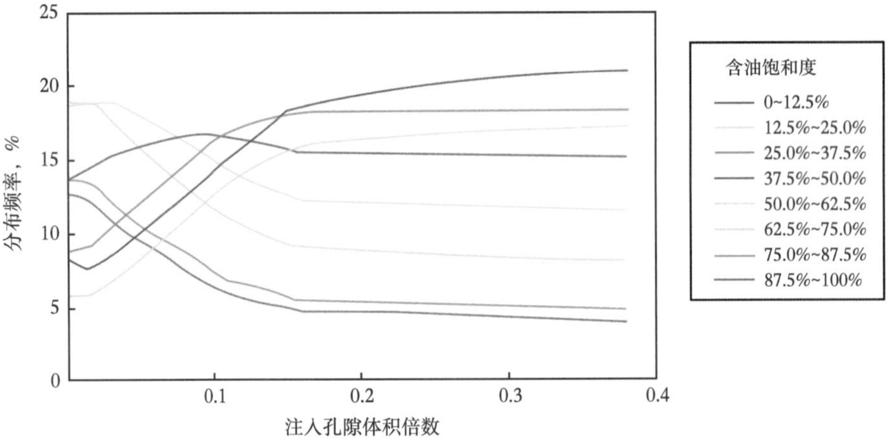

图 5-62　LY-1 水驱过程含油饱和度频率分布曲线

油相加入碘代已烷后，由于水相和聚合物的 *CT* 值差别很小，故计算含油饱和度时可将其忽略。观察岩心 LY-1 聚合物驱过程含油饱和度减少量沿程分布曲线（图 5-63）：初期，含油饱和度减少量沿程分布曲线整体上升的趋势中断；后期曲线继续呈整体上升的趋势。结合聚合物驱过程岩心 LY-1 的重构切面，观察到聚合物起到了堵塞“优势通道”的作用，令前期水驱中基本未动用的油得到了动用（见图 5-64 中黄圈处）。同时，岩心中部仍然有大量孤岛状的剩余油（见图 5-64 中红圈处）未被动用。

岩心 LY-1 聚合物驱含油饱和度频率分布如图 5-65 所示。与前期水驱相比，曲线中部（37. 5%~50. 0%区间）的值在下降（图 5-65 左侧），表明岩心中含油饱和度 37. 5%~

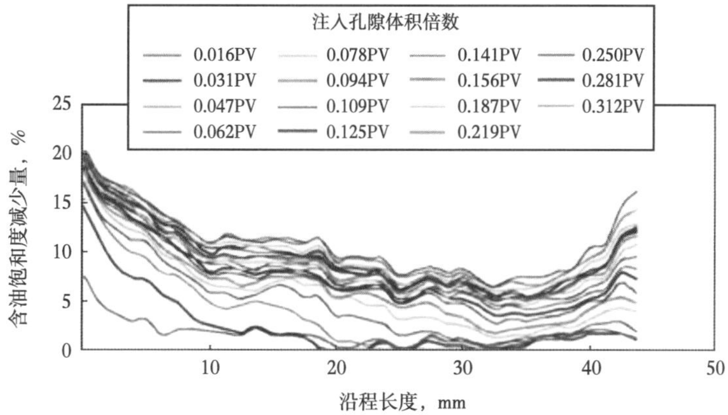

图 5-63　LY-1 聚合物驱过程含油饱和度减少量沿程分布曲线

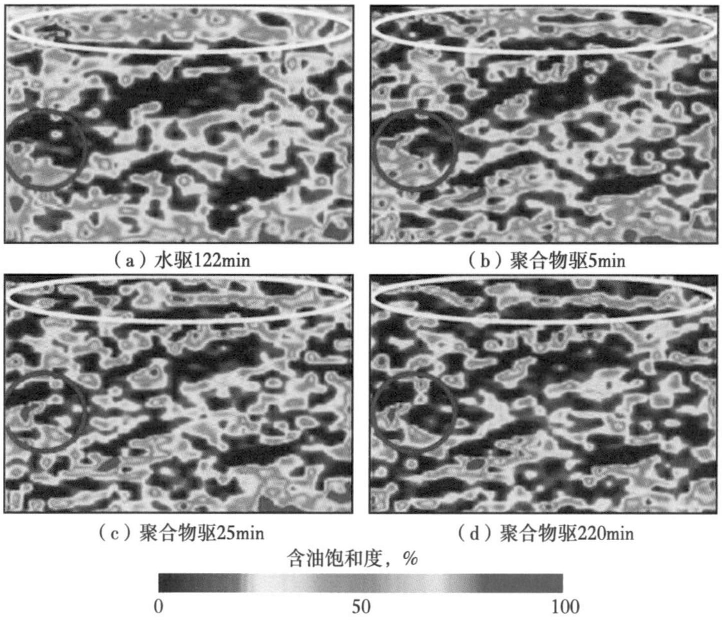

图 5-64　岩心 LY-1 聚合物驱过程重构切面

50. 0%区间的油较水驱相比有较大动用。12. 5%~37. 5%区间的含油饱和度所占频率变化趋势趋于平缓［图 5-65（b）］，同时考虑岩心其他区域的剩余油饱和度位于该区间造成的该区间饱和度所占频率增加，曲线趋于平缓表明该区间的油在聚合物驱时被动用。0~12. 5%区间的含油饱和度所占频率仍保持持续上升趋势，一方面说明该含油饱和度区间的油难以被动用，另一方面说明其他岩心区域的聚合物驱剩余油饱和度位于该区间。

岩心 LY-1 在后续水驱阶段基本未出油；而 LY-2 后续水驱的含油饱和度减少量沿程分布曲线随着注入孔隙体积倍数的增加仍然呈整体上升的趋势（图 5-66）。推测 LY-2 后续水驱只是在之前水驱及聚合物驱形成的通路中进行，没有开辟新通路。

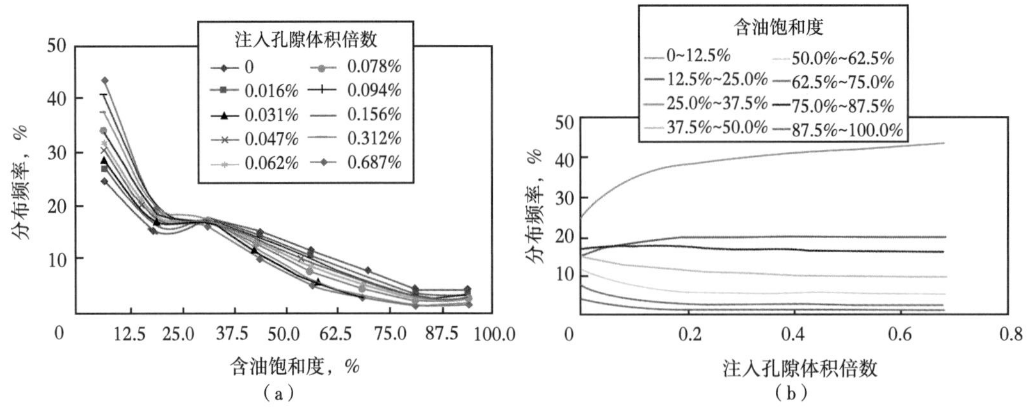

图 5-65　岩心 LY-1 聚合物驱过程含油饱和度频率分布曲线

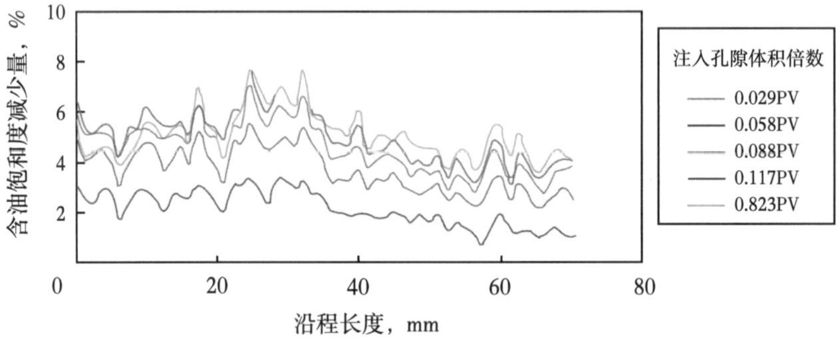

图 5-66　LY-2 后续水驱含油饱和度减少量沿程分布曲线

由 LY-2 后续水驱含油饱和度频率分布曲线（图 5-67）可见：除了 90%～100%区间的含油饱和度所占频率随注入孔隙体积倍数增加下降比较明显之外，其余区间的含油饱和度所占频率变化很小。表明后续水驱主要动用的还是含油饱和度位于 90%～100%区间的原油，即比较容易动用的原油，这在一定程度上也验证了之前“后续水驱仍在之前驱替形成

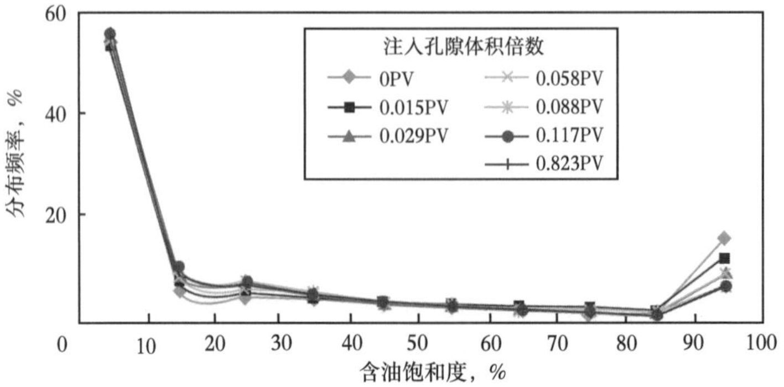

图 5-67　岩心 LY-2 后续水驱含油饱和度频率分布曲线

的通道中进行，没有开辟新通路”的假设。

岩心 LY-1 和 LY-2 水驱及聚合物驱采出程度见表 5-12。

表 5-12 不同驱替方式岩心采出程度

岩心编号	采出程度，%			总采出程度，%
	前期水驱	聚合物驱	后续水驱	
LY-1	45.4	19.9	0	66.3
LY-2	35.0	15.6	10.3	60.9

岩心 LY-1 前期水驱至含水 98%。前期水驱和聚合物驱采出程度基本正常，而后续水驱基本未出油，这是由于岩心极强的非均质性导致后续水驱难以推动聚合物驱段塞，从而不产油。基于此，可考虑减小聚合物驱的注入孔隙体积倍数，因为聚合物驱后期的聚合物只是在推动前期的聚合物段塞以驱油，后续水驱也可起到此作用，且更加经济。

岩心 LY-2 前期水驱至含水 90%。其采出情况表现为：前期水驱和聚合物驱采出程度低下，而后续水驱仍有不少原油被采出。结合分析含油饱和度减少量分布曲线、重构切面、含油饱和度频率分布曲线，推测由于前期注水程度低导致采出程度低，同时也导致水驱后“优势通道”中残留了大量剩余油，使得聚合物难以形成有效的段塞，注聚合物阶段开辟的新通路较少、仍主要驱出“优势通道”中的剩余油。而后续水驱驱出的油也主要是“优势通道”和少量新开辟通路中的剩余油。

综上所述，针对强非均质性高渗透砾岩油藏，前期水驱应该尽量达到最高含水率，以加强聚合物的段塞效果；同时，可以适当减少聚合物的注入量，后续水驱可以推动注聚合物时形成的聚合物段塞来驱油，使注入方式更高效更经济。

3. 泡沫液流转向

泡沫被许多研究者推荐作为提高多相流驱替效率的一种方法。含水泡沫是最常见的，通过把非润湿性的气体分散到连续的表面活性剂液相中，或者通过往多孔介质中同时注入气体和表面活性剂溶液以形成泡沫，来提高驱替效率和补充能量。通常情况下，通过往油藏中注入水蒸气、二氧化碳、烃或者氮气气体可以提高采收率，但这些气体的黏度一般比水或油的低，因此它们通常分别穿过高渗透区或者由于重力分离作用跑到油藏的顶部，造成驱替效率降低，剩余油增加。使气体形成泡沫可以克服气体所驱替液体的流动特性，并且可以使与油的接触更紧密，因为在多孔介质中，泡沫会遇到更大的流体阻力。但是，在低渗透区域和含水层的低压区用泡沫驱很困难。

泡沫在多孔介质中具有很高表观黏度，其流变学特性表明泡沫流体在流动时，需要克服启动压力和屈服剪切应力，这种特征使泡沫已经被成功地用作近井处理的液体封堵剂，比如酸化转向和堵水。在这些过程中，将泡沫放置在油气层的预定层位能够大大地降低外界物质（比如注入酸）和地层水的侵入。尽管泡沫驱在不同的油田现场已有应用，但是对多孔介质中泡沫的行为还没有一个全面的了解，例如泡沫中的液体究竟是先驱替出大孔隙中的气体，还是先在毛细管力的作用下自吸入小孔隙，这并不清楚。泡沫后注入流体的流度和流动分布，能决定增产措施中的泡沫—酸转向技术的效果以及泡沫提高采收率过程中的流体注入能力。通过泡沫后流体注入的 CT 研究，可以直接确定流体的流度和波及范围。

实验选用三块露头砂岩，其中 Bentheim 砂岩岩样孔隙度 22.1%，空气渗透率 1010mD，用于研究泡沫性质、注入速度、表面活性剂浓度等因素的影响；两块 Berea 砂岩岩样，孔隙度分别为 24.9%和 25.9%，空气渗透率分别为 1420mD 和 1901mD，用于研究层理性的影响。从 CT 扫描图（图 5-68）可以看出，Bentheim 砂岩在宏观上是非均质的，而 Berea 砂岩表现出了不同的层间模式。其中图 5-68（b）所示为细层 Berea 岩样，纹层与流动方向平行，图 5-68（c）所示为粗层 Berea 岩样，分层几乎垂直于流动方向。使用的表面活性剂溶液含有一定浓度的硫酸钠和氯化钠。在该盐水浓度下，SDS 表面活性剂的临界胶束浓度（CMC）约为 1440mg/L。

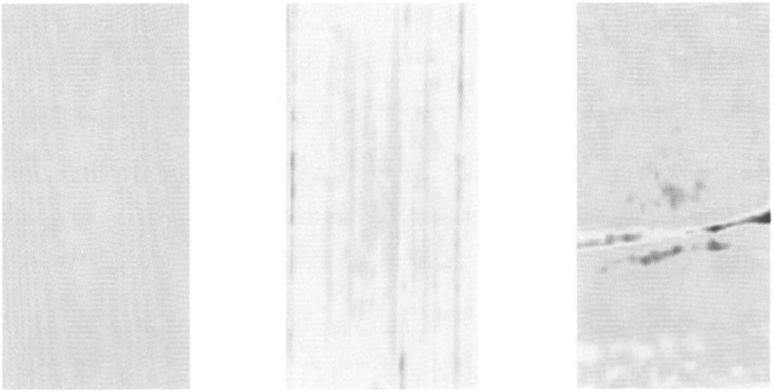

（a）Bentheim砂岩　（b）细层Berea岩样　（c）粗层Berea岩样

图 5-68　干岩心的 CT 图片

实验扫描系统使用医用 CT，岩心中的流动是水平的，CT 成像为纵向方向，为了消除岩样外表面处的边界流动影响，将岩样封闭在一个用低 X 射线吸收的超级胶水硬化过的薄层中。泡沫驱替装置包含 2 个活塞驱替泵，该泵的气体流量上行控制和产出流体的下行控制同向平行，岩心回压为大气压力。气体流量控制（器）用来确保在恒定速率下供 N_2。同样，在恒定流速下用泵注入表面活性剂溶液。

实验过程如下：在 90℃下的真空干燥箱中烘干岩样，真空条件下注入 200PV 的盐水，然后注入 200PV 的表面活性剂溶液以充分完成多孔介质内的吸附及离子交换。在固定流速下注入氮气和表面活性剂的溶液，为了研究气体和液体注入速度对泡沫的影响，在泡沫注入过程中，采用三种不同的液体和气体注入速度（泡沫 A，B，C）。泡沫达到稳定状态后，在稳定速度下注入表面活性剂溶液。在每个阶段用 CT 进行扫描，通过一系列平行的岩样切片和与轴线平行的图片，使流体的驱替模式和饱和度分布实现可视化。

1）注入泡沫后流体流动及分布特征

图5-69所示为注入泡沫A后，再注入表面活性剂溶液的过程中岩心内流体分布的CT图。CP为岩心平行轴截面的切面距离轴截面的位置，每两个相邻切面的距离为4mm。另外深蓝色代表 $S_w=0$，浅蓝色代表 $S_w=0.5$，黄色代表 $S_w=0.75$，深红色代表 $S_w=1$。从CT图片中可以看出，流体在泡沫中的流动存在明显的指进现象。这个现象对于注入泡沫—酸转向的判断尤为重要。如果泡沫—酸转向过程是为了消除岩样中的伤害，大多数酸会沿着指进区前进而绕过井筒伤害带。然而，如果泡沫是为了用泡沫封堵无伤害层，从而通过泡沫防止用于转向的酸液渗透，那么酸液在泡沫中的指进就不是问题。

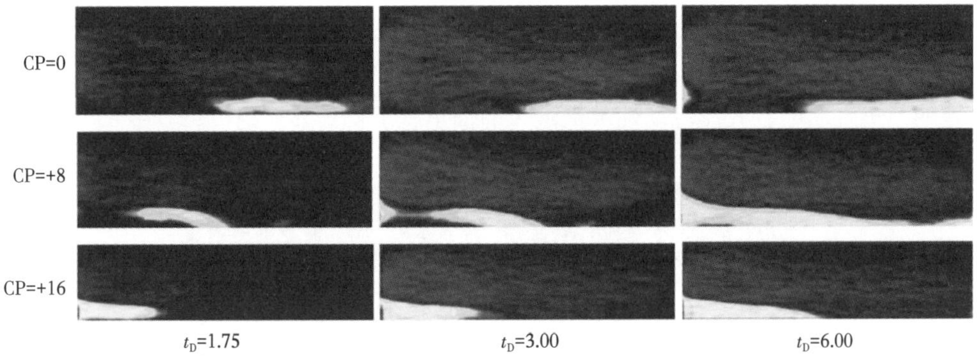

图5-69　表面活性剂驱替泡沫A过程中的轴向流体饱和度分布

t_D—无量纲时间

在 $t_D=3$ 时，指进中的流体饱和度约为73%，而在周围的泡沫区仍然保持22%左右。推测因为指进内的流体相对渗透率在0.1左右，约为泡沫注入过程中相对渗透率的400倍。指进的平均宽度约为6.5mm，大约为岩样层面面积的2%，因此，实际上所有的流体都是从指进中穿过的。且气体在泡沫中膨胀，泡沫区到指进区间肯定存在一个压力梯度，岩样的下段也类似，因此指进区域在入口附近宽一些。对在连续的时间内得到的图片进行对比，可以看出流体指进区域的宽度随时间而增加。在 $t_D=7.5$ 时，指进内的含水饱和度为68%，指进宽度为5.3mm，而指进区域以外的泡沫区中的平均含水饱和度为19%。与泡沫注入过程17%的平均含水饱和度相比，停止气体注入后，泡沫区内的平均含水饱和度很快降至17%，并在 $t_D=7.0$ 后逐渐增加到25.5%。另外，因为受重力控制，指进发生在岩样的底部。

图5-70所示为近岩样入口端同一位置处不同时间的一组岩心切片扫描图片。在 $t_D=0.51$ 时（注入1PV流体），指进已经发生，指进区域内的含水饱和度略小于35%。$t_D=1.17$ 时，含水饱和度升高到57%，$t_D=3$ 时，含水饱和度为74%，同时指进区域变宽。$t_D=6$ 时，指进区更宽了，含水饱和度升高到78%。这与气驱过程中含水饱和度快速适度的增加，以及气体在流体中的溶解过程中含水饱和度的较慢增长的现象是一致的。

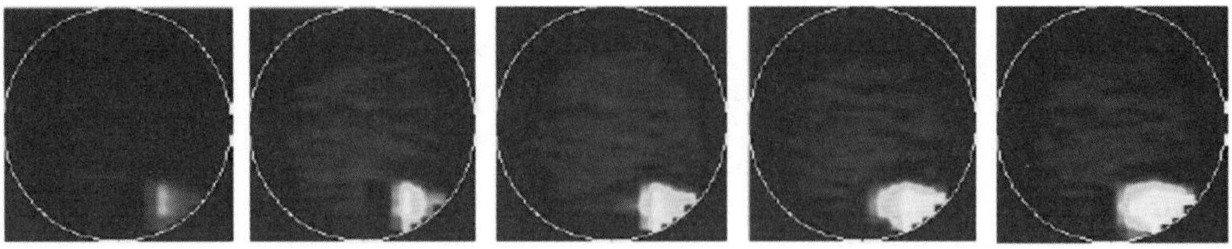

图 5-70　不同 t_D 值时入口端同一位置的岩心切片 CT 图

实际上所有的流体都是通过指进流动的，图 5-71 为 $t_D=3$ 时，一组岩心切片的 CT 图片，可以看出，沿着岩心的注入方向，指进区域逐渐变窄，含水饱和度也变低。流体流度主要受指进的流体性质控制，被捕集的泡沫状态对其影响很小。但是，当泡沫影响了储层和流体的指进性质时，气体流动性及被泡沫的捕集就主要受其控制了。

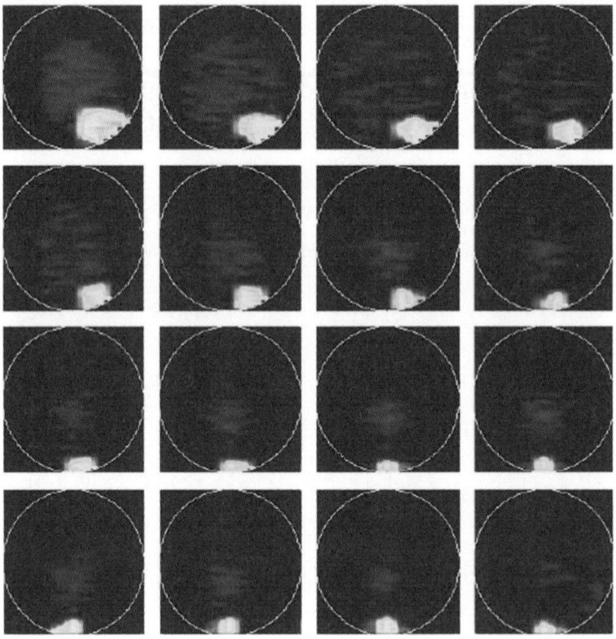

图 5-71　$t_D=3$ 时岩心切片 CT 图

2）泡沫注入量和泡沫注入速度的影响

泡沫 B 的标准气体注入量是泡沫 A 的 2 倍，而液体注入量相同，在泡沫注入的稳定阶段，压力降低与泡沫 A 类似。CT 测得泡沫的平均含水饱和度为 15%，略低于泡沫 A（19%）。图 5-72 为 $t_D=1.22$ 和 $t_D=3.0$ 时的液体指进情况。情况与泡沫 A 类似，但存在以下区别：（1）该实验中的液体指进的路径弯曲小，CT 切片从 CP=4 到 CP=12，而不像泡沫 A 中从 CP=0 到 CP=16。（2）指进并没有限制在岩样底部。如果注入泡沫 A 后的液体指进主要受重力控制，那么，注入泡沫 B 后的液体指进受重力影响较小。(3) 指进区域内的平均液体饱和度以及在 $t_D=3$ 时的整个岩心的平均含水饱和度均略低于泡沫 A 的情况（分别为 71%和 27%)。(4) 指进区略窄于泡沫 A 中的指进区。

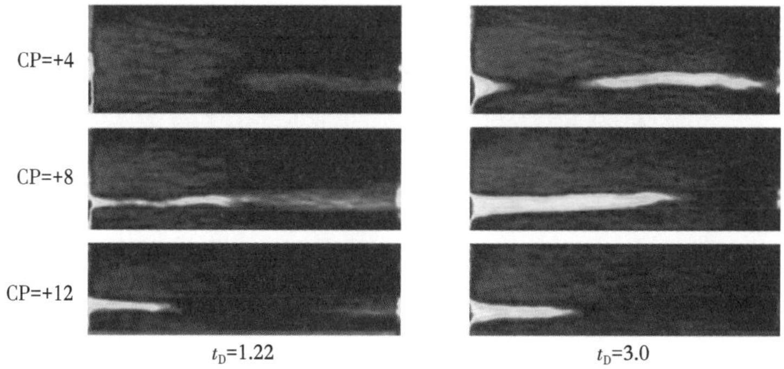

图 5-72　$t_D=1.22$ 和 3.00 时表面活性剂溶液驱替泡沫 B 过程中的轴向流体饱和度分布

在这种情况下，只存在一条主要的指进，其他有竞争力的指进均消失了。在图 5-73 中可以清楚地看到，早期共有三个明显的指进，后期右边的指进消失了。这是因为在实验中，气体随着压力下降而膨胀，很可能引起指进以外的液体饱和度降低。这样，指进可能不仅仅是停止生长，而是随压力下降和气体膨胀而一起消失。

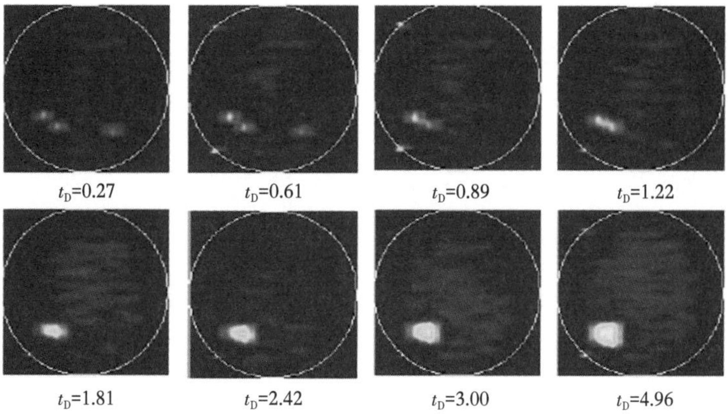

图 5-73　不同 t_D 值时同一位置的岩心切片 CT 图

泡沫 C 的标准气体注入量与泡沫 B 相同，而液体注入量是泡沫 B 实验的 2 倍。泡沫 C 的稳定压降高于泡沫 A 和泡沫 B。因此，对于相同的气体注入条件，泡沫 C 中的气体流度低于泡沫 B 而高于泡沫 A。液体指进（图 5-74）几乎与岩心是共轴的，而不像在泡沫 A 和泡沫 B 中观察到的那样位于岩样下部。另外，主指进的一个很明显的分支也在后期消失了。$t_D=1.15$ 时，从 CP=4 的图片中可以看到，在岩样中间有一个高含水饱和度指进带，但到 $t_D=3.94$ 时，当主指进流动占主导地位时，它就消失了。$t_D=3.94$ 时，指进带内平均液体含水饱和度为67%，整个岩心内的平均含水饱和度为24%，与前面的泡沫相比是最小的。

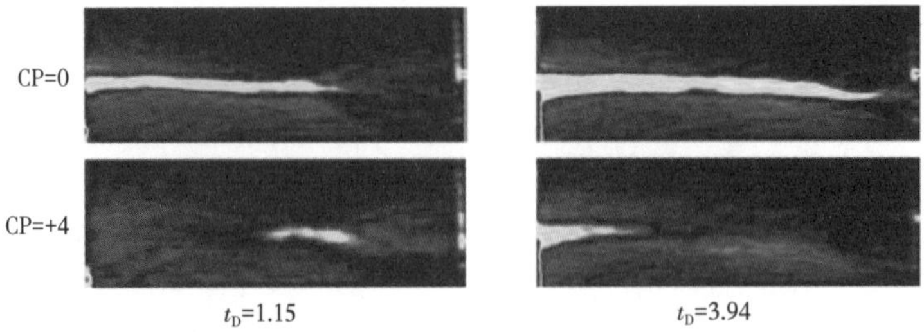

图 5-74　t_D = 1.15 和 3.94 时，表面活性剂溶液驱替泡沫 C 过程中的轴向流体饱和度分布

按上述顺序考虑这三种泡沫，即泡沫 A，B，C，指进弯曲逐渐变弱，含水饱和度变低，重力作用变小。针对上述几种情况，初始泡沫中的液体饱和度越小，泡沫中发生的指进弯曲越小，指进区域内液体含水饱和度越低。

3）层理性的影响

细层的 Berea 岩样层理平行于主流动方向，图 5-75（a）所示为该岩心注入泡沫后注表面活性剂溶液过程中轴截面液体饱和度的 CT 图片。指进液体的饱和度为 87.5%，并且随着注入时间向岩心出口端扩张。在岩心入口附近，由于气体膨胀的原因，指进区周围被捕集气体内的液体饱和度随时间显著降低，并向岩心出口端指进直至消失（t_D = 3.9）。可以看出，指进内的液体向岩心末端的运动几乎没有阻力，并向随后的其他层扩展。而已经形成的指进区域向出口段扩张缓慢，说明了这种现象并不是岩样中的层理不均匀引起的。

粗层的 Berea 岩样层理垂直于主流动方向，该岩心分层较粗，存在一条又尖又窄的分层区域，在 CT 中显示出低密度特征，即低渗带。图 5-75（b）所示为该岩心注入泡沫后注表面活性剂溶液过程中，在 t_D = 5.98 时不同截面液体饱和度的 CT 图片。可以看出，逆

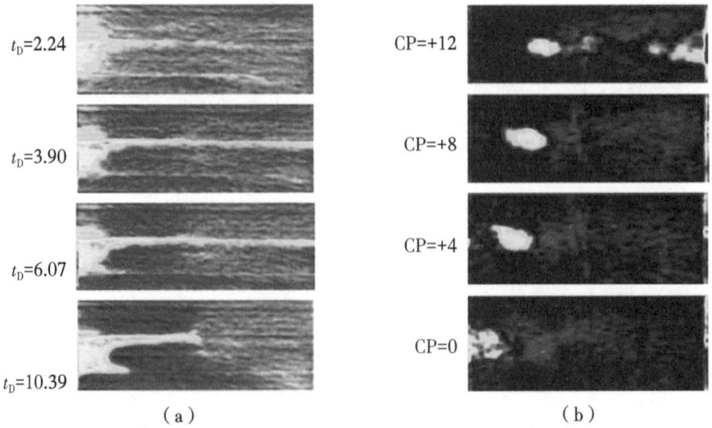

图 5-75　不同 t_D 时，细层 Berea 岩样表面活性剂驱替泡沫-A 的流体饱和度轴向 CT 图片（a）和 t_D = 5.98 时，粗层 Berea 岩样表面活性剂溶液驱替泡沫 A 的流体饱和度轴向 CT 图片（b）

着低渗透带形成了一条含水饱和度73%的较宽的液体指进带，轨迹在该层后面成对角线，并在岩样末端附近液体发生突破，顺着低渗透带形成指进。

二、气驱机理研究

1. CO_2 驱

CO_2 地质埋存技术主要是指将高纯度 CO_2 注入选定的、安全的地质构造中，通过各种圈闭机制将 CO_2 永久性地封存在地下，其主要技术包括：将 CO_2 注入地下盐水层中进行埋存；将 CO_2 注入废弃油气藏中埋存或注入正在开发的油气藏中提高采收率；将 CO_2 注入无法开采的煤层中提高煤层气的采收率。

利用 CO_2 提高原油采收率是石油行业一项成熟的技术。CO_2 的临界温度为31℃，临界压力为7.38MPa，在油藏温度和压力下，CO_2 一般为超临界流体。注入的 CO_2 溶于原油后，使原油的体积膨胀、黏度降低，更易于向生产井方向流动，部分 CO_2 会随地层流体产出，但可以通过分离后循环注入油藏中，而大部分 CO_2 则会占据采出流体原来所占据的孔隙体积，溶解于残余油和地层水中。油田经验表明，大约40%原始注入的 CO_2 会在生产井中产出，如果不考虑 CO_2 在生产井中突破后的分离和回注，CO_2 的存储效率大约只有60%。

对于废弃气藏埋存，可利用原来的集输管线和生产井实施注入，注入的 CO_2 将充填到原先天然气所占据的孔隙体积中。虽然气藏条件下，CO_2—CH_4 体系的特性有利于 CO_2 驱替甲烷，但由于通过常规的压力衰减方式开采天然气就可以达到很高的采收率，而且将 CO_2 注入气藏存在原生气和注入气的混合问题，使得注 CO_2 提高气体采收率技术一直未被重视。但是，随着 CO_2 地质埋存技术的兴起，CO_2 提高采收率技术也成为当前的研究热点之一。利用CT扫描可对封存的 CO_2 驱油的可行性进行实验研究。

实验流程如图5-76所示，主要包括4个主要部分：注入系统由两台泵组成，分别控

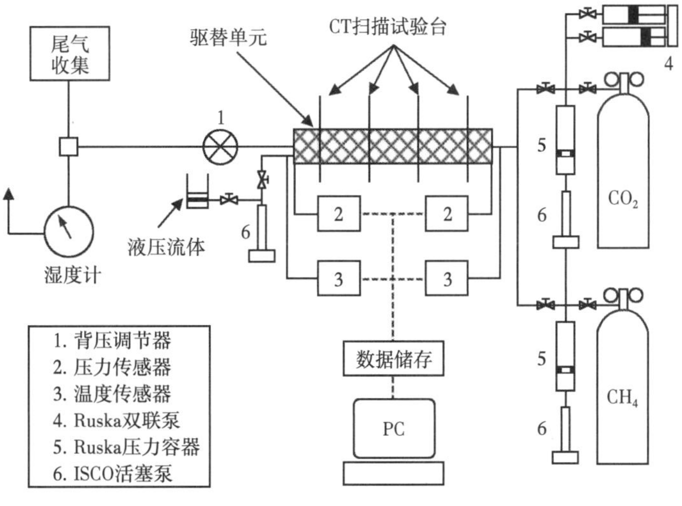

图5-76 临界状态 CO_2 驱替装置示意图

制将两个中间容器里的甲烷和 CO_2 泵入系统；岩心夹持器外壳为铝，可承受高温高压并保证 X 射线穿透；医用 CT 扫描系统负责实验过程中的岩心的扫描，CT 扫描图片提供了岩心孔隙度数据，并通过气体组分数据和分析辅助确定甲烷的扩散和驱替；湿式气体流量计和气相色谱仪测量气体体积和组分，回压调节阀设置岩心出口压力，用连接到电脑上的数据记录仪每隔 10s 读取温度和压力值。

该实验设计如下：关闭回压调节阀，在达到规定压力之前，缓慢地将甲烷充进岩心；注入甲烷的同时，将高温的液压油注入岩心夹持器的环形空间中，以保证 300psi 的围压，然后以 0.25mL/min 的注入速率注入 CO_2 到岩心中，当采出气 100%含 CO_2 时停止实验。在实验开始阶段，CO_2 突破阶段，实验结束阶段分别用 CT 进行扫描。

一共进行了 17 组实验，其中在 20℃下进行 9 次，40~60℃下进行 8 次。对于每一温度，岩心压力都从 500psi 变化到 3000psi。图 5-77 为 20℃下 9 次实验中 CO_2 的摩尔分数随时间的变化关系，实验中 CO_2 的状态与压力有关。图 5-78 给出了 8 条高温高压下的曲线，此时 CO_2 处于临界状态，从 CO_2 浓度与时间的关系曲线可以推断出 CO_2 的突破时间。对于 CO_2 稳定驱替，在 CO_2 突破时的甲烷采收率很高，从 73%到 87%。

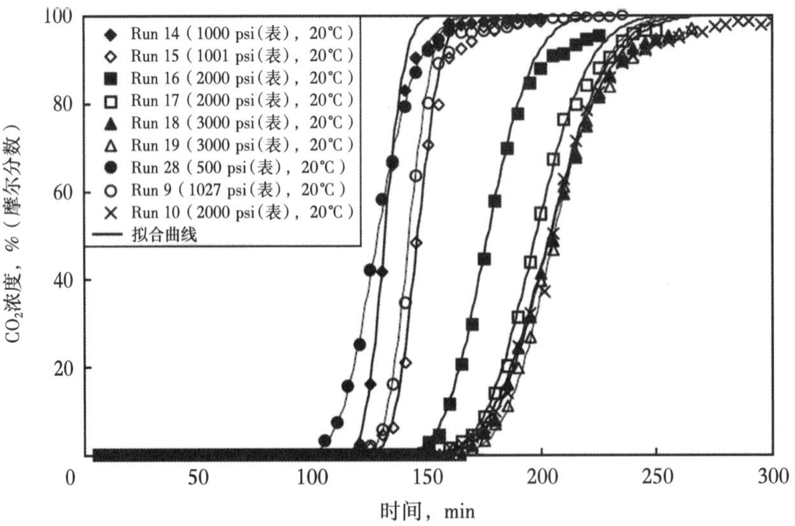

图 5-77　20℃时 CO_2 浓度随时间变化关系曲线

从图 5-77 和图 5-78 可以看出，CO_2 突破时间从 55min 到 170min 不等。图 5-79 为典型的 CT 扫描图，在突破时岩心中的 CO_2 浓度是一致的，与解析得到的低扩散速度结果一致。事实上每组实验的泵速均为 0.25mL/min，图 5-80 说明突破时间随压力增加而增加。由于通过回压调节阀的不断调整使岩心压力不同，每组实验中的 CO_2 注入速率都不同。

每条曲线的 CO_2 突破时间，计算与实验得到的数据基本一致，实验结果如图 5-81（a）所示。在 CO_2 突破时，岩心中 C_1 的饱和度 S_g 不同。对于 20℃下 S_g 的范围是 15%~27%的

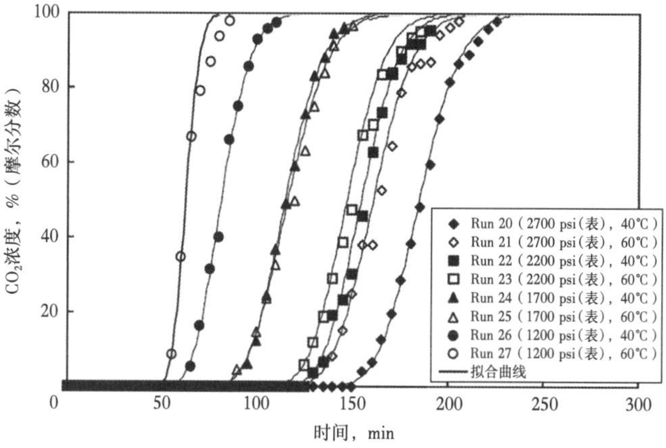

图 5-78　40℃和 60℃时，产出 CO_2 浓度随时间变化关系曲线（实验中 CO_2 临界状态）

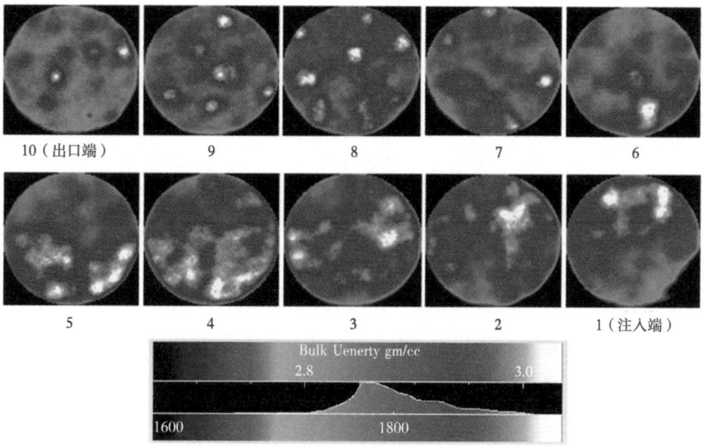

图 5-79　CO_2 突破时的岩样典型 CT 扫描图片

1~10 为从注入端到出口端沿程不同断面 CT 扫描图片，其中突破的液态、CO_2 在图中显示为红色、黄色和明亮区域，残留的甲烷在图中显示为绿色、灰暗的区域

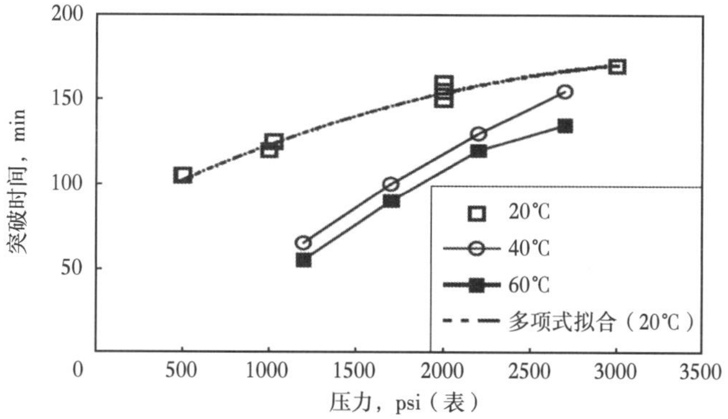

图 5-80　CO_2 突破时间随压力的变化而增加

孔隙体积；40℃下 S_g 的范围是 14%～17%的孔隙体积；60℃下 S_g 的范围是 12%～14%的孔隙体积。结果表明，S_g 随着温度的升高而降低，即 CO_2 的临界状态越强（密度越大），C_1 的范围增加。CO_2 有利的临界性质也可以解释在 CO_2 突破时 C_1 的采收率增加，20℃时为 73%～85%OGIP，40℃时为 83%～86%OGIP，到 60℃时为 86%～87%OGIP。CO_2 驱替最终可以产生 100%的 C_1 采收率，如图 5-81（b）所示。

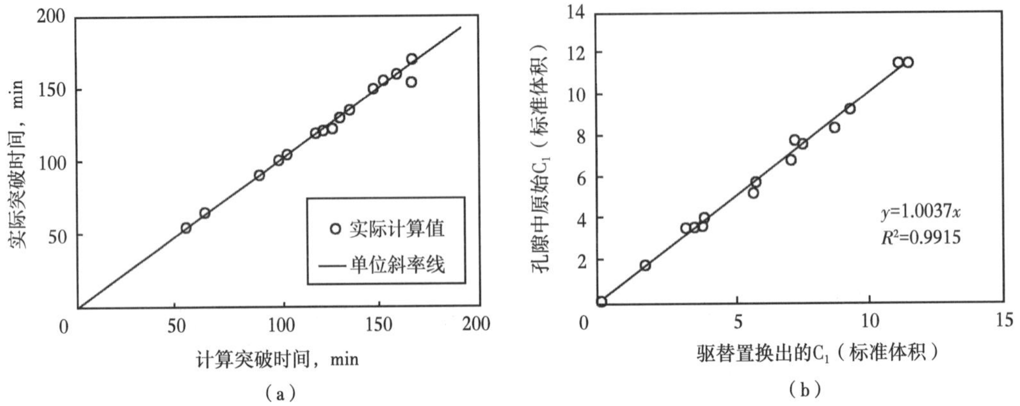

图 5-81 实验观察与计算的 CO_2 的突破时间的对比（a）与模拟结束时 CO_2 驱替出了岩样内 C_1 情况（b）

从实验结果来看，CO_2 驱替天然气，不管 CO_2 是气体，还是液体或临界流体，效果都很好，CO_2 相对甲烷的扩散系数很低，仅为 0.01～0.12cm²/min；CO_2 突破时 CH_4 的采收率高达 73%～87%OGIP；在实际气田中，通过改善气藏波及系数和增加气藏压力，该值可能转化为不可动用气藏的产量，从衰竭或废弃气田到临界 CO_2 的埋存气体产生的价值足以补偿封存 CO_2 的费用；从水平方向一维的 CO_2 驱替天然气实验来看，实际上重力分异作用会增强驱替的稳定性，从而在 CO_2 埋存过程中提高天然气采收率。

2. 气体辅助重力驱

自从 1965 年进行了第一次顶部垂直注气的工业性试验以来，气体辅助重力驱技术便伴随着注气提高采收率技术的发展而同时发展。我国注气提高采收率方面的工作主要集中在 CO_2 和烃类气体混相和非混相驱方面，但由于 CO_2 的气源和腐蚀性以及天然气需求增加，氮气以其广泛的来源和低廉的价格在注气驱提高采收率的应用中越来越受到人们的重视，在美国和加拿大已有 33 个油气田投入注氮气开发。早在 1951 年，Terwilliger 等提出过高的注气速度不利于整体采收率的提高。Amit 等首次利用无量纲的分析思路建立了非混相条件下采收率与重力数之间的关系，并发现混相条件下数据位于以上关系曲线的延长线上，进而揭示了非混相气驱与混相气驱的统一性。利用 CT 扫描技术，通过对驱替过程中三相流体饱和度实时在线测量，可以揭示气体辅助重力驱提高采收率机理，证明了高含水后期该类提高采收率方法的可行性。

实验装置采用基于CT扫描的岩心驱替系统。该测试系统对驱替过程进行实时CT扫描，全过程采集进、出口压力，获得全程流体饱和度数据。其主要组成部分包括CT扫描系统、注入系统、围压与温度控制系统、回压控制系统、影像传输与数据采集系统以及特制岩心夹持器等（图5-82）。实验温度为24℃，低能量下，扫描电压为120kV，扫描电流为200mA；高能量下，扫描电压为140kV，扫描电流为200mA。

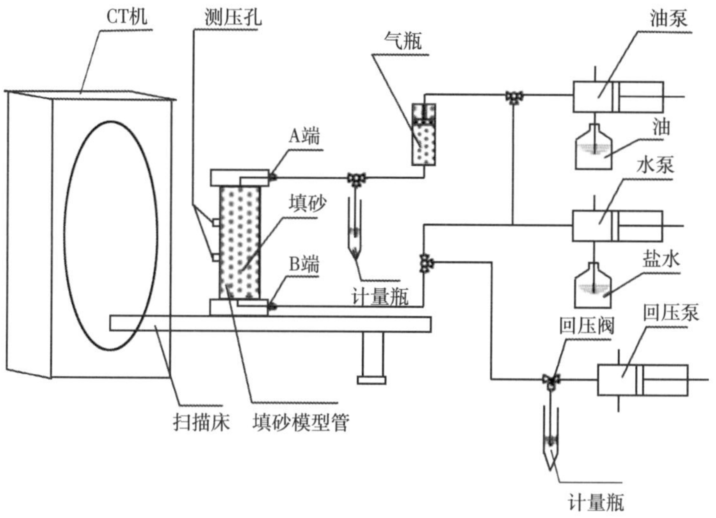

图5-82　基于CT扫描的重力稳定注气实验流程

为了模拟油层的非均质特征，采用80~200目的石英砂混填制作填砂模型。实验填砂模型长为30cm，内直径为4.5cm。完全饱和油后，测得纯油相的渗透率为855.32mD，孔隙体积为161.67mL，平均孔隙度为33.88%。

实验用油为调制的白油模拟油，在实验温度下，黏度为10.72mPa·s，在低能量下，其*CT*值为-258，在高能量下，*CT*值为-159；实验用水为4%的标准盐水，含2%碘化钠作为水相CT增强剂，在实验温度下，黏度为0.9801mPa·s，在低能量下扫描，其*CT*值为324，在高能量下，其*CT*值为276。

在实验过程中，先将填砂模型饱和油，然后通过底部注水驱替至高含水阶段。在水驱过程中，水驱开始后的相当长时间内，出口端持续产油，该阶段占累计产油量的75%以上；出口端开始油水同产，含水率不断上升，与常规中高渗透砂岩岩样不同，该阶段的含水率上升得特别快；进入高含水阶段后，出口端基本不再产油。水驱的全过程总体相当于一个活塞式驱替。

利用CT扫描获取的干模型，湿模型以及中间模型可以计算出水驱过程中任意一扫描时刻下填砂模型整体的平均含油饱和度和含油饱和度沿程分布。图5-83和图5-84分别为水驱过程中部分时刻中间扫描切片的CT扫描图和通过*CT*值计算获取的水驱过程中不同时刻含油饱和度沿程分布。图5-84中各种颜色的差异代表*CT*差值的差异，*CT*差值由小变大，其对应颜色变化从蓝色到绿色，再到红色。可以看出，由于填砂模型的非均质特性，水驱初始时刻各处的颜色不尽相同；当水相侵入模型底部，底部的颜色开始由绿色变红色；随着水相的持续注入，从下到上各处的颜色逐渐朝着 *CT* 差值增大的方向变化。这是由于水相的 *CT* 值高于油相的 *CT* 值，同时这也说明水相正由下往上逐步推进；驱替至 1.28PV 后，CT 扫描图不再有大的变化，这说明此后模型纵向上的饱和度分布基本不再变化。

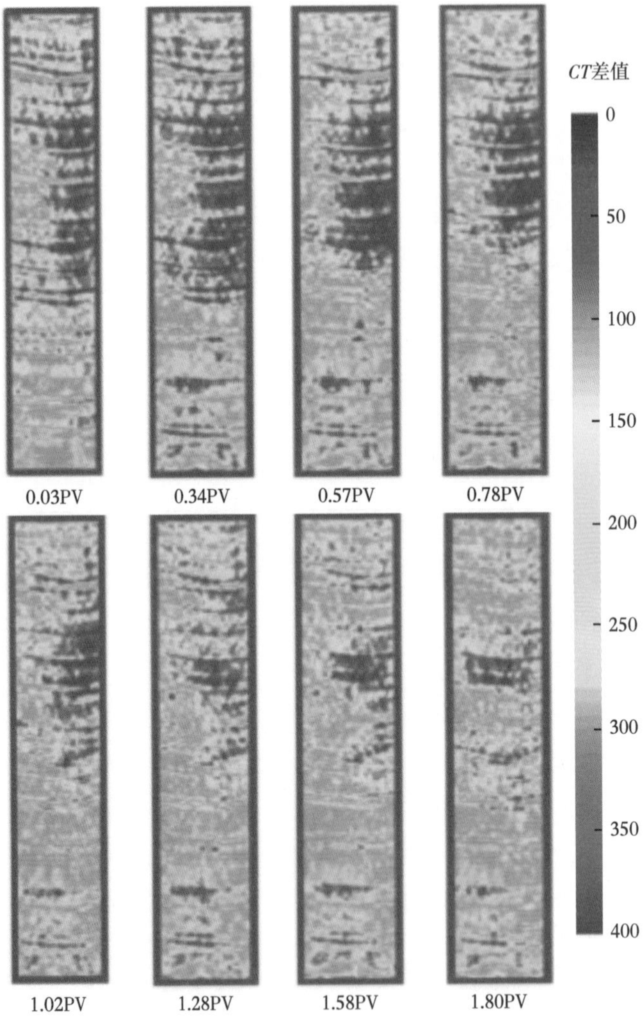

图 5-83　水驱过程部分时刻的 CT 扫描图

从图 5-84 中可以看出，水驱开始后，水相波及到的区域含油饱和度迅速下降；随着水相的持续注入，水相波及前缘不断向出口端推进，其推进规律类似于 B-L 方程中的饱和度前缘推进。该模型水驱过程中饱和度前缘基本呈活塞式推进，这是由于模型渗透率偏大以及驱替过程中油水密度差异等因素所致。同时，在水驱结束时刻，含油饱和度的沿程

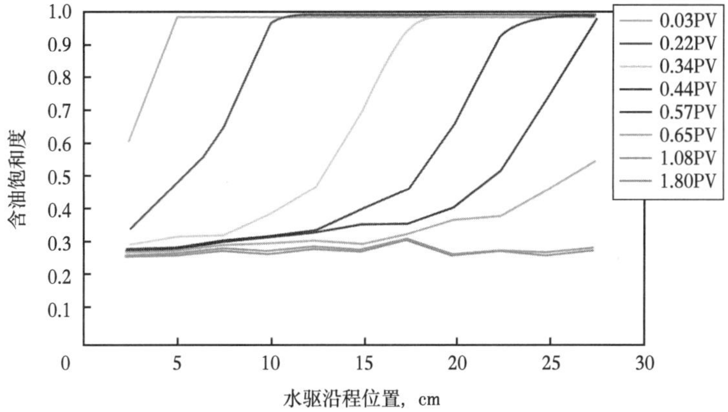

图 5-84　水驱过程不同时刻含油饱和度沿程分布

分布基本维持在 28%~30%，分布在真实平均残余油饱和度附近。模型的非均质性减弱，这可能是由于砂粒运移所致。根据水驱结束时刻中间模型整体的 *CT* 均值，结合干模型与湿模型整体的 *CT* 均值，可以计算出水驱结束时刻模型整体含油饱和度为 28.25%。与出口端产出数据反推的含油饱和度（28.08%）十分接近，误差在 1%以内。

水驱结束后，反向憋回压至 8MPa，然后从模型顶部垂直注入氮气，开始阶段出口端持续产水；累计注入 0.1PV 氮气之后，出口端开始油水同产，不过此时仍以产水为主；随着氮气的连续注入，出口端含水率逐渐降低，产油高峰期出现在氮气累计注入 0.15PV~0.18PV 的区间段，该阶段占累计产油量的 80%以上；之后出口端油、水、气三相同产，随着时间的推移，出口端产液率不断下降，产气率急剧上升，至氮气累计注入 0.2PV 左右，气相完全突破，油水基本不再产出；驱替至出口端不再产液且注入压力平稳不再波动，累计产油为 12.5mL，提高采收率为 7.45%。

利用 CT 扫描获取的干模型，湿模型以及气驱过程中的中间模型可以计算出气驱过程中任意一扫描时刻下填砂模型整体的平均含油饱和度和含油饱和度沿程分布。气驱过程中部分时刻中间扫描切片的 CT 扫描图以及不同时刻含油饱和度沿程分布分别如图 5-85 和图 5-86 所示。从图 5-86 中可以看出，由于三相流体自身 *CT* 值的差异，气驱时各扫描图中各位置处颜色差异极大。这一方面说明了模型存在一定的非均质性，从另一方面也说明了各相流体在分布上差异巨大。但各时刻的 CT 扫描图随着气体注入，模型顶部及中部位置处图像的颜色朝着 *CT* 差值减小的方向变化，而模型底部位置处图像的颜色朝着 *CT* 差值增大的方向变化，由于油相与水相的 *CT* 值明显高于气相的 *CT* 值，以上现象也一定程度上说明气相从模型顶部朝底部推进的过程中，模型顶部与中部被气相驱扫得较彻底，同时有相当数量的在模型底部“堆积”；驱替至 0.2325PV 后，CT 扫描图不再有大的变化，这说明此后模型纵向上的饱和度分布基本不再变化。

对于整体润湿性为水湿的填砂模型，水驱后的残余油多为孔隙中间的孤滴状分布；由

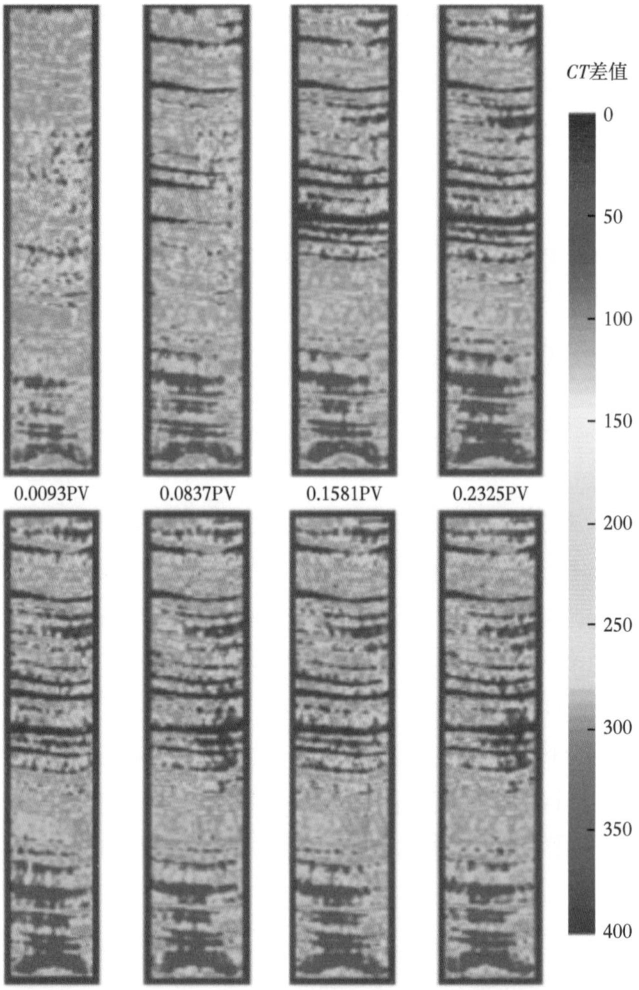

图 5-85 气驱过程部分时刻的 CT 扫描图

于气体相比油为非润湿相，因此注入气更趋于占据驱扫区域内孔隙中间的空间，之前水驱形成的残余油将被迫启动向下运移；在运移的过程中，原本不同位置处的残余油将发生聚并形成富集带；由于气液之间的重力差异，“富集带”将随着注入气逐渐向底部出口端推进，同时逐步“聚并”驱扫区域内的残余油，变得越宽越大。如图 5-86 所示，含油饱和度沿程分布曲线表现为出现饱和度增加区段，并且该区段随着注入孔隙体积倍数逐步向出口端推进，同时该区段逐渐变宽，区段内饱和度峰值也在不断增大，就如同在气体推进前缘存在一个油相富集带，不断富集沿途的残余油，导致富集带逐渐变宽，含油量也逐渐上升；当油相富集带推进至模型底部出口端时，油相开始在出口端附近堆积，最后在模型底部位置处呈现出越靠近出口端，其油相饱和度越高，此时气相开始大规模突破，之后含油饱和度沿程分布不再剧变；实验结束泄回压时，有少量油喷出，拆开填砂模型时底部含油饱和度明显高于顶部，也可以证实上述结果。

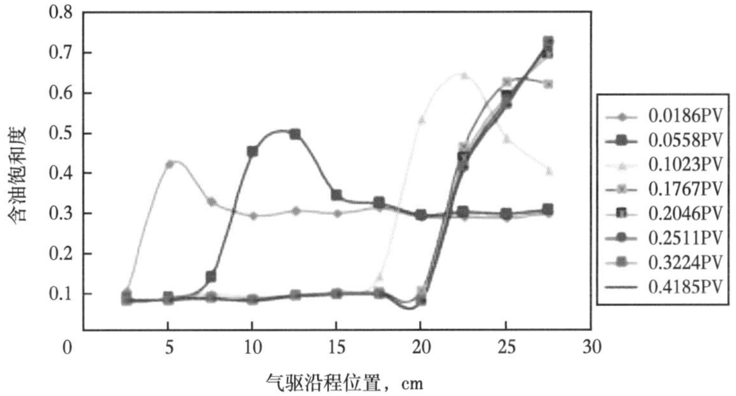

图 5-86　气驱过程不同时刻含油饱和度沿程分布

第四节　储层伤害评价

一、水敏伤害评价

在经历油田开发初期的天然能量开采后，通常采用注水方式来补充地层能量，以便获取稳定的产量，并最终达到理想的采收率。当外来流体与储层不匹配时，储层中的黏土矿物很可能发生水化、膨胀、分散和运移等，从而导致储层渗流能力下降，进而在不同程度上引起储层伤害。储层敏感性是指储层中发生某种伤害对外界诱发条件的敏感程度。

常规储层敏感性评价主要是基于流动实验来实现的，通过测量发生伤害前后岩心渗透率的变化来反映储层敏感性，并利用渗透率的相对变化程度来评价敏感程度。传统方法多基于常规流动实验对储层敏感性开展深入研究。例如，利用油层岩心制作的真实砂岩模型，进行水敏伤害条件下的微观水驱油渗流特征实验；在储层岩石成分、物性特征和孔隙结构分析的基础上，应用岩心流动实验，进行油层水敏性研究，深入分析储层水敏形成机理；通过铸体薄片、扫描电镜、图像分析及全岩分析等手段详细研究储层特征，结合岩心流动驱替实验开展水敏实验研究；将驱替伤害实验与核磁共振技术相结合，定性分析致密砂岩油气藏水敏性伤害程度。综合分析，以上研究普遍存在两方面缺陷，既无法准确描绘发生伤害的具体区域，也缺少对敏感性伤害程度孔隙尺度级别的定量评价。为此，结合岩心流动实验和岩心 CT 扫描技术，可以开展水敏伤害定量评价研究。

选用 3 块取自同一层位的岩心开展实验研究，岩心基本物性参数详见表 5-13。结合岩心 CT 扫描孔隙度沿程分布信息（图 5-87），3 块岩心可作为平行样开展实验研究。铸体薄片分析表明，3 块岩心中均含有一定量的水敏性黏土矿物，如绿泥石、蒙脱石和伊利石等。

表 5-13　水敏伤害实验岩心基本参数表

样号	直径，mm	长度，mm	孔隙体积，mL	孔隙度，%	空气渗透率，mD
ST74	25.34	66.91	4.615	16.3	8.9
ST57	25.34	68.37	4.658	16.1	6.7
ST73	25.36	70.39	4.527	15.2	5.7

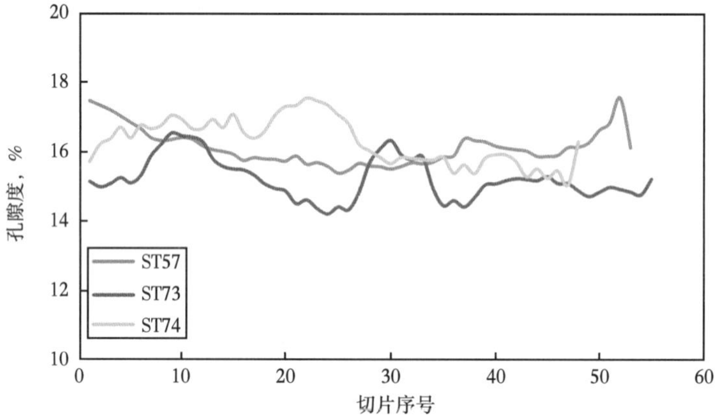

图 5-87　三块岩样的孔隙度沿程分布

实验中采用 8%的标准盐水作为实验用水，同时为了提高水相在 CT 扫描中的识别度，上述标准盐水中一部分氯化钠按矿化度对等原则置换成溴化钠，实验温度 24℃下其黏度为 1.02mPa · s。实验用油包括普通模拟白油和添加油相 CT 增强剂的模拟白油，其中后者的 *CT* 值被调至与实验用水保持一致，实验温度下其黏度为 15.04mPa · s。实验用气为高纯氮气。

3 块干岩心装入夹持器中经 CT 扫描后均直接饱和原油，再进行 CT 扫描。

对岩样 ST74 开展水驱实验，实验中为了避免可能的水敏伤害，在岩心抽真空后用普通模拟白油完全饱和岩心，之后采用 0.01mL/min 的流速进行水驱，实验全过程保持岩心净围压（即实际围压减去注入压力）略大于 3MPa。实验中分别对干岩心、湿岩心（完全饱和油）和水驱过程中岩心进行 CT 扫描，水驱全过程采集注入压力。当实际围压接近安全压力 15MPa 时，停止水驱实验。

对岩样 ST57 开展气驱实验，实验过程和 ST74 的水驱实验类似，但注气速度为 0.005mL/min，当不再产油并且压力稳定后停止实验。

与上面的水驱实验不同，在“设计”水驱实验中，实验用水和实验用油的 *CT* 值被调整成一致，因此，水驱过程中 *CT* 值的变化将直接反映孔隙度的变化。选取岩样 ST73 进行“设计”水驱实验，同样为了避免可能的水敏伤害，在岩心抽真空后用添加油相 CT 增强剂的模拟白油完全饱和岩心，之后同样采用 0.01mL/min 的流速进行水驱，保持净围压略大于 3MPa。采用 CT 扫描分别获取干岩心、湿岩心和水驱过程中岩心的 *CT* 值，实时监测水驱过程中注入压力。当注入压力出现显著上升趋势时，停止“设计”水驱实验。

在水驱初始时刻，少量白油从岩样 ST74 出口端产出，此时的注入压力相对较低。在之后相当长一段时间内，注入压力缓慢上升，同时在该时间段内出口端几乎不再产液。水驱实验在 105min 左右压力出现一个拐点（图 5-88），至实验结束，整个实验进入另一阶段，此时间段内注入压力快速上升并伴有明显的波动，同时出口端开始陆续有少量白油产出。

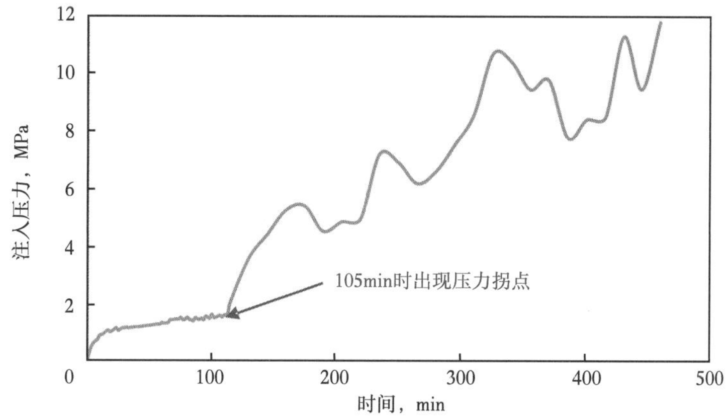

图 5-88 岩样 ST74 在驱替过程中的压力变化曲线

由于实验中油水 CT 值存在差异，采用 *CT* 差值（即水驱过程中岩心的 *CT* 值减去湿岩心的 *CT* 值）沿程分布曲线来分析注入水波及范围（图 5-89）。沿程曲线的变化趋势和压力变化的趋势相一致，从水驱实验开始到 105min 的时间段内，只有岩心进口端附近 *CT* 差值发生显著变化，说明水相只侵入岩样 ST74 的前端一小部分，而此时实际的注入量超过侵入前端一小部分所需的量，这也预示在岩心的前端很可能产生封堵。

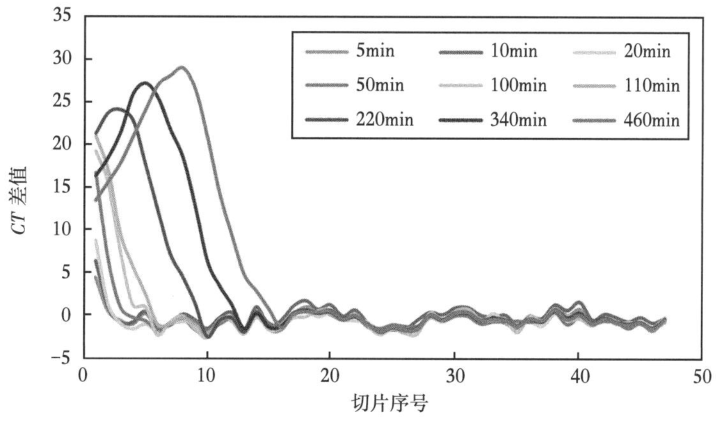

图 5-89 岩样 ST74 水驱实验过程 *CT* 差值分布

从 105min 至实验结束，在 *CT* 差值沿程分布曲线中出现鼓包现象，同时鼓包随时间增大有向前推进并变大的趋势，结合注入压力的快速上升并伴有明显波动，推断在岩心的深部位置很可能也产生了封堵。图 5-90 是靠近岩心注入端的第 5 张切片在压力拐点时间前后的 CT 扫描图，从图中画黄色圈的部分也可以看出岩心的孔隙结构发生了较大的变化。综合水驱过程中出口端产油量、注入压力、*CT* 差值沿程分布曲线及图像等信息的分析，可认为实验用水与岩心接触将产生很强的水敏伤害。在水驱初期，水敏伤害主要发生在岩样 ST74 进口端附近；随着注入压力持续升高，岩心深部区域也将产生水敏伤害。

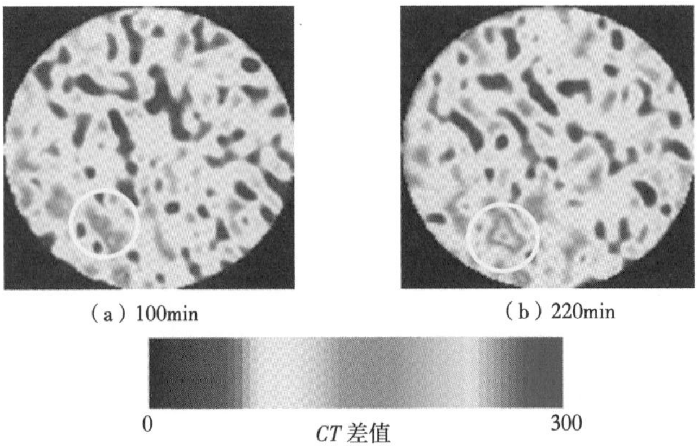

图 5-90　岩样 ST74 第 5 张切片在不同时间的 CT 扫描图

气驱过程岩样 ST57 的孔隙中大约 11.4%的油被采出，和水驱相比注入压力很低。从图 5-91 的饱和度沿程分布曲线来看，洗油效率沿着岩心的注入方向逐渐降低，总体上采出程度不高。从图 5-92 不同驱替过程的 CT 扫描图来看，在靠近岩心注入端洗油效率较高，靠近岩心出口端的指进却非常明显。岩心内部低孔隙度区域存在明显的绕流现象，如图 5-92（a）中画黄色圈部分所示，这些低孔隙度区域的油基本没被动用。另外，和水驱结果比较，可以看出气驱几乎不会对储层造成伤害。

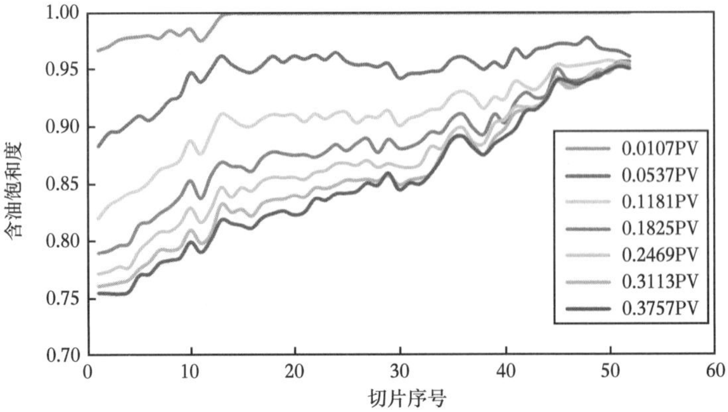

图 5-91　岩样 ST57 气驱实验过程饱和度沿程分布曲线

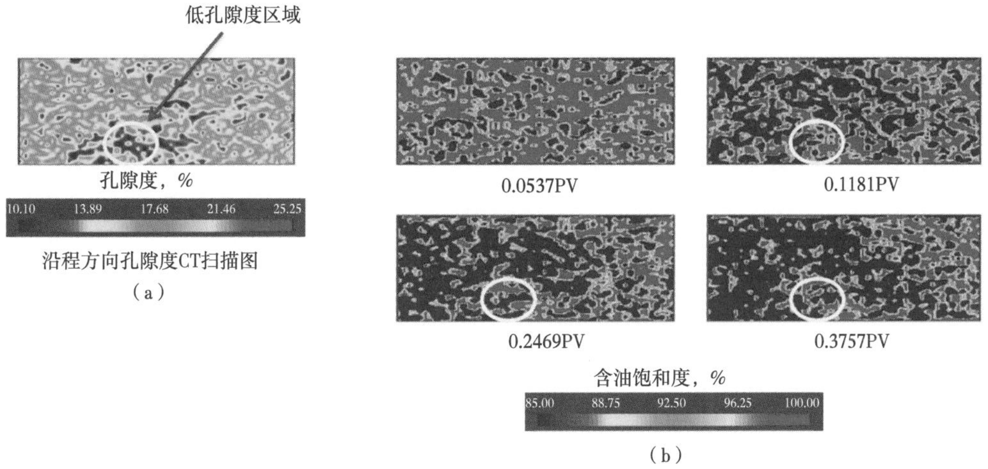

图 5-92　岩样 ST57 的孔隙度分布（a）及含油饱和度分布（b）CT 扫描图

在针对岩样 ST73 开展的“设计”水驱实验中，由于油水的 *CT* 值被调成一样，*CT* 值的变化将直接反映出孔隙结构的变化，因此可以评价出水敏伤害解堵前岩心中孔隙尺度级别的变化。实验进行至 140min，注入压力开始快速上升，实验结束。岩样 ST73 的注入压力曲线变化趋势基本同岩样 ST74 在 105min 之前的变化趋势保持一致，同时出口的产液情况也基本一致，这些都预示岩样 ST73 与实验用水接触时也产生很强的水敏伤害。CT 扫描岩样 ST73 共有 54 张切片，图 5-93 展示了水驱前后三张代表性切片的图像和 *CT* 值统计分布图。其中靠近岩心进口端的第 4 张切片 *CT* 值统计分布变化很大，图 5-93 中画黄色圈区域也显示出了很大的变化。但是，岩心中部的第 30 张切片和靠近出口端的第 50 张切片 CT 值统计分布在误差范围内变化不大，图像也没有明显的改观，这些结果都表明了水敏都发生在岩心的进口端附近。图 5-94 是孔隙度变化率（注水后的孔隙度与注水前的孔隙度的比值）在不同注入时刻的沿程分布曲线，从曲线中也可以看出岩心中部和出口端附近的孔隙度仍保持在 100%左右。这说明在注入压力快速上升前，水敏伤害只发生在岩样 ST73 注入端附近，同时可以估计出水敏伤害区域的平均孔隙度降低 10%~15%。

图 5-95 是岩样 ST73 两张代表性切片在水驱前后孔隙度的统计分布图，趋势和前述结论一样，即靠近进口端变化大，靠近出口端几乎没有变化。进一步分析靠近进口端的第 4 张切片的孔隙度统计分布曲线可知，原始孔隙度统计分布曲线并不是简单地向左平移变成水敏伤害孔隙度统计分布曲线。这说明大孔隙区域孔隙度的降低值并不等于小孔隙区域孔隙度的降低值。考虑水相更易侵入岩心中的大孔隙区域，同时结合孔隙度统计分布曲线的变化方向，可推断出水敏伤害过程的变化模式如下：在大孔隙区域将先产生水敏伤害，而后才是小孔隙区域；由于一部分初始的大孔隙受水敏伤害影响变成小孔隙，因而反映在统计分布曲线上小孔隙的频率将增加；对比最终水敏伤害孔隙度统计分布曲线可知，大孔隙区域孔隙度的降低比小孔隙区域孔隙度的降低要更显著。

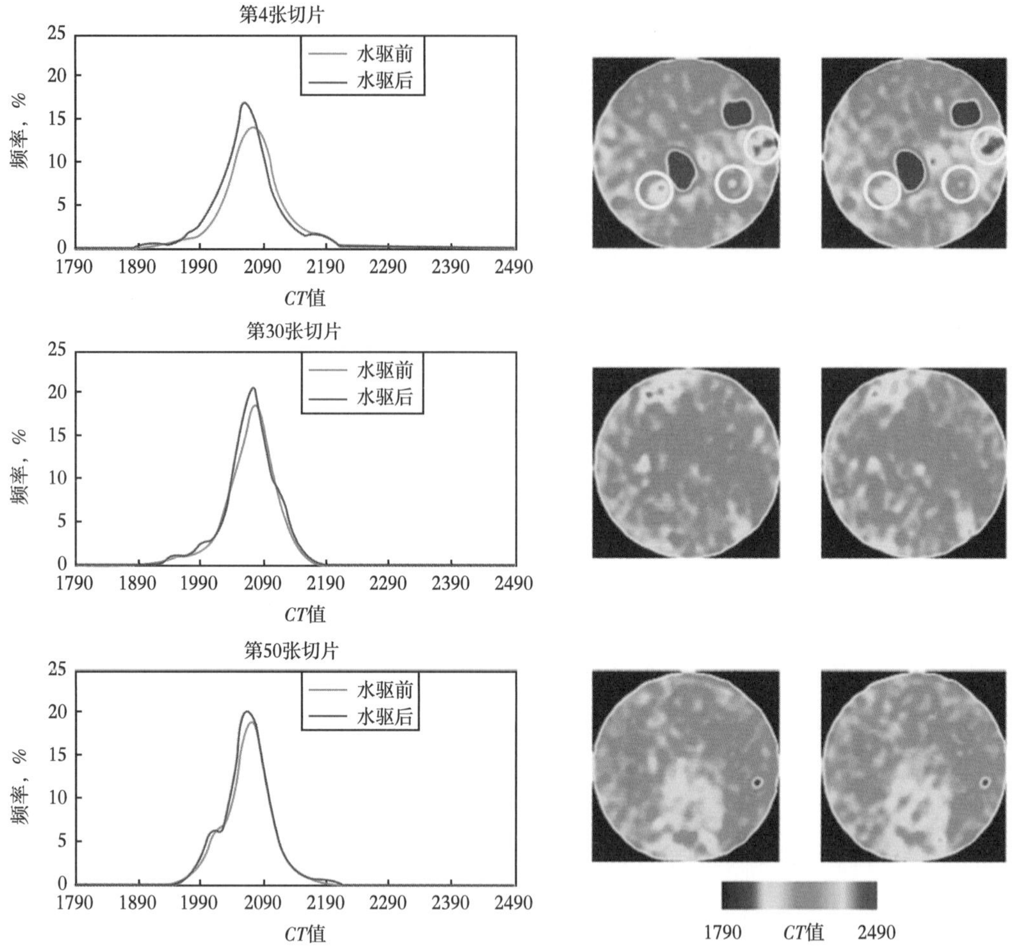

（a）　（b）

图 5-93　岩样 ST57 注水前后的图像（a）及 *CT* 值统计分布（b）

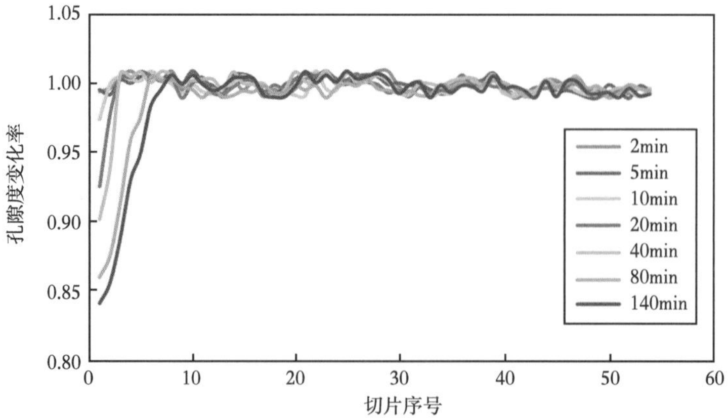

图 5-94　岩样 ST57 注水不同阶段的孔隙度变化率

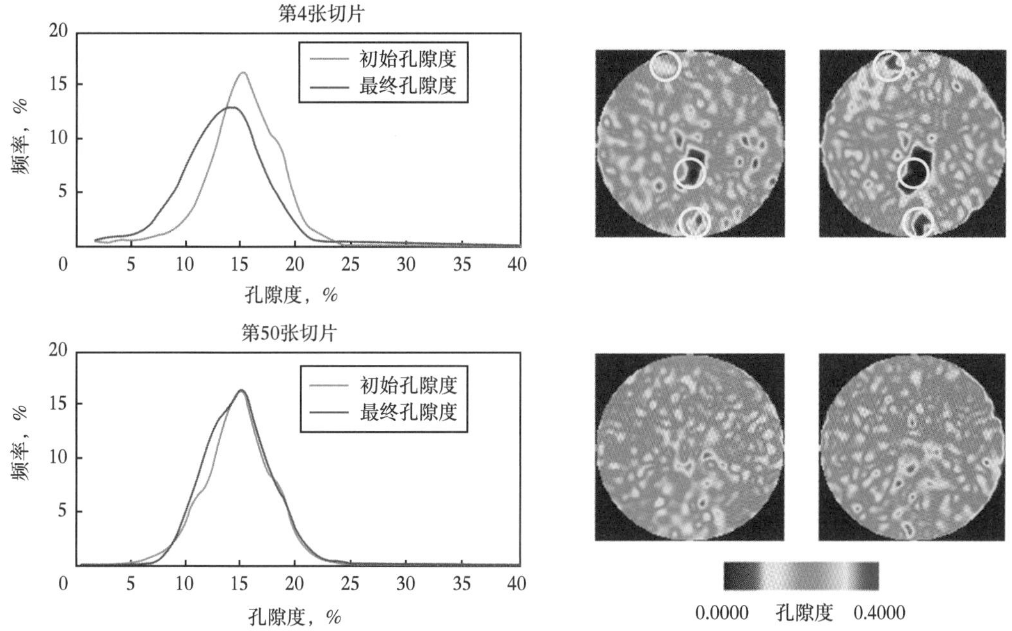

图 5-95　岩样 ST57 在水驱前后孔隙度的统计分布图

二、沥青质沉淀伤害评价

为了提高储层的产油率，二次采油或三次采油中通常注 CO_2，但 CO_2 通常会引起原油中的重质成分（沥青质、胶质和石蜡）沉淀。分析数据表明，CO_2/原油在储层混合时会产生沥青沉淀，沉淀程度取决于原油、盐水、地层岩石组成及储层条件是否有利于多次接触混溶性。沥青质沉淀引起储层孔喉堵塞，降低了岩心渗透率和预期产量。另外，CO_2 对储层流体（地层水和原油）和储层也产生相当大的影响。CO_2 能与水反应形成碳酸氢盐离子，这种离子会潜在地溶解储层岩石中的钙，使钙成为钙离子，钙离子进一步与过剩的 CO_2 反应产生方解石沉淀。方解石沉淀在储集地层导致“颗粒运移”，而“颗粒运移”又引起储层中的孔喉堵塞。沥青质沉淀同样也导致储层岩石发生润湿性反转。

生产油管在与采出油泡点压力对应的深度处发现有机质沉积，这是因为油藏枯竭、地层压力损失时，沥青质沉淀进一步延伸导致相分离，这使得化学沉淀或机械沉淀的清除变得更困难。向储层注气（CO_2 或天然气）以补充地层压力的方法可以改善这种状况。通过降低沥青质在油管中的沉淀深度，从而有利于清洗油井中的化学或机械沉淀。但同时沥青质沉淀降低了原油产量，如井底阀门滞塞，试井作业中的电潜泵和干扰，均导致限产。

油管中的沥青质沉淀很容易被溶解，但原油储层中的沥青质沉淀如何溶解消除还是个问题。地层水的存在对减少注气过程中的沥青质沉淀量是有利的，因为地层水通过溶解 CO_2 起到缓冲剂的作用，由此降低了气体密度。通常情况下可以用物理参数（如流度比和界面张力）描述在注 CO_2 期间地层水的影响，但更多的是对地层水化学特性的研究。结合 CT 技术研究注 CO_2 时地层水对减少沥青质沉淀量或比例的影响，从而来评价适合注 CO_2 的地层类型。

实验使用的主要设备是 CT 扫描仪，其他包括铝质岩心夹持器、比重计、渗压计和黏度计等。实验岩心分别为砂岩（主要由 SiO_2 组成）和石灰岩（主要由 $CaCO_3$ 组成），砂岩和石灰岩的平均孔隙度分别为 11.1%和 26.3%，因为石灰岩通常比砂岩有更多带有小喉道的孔隙，渗透率 1mD 反而小于砂岩的渗透率 92.8mD。两种原油样品 ASH77 和 C-1 分别用来饱和砂岩和石灰岩。配置模拟地层水并加入碘化钠作为水相增强剂，正癸烷作为驱替用模拟油。

根据实验目的，每块岩心设计开展 2 组实验。造完束缚水并用原油老化过的岩心，用模拟地层水驱替，然后用 CO_2 驱替。用甲苯和酒精清洗岩心以溶解和清除非极性和极性物质后重新造束缚水并用原油老化，之后用 CO_2 直接驱替，不同阶段用 CT 进行扫描。

从实验结果来看，注水阶段砂岩岩心的驱油效率 81.9%，高于石灰岩岩心的 77.5%。这是因为砂岩的渗透率高于石灰岩；但直接注入 CO_2 时，砂岩岩心的驱油效率为 41.6%，小于石灰岩岩心的 56.0%。这表明注 CO_2 的驱油效率受渗透率影响不大，主要与原油中的沥青质含量有关。图 5-96 和图 5-97 分别是砂岩和石灰岩直接注 CO_2 过程中沥青质沉淀随时间变化图，从图中可以看出砂岩中产生的沥青质沉淀浓度大于石灰岩，这也是因为砂岩中原油 ASH77 的沥青质含量大于石灰岩中原油 C-1 的沥青质含量，从图 5-98 的岩心照片也可以反映出这一点。另外，无论对砂岩还是石灰岩，由于沥青质沉淀的作用，注水的驱油效率都高于注 CO_2，因此对于此类油藏，水是一种更好的驱替流体。

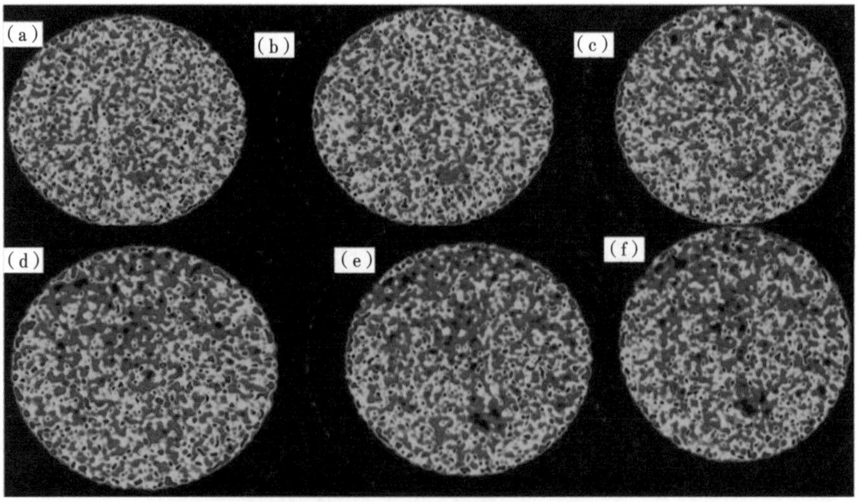

图 5-96　砂岩岩心直接注 CO_2 沥青质沉淀随时间变化 CT 扫描图

（a）砂岩岩心孔隙内饱和油；（b）注气 1min 后；（c）注气 13min 后；

（d）注气 35min 后；（e）压力从 0.13MPa 升高到 0.14MPa；（f）注气 3h 后

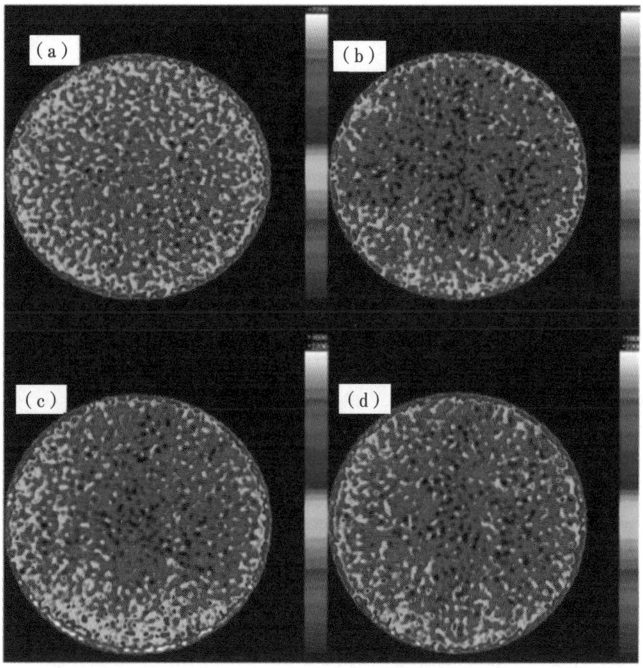

图 5-97　石灰岩岩心直接注 CO_2 沥青质沉淀随时间变化 CT 扫描图

（a）饱和油的石灰岩；（b）注气 3min 后；（c）注气 196min 后；（d）注气 21h 后

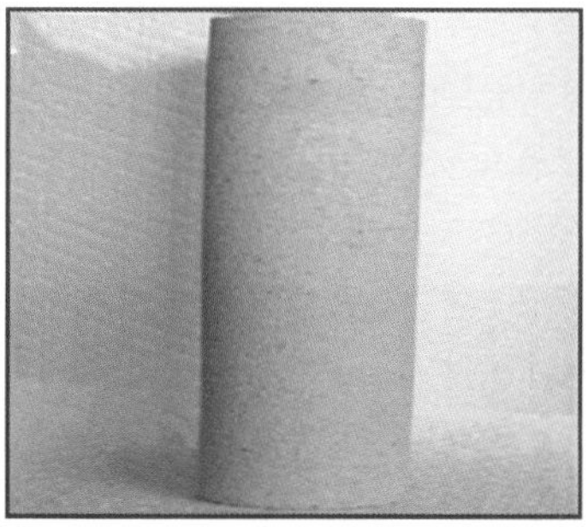

（a）砂岩岩心图片

（b）砂岩岩心注CO_2后砂岩岩心图片

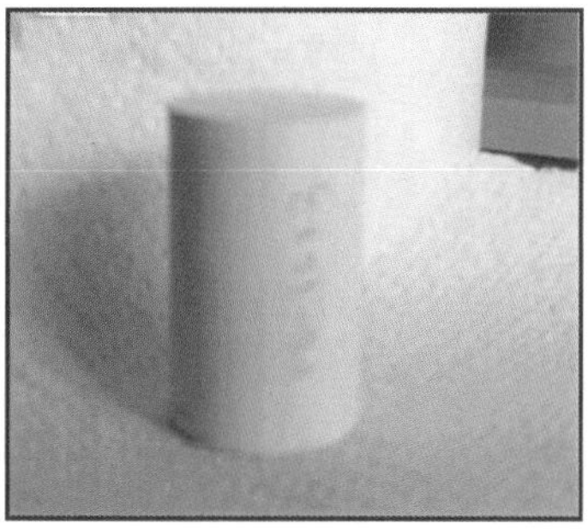

（c）灰岩岩心图片

（d）石灰岩岩心注CO_2后石灰岩岩心图片

图 5-98　岩心照片

注水后继续注入 CO_2，砂岩岩心的最终驱油效率能达到 96.8%，石灰岩岩心的最终驱油效率能达到 93.0%，均高于单纯的注水或注 CO_2。这是因为 CO_2 既易溶于水又易溶于原油，因此，在水存在的情况下，CO_2 溶解并降低了自由 CO_2 的浓度，减少了由 CO_2 引起的原油沥青质沉淀。图 5-99 和图 5-100 分别是砂岩和石灰岩注水后再注 CO_2 过程中沥青质沉淀随时间变化图，该图也证实了上述结论，砂岩岩心和石灰岩岩心只在注 CO_2 时产生沥青质沉淀。另外，沥青质沉淀的浓度比图 5-96 和图 5-97 中的低，这说明了地层水对 CO_2 引起沥青质沉淀起到了缓冲作用。

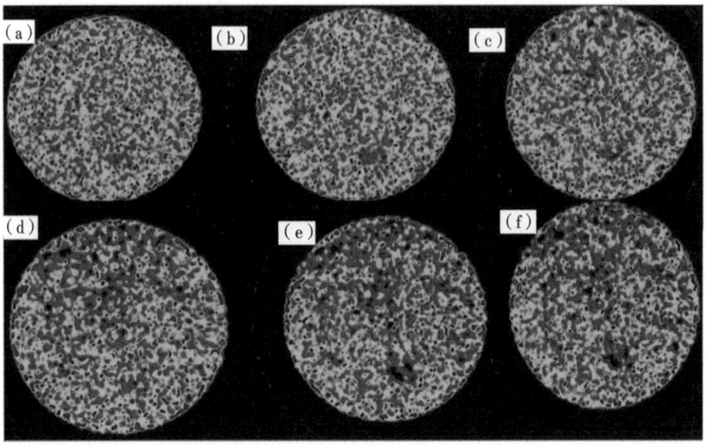

图 5-99　砂岩注水后再注 CO_2 过程中沥青质沉淀随时间变化 CT 扫描图

(a) 水饱和砂岩岩心；(b) 造束缚水后；(c) 注水 13min 后；(d) 水驱 72h 后；(e) 注气 1min 后；(f) 注气 26min 后

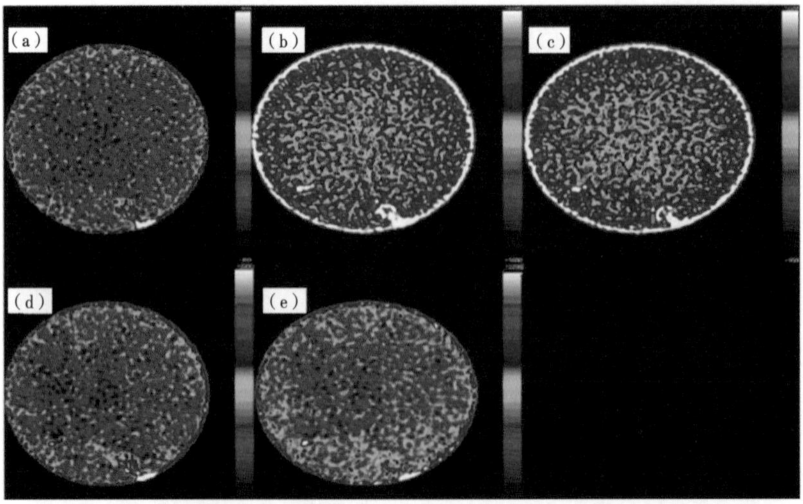

图 5-100　石灰岩注水后再注 CO_2 过程中沥青质沉淀随时间变化 CT 扫描图

(a) 饱和油的石灰岩岩心；(b) 水驱后；(c) 注气 14min 后；(d) 注气 4h 后；(e) 注气 18h 后

图 5-101 是砂岩和石灰岩注 CO_2 过程中流体饱和度在不同孔隙度中的分布情况。从图 5-101 中明显看出，两块岩心中的 CO_2 饱和度较低，而它们的含水饱和度却很高。因

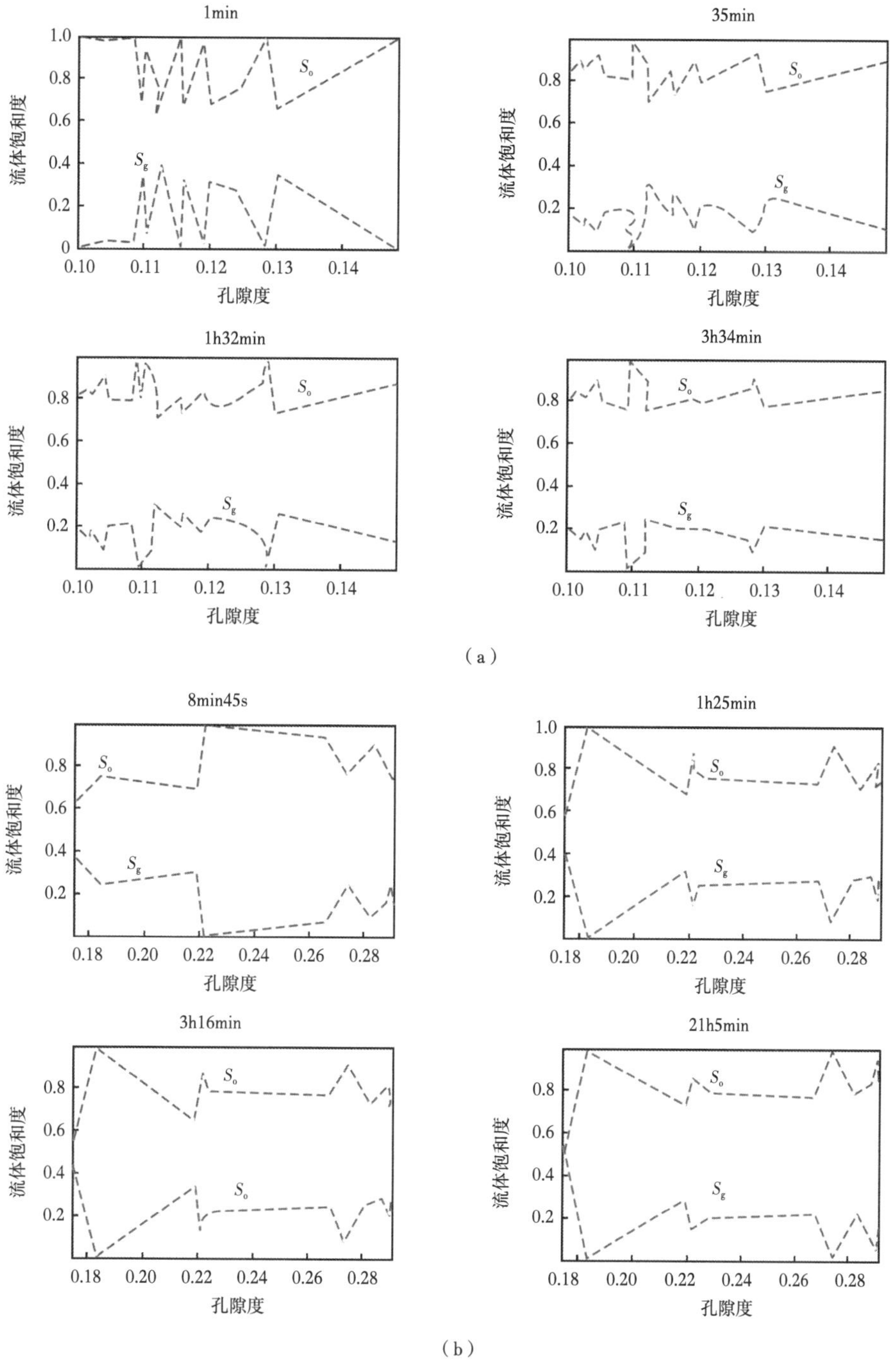

图 5-101　砂岩注 CO_2 过程中流体饱和度在不同孔隙度中的分布（a）

和石灰岩注 CO_2 过程中流体饱和度在不同孔隙度中的分布（b）

为沥青质的沉淀，CO_2 的饱和度随注入时间的增加反而降低。实验同时观察到，虽然注入 CO_2 的浓度保持不变，但 CO_2 流出的浓度随岩心压力的增加而同时降低，这是因为沥青质的沉淀和颗粒运移引起了岩心孔隙的堵塞。

图 5-102 是砂岩和石灰岩注 CO_2 的相对渗透率曲线，图 5-103 是砂岩和石灰岩注水的

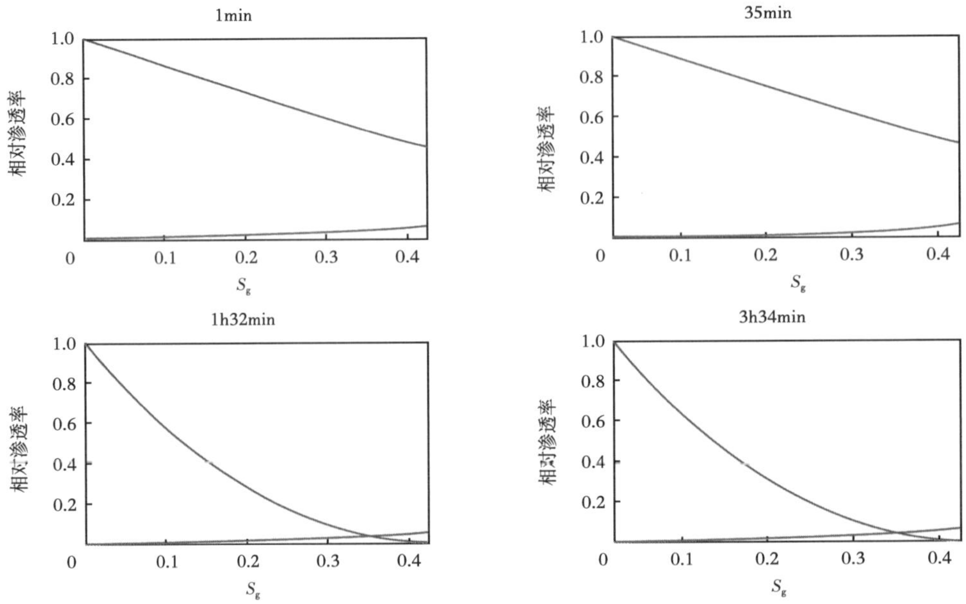

（a）

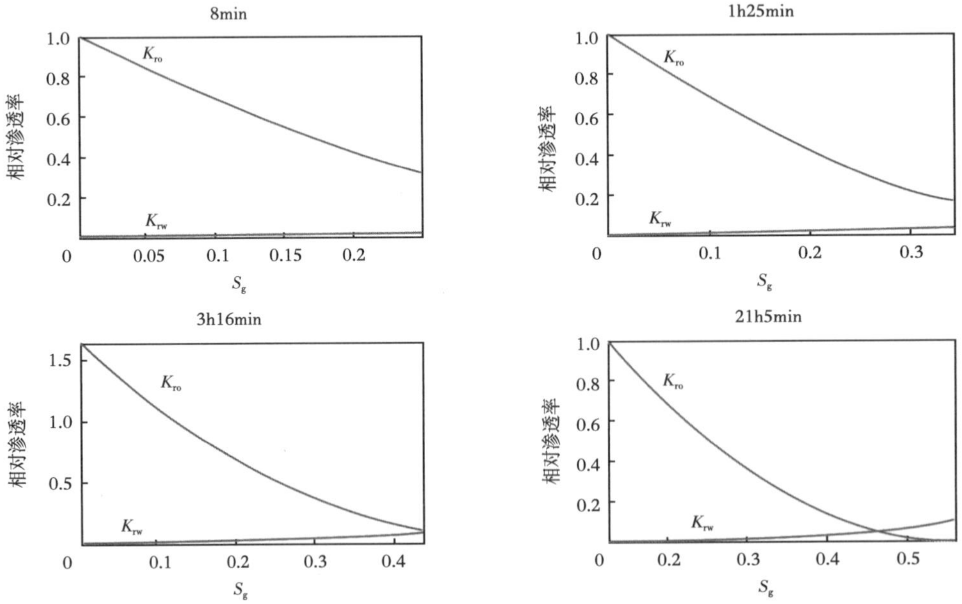

（b）

图 5-102　砂岩注 CO_2 的相对渗透率曲线（a）和石灰岩注 CO_2 的相对渗透率曲线（b）

相对渗透率曲线，从图中也可以明显看出注水比注 CO_2 更有效。注 CO_2 比注水实验需要更长的时间和更高的压力，这是因为岩心中 CO_2 浓度过高会引起沥青质沉淀造成对储层的伤害。

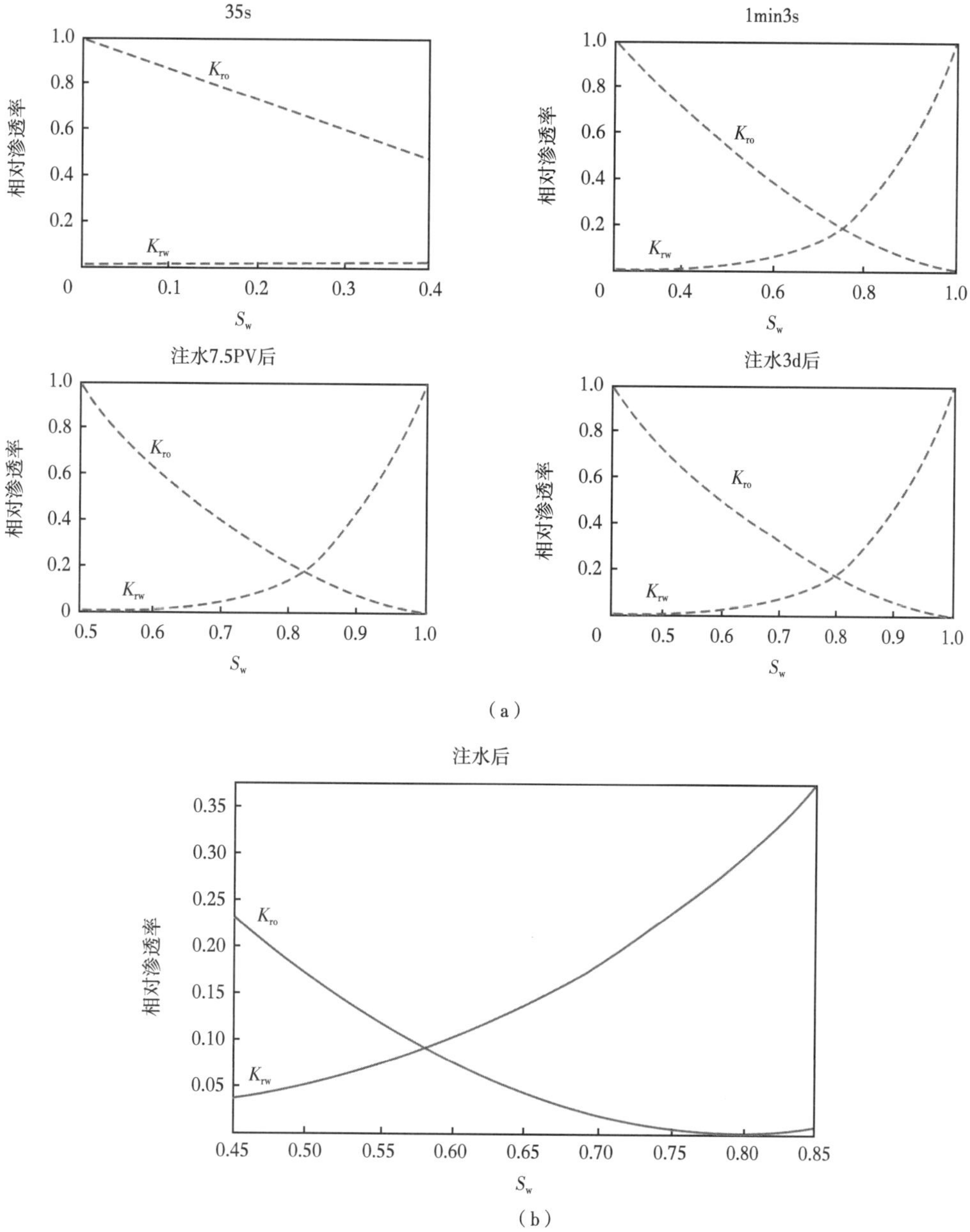

图 5-103 砂岩注水的相对渗透率曲线（a）和石灰岩注水的相对渗透率曲线（b）

三、钻井液侵入伤害评价

裸眼完井是目前使用最广泛的水平井完井技术，而目前水基聚合物钻井液体系是使用最广泛的，它们的组成主要包含生物胶（稠化剂）、淀粉提取的聚合物（防止渗入）、氧化镁（控制矿化度）、氯化钾或者氯化钠（防黏土）和桥堵剂，桥堵剂可以使用氯化钠或者碳酸钙。

由于操作的原因，通常这种完井作业需要很长的时间，甚至要几个月。这就引发一个问题，钻井液渗入以后侵入区域的实际情况是什么样子的？在钻井结束以后到裸眼完井之前如果需要很长一段时间里，那么将会发生什么？利用 CT 扫描技术可以研究水基聚合物流体对储层的伤害情况。

实验中使用 Berea 砂岩岩样 AM2，孔隙度为 19.0%，空气渗透率为 668mD。岩样开始的时候用模拟地层水饱和（30000mg/L 氯化钠溶液），饱和以后将岩样饱和油来模拟油藏条件，饱和油的黏度 1.16 厘泊。实验系统的主要由陈化仓、烘箱及一套工业 CT 扫描设备组成（图 5-104）。实验中岩样用橡胶包裹，橡胶垫可以方便在岩样上加围压，但是加围压的流体不需要和岩样接触，同时还可以使围压在岩样上的分布更加均匀。CT 扫描仪（图 5-105）具有一个射线源和三个检测器，最大电压为 160kV，工作电流为 1mA，扫描分辨率为 1mm。

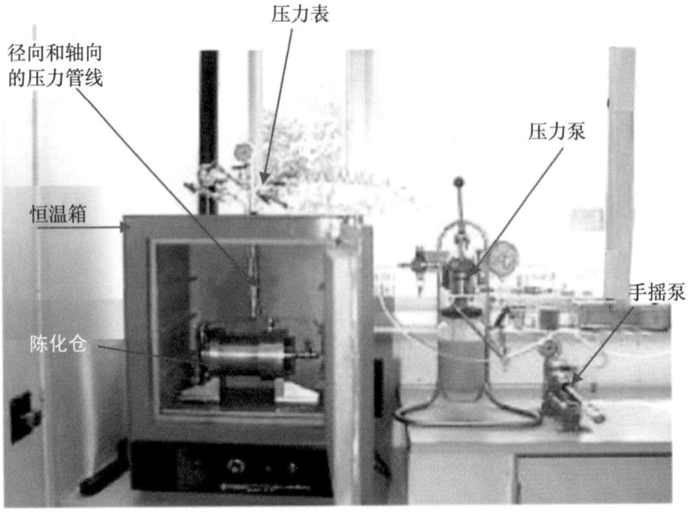

图 5-104　实验系统的组成

关于陈化实验主要分为三步：岩样的物性的测量、滤饼的生成和岩样侵入范围的控制。在第一步，使用 CT 扫描得到岩样的图像。这个图像在以后将作为对比的参考标准。这一步可以得到油藏的一些信息，比如岩样的孔隙度和渗透率值。第二步对岩样加压，包括围压和轴向压力，在井底温度下注入钻井液（采油设计的油井或地层压力差）以生成渗入和侵入区域。滤饼生成的全过程都通过 CT 扫描测量来监测，这些监测可以观察到滤饼厚度的稳定情况以及钻井液开始侵入的区域。在最后一步中，需要观察侵入区域的扩大，这需要在实验过程中（大约 12 个月）选择合适的时间系统的进行 CT 扫描。在实验的前

图 5-105　实验所用 CT 装置

一两个星期，每天进行 CT 检测，之后 CT 扫描一周进行（大约每周两次）。采用这样的程序是因为估计侵入区域的扩大主要发生在实验开始的前两个星期。在实验的三个步骤里有些参数是始终不变的，例如注入、径向和轴向压力和流体的温度等。

CT 扫描过程需要将陈化仓和压力管线断开。岩样截面的 CT 扫描可以监视岩样中钻井液溶液侵入范围的扩大，由于陈化仓是一个铝质容器，可以进行实时的 CT 扫描检测。CT 扫描检测完成以后，重新将陈化仓放入烘箱，接上所有的管线。需要注意的是，所有部分的压力在 CT 扫描的时候都需要保持稳定。CT 扫描的结果用图像软件处理，然后得到岩样的信息。通过这种方式钻井液渗入的区域相应的图像就可以确定，从而得到时间和侵入区域的关系。对比原始的扫描的区域，通过计算 CT 图像上具有和流体相似 CT 值的点数就可以得到侵入区域的大小。

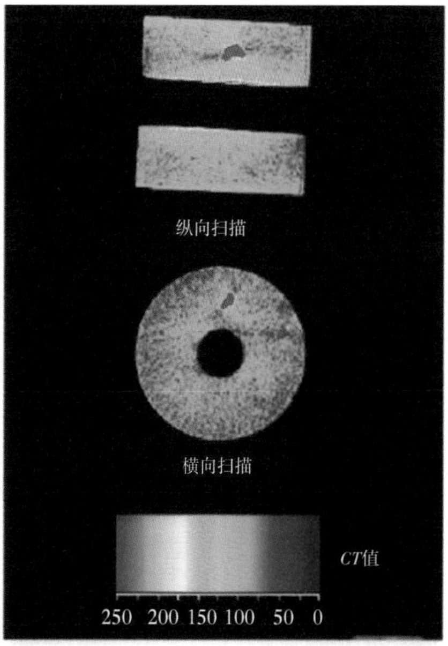

图 5-106　样品 AM2 的初始 CT 扫描图

在陈化实验开始之前对岩样进行横向和纵向的扫描（图 5-106）。从陈化实验中扫描的 CT 图像可以控制钻井液造成的侵入区域的形成。图 5-107 给出了原始的和实验开始 35min 以后的 CT 图像。

图 5-108 是渗流侵入的形成曲线，图中横坐标为实验时间，纵坐标为分析区域的侵入面积和初始值的比值。从图 5-108 中可以看出，在实验开始 2040min 以后侵入面积达到最大值（40%），

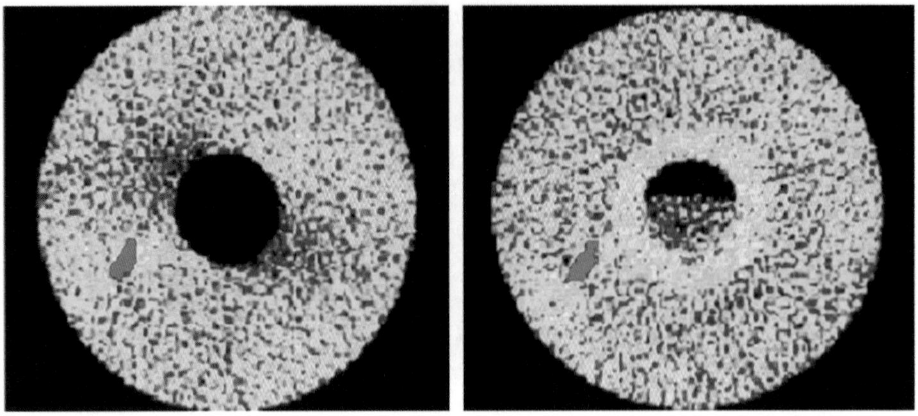

图 5-107 样品 AM2 陈化实验前的 CT 扫描图（a）和陈化实验 34min 时的 CT 扫描图（b）

之后保持稳定直到实验结束。这可以得出侵入面积已经稳定的结论。同时也可以看出，侵入面积并不会无限制的增长，而是有一个极限，并且这个极限和反应的时间是没有关系的。

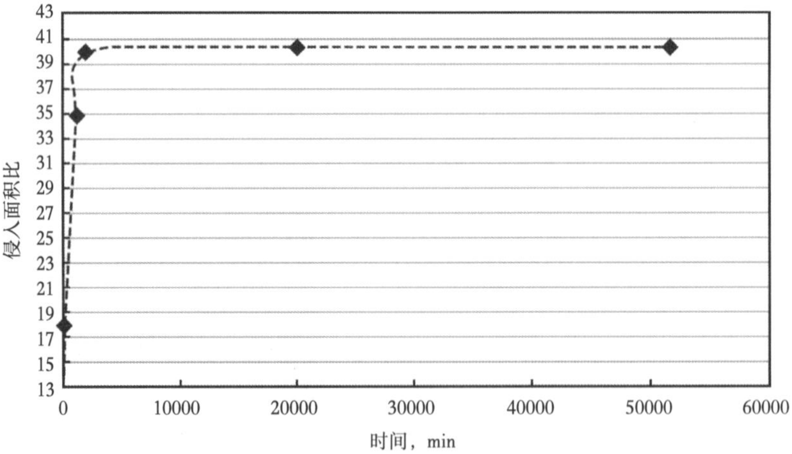

图 5-108 样品 AM1 渗流侵入的形成曲线

对岩样进行了 SEM 扫描（图 5-109），扫描的结果发现侵入的区域内有聚合物和氯化钠结晶的存在，通过有机元素的分析确定了聚合物的含量（生物胶、渗入控制剂等）。同样，通过荧光和 X 射线衍射确定了渗入的氯化钠的含量。结果显示聚合物和氯化钠的质量浓度分布为 1.0%和 14%，这样就可以确定侵入区域的聚合物和氯化钠晶体是钻井液渗入后沉积的结果。

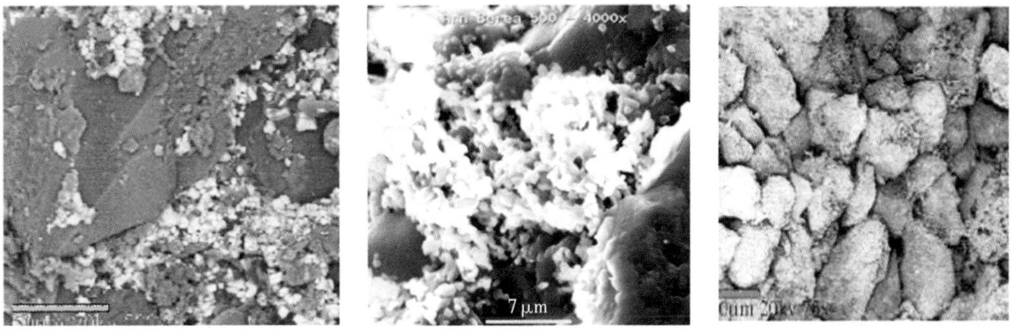

（a）　　　　（b）　　　　（c）

图 5-109　钻井液侵入区域的 SEM 图（a）和聚合物在侵入区域的详细情况（样品 AM1）（b）以及侵入区域的情况（样品 AM1）（c）

参考文献

白斌，朱如凯，吴松涛，等，2013. 利用多尺度 CT 成像表征致密砂岩微观孔喉结构［J］. 石油勘探与开发，40（03）：329-333.

陈丽华，缪昕，魏宝和，1990. 扫描电镜在石油地质上的应用［M］. 北京：石油工业出版社.

邓世冠，吕伟峰，刘庆杰，等，2014. 利用 CT 技术研究砾岩驱油机理［J］. 石油勘探与开发，41（03）：330-335.

段振豪，孙枢，张驰，等，2004. 减少温室气体向大气层的排放——CO_2 地下储藏研究［J］. 地质 论评，50（05）：514-519.

冯慧洁，聂小斌，徐国勇，等，2007. 砾岩油藏聚合物驱微观机理研究［J］. 油田化学，24（03）：232-237.

高刚，2013. 基于碳酸盐岩孔隙结构预测孔隙度方法研究［J］. 地球物理学进展，28（02）：920-927.

高辉，孙卫，田育红，等，2011. 核磁共振技术在特低渗砂岩微观孔隙结构评价中的应用［J］. 地球物理学进展，26（01）：294-299.

高树生，胡志明，刘华勋，等，2016. 不同岩性储层的微观孔隙特征［J］. 石油学报，37（02）：248-256.

高振环，刘中春，杜兴家，1994. 油田注气开采技术［M］. 北京：石油工业出版社：1-2.

郭振华，李光辉，吴蕾，等，2011. 碳酸盐岩储层孔隙结构评价方法——以土库曼斯坦阿姆河右岸气田为例［J］. 石油学报，32（03）：459-465.

韩文学，高长海，韩霞，等，2015. 核磁共振及微、纳米 CT 技术在致密储层研究中的应用——以鄂尔多斯盆地长 7 段为例［J］. 断块油气田，22（01）：62-66.

何江川，廖广志，王正茂，2012. 油田开发战略与接替技术［J］. 石油学报，33（03）：519-525.

侯健，罗福全，李振泉，等，2014. 岩心微观与油藏宏观剩余油临界描述尺度研究［J］. 油气地质与采收率，21（06）：95-98，117-118.

纪文明，宋岩，姜振学，等，2016. 四川盆地东南部龙马溪组页岩微—纳米孔隙结构特征及控制因素［J］. 石油学报，37（02）：182-195.

姜均伟，朱宇清，徐星，等，2015. 伊拉克 H 油田碳酸盐岩储层的孔隙结构特征及其对电阻的影响［J］. 地球物理学进展，30（01）：203-209.

赖南君，叶仲斌，陈洪，等，2007. 低张力体系渗透油藏水驱渗透特征实验［J］. 石油与天然气地质（04）：520-522.

冷振鹏，吕伟峰，马德胜，等，2013. 利用 CT 技术研究重力稳定注气提高采收率机理［J］. 石油学报，34（02）：340-344.

冷振鹏，吕伟峰，张祖波，等，2013. 基于 CT 扫描测定低渗岩心相对渗透率曲线的方法［J］. 特种油气藏，20（01）：118-121.

李兵，凌其聪，鲍征宇，等，2008. 用数字化图像分析法确定岩石物性［J］. 新疆石油地质（02）：253-255.

李建胜，王东，康天合. 基于显微 CT 试验的岩石孔隙结构算法研究［J］. 岩土工程学报（11）：67-72.

李雄炎，周金昱，李洪奇，等，2012. 复杂岩性及多相流体智能识别方法［J］. 石油勘探与开发，39

（02）：243-248.
李玉彬，李向良，1999. 利用计算机层析（CT）确定岩心的基本物理参数［J］. 石油勘探与开发（06）：86-90.
李中锋，何顺利，杨文新，等，2006. 微观物理模拟水驱油实验及残余油分布分形特征研究［J］. 中国石油大学学报（自然科学版），30（03）：67-71，76.
吕伟峰，冷振鹏，张祖波，等，2013. 应用CT扫描技术研究低渗透岩心水驱油机理［J］. 油气地质与采收率，20（02）：87-90.
吕伟峰，刘庆杰，张祖波，等，2012. 三相相对渗透率曲线实验测定［J］. 石油勘探与开发，39（06）：713-718.
马德华，耿长喜，左铁秋，2005. 提高含油饱和度计算精度的方法研究［J］. 大庆石油地质与开发（02）：44-45，109.
齐亚东，雷群，于荣泽，等，2013. 影响特低—超低渗透砂岩油藏开发效果的因素分析［J］. 中国石油大学学报（自然科学版），37（02）：89-94.
秦积舜，张可，陈兴隆，2010. 高含水后 CO_2 驱油机理的探讨［J］. 石油学报，31（05）：797-800.
秦瑞宝，李雄炎，刘春成，等，2015. 碳酸盐岩储层孔隙结构的影响因素与储层参数的定量评价［J］. 地学前缘，22（01）：251-259.
沈平平，陈兴隆，秦积舜，2010. CO_2 驱替实验压力变化特性［J］. 石油勘探与开发（02）：211-215.
盛强，施晓乐，刘维甫，等，2005. 岩心CT三维成像与多相驱替分析系统［J］. CT理论与应用研究，14（03）：8-12.
苏娜，黄健全，韩国辉，等，2007. 微观水驱油实验及剩余油形成机理研究［J］. 断块油气田，14（06）：50-51，92.
孙枢，2006. CO_2 地下封存的地质学问题及其对减缓气候变化的意义［J］. 中国基础科学8（03）：17-22.
王家禄，高建，刘莉，2009. 应用CT技术研究岩石孔隙变化特征［J］. 石油学报，30（06）：887-893，896.
王文环，2006. 特低渗透油藏驱替及开采特征的影响因素［J］. 油气地质与采收率（06）：73-75.
王小敏，樊太亮，2013. 碳酸盐岩储层渗透率研究现状与前瞻［J］. 地学前缘，20（05）：166-174.
吴胜和，熊琦华，1998. 油气储层地质学［M］. 北京：石油工业出版社：113-122.
徐春露，孙建孟，董旭，等，2017. 页岩气储层孔隙压力测井预测新方法［J］. 石油学报，38（06）：666-676.
徐守余，朱连章，王德军，2005. 微观剩余油动态演化仿真模型研究［J］. 石油学报，26（02）：69-72.
杨永飞，姚军，Dijke M I J V，2010. 油藏岩石润湿性对气驱剩余油微观分布的影响机制［J］. 石油学报（03）：467-470.
尹芝林，孙文静，姚军，2011. 动态渗透率三维油水两相低渗透油藏数值模拟［J］. 石油学报，32（01）：117-121.
应凤祥，杨式升，张敏，等，2002. 激光扫描共聚焦显微镜研究储层孔隙结构［J］. 沉积学报，20（01）：75-79.
岳湘安，张立娟，刘中春，等，2002. 聚合物溶液在油藏孔隙中的流动及微观驱油机理［J］. 油气地质与采收率，9（03）：4-6.

曾荣树，孙枢，陈代钊，等，2004. 减少二氧化碳向大气层的排放——二氧化碳地下储存研究［J］. 中国科学基金，18（04）：196-200.

张春荣，2009. 低渗透油田高压注水开发探讨［J］. 断块油气田，16（04）：80-82.

张炜，李义连，2006. 二氧化碳储存技术的研究现状和展望［J］. 环境污染与防治，28（12）：950-953.

张宇焜，汪伟英，周江江，2010. 注水压力对低渗透储层渗流特征的影响［J］. 岩性油气藏，22（02）：120-122，127.

赵良孝，陈明江，2015. 论储层评价中的五性关系［J］. 天然气工业，35（01）：53-60.

赵永刚，赵明华，赵永鹏，等，2006. 一种分析碳酸盐岩孔隙系统数字图像的新方法［J］. 天然气工业（12）：75-78，199.

周蒂，2005. CO_2 的地质存储—地质学的新课题［J］. 自然科学进展，15（07）：782-787.

朱如凯，吴松涛，苏玲，等，2016. 中国致密储层孔隙结构表征需注意的问题及未来发展方向［J］. 石油学报，37（11）：1323-1336.

Akin S, Kovscek A R, 1999. Imbibition Studies of Low-Permeability Porous Media［C］. SPE Western Regional Meeting: 11.

Akin S, Kovscek A R, 2003. Computed Tomography in Petroleum Engineering Research［J］. Geological Society, London, Special Publications, 215（01）: 23.

Al Shalabi E W, Sepehrnoori K, Delshad M, 2013. Mechanisms behind Low Salinity Water Flooding in Carbonate Reservoirs［C］. SPE Western Regional & AAPG Pacific Section Meeting 2013 Joint Technical Conference: 18.

Alajmi A F, Grader A S, 2000. Analysis of Fracture-Matrix Fluid Flow Interactions Using X-Ray CT［C］. SPE Eastern Regional Meeting: 8.

Aliaga D A, Wu G, Sharma M M, et al, 1992. Barium and Calcium Sulfate Precipitation and Migration Inside Sandpacks［J］. SPE Formation Evaluation, 7（01）: 79-86.

Almajid M M, Kovscek A R, 2016. Pore-level Mechanics of Foam Generation and Coalescence in the Presence of Oil［J］. Advances in Colloid and Interface Science, 233: 65-82.

Alvestad J, Gilje E, Hove A O, et al, 1992. Coreflood Experiments with Surfactant Systems for IOR: Computer Tomography Studies and Numerical Modelling［J］. Journal of Petroleum Science and Engineering, 7（01）: 155-171.

Andrianov A, Farajzadeh R, Nick M M, et al, 2011. Immiscible Foam for Enhancing Oil Recovery: Bulk and Porous Media Experiments［J］. Industrial & Engineering Chemistry Research, 51（05）: 2214-2226.

André L, Audigane P, Azaroual M, et al, 2007. Numerical Modeling of Fluid-rock Chemical Interactions at the Supercritical CO_2-liquid Interface during CO_2 Injection into a Carbonate Reservoir, the Dogger Aquifer (Paris Basin, France)［J］. Energy Conversion and Management, 48（06）: 1782-1797.

Apaydin O G, Kovscek A R, 2000. Transient Foam Flow in Homogeneous Porous Media: Surfactant Concentration and Capillary End Effects［C］. SPE/DOE Improved Oil Recovery Symposium: 16.

Aseltine C L, 1985. Flash X-Ray Analysis of the Interaction of Perforators With Different Target Materials［C］. SPE Annual Technical Conference and Exhibition: 4.

Attwood D, 2006. Microscopy: Nanotomography comes of age［J］. Nature, 442（7103）: 642-643.

Bakke S, Øren P E, 1997. 3-D Pore-Scale Modelling of Sandstones and Flow Simulations in the Pore Networks [J]. SPE Journal, 2 (02): 136-149.

Bartko K M, Newhouse D P, Andersen C A, et al, 1995. The Use of CT Scanning in the Investigation of Acid Damage to Sandstone Core [C]. SPE Annual Technical Conference and Exhibition: 10.

Bataweel M A, Nasr-El-Din H A, Schechter D S, 2011. Fluid Flow Characterization of Chemical EOR Flooding: A Computerized Tomography (CT) Scan Study [C]. SPE/DGS Saudi Arabia Section Technical Symposium and Exhibition: 15.

Bazin B, Abdulahad G, 1999. Experimental Investigation of Some Properties of Emulsified Acid Systems for Stimulation of Carbonate Formations [C]. Middle East Oil Show and Conference: 10.

Bazin B, Bieber M T, Roque C, et al, 1996. Improvement in the Characterization of the Acid Wormholing by "In Situ" X-Ray CT Visualizations [C]. SPE Formation Damage Control Symposium: 12.

Bergosh J L, Marks T R, Mitkus A F, 1985. New Core Analysis Techniques for Naturally Fractured Reservoirs [C]. SPE California Regional Meeting: 13.

Blunt M J, 1998. Physically-based network modeling of multiphase flow in intermediate-wet porous media [J]. Journal of Petroleum Science and Engineering, 20 (03): 117-125.

Bondino I, Hamon G, Kallel W, et al, 2013. Relative Permeabilities From Simulation in 3D Rock Models and Equivalent Pore Networks: Critical Review and Way Forward1 [J]. Petrophysics, 54 (06): 538-546.

Bondino I, Mcdougall S R, Hamon G, 2011. Pore-Scale Modelling of the Effect of Viscous Pressure Gradients During Heavy Oil Depletion Experiments [J]. Journal of Canadian Petroleum Technology, 50 (02): 45-55.

Briggs P J, Beck D L, Black C J J, et al, 1992. Heavy Oil From Fractured Carbonate Reservoirs [J]. SPE Reservoir Engineering, 7 (02): 173-179.

Bryan J, Kantzas A, Bellehumeur C, 2005. Oil-Viscosity Predictions From Low-Field NMR Measurements [J]. SPE Reservoir Evaluation & Engineering, 8 (01): 44-52.

Buckley J S, Bousseau C, Liu Y, 1996. Wetting Alteration by Brine and Crude Oil: From Contact Angles to Cores [J]. SPE Journal, 1 (03): 341-350.

Bybee K, 2002. Drill-in Fluids: Identifying Invasion Mechanisms [J]. Journal of Petroleum Technology, 54 (11): 47-48.

Chang F, Qu Q, Frenier W, 2001. A Novel Self-Diverting-Acid Developed for Matrix Stimulation of Carbonate Reservoirs [C]. SPE International Symposium on Oilfield Chemistry: 6.

Chen H L, Lucas L R, Nogaret L A D, et al, 2000. Laboratory Monitoring of Surfactant Imbibition Using Computerized Tomography [C]. SPE International Petroleum Conference and Exhibition in Mexico: 14.

Chen J D, 1986. Some Mechanisms of Immiscible Fluid Displacement in Small Networks [J]. Journal of Colloid and Interface Science, 110 (02): 488-503.

Christe P, Turberg P, Labiouse V, et al, 2011. An X-ray Computed Tomography-based Index to Characterize the Quality of Cataclastic Carbonate Rock Samples [J]. Engineering Geology, 117 (03): 180-188.

Closmann P J, Vinegar H J, 1993. A Technique For Measuring Steam And Water Relative Permeabilities At Residual Oil In Natural Cores: CT Scan Saturations [J]. Journal of Canadian Petroleum Technology, 32 (09): 7.

Cnudde V, Boone M N, 2013. High-resolution X-ray computed tomography in geosciences: A review of the current technology and applications [J]. Earth-Science Reviews, 123: 1-17.

Cohen C E, Ding D, Quintard M, et al, 2008. From Pore Scale to Wellbore Scale: Impact of Geometry on Wormhole Growth in Carbonate Acidization [J]. Chemical Engineering Science, 63 (12): 3088-3099.

Crevillengarcia D, Leung P, Rodchanarowan A, et al, 2019. Uncertainty Quantification for Flow and Transport in Highly Heterogeneous Porous Media based on Simultaneous Stochastic Model Dimensionality Reduction [J]. Transport in Porous Media, 126 (01): 79-95.

Cui X, Bustin A M M, Bustin R M, 2009. Measurements of Gas Permeability and Diffusivity of Tight Reservoir rocks: Different Approaches and Their Applications [J]. Geofluids, 9 (03): 208-223.

Curtis M E, Goergen E T, Jernigen J D, et al, 2014. Mapping of Organic Matter Distribution on the Centimeter Scale with Nanometer Resolution [C]. SPE/AAPG/SEG Unconventional Resources Technology Conference: 8.

Durand C, 2003. Combined Use of X-ray CT Scan and Local Resistivity Measurements: A New Approach to Fluid Distribution Description in Cores [C]. SPE Annual Technical Conference and Exhibition: 9.

Egermann P, Bazin B, Vizika O, 2005. An Experimental Investigation of Reaction-Transport Phenomena During CO_2 Injection [C]. SPE Middle East Oil and Gas Show and Conference: 10.

Ehrenberg S N, Eberli G P, Keramati M, et al, 2006. Porosity-permeability relationships in interlayered limestone-dolostone reservoirs [J]. AAPG Bulletin, 90 (01): 91-114.

Ennis-King J P, Paterson L, 2005. Role of Convective Mixing in the Long-Term Storage of Carbon Dioxide in Deep Saline Formations [J]. SPE Journal, 10 (03): 349-356.

Falkowicz S, Kapusta P, 2002. Biological Control of Formation Damage [C]. International Symposium and Exhibition on Formation Damage Control: 6.

Fischer H, Morrow N R, 2006. Scaling of Oil Recovery by Spontaneous Imbibition for Wide Variation in Aqueous Phase Viscosity with Glycerol as the Viscosifying Agent [J]. Journal of Petroleum Science and Engineering, 52 (01): 35-53.

Fong W S, Tang R W, Emanuel A S, et al, 1992. EOR for California Diatomites: CO_2, Flue Gas and Water Corefloods, and Computer Simulations [C]. SPE Western Regional Meeting: 12.

Ganapathy S, Wreath D G, Lim M T, et al, 1993. Simulation of Heterogeneous Sandstone Experiments Characterized Using CT Scanning [J]. SPE Formation Evaluation, 8 (04): 273-279.

Halleck P M, Dogulu Y S, 1996. Experiments and Computer Analysis Show how Perforators Damage Natural Fractures [C]. SPE Eastern Regional Meeting: 11.

Halleck P M, Karacan C O, Hardesty J, et al, 2004. Changes in Perforation-Induced Formation Damage with Degree of Underbalance: Comparison of Sandstone and Limestone Formations [C]. SPE International Symposium and Exhibition on Formation Damage Control: 7.

Hicks P J, Narayanan R, Deans H A, 1994. An Experimental Study of Miscible Displacements in Heterogeneous Carbonate Cores Using X-Ray CT [J]. SPE Formation Evaluation, 9 (01): 55-60.

Honarpour M M, Cromwell V, Hatton D, et al, 1985. Reservoir Rock Descriptions Using Computed Tomography (CT) [C]. SPE Annual Technical Conference and Exhibition: 8.

Honarpour M M, Mcgee K R, Crocker M E, et al, 1986. Detailed Core Description of a Dolomite Sample From the Upper Madison Limestone Group [C]. SPE Rocky Mountain Regional Meeting: 12.

Honarpour M M, Nagarajan N R, Grijalba Cuenca A, et al, 2010. Rock-Fluid Characterization for Miscible CO_2 Injection: Residual Oil Zone, Seminole Field, Permian Basin [C]. SPE Annual Technical Conference and Exhibition: 24.

Hove A O, Nilsen V, Leknes J, 1990. Visualization of Xanthan Flood Behavior in Core Samples by Means of X-Ray Tomography [J]. SPE Reservoir Engineering, 5 (04): 475-480.

Hui G, Wei X, Yang J, et al, 2011. Pore throat characteristics of extra-ultra low permeability sandstone reservoir based on constant-rate mercury penetration technique [J]. Petroleum Geology & Experiment, 33 (02): 206-205.

Hunt P K, Engler P, Bajsarowicz C, 1988. Computed Tomography as a Core Analysis Tool: Applications, Instrument Evaluation, and Image Improvement Techniques [J]. Journal of Petroleum Technology, 40 (09): 1203-1210.

Islam M R, Farouq Ali S M, 1993. Use of Silica Gel for Improving Waterflooding Performance of Bottom-water Reservoirs [J]. Journal of Petroleum Science and Engineering, 8 (04): 303-313.

Kamath J, Meyer R F, Nakagawa F M, 2001. Understanding Waterflood Residual Oil Saturation of Four Carbonate Rock Types [C]. SPE Annual Technical Conference and Exhibition: 10.

Kantzas A, Marentette D F, Jha K N N, 1992. Computer-Assisted Tomography: From Qualitative Visualization To Quantitative Core Analysis [J]. Journal of Canadian Petroleum Technology, 31 (09): 10.

Karacan C O, Grader A S, Halleck P M, 2001. 4-D Mapping of Porosity and Investigation of Permeability Changes in Deforming Porous Medium [C]. SPE Eastern Regional Meeting: 9.

Karacan C O, Grader A S, Halleck P M, 2001. Effect of Pore Fluid Type on Perforation Damage and Flow Characteristics [C]. SPE Production and Operations Symposium: 11.

Koponen A, Kataja M, Timonen J, 1997. Permeability and effective porosity of porous media [J]. Physical Review E, 56 (03): 3319-3325.

Krilov Z, Goricnik B, 1996. A Study of Hydraulic Fracture Orientation by X-Ray Computed Tomography (CT) [C]. European Petroleum Conference: 6.

Krilov Z, Steiner I, Goricnik B, et al, 1991. Quantitative Determination of Solids Invasion and Formation Damage Using CAT Scan and Barite Suspensions [C]. Offshore Europe: 12.

Lame O, Bellet D, Di Michiel M, et al, 2004. Bulk Observation of Metal Powder Sintering by X-ray Synchrotron Microtomography [J]. Acta Materialia, 52 (4): 977-984.

Lenormand R, Zacone C, 1988. Physics of Blob Displacement in a Two-Dimensional Porous Medium [J]. SPE Formation Evaluation, 3 (01): 271-275.

Lenormand R, Zarcone C, 1984. Role Of Roughness And Edges During Imbibition In Square Capillaries [C]. SPE Annual Technical Conference and Exhibition: 17.

Li J, Jiang H, Wang C, et al, 2017. Pore-scale Investigation of Microscopic Remaining Oil Variation Characteristics in Water-wet Sandstone using CT Scanning [J]. Journal of Natural Gas Science and Engineering, 48: 36-

45.

Li K, Horne R N, 2000. Steam-Water Capillary Pressure [C]. SPE Annual Technical Conference and Exhibition: 8.

Li K, Horne R N, 2001. An Experimental and Analytical Study of Steam/Water Capillary Pressure [J]. SPE Reservoir Evaluation & Engineering, 4 (06): 477-482.

Liu X P, Hu Xiaoxin, 2009. Progress of NMR log in Evaluating Reservoir Pore Structure in the Last Five Years [J]. Progress in Geophysics, 24 (06): 2194-2201.

Long H, Swennen R, Foubert A, et al, 2009. 3D Quantification of Mineral Components and Porosity Distribution in Westphalian C Sandstone by Microfocus X-ray Computed Tomography [J]. Sedimentary Geology, 220 (1): 116-125.

Lowell S, Joan E Shields, Martin A Thomas, et al, 2004. Characterization of Porous Solids and Powders: Surface Area, Pore Size and Density [M]. Dordrecht: Springer.

Lynn J D, Nasr-El-Din H A, 2001. A Core based Comparison of the Reaction Characteristics of Emulsified And In-situ Gelled Acids in Low Permeability, High Temperature, Gas Bearing Carbonates [C]. SPE International Symposium on Oilfield Chemistry: 16.

Ma K, Ren G, Mateen K, et al, 2015. Modeling Techniques for Foam Flow in Porous Media [J]. SPE Journal, 20 (03): 453-470.

Macallister D J, Miller K C, Graham S K, et al, 1993. Application of X-Ray CT Scanning To Determine Gas/Water Relative Permeabilities [J]. SPE Formation Evaluation, 8 (03): 184-188.

Mahmoud T, Rao D N, 2008. Range of Operability of Gas-Assisted Gravity Drainage Process [C]. SPE Symposium on Improved Oil Recovery: 12.

Mamora D D, Seo J G, 2002. Enhanced Gas Recovery by Carbon Dioxide Sequestration in Depleted Gas Reservoirs [C]. SPE Annual Technical Conference and Exhibition: 9.

Manchanda R, Olson J E, Sharma M M, 2012. Mechanical, Failure And Flow Properties of Sands: Micro-mechanical Models [C]. 46th U. S. Rock Mechanics/Geomechanics Symposium: 15.

Martinez-Angeles R, Hernandez-Escobedo L, Perez-Rosales C, 2002. 3D Quantification of Vugs and Fractures Networks in Limestone Cores [C]. SPE Annual Technical Conference and Exhibition: 16.

Martinez-Angeles R, Perez-Rosales C, 2000. Determination of basic Geometrical Characteristics of Fractured Porous Media by X-Ray Computerized Tomography and Digital Photography [C]. SPE International Petroleum Conference and Exhibition in Mexico: 7.

Masalmeh S K. Determination of Waterflooding Residual Oil Saturation for Mixed to Oil-Wet Carbonate Reservoir and its Impact on EOR [C]. SPE Reservoir Characterization and Simulation Conference and Exhibition, 2013: 14.

Meza-Diaz B, Tremblay B, Doan Q, 2004. Visualization of Sand Structures Surrounding a Horizontal Well Slot during Cold Production [J]. Journal of Canadian Petroleum Technology, 43 (12): 10.

Miranda C R, Leite J C, Lopes R T, et al, 2002. A New Method of Evaluating the Filter-Cake Removal Efficiency [C]. IADC/SPE Drilling Conference: 10.

Mogensen K, Stenby E, 1998. A Dynamic Pore-Scale Model of Imbibition [C]. SPE/DOE Improved Oil

Recovery Symposium: 13.

Mohammadi S, Hossein Ghazanfari M, Masihi M, 2013. A Pore-level Screening Study on Miscible/Immiscible Displacements in Heterogeneous Models [J]. Journal of Petroleum Science and Engineering, 110: 40-54.

Mohanty K K, Johnson S W, 1993. Interpretation of Laboratory Gasfloods With Multidimensional Compositional Modeling [J]. SPE Reservoir Engineering, 8 (01): 59-66.

Morrow N R, Mason G, 2001. Recovery of Oil by Spontaneous Imbibition [J]. Current Opinion in Colloid & Interface Science, 6 (04): 321-337.

Muralidharan V, Chakravarthy D, Putra E, et al, 2004. Simulation of Fluid Flow through Rough Fractures [C]. SPE Annual Technical Conference and Exhibition: 10.

Nagarajan N R, 2011. Reservoir Fluid Sampling of a Wide Spectrum of Fluid Types under Different Conditions [C]. International Petroleum Technology Conference: 11.

Nagarajan N R, Honarpour M M, Sampath K, 2006. Reservoir Fluid Sampling and Characterization—Key to Efficient Reservoir Management [C]. Abu Dhabi International Petroleum Exhibition and Conference: 10.

Nguyen Q P, Rossen W R, Zitha P L J, et al, 2005. Determination of Gas Trapping With Foam Using X-Ray CT and Effluent Analysis [C]. SPE European Formation Damage Conference: 19.

Nguyen Q P, Zitha P L J, Currie P K, et al, 2005. CT Study of Liquid Diversion with Foam [C]. SPE Production Operations Symposium: 16.

Nguyen V H, Sheppard A P, Knackstedt M A, et al, 2006. The effect of displacement rate on imbibition relative permeability and residual saturation [J]. Journal of Petroleum Science and Engineering, 52 (01): 54-70.

Okwen R T. Formation Damage by CO_2 Asphaltene Precipitation [C]. SPE International Symposium and Exhibition on Formation Damage Control, 2006: 12.

Perez Carrillo E R, Zapata Arango J F, Gonzalez Ortiz M, et al, 2010. Improvements in Routine Core Analysis on whole Core [C]. SPE Latin American and Caribbean Petroleum Engineering Conference: 17.

Pickell J J, Swanson B F, Hickman W B, 1966. Application of Air-Mercury and Oil-Air Capillary Pressure Data In the Study of Pore Structure and Fluid Distribution [J]. Society of Petroleum Engineers Journal, 6 (01): 55-61.

Pilotti M, 2000. Reconstruction of Clastic Porous Media [J]. Transport in Porous Media, 41 (03): 359-364.

Queiroz J, Dos Santos R L, 2000. Evolution of a Damaged Zone Caused by Water-based Polymeric drill-in Fluid [C]. SPE International Symposium on Formation Damage Control: 6.

Raju K U, Nasr-El-Din H A, Hilab V V, et al, 2004. Injection of Aquifer Water and GOSP Disposal Water into Tight Carbonate Reservoirs [C]. SPE International Symposium on Oilfield Scale: 14.

Rangel-German E R, Kovscek A R, 2001. Water Infiltration in Fractured Systems: Experiments and Analytical Model [C]. SPE Annual Technical Conference and Exhibition: 14.

Rangel-German E R, Kovscek A R, 2002. Experimental and analytical study of multidimensional imbibition in fractured porous media [J]. Journal of Petroleum Science and Engineering, 36 (01): 45-60.

Romvári R, Milisits G, Szendrö Z, et al, 1996. Measurement of the total body fat content of growing rabbits by X-ray computerised tomography and direct chemical analysis [J]. Acta Veterinaria Hungarica, 44 (02): 145-151.

Roof J G, 1970. Snap-off of Oil Droplets in Water-wet Pores [J]. Society of Petroleum Engineers Journal, 10 (01): 85-90.

Sakdinawat A, Attwood D, 2010. Nanoscale X-ray Imaging [J]. Nature Photonics, 4 (12): 840-848.

Satik C, Robertson C, Kalpakci B, et al, 2004. A Study of Heavy Oil Solution Gas Drive for Hamaca Field: Depletion Studies and Interpretations [C]. SPE International Thermal Operations and Heavy Oil Symposium and Western Regional Meeting: 16.

Schembre J M, Kovscek A R, 2001. Direct Measurement of Dynamic Relative Permeability from CT Monitored Spontaneous Imbibition Experiments [C]. SPE Annual Technical Conference and Exhibition: 11.

Sharma A, Rao D N, 2008. Scaled Physical Model Experiments to Characterize the Gas-Assisted Gravity Drainage EOR Process [C]. SPE Symposium on Improved Oil Recovery: 23.

Sheng-Qi Y, Ranjith P G, Yan-Hua H, et al, 2015. Experimental Investigation on Mechanical Damage Characteristics of Sandstone under Triaxial Cyclic Loading [J]. Geophysical Journal International (02): 2.

Shi J Q, Xue Z, Durucan S, 2009. History Matching of CO_2 Core Flooding CT Scan Saturation Profiles with Porosity Dependent Capillary Pressure [J]. Energy Procedia, 1 (01): 3205-3211.

Siddiqui S, Funk J J, Al-Tahini A M, 2010. Use of X-Ray CT to Measure Pore Volume Compressibility of Shaybah Carbonates [J]. SPE Reservoir Evaluation & Engineering, 13 (01): 155-164.

Siddiqui S, Grader A S, Touati M, et al, 2005. Techniques for Extracting Reliable Density and Porosity Data From Cuttings [C]. SPE Annual Technical Conference and Exhibition: 13.

Siddiqui S, Khamees A A, 2004. Dual-Energy CT-Scanning Applications in Rock Characterization [C]. SPE Annual Technical Conference and Exhibition: 9.

Sinanan B S, Budri M, 2012. Nitrogen Injection Application for Oil Recovery in Trinidad [C]. SPETT 2012 Energy Conference and Exhibition: 11.

Sorbie K S, Wat R M S, Hove A O, et al. Miscible Displacements in Heterogeneous Core Systems: Tomographic Confirmation of Flow Mechanisms [C]. SPE International Symposium on Oilfield Chemistry, 1989: 12.

Soroush H, Saidi A M. Vertical Gas-Oil Displacements in Low Permeability Long Core at Different Rates and Pressure below MMP [C]. Middle East Oil Show and Conference, 1999: 13.

Sprunt E S, Desai K P, Coles M E, et al, 1991. CT-Scan-Monitored Electrical-Resistivity Measurements Show Problems Achieving Homogeneous Saturation [J]. SPE Formation Evaluation, 6 (02): 134-140.

Sun X, Mohanty K K, 2005. Estimation of Flow Functions during Drainage using Genetic Algorithm [J]. SPE Journal, 10 (04): 449-457.

Tang G, Kovscek A R, 2002. Experimental Study of Heavy Oil Production from Diatomite by Water Imbibition at Elevated Temperatures [C]. SPE/DOE Improved Oil Recovery Symposium: 12.

Tang G Q, Kovscek A R, 2004. Measurement and Theory of Gas Trapping in Porous Media during Steady-State Foam Flow [C]. SPE Annual Technical Conference and Exhibition: 12.

Terwilliger P L, Wilsey L E, Hall H N, et al, 1951. An Experimental and Theoretical Investigation of Gravity Drainage Performance [J]. Journal of Petroleum Technology, 3 (11): 285-296.

Tian L, Shen Y, He S, et al, 2012. Research and Application of Deconvolution in Well Test Analysis of Extra-low

Permeability Sandstone Reservoirs [J]. Liquid Fuels Technology, 30 (22): 2348-2359.

Tian S, Lei G, He S, et al, 2012. Dynamic Effect of Capillary Pressure in Low Permeability Reservoirs [J]. Petroleum Exploration and Development, 39 (03): 405-411.

Tomutsa L, Freifeld B, Kneafsey T J, et al, 2002. X-ray Computed Tomography Observation of Methane Hydrate Dissociation [C]. SPE Gas Technology Symposium: 9.

Tomutsa L, Mahmood S M, Brinkmeyer A, et al, 1990. Application of Integrated Pore-to-Core Image Analysis To Study Fluid Distribution in Reservoir Rocks [C]. SPE Annual Technical Conference and Exhibition: 12.

Tomutsa L, Silin D B, Radmilovic V, 2007. Analysis of Chalk Petrophysical Properties by Means of Submicron-Scale Pore Imaging and Modeling [J]. SPE Reservoir Evaluation & Engineering, 10 (03): 285-293.

Toshiya O, Hiroshi O, Takao N, 2000. Early Water Breakthrough X-ray CT Visualizes How It Happens in Oil-Wet Cores [C]. SPE Asia Pacific Conference on Integrated Modelling for Asset Management: 10.

Tremblay B, Sedgwick G, Forshner K, 1997. Simulation of Cold Production in Heavy-oil Reservoirs: Wormhole Dynamics [J]. SPE Reservoir Engineering, 12 (02): 110-117.

Tremblay B, Sedgwick G, Vu D, 1998. CT Imaging of Wormhole Growth under Solution-gas Drive [C]. SPE/DOE Improved Oil Recovery Symposium: 16.

Underdown D R, Mariotti P, Venkitaraman A, 2000. Considering The Reservoir in Determining a Perforation Strategy [C]. SPE Asia Pacific Oil and Gas Conference and Exhibition: 8.

Van Geet M, Swennen R, Wevers M. Quantitative analysis of reservoir rocks by microfocus X-ray computerised tomography [J]. Sedimentary Geology, 2000, 132 (01): 25-36.

Vinegar H J, 1986. X-Ray CT and NMR Imaging of Rocks [J]. Journal of Petroleum Technology, 38 (03): 257-259.

Walton I C, Atwood D C, Halleck P M, et al, 20011. Perforating Unconsolidated Sands: An Experimental and Theoretical Investigation [C]. SPE Annual Technical Conference and Exhibition: 14.

Wan R G, Wang J, 2002. Modeling Sand Production and Erosion Growth under Combined Axial and Radial Flow [C]. SPE International Thermal Operations and Heavy Oil Symposium and International Horizontal Well Technology Conference: 8.

Wang J, Gao J, Liu L, 2009. Porosity characteristics of sandstone by X-ray CT scanning system [J]. Acta Petrolei Sinica, 30 (06): 887-893, 897.

Wang S Y, Huang Y B, Pereira V, et al, 1985. Application of Computed Tomography to Oil Recovery from Porous Media [J]. Applied Optics, 24 (23): 4021-4027.

Wellington S L, Vinegar H J, 1985. CT Studies of Surfactant-induced CO_2 Mobility Control [C]. SPE Annual Technical Conference and Exhibition: 12.

Wellington S L, Vinegar H J, 1987. X-Ray Computerized Tomography [J]. Journal of Petroleum Technology, 39 (08): 885-898.

Withjack E M, 1988. Computed Tomography for Rock-Property Determination and Fluid-Flow Visualization [J]. SPE Formation Evaluation, 3 (04): 696-704.

Withjack E M, Akervoll I, 1988. Computed Tomography Studies of 3-D Miscible Displacement Behavior in a Laboratory Five-Spot Model [C]. SPE Annual Technical Conference and Exhibition: 13.

Withjack E M, Devier C, Michael G, 2003. The Role of X-Ray Computed Tomography in Core Analysis [C]. SPE Western Regional/AAPG Pacific Section Joint Meeting: 12.

Xiu D, Tartakovskya D M, 2004. Uncertainty Quantification for Flow in Highly Heterogeneous Porous Media [J]. Developments in Water Science, 1 (04): 695-703.

Yadali Jamaloei B, Asghari K, Kharrat R, et al, 2010. Pore-scale Two-phase Filtration in Imbibition Process through Porous Media at High- and Low-interfacial Tension Flow Conditions [J]. Journal of Petroleum Science and Engineering, 72 (03): 251-269.

Yalamas T, Nauroy J F, Bemer E, et al, 2004. Sand Erosion in Cold Heavy-oil Production [C]. SPE International Thermal Operations and Heavy Oil Symposium and Western Regional Meeting: 7.

Yang P, Guo H, Yang D, 2013. Determination of Residual Oil Distribution during Waterflooding in Tight Oil Formations with NMR Relaxometry Measurements [J]. Energy & Fuels, 27 (10): 5750-5756.

Yousef A A, Al-Saleh S H, Al-Kaabi A, et al, 2011. Laboratory Investigation of the Impact of Injection-Water Salinity and Ionic Content on Oil Recovery From Carbonate Reservoirs [J]. SPE Reservoir Evaluation & Engineering, 14 (05): 578-593.

Zhang L, Bryant S L, Jennings J W, Jr., et al, 2004. Multiscale Flow and Transport in Highly Heterogeneous Carbonates [C]. SPE Annual Technical Conference and Exhibition: 9.

Zhang L, Nair N G, Jennings J W, et al, 2005. Models and Methods for Determining Transport Properties of Touching-Vug Carbonates [C]. SPE Annual Technical Conference and Exhibition: 9.

Zhao J, Yao G, Wen D, 2019. Pore-scale Simulation of Water/Oil Displacement in a Water-wet Channel [J]. Frontiers of Chemical Engineering in China, 13 (04): 803-814.

Zhao X, Blunt M J, Yao J, 2010. Pore-scale modeling: Effects of Wettability on Waterflood Oil Recovery [J]. Journal of Petroleum Science and Engineering, 71 (03): 169-178.

Zitha P L J, Uijttenhout M, 2005. Carbon Dioxide Foam Rheology in Porous Media: a CT Scan Study [C]. SPE International Improved Oil Recovery Conference in Asia Pacific: 9.